普通高等教育“十一五”国家级规划教材
科学出版社“十四五”普通高等教育本科规划教材

结构化学

（第三版）

王　军　张学民　编

科学出版社

北　京

内 容 简 介

本书在保留经典结构化学内容的同时，减少了部分数学运算过程，增加了对基本概念、基本原理的解释及阐述的内容。全书共6章，主要内容包括：量子力学基础，原子的结构、性质和原子光谱，双原子分子的结构和性质，分子的对称性，多原子分子的结构和性质，晶体结构。本书配套了丰富的数字资源，读者可扫描书中二维码观看。为方便自学，每章后均编排了习题，书后附有部分习题参考答案。

本书可作为高等理工和师范院校化学、化工、应用化学、材料化学、冶金化学、环境化学、生物化学、药物化学等专业本科生的教学用书。

图书在版编目（CIP）数据

结构化学 / 王军，张学民编. —3版. —北京：科学出版社，2024.6
普通高等教育“十一五”国家级规划教材
科学出版社“十四五”普通高等教育本科规划教材
ISBN 978-7-03-076554-3

Ⅰ. ①结…　Ⅱ. ①王…　②张…　Ⅲ. ①结构化学-高等学校-教材　Ⅳ. ①O641

中国国家版本馆CIP数据核字（2023）第189472号

责任编辑：侯晓敏　李丽娇 / 责任校对：杨　赛
责任印制：张　伟 / 封面设计：无极书装

科学出版社 出版
北京东黄城根北街16号
邮政编码：100717
http://www.sciencep.com
三河市骏杰印刷有限公司印刷
科学出版社发行　各地新华书店经销
*
2008年5月第　一　版　开本：720×1000　1/16
2017年1月第　二　版　印张：17 3/4　插页：1
2024年6月第　三　版　字数：348 000
2024年 6 月第十二次印刷
定价：69.00 元
（如有印装质量问题，我社负责调换）

第三版前言

本书第一版和第二版分别于2008年和2017年正式出版发行。《结构化学(第三版)》新形态教材在前两版教材的基础上进行了完善和修订，我们仔细审视了每一章的内容，修改了前两版中的一些错误，保持了原教材的特色和实用性，紧抓基本知识点，由浅入深，由点及面。在汲取传统教材精华的同时，简化了部分数学推导过程，增加了结构与性能关系方面的知识，以帮助学生掌握结构化学研究问题的方式方法，提高学生对结构化学知识的灵活运用能力。同时，将线上“结构化学”网络课程资源与纸版教材有机结合，在众多知识核心点处插入了相关网络教学内容的二维码，使教材以多元、开放、交互的数字化方式呈现，更方便学生利用移动互联网技术轻松使用，同时也方便教师开展线上线下混合式教学活动，实现翻转课堂，提高教学效率。

本书自出版以来读者发来许多意见和建议，也指出了可进一步改进的方面。在此对所有提供这些反馈信息的读者表示衷心感谢！这也是我们继续优化本书内容的动力。同时也感谢东北大学对本书出版的资助。

作为原版的作者，我很高兴能与张学民共同进行本次修订工作。本书从初版至今已经在读者中产生了重要影响，希望第三版新形态教材的推出将进一步扩大其影响力。期待读者在阅读本书的过程中，能够获得新的启示和收获。本书如有疏漏之处，敬请广大读者批评指正。

本书编写完成之时，恰逢东北大学建校百年之际，谨以此书致敬百年东大！

王　军

2023年9月于沈阳

第二版前言

本书第一版为普通高等教育“十一五”国家级规划教材，自 2008 年由科学出版社正式出版发行至今已有 9 年时间。为了更好地发挥国家级规划教材的作用，我们根据这些年对结构化学所涉及领域认识的不断提高、第一版教材使用过程中积累的经验和读者反馈的意见，对全书的内容进行了修订和补充。

本次修订继续贯彻第一版的编写原则，对部分结构和内容进行了适当调整：将原来的第 7 章物质结构分析方法简介中的内容分别调整至与其基础理论内容相匹配的第 3 章和第 6 章中，以便于学生更好地理解和应用各章的理论知识；补充的内容涉及等价电子光谱项推引。另外，更正了第一版中存在的错误；修改了表述不够准确、严谨的内容。

参与修订编写的有东北大学张学民、沈阳化工大学何美、河南工业大学李新，统稿工作由王军完成。

本书的出版得到东北大学教务处的支持以及科学出版社的帮助，也得到了国内许多曾经使用本书的高等院校同仁和学生的帮助。在此谨向他们表示衷心感谢。

希望本书再版后能够更好地满足读者需求，也恳请广大读者对本书的不足给予斧正。

王　军

2016 年 11 月于东北大学

第一版前言

结构化学是研究原子、分子和晶体的微观结构、原子和分子运动规律以及物质的结构和性能关系的科学，是化学的一个重要分支。结构化学的原则是结构决定物性，物性反映结构。通过研究原子和分子内电子的运动行为，得到分子内部原子间相互作用的信息——键型；通过研究分子和晶体中原子在空间的相对位置，得到分子和晶体空间结构的信息——构型，据此探索物质结构和性能之间的内在联系。

结构化学是一门比较抽象的科学，包含许多重要的概念、原理和规律。通过对这些知识的学习和理解，我们能够将物质结构和性能联系起来并指导化学实践。例如，设计合成途径，探讨物质的分析方法，研究物质结构对性能的影响等。结构化学也是一门实验的科学，现代先进技术和实验手段的广泛使用丰富了结构化学的内容，发展并改进了许多实验研究方法。经过多年的发展和积累，结构化学的理论与实践知识日益丰富，研究领域不断扩大，并与化工、冶金、材料、环境、生物、药物等多学科交叉发展。

本书保留了经典结构化学的主要内容，包括量子力学基础、原子的结构和性质、原子光谱、双原子分子的结构和性质、分子光谱、分子的对称性、晶体的结构和性质、晶体的X射线衍射分析等，减少了部分繁琐的数学运算过程，增加了对基本概念、基本原理的解释及阐述，目的在于使学生深刻理解结构化学的基本知识，掌握结构化学研究问题的方式和方法，提高灵活运用结构化学知识的能力，培养从事化学科学研究的素质。

东北大学的庞书君和孙竹两位硕士研究生参加了部分书稿的录入工作。沈阳化工学院的何美和王雅静两位老师参加了部分书稿内容的修改及整理。历届使用过本书初稿的学生曾提出过许多宝贵意见。本书出版过程中得到东北大学的支持，得到科学出版社的热情帮助，也得到许多朋友的关注和支持。作者在此谨向他们表示衷心感谢。

结构化学知识广博精深，本书的编写过程历经三年，曾几易其稿，圆满难以企及，其间疏漏不妥之处在所难免，恳请各位专家和广大读者批评指正。

王　军

2008年1月

目　录

第 1 章　量子力学基础

1.1　量子论的产生及微观物理现象的特征

1.1.1　量子论的产生

19 世纪末期，经典物理学的发展已经相当完善。在力学方面有牛顿(Newton)的力学体系；在电、磁、光学方面有麦克斯韦(Maxwell)方程组；在热现象方面有热力学及玻尔兹曼(Boltzmann)和吉布斯(Gibbs)等建立的统计物理学。这些理论构成了一个完整的经典物理学体系，可以解释各种常见的物理现象。但随着科学的发展，又发现了一些新的用上述经典物理学理论无法解释的实验现象，其中最著名的三种现象是黑体辐射、光电效应和原子光谱。

1. 黑体辐射

黑体是指能吸收全部外来电磁波的物体，一般的黑色物体近似于黑体。加热黑体时它又能发射出各种波长的电磁波，称为黑体辐射。经典电磁理论假定黑体辐射是由黑体中带电粒子振动发出的，但通过经典热力学和统计力学理论计算得到的黑体辐射能量随波数的变化规律与实验得到的曲线不一致，见图 1-1。1900 年，普朗克(Planck)提出了能量量子化的概念，假设黑体中的带电粒子以频率 ν 做简谐振动，能量 E 只能取一个最小能量 $h\nu$ 的整数倍，即 $E = nh\nu$，$n = 0, 1, 2, \cdots$。其中，$h = 6.626 \times 10^{-34}\,\mathrm{J \cdot s}$，称为普朗克常量。用这一观点可以很好地解释黑体辐射现象，这个假设就称为能量量子化假设。

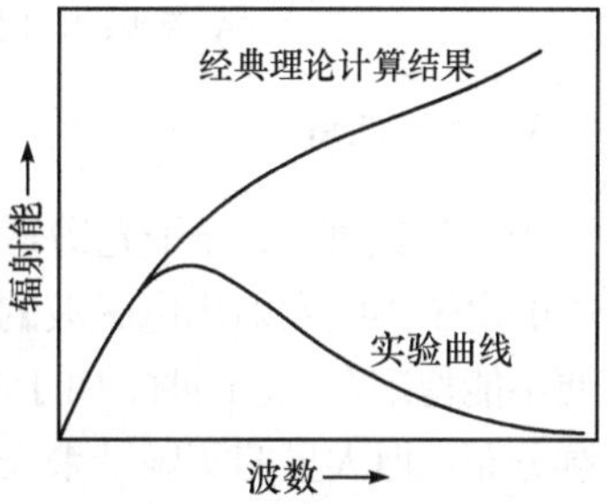

图 1-1　黑体辐射能随波数的变化

2. 光电效应

一定条件下，光照射到金属表面时，金属中的电子会吸收光子的能量并有可能克服金属晶格的束缚而逸出金属表面成为光电子，光电子在电场作用下从阴极飞向阳极产生光电流，检流计显示有电流通过，这种现象称为光电效应，见图 1-2。实验发现，能否产生光电流及光电子的动能大小只与光的频率有关，与光的强度无关。而经典理论认为是光的强度而不是光的频率决定了能否产生光电流及光电子动能的大小，频率只决定光的颜色，这显然与光电效应实验现象不符。1905 年，在普朗克能量量子化假设的启发下，爱因斯坦(Einstein)提出了光子说，认为光是一束光子流，光子有一定的能量 E 和动量 P，其大小由光的频率 ν 及波长 λ 决定，每个光子的能量 $E = h\nu$，动量 $P = h/\lambda$。只有当光的频率 ν 足够大(大于某一临界值 ν_0——临阈频率)时，吸光后的电子才可能克服金属晶格的束缚而逸出金属表面成为光电子，并在电场作用下产生光电流。不同的金属有不同的临阈频率 ν_0，只有当入射光的频率 ν 超过 ν_0 时才有可能产生光电子，且 ν 越大，光电子的初动能越大。这就成功解释了光电效应的实验现象。

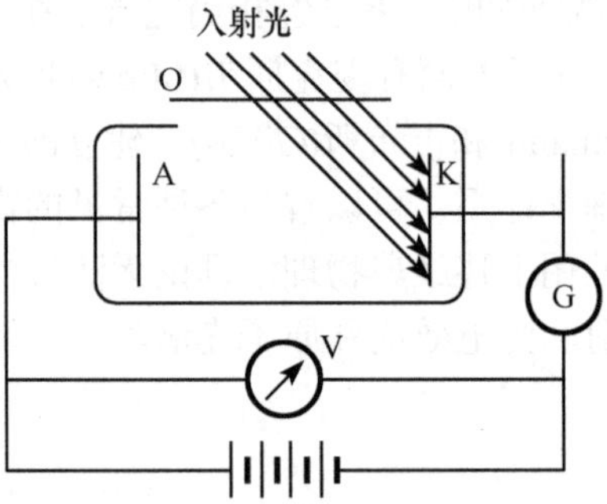

图 1-2 光电效应实验

A. 阳极；K. 阴极；O. 石英窗口；V. 伏特计；G. 检流计

3. *原子光谱*

根据经典理论，原子光谱是由电子绕核加速运动发射出电磁波产生的。那么，原子中的电子不断发射出电磁波的结果必然是其能量逐渐衰减，最后掉到原子核中，原子便不能稳定存在。同时，由于能量逐渐变化，发射出电磁波的频率也应随之变化并连续分布。但大量的实验结果表明，原子光谱是一条条分立的谱线而不是连续光谱。为解释这些现象，1913 年，玻尔(Bohr)在普朗克量子论和爱因斯坦光子说的基础上提出了原子结构的玻尔理论。该理论假定电子绕核做圆周运动是能稳定存在的状态，在一定轨道上运动的电子具有一定的能量状态，称为定态，定态能量只能取一些分立的数值，是量子化的。原子可以由一种定态(能量为 E_m)变化到另一种定态(能量为 E_n)，在此过程中发射或吸收电磁波，电磁波的频率 ν 由公式 $|E_m - E_n| = h\nu$ 决定。在玻尔之后，索末菲(Sommerfeld)推广了这个理论，假定电子不仅可绕核做圆周运动，而且可做椭圆运动，从而制定了更为普遍的量子化条件。

1.1.2 旧量子论的局限

上述量子理论称为旧量子论，它发展到玻尔和索末菲理论时达到了高潮，冲破了经典物理学中能量连续变化的束缚，解释了许多经典物理学无法解释的实验现象。但进一步的研究发现，它们又与许多事实不符，在某些方面难以自圆其说。例如，玻尔理论可以很好地解释氢原子和类氢离子光谱，但推广到多电子原子或分子时就不再适用，即使最简单的氦原子光谱都无法圆满解释；定态不发出辐射的假定与经典理论矛盾；由旧量子论推出周期表中的第一周期应有六个元素，但事实上只有两个；等等。究其根源，是旧量子论所依据的理论基础——经典力学，存在局限性。

牛顿运动定律是从日常生活中易于见到的速率远小于光速的宏观物理现象中提炼出来的，研究的对象是由许许多多个微观粒子构成的宏观体系，并不直接显示个别分子、原子或光子等微观粒子的行为。也就是说，经典力学并非是错误的，而是有其特定的适用范围，只能适用于宏观物理现象，而且要求被研究物体的速率远小于光速。研究发现，速率接近光速的物体以及微观粒子的运动行为都不遵守牛顿的经典力学规律，前者遵守相对论力学规律，后者遵守量子力学规律。

研究速率接近光速的物体运动规律的科学称为相对论力学。相对论力学有两个重要结论。第一个结论是物体的质量 m 与它的速率 v 有关：

$$m = \frac{m_0}{\sqrt{1-\left(\frac{v}{c}\right)^2}} \tag{1-1}$$

式中，c 是光速，$c = 3\times10^{10}\text{cm}\cdot\text{s}^{-1}$；$m_0$ 是物体在速率 $v = 0$ 时的质量，称为静止质量。由式(1-1)可知，物体的运动速率 v 越大，质量 m 也越大；当 v 远小于 c 时，$m = m_0$，也就是说，在速率远小于光速的情况下，物体的质量 m 就等于静止质量，此时的相对论力学就还原为经典力学。因此，相对论力学比经典力学的适用范围更广泛，经典力学是相对论力学在物体速率远小于光速时的极限情况。随着速率的增大，物体的质量也增大，当速率趋近于光速时，质量趋近于无穷大，这时再增加它的速率就不可能了。光速是极限速率，任何物体的速率都不可能达到光速。

相对论力学的第二个重要结论是物体的质量 m 和能量 E 之间存在爱因斯坦的质能联立方程式(1-2)所表达的关系：

$$E = mc^2 \tag{1-2}$$

1.1.3 微观物理现象的特征

研究微观物理现象的科学称为量子力学。微观物理现象有以下两个基本特征。

1. 能量量子化

微观物理现象的第一个特征是微观粒子的能量不是连续变化的，而只能是跳跃式变化的，即微观粒子的能量是量子化的。例如，原子的能量是不连续的，所以原子发射出光的波长也是不连续的，因此原子光谱是线光谱。

2. 测不准原理

微观物理现象的第二个特征是微观粒子的坐标和动量是不能同时具有确定值的，这称为测不准原理。若以 x 表示微观粒子在 x 轴方向的坐标，P_x 表示微观粒子的动量在 x 方向的分量，Δx 和 ΔP_x 分别表示微观粒子的坐标和动量在 x 轴方向分量的测定值与平均值之差：

$$\Delta x = \left| x_{\text{测量值}} - x_{\text{平均值}} \right|$$

$$\Delta P_x = \left| P_{x,\text{测量值}} - P_{x,\text{平均值}} \right|$$

则 Δx 和 ΔP_x 之间存在如下关系：

$$\Delta x \cdot \Delta P_x \geqslant \hbar \tag{1-3}$$

式中，$\hbar = \dfrac{h}{2\pi}$，因为 $h = 6.626 \times 10^{-34}\ \text{J} \cdot \text{s}$，所以 $\hbar = 1.054 \times 10^{-34}\ \text{J} \cdot \text{s}$。同样，在 y 轴及 z 轴方向也存在与式(1-3)类似的关系：

$$\Delta y \cdot \Delta P_y \geqslant \hbar \tag{1-4}$$

$$\Delta z \cdot \Delta P_z \geqslant \hbar \tag{1-5}$$

式(1-3)～式(1-5)都称为测不准关系式。由此测不准关系式可知，对于一个微观粒子，如果它在 x、y 或 z 任何一个方向上具有确定的动量，那么它在这个方向上的坐标就是不确定的；反之，如果它在 x、y 或 z 任何一个方向上的坐标具有确定值，那么它在此方向上的动量就是不确定的。

宏观物体的坐标及动量的测量误差远大于 $\hbar$，也就是说，与宏观物体的坐标及动量的测量误差相比，$\hbar$ 的数值近似为零。因此，利用测不准关系式判断宏观物体在某一方向上的坐标或动量的不确定性是没有意义的。

上述特点决定了微观粒子的运动规律不服从经典力学，而是服从量子力学。这也是旧量子论只能解释个别实验现象，而不具有普适性的原因。

1.2 物质的波动性和粒子性

1.2.1 光的粒子说和波动说

17 世纪末期产生了两种关于光的本性的学说：粒子说和波动说。粒子说认为光是直线飞行的粒子流，这些粒子从光源出发，有不同的种类，因此具有不同的颜色。波动说则认为光是一种波，由于波长的不同而具有不同的颜色。在当时，这两种学说都能解释光的直线传播、反射定律和折射定律。但对光的折射现象的解释方法不同，波动说认为折射系数与光在物质中的传播速率成反比。而粒子说则相反，认为其应成正比。由于受到当时实验技术的限制，无法精确测量光在不同介质中传播的速率，因此无法判别这两种学说孰是孰非。

1. 光的干涉和衍射——光的波动说

光的干涉是当光束重叠时出现明暗相间条纹的现象。光的干涉现象说明，当两束光彼此重叠时，不仅能够互相加强，而且可以相互削弱，以至于相互抵消。光的衍射是指光能够绕过前面的障碍物而弯曲传播的现象，光的衍射现象说明光并非绝对地沿着直线传播。这两个现象都不能用微粒说解释，但可以用波动说解释。

1) 光的波动说对干涉现象的解释

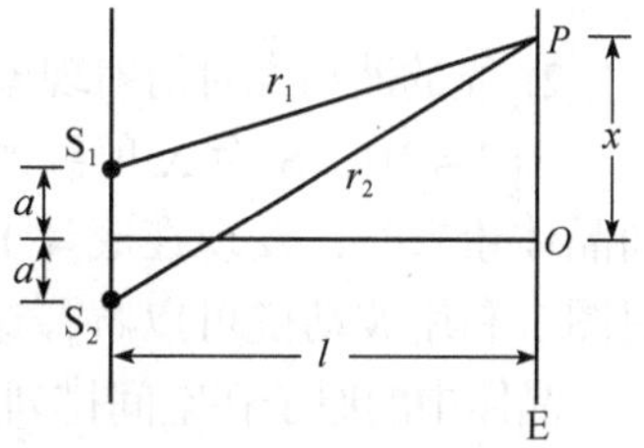

图 1-3　光的干涉

图 1-3 中，S_1 和 S_2 是两个距离为 $2a$ 的平行光光源。E 为屏幕，光源与屏幕之间的距离为 l。由 S_1 和 S_2 连线的中点向屏幕 E 作垂线并交于 O 点，P 为屏幕上的任意一点，P 与 S_1 和 S_2 的距离分别为 r_1 和 r_2，P 与 O 点距离为 x。由 S_1 和 S_2 发出的光在 P 点重叠，光程差 $\Delta = r_2 - r_1$，当 Δ 等于波长 λ 的整数倍，即

$$\Delta = n\lambda,\ n = 0, \pm 1, \pm 2, \pm 3, \cdots$$

时，两波最大程度加强，出现亮条纹；如果光程差 Δ 等于半波长的奇数倍，即

$$\Delta = (2n+1)\frac{\lambda}{2},\quad n = 0,\ \pm 1,\ \pm 2,\ \pm 3,\ \cdots$$

时，两波最大程度削弱，出现暗条纹。因为

$$r_1^2 = l^2 + (x-a)^2,\ r_2^2 = l^2 + (x+a)^2$$

所以

$$\Delta = r_2 - r_1 = \frac{4ax}{r_1 + r_2}$$

在 l 远大于 a 的情况下，可近似认为 $r_1 + r_2 \approx 2l$，于是得

$$\Delta = \frac{2ax}{l}$$

因此，当 x 满足条件 $\Delta=\frac{2ax}{l}=n\lambda$，即 $x=n\frac{l}{2a}\lambda$ 时，两束光在 P 点相互加强，形成亮条纹；当 x 满足条件 $\Delta=\frac{2ax}{l}=(2n+1)\frac{\lambda}{2}$，即 $x=(2n+1)\frac{l}{2a}\cdot\frac{\lambda}{2}$ 时，两束光在 P 点相互削弱，形成暗条纹。

从以上讨论可知，明暗条纹是以 O 点为中心交错分布的，中心 O 点为亮条纹。用不同波长的光做实验，明暗条纹的分布状况不同：波长越长，条纹越稀；波长越短，条纹越密。若已知 a 和 l 的数值，则可通过第 n 级干涉条纹与 O 点的距离 x 计算出波长。

2) 光的波动说对衍射现象的解释

图 1-4 中，S 为 X 射线的光源，A 为晶体粉末，E 为底片。当一束 X 射线射向晶体粉末时，发现在底片 E 上出现了一系列明暗相间的同心圆——衍射环或衍射图。利用波动说可以解释这些衍射环的分布规律。

晶体中的原子在空间排列是有规律的，位于同一平面上的原子形成一个晶面，当波长为 λ 的 X 射线射入一组面间距为 d 的晶面上时，见图 1-5，一部分光在晶面Ⅰ反射，一部分光透过晶面Ⅰ在晶面Ⅱ反射，两束反射光的光程差：

$$\Delta=NO+OM=2NO=2d\sin\theta$$

式中，θ 是入射光与晶面的夹角。

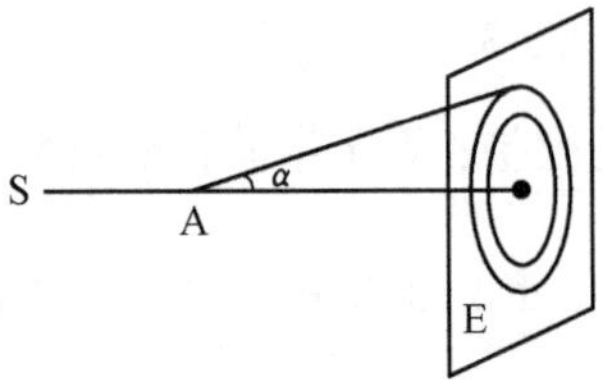

图 1-4　X 射线衍射示意图

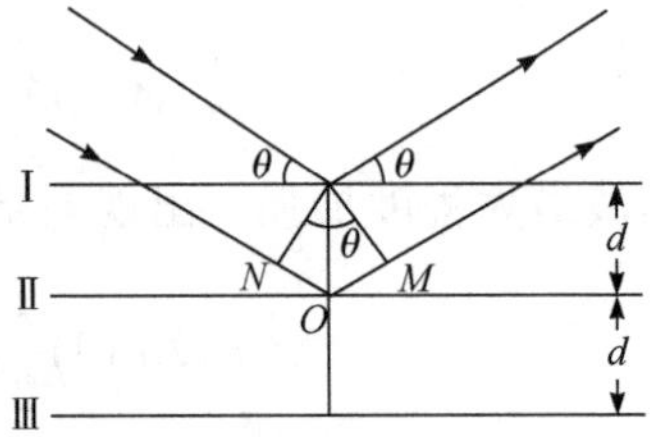

图 1-5　光的衍射

根据波动说，只有 $\Delta=n\lambda$，$n=0, 1, 2, \cdots$ 的反射线才能相互加强，因此入射 X 射线的角度 θ 只有满足式(1-6)时才能产生亮条纹：

$$2d\sin\theta=n\lambda \tag{1-6}$$

式(1-6)称为布拉格(Bragg)公式。这种能产生衍射条纹的反射线称为衍射线。

从图 1-4 中可以看出，衍射线与入射线的夹角为 α，$\alpha=2\theta$。用 n 表示第 n 个亮环，称为衍射级次，其中心亮点 $n=0$，最小的圆环 $n=1$，其次为 $n=2$，依此类推。由于与入射线成 2θ 角的方向为一个圆锥面，因此所得的衍射图为一系列明暗相间的圆环。同一晶体粉末用不同波长的 X 射线进行实验所得的衍射图，其明暗条纹的分布不同。若已知晶面间距 d，则可通过衍射图计算波长 λ。

如上所述，波动说成功解释了光的干涉和衍射实验，而且后来在不同介质中对光速精确测定的结果也证明了波动说的预言是正确的。但是，波动说无法说明光借以传播的介质是什么，于是假定了一种被称为“以太”的物质作为光传播的介质。

3) 光的电磁理论

1864 年，麦克斯韦在前人工作的基础上，指出电场和磁场的变化不能局限在空间的某一部分，而是以 $c = 3\times10^{10}\text{cm}\cdot\text{s}^{-1}$ 的速率向外传播，称为电磁波。光的传播就是一种电磁现象，光波是电磁波的一种，波长范围为 10^{-6}～10^{-4}cm，可见光是波长范围为 4×10^{-5}～7.5×10^{-5}cm(4000～7500Å)的电磁波。电磁波是用两个矢量——电场强度矢量 $\boldsymbol{E}$ 和磁场强度矢量 $\boldsymbol{H}$——表示的振动，这两个矢量以相同的相位和相等的振幅在两个相互垂直的平面内运动，它的传播方向与矢量 $\boldsymbol{E}$ 和 $\boldsymbol{H}$ 的方向垂直，传播的速率为 c，见图 1-6。

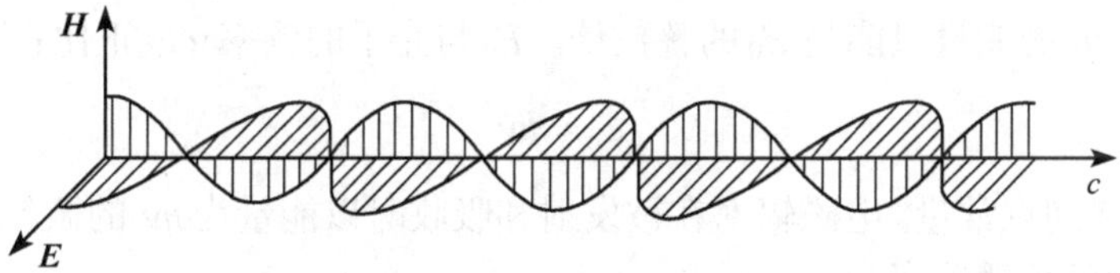

图 1-6　光的传播

光的电磁理论将物质的光学性质与电磁性质直接联系起来，它不但可以解释光的反射、衍射、干涉、折射和偏振等光学现象，还可以证明真空中的光速 $c = 3\times10^{10}\text{cm}\cdot\text{s}^{-1}$。特别是发现了电子并对物质的结构有初步了解之后，对发光体的发光机制也有了具体的认识：物质由原子和分子组成，原子和分子中带电粒子的运动能够产生电磁波；反之，当电磁波射到物质上时，带电粒子被激发，发生受迫振动，也能发出光来。

根据现代物理学观点，电磁波的传播根本不需要借助弹性介质，无需引入“以太”的概念。理论和实践的多方面融合，使光的电磁理论获得了极大成功。

2. 光电效应——光子说

在光的电磁理论获得成功后，又发现了光电效应现象，粒子说能解释光电效应产生的原因，而光的电磁理论却不能。

1) 光电效应的规律

前已述及，光电效应是在一定条件下，当光照射到金属表面时，金属中的电子吸收了光的能量后有可能脱出金属表面而产生光电子，并在电场作用下由阴极飞向阳极而形成光电流的现象，见图 1-2。

对光电效应的进一步研究发现有下列三条规律：

(1) 对于阴极K所用的金属，有一固定的频率ν_0，称为该金属的临阈频率，不同金属有不同的临阈频率ν_0。只有当照射光的频率$\nu > \nu_0$时才有光电流产生。如果$\nu < \nu_0$，则不论光的强度多大，照射时间多长，都没有光电流产生。

(2) 光电子的初动能等于$\frac{1}{2}mv^2$，与入射光的频率ν成正比，而与光的强度I无关。

(3) 单位时间内产生光电子的数目即光电流的大小与入射光的强度I成正比。

2) 光子说

1905年爱因斯坦提出了光子说，成功地解释了光电效应现象。光子说的要点如下：

(1) 一定频率光的能量是不连续的，是量子化的。每一种频率的光，其能量都有一个最小单位，称为光量子或光子，记为E_0。光子并不是粒子，而只是能量的最小单位。光的能量只能是E_0的整数倍。E_0与光子的频率ν成正比：

$$E_0 = h\nu \tag{1-7}$$

式中，h是普朗克常量。电磁辐射在被发射和吸收时以能量为$h\nu$的微粒形式出现，它在真空中的传播速率为c。

(2) 光子不但具有能量E_0，而且具有质量m。但光子的静止质量m_0等于零。将式(1-7)代入式(1-2)就得到光子的运动质量：

$$m = \frac{h\nu}{c^2} \tag{1-8}$$

因此，不同频率的光子具有不同的运动质量。

(3) 光子还具有一定的动量，这可直接被光压力的存在所证实。光子的动量：

$$P = mc = \frac{h\nu}{c} = \frac{h}{\lambda} \tag{1-9}$$

(4) 光的强度I取决于单位体积内光子的数目，即光密度ρ。空间中某一点P的光密度ρ等于P点附近的体积元$\Delta\tau$内光子的数目ΔN与$\Delta\tau$之商，当$\Delta\tau$趋近于零时的极限，即

$$\rho = \lim_{\Delta\tau \to 0} \frac{\Delta N}{\Delta\tau} = \frac{\mathrm{d}N}{\mathrm{d}\tau} \tag{1-10}$$

3) 光子说对光电效应的解释

光子说认为，当光照射到金属表面时，能量为$h\nu$的光子被电子吸收，其中一部分用来克服金属晶格对电子的束缚，是电子逸出金属表面所需的功W_0，称为逸

出功；另一部分作为离开金属表面后的电子的初动能 $\frac{1}{2}mv^2$，m 是电子的质量，v 是逸出金属表面后电子的运动速率。上述能量关系可用式(1-11)表示：

$$\frac{1}{2}mv^2 = h\nu - W_0 \tag{1-11}$$

(1) 从式(1-11)可知，若照射光的频率 ν 不够大，不足以克服电子的逸出功 W_0，则不会有光电子产生。

(2) 从式(1-11)还可以看出，频率 ν 越大，电子逸出金属表面后的初动能 $\frac{1}{2}mv^2$ 越大，即光电子的初动能与 ν 成正比。

(3) 光的强度 I 越大，光子的数目越多，则产生的光电子数目增多，但并不增加光电子的初动能。

3. 光的波粒二象性

实验表明，部分光的实验现象可用光的粒子说解释，但又不能将光理解为宏观粒子，它仅具有粒子的某些性质，而非全部性质，这就是光的粒子性。还有一些实验现象可用光的波动性解释，但光仅具有经典物理学中电磁波的某些性质，并非全部性质，这就是光的波动性。也就是说，光既不是经典概念中的粒子，也不是经典意义上的波，而仅具有它们的某些性质，光的这种性质称为光的波粒二象性。

既然光具有波粒二象性，那么既可以用描述粒子的物理量(如单个粒子的能量和动量)来描述其性质，也可以用描述波的物理量(如频率和波长)来描述其性质。由式(1-7)和式(1-9)可知，光的这两方面的性质通过普朗克常量 h 定量地联系在一起：

$$E_0 = h\nu \,, \quad P = \frac{h}{\lambda}$$

另外，静止质量不为零的物质称为实物，静止质量为零的物质称为场，二者都是物质。根据这个定义可知，光也是物质，既有波动性又有粒子性，在传播过程中表现为波动性，在与实物粒子相互作用时主要表现为粒子性。这就是光的波粒二象性。

1.2.2　实物粒子的波粒二象性

实物粒子是指电子、质子、中子、原子等静止质量不等于零的微观粒子。

1. 德布罗意假设

在光的波粒二象性启发下，1924 年德布罗意(de Broglie)指出：“整个世纪以来，与波动性的研究方法比较而言，是否过于忽略了光的粒子性研究方法？而在实物粒子上，是否又发生了相反的错误？我们是不是把它的粒子图像想象得太多，而过分忽略了它的波的图像？”他提出了大胆的假设：波粒二象性并不是一个特殊的光学现象，而是具有普遍的意义，实物粒子也具有波动性，表征实物粒子粒子性的物理量 E 和 P 与表征波动性的物理量 ν 和 λ 之间的关系与光一样，也由式 (1-7)和式(1-9)表示，或变换为式(1-12)和式(1-13)：

$$\nu = \frac{E}{h} \tag{1-12}$$

$$\lambda = \frac{h}{P} \tag{1-13}$$

以上就是德布罗意假设。在当时，这个假设很难从经典物理学的角度来理解。

2. 德布罗意假设的实验证明

1927 年，戴维逊(Davisson)和革末(Germer)的电子衍射实验证实了德布罗意假设。

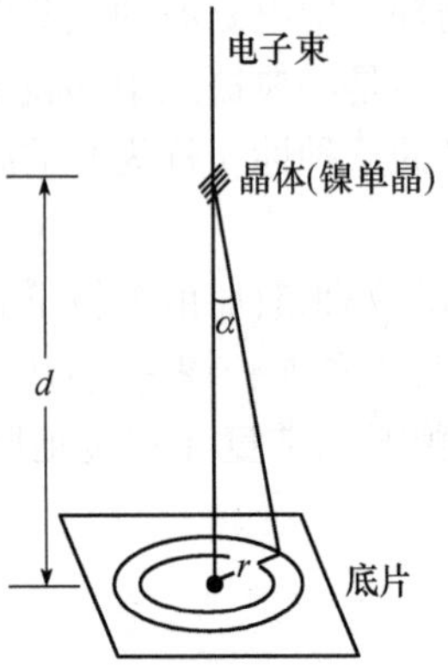

图 1-7　电子衍射实验示意图

图 1-7 为电子衍射实验的示意图。将从发生器中产生的一定速度的电子流射到晶体粉末上后发现，与光的衍射一样，在底片上也出现了一系列明暗相间的环纹。这充分说明电子具有波动性。

进一步的研究发现，衍射环纹的分布规律取决于电子的动量，就像光的衍射环纹分布取决于光的波长一样。这说明，具有某一动量的电子的衍射行为与具有某一波长的光的衍射行为相一致，因此也可用这一相应波长来描写电子的衍射行为。由某一条衍射环纹的半径 r 和屏幕 E 与晶体粉末间的距离 d 可以算出入射方向与衍射方向的夹角 α，根据 1.2.1 小节的分析，$\alpha = 2\theta$，然后通过布拉格公式[式(1-6)]

$$2d\sin\theta = n\lambda$$

算出这一波长 λ。这样计算出来的波长与根据电子的动量计算出来的结果是一致的。因此，动量为 P 的自由电子的衍射行为与波长为 $\frac{h}{P}$ 的平面波的衍射行为相同。

3. 德布罗意波

在电磁理论中，频率为 ν、波长为 λ 的沿 x 方向传播的平面波可用下式表示：

$$\Psi(x,t)=A\cos\left[2\pi\left(\frac{x}{\lambda}-\nu t\right)\right]$$

既然动量为 P 的自由电子的衍射行为与波长为 $\frac{h}{P}$ 的光的衍射行为相似，将式 (1-12)和式(1-13)代入上式所得到的波就可用来描述自由电子的行为：

$$\Psi(x,t)=A\cos\left[\frac{2\pi}{h}(xP-Et)\right] \tag{1-14}$$

式(1-14)所描述的波就称为德布罗意波或物质波。

进一步的实验表明，不只是电子，其他的微观粒子如中子、质子和原子等也具有波动性，而且其波长与动量之间也符合式(1-13)的关系。因此可以得出结论，德布罗意假设是正确的，一切微观粒子在具有粒子性的同时也都具有波动性，其运动状态可用一函数 Ψ 来描述，Ψ 称为波函数或状态函数。对于自由电子，描写它的波函数就是式(1-14)所示的德布罗意波。在以后几章的学习中也将 Ψ 称为原子轨道或分子轨道。

1.3　量子力学基本假设 I——波函数

经典力学中常用到一些基本的力学量，如速度、位移、质量、力等。量子力学中也有一些基本概念，如状态函数、力学量、算符等。量子力学的基本假设阐明了这些基本概念的含义及其相互关系。如同几何学中的公理一样，量子力学的基本假设是不能根据其他定理和定律通过逻辑推理和数学演绎的方法来证明的。通过这些假设可以推出量子力学的全部理论，由这些理论导出的结论是可以通过实验验证的。量子力学的基本假设有五条。

假设 I：一个由微观粒子构成的体系，其状态可以用一个波函数 Ψ 描述。Ψ 是体系中所有粒子坐标的函数，也是时间 t 的函数。

例如，对于一个由两粒子构成的体系，两个粒子的坐标分别为 (x_1, y_1, z_1) 和 (x_2, y_2, z_2)，t 代表时间，则描述这个体系的波函数可写为 $\Psi(x_1, y_1, z_1, x_2, y_2, z_2, t)$。

1.3.1　电子衍射实验的再认识

微观粒子的运动状态可以用波函数 Ψ 来描述[式(1-14)]，我们可以通过电子衍射实验进一步理解波函数 Ψ 与 Ψ 所描写的粒子之间的关系。在进行电子衍射实验时，如果电子流的强度很大，则很快就会在底片上得到明暗相间的衍射环。如果电子流的强度很小，电子一个个地发射出来，底片上就出现一个个分散的衍射点。

实验开始时，这些衍射点毫无规则地散布着，无法预言下一个点将出现在底片上的位置，它们并不重合在一起，显示出电子的粒子性。随着时间的延长，衍射点数量逐渐增加，底片上点的分布显示出规律性，最后得到的图像完全与波的衍射强度分布相一致，即得到明暗相间的衍射环，显示出电子的波动性。由此可见，实验所揭示的电子的波动性是在完全相同的情况下许多相互独立运动着的电子的统计结果。波函数正是反映了粒子的上述行为。

1.3.2　波函数的物理意义

根据对电子衍射实验现象的深入分析可以认识到，波函数的物理意义就是在时间 t 和在坐标(x, y, z)附近小体积元 $\mathrm{d}\tau$ 内找到粒子的概率与波函数 $\Psi(x, y, z, t)$绝对值的平方$|\Psi|^2$ 成正比。

若将小体积元 $\mathrm{d}\tau$ 定义为三维空间中 x 到 $x+\mathrm{d}x$、y 到 $y+\mathrm{d}y$、z 到 $z+\mathrm{d}z$ 的微小区域，那么，这个区域的体积 $\mathrm{d}\tau=\mathrm{d}x\cdot\mathrm{d}y\cdot\mathrm{d}z$。若以 $\mathrm{d}w(x, y, z, t)$表示在时间 t 和在空间小体积元 $\mathrm{d}\tau$ 内找到电子的概率，那么 $\mathrm{d}w(x,y,z,t)$不仅与$|\Psi|^2$ 成正比，而且与 $\mathrm{d}\tau$ 成正比，所以

$$\mathrm{d}w(x,y,z,t)=K\left|\Psi(x,y,z,t)\right|^2\mathrm{d}\tau \tag{1-15}$$

式中，K 是比例常数。用概率 $\mathrm{d}w(x, y, z, t)$除以小体积元的体积 $\mathrm{d}\tau$，就得到在时间 t 和在空间某点(x, y, z)附近单位体积内出现粒子的概率：

$$w(x,y,z,t)=\frac{\mathrm{d}w(x,y,z,t)}{\mathrm{d}\tau}=K\left|\Psi(x,y,z,t)\right|^2 \tag{1-16}$$

$w(x, y, z, t)$称为概率密度。式(1-16)说明波函数 $\Psi(x, y, z, t)$绝对值的平方$|\Psi(x, y, z, t)|^2$与概率密度成正比。

根据波函数的物理意义，可以引出波函数的一个很重要的性质：将波函数乘以一个常数因子并不改变它所描述的状态。也就是说，如果 c 为任意一常数，那么波函数 $\Psi(x,y,z,t)$所描述的状态与 $c\Psi(x, y, z, t)$ 所描述的相同。这是因为粒子在空间各点出现的概率密度之比等于波函数 $\Psi(x, y, z, t)$在这些点的平方之比，而将波函数乘以一个常数后，它们在各点的平方之比并不改变，因而粒子在空间各点出现的概率密度之比不变，所以粒子在各点所处的物理状态也不改变。

1.3.3　归一化波函数

对于单个粒子体系，在整个空间找到粒子的概率应当等于 1，即

$$\int_{\infty} w(x,y,z,t)\mathrm{d}\tau=\int_{\infty} K\left|\Psi(x,y,z,t)\right|^2\mathrm{d}\tau$$

$$K\int_{\infty}\left|\Psi(x,y,z,t)\right|^{2}\mathrm{d}\tau=1 \tag{1-17}$$

式(1-17)称为波函数$\Psi(x, y, z, t)$的归一化条件，由归一化条件可以求出常数K：

$$K=\frac{1}{\int_{\infty}\left|\Psi(x,y,z,t)\right|^{2}\mathrm{d}\tau} \tag{1-18}$$

若令$\Phi=\sqrt{K}\Psi$，就将$\sqrt{K}$称为归一化常数，Ψ乘以$\sqrt{K}$得到Φ的过程称为Ψ的归一化。Φ称为归一化波函数。

将$\Phi=\sqrt{K}\Psi$代入式(1-15)和式(1-16)，得

$$\mathrm{d}w=\left|\Phi(x,y,z,t)\right|^{2}\mathrm{d}\tau \tag{1-19}$$

$$w=\left|\Phi(x,y,z,t)\right|^{2} \tag{1-20}$$

因此，归一化波函数的绝对值的平方就等于概率密度。

1.4 量子力学基本假设Ⅱ——力学量算符

假设Ⅱ：微观体系的任何一个可观测力学量都对应着一个线性自轭算符。

1.4.1 算符

1. 算符的定义

若有一函数$u(x)=2x^{3}+x-3$，那么$\frac{\mathrm{d}u(x)}{\mathrm{d}x}=6x^{2}+1=v(x)$。这里的符号$\frac{\mathrm{d}}{\mathrm{d}x}$规定了一种运算法则，依据这个运算法则，可以将函数$u(x)$变换为另一个函数$v(x)$。这种规定了某种运算的符号称为算符，或称为算子。通常将算符与其作用的对象写成乘积的形式。如果用$\hat{\mathrm{A}}$表示某一算符，函数$u(x)$表示被作用的对象，它们之间的作用关系就记为$\hat{\mathrm{A}}u(x)$，并称为算符$\hat{\mathrm{A}}$作用于$u(x)$。例如，偏导数$\frac{\partial}{\partial x}$是算符；开方$\sqrt{\ }$是算符；$\sin\alpha$和$\lg x$中的sin和lg也是算符，而$\alpha$和$x$就是被施以运算的对象。

2. 力学量的算符化

根据假设Ⅱ，微观体系的任何一个可观测力学量M都对应一个算符$\hat{\mathrm{M}}$，量子力学中常见的力学量，如坐标、动量、角动量、能量、动能、势能、时间等，都应分别对应一个力学量算符。力学量M转变为力学量算符$\hat{\mathrm{M}}$的过程称为力学量的算符化，这种转化过程须遵守如下力学量算符化规则：

(1) 坐标x、y、z和时间t所对应的算符就是坐标和时间自身，即

$$\hat{x}=x,\ \hat{y}=y,\ \hat{z}=z,\ \hat{t}=t$$

(2) 动量 P 在 x、y 和 z 三个方向分量 P_x、P_y、P_z 对应的算符分别为

$$\hat{P}_x=-i\hbar\frac{\partial}{\partial x},\ \hat{P}_y=-i\hbar\frac{\partial}{\partial y},\ \hat{P}_z=-i\hbar\frac{\partial}{\partial z} \tag{1-21}$$

(3) 任意力学量 M 总可以写为坐标、动量及时间的函数，即

$$M=M(x,y,z,P_x,P_y,P_z,t)$$

因此，对于任一力学量 M，首先按经典方法将其表示成坐标(x, y, z)、动量(P_x,P_y,P_z)及时间 t 的函数，再用相对应的算符取代坐标、动量及时间，就可得到力学量 M 对应的算符，即

$$\hat{M}=\hat{M}(\hat{x},\hat{y},\hat{z},\hat{P}_x,\hat{P}_y,\hat{P}_z,\hat{t})$$

【例 1-1】 求单个粒子的能量算符 $\hat{H}$。

解 因为单个粒子的能量 E 等于粒子的动能 T 与势能 V 之和：

$$E=T+V$$

根据经典力学

$$T=\frac{1}{2}mv^2=\frac{1}{2m}(mv)^2=\frac{1}{2m}P^2=\frac{1}{2m}\left(P_x^2+P_y^2+P_z^2\right)$$

$$V=V(x,y,z)$$

根据算符化规则的第三条可知，能量 E 对应的算符：

$$\hat{H}=\hat{T}+\hat{V}$$

而且，动能算符：$\hat{T}=\frac{1}{2m}\left(\hat{P}_x^2+\hat{P}_y^2+\hat{P}_z^2\right)$；势能算符：$\hat{V}=\hat{V}(\hat{x},\hat{y},\hat{z})$。因为

$$\hat{P}_x=-i\hbar\frac{\partial}{\partial x},\ \hat{P}_y=-i\hbar\frac{\partial}{\partial y},\ \hat{P}_z=-i\hbar\frac{\partial}{\partial z}$$

所以

$$\hat{P}_x^2=-\hbar^2\frac{\partial^2}{\partial x^2},\ \hat{P}_y^2=-\hbar^2\frac{\partial^2}{\partial y^2},\ \hat{P}_z^2=-\hbar^2\frac{\partial^2}{\partial z^2}$$

将上式代入动能算符表达式得

$$\hat{T}=\frac{1}{2m}\left(\hat{P}_x^2+\hat{P}_y^2+\hat{P}_z^2\right)=-\frac{\hbar^2}{2m}\left(\frac{\partial^2}{\partial x^2}+\frac{\partial^2}{\partial y^2}+\frac{\partial^2}{\partial z^2}\right)$$

根据算符化规则的第一条，坐标的算符就是其自身，所以

$$\hat{V}=\hat{V}(\hat{x},\hat{y},\hat{z})=V(x,y,z)$$

将动能算符和势能算符代入能量算符 $\hat{H}=\hat{T}+\hat{V}$ 中，得

$$\hat{H} = -\frac{\hbar^2}{2m}\left(\frac{\partial^2}{\partial x^2}+\frac{\partial^2}{\partial y^2}+\frac{\partial^2}{\partial z^2}\right)+V(x,y,z) \tag{1-22}$$

在算符 $\hat{H}$ 表示式中，将 $\frac{\partial^2}{\partial x^2}+\frac{\partial^2}{\partial y^2}+\frac{\partial^2}{\partial z^2}$ 用 ∇^2 表示，即

$$\nabla^2 = \frac{\partial^2}{\partial x^2}+\frac{\partial^2}{\partial y^2}+\frac{\partial^2}{\partial z^2} \tag{1-23}$$

∇^2 称为拉普拉斯(Laplace)算符，用式(1-23)表示。这样，算符 $\hat{H}$ 就可以简写为

$$\hat{H} = -\frac{\hbar^2}{2m}\nabla^2 + V \tag{1-24}$$

能量算符 $\hat{H}$ 也称为哈密顿(Hamilton)算符，式(1-22)和式(1-24)都是哈密顿算符的表示式。

【例 1-2】 求角动量 L 在 x、y、z 三个方向分量 L_x、L_y、L_z 的算符。

解 根据矢量乘法，角动量等于坐标矢量 $\boldsymbol{r}$ 与动量矢量 $\boldsymbol{P}$ 相乘：

$$\boldsymbol{L} = \boldsymbol{r}\times\boldsymbol{P} = \begin{vmatrix} \boldsymbol{i} & \boldsymbol{j} & \boldsymbol{k} \\ x & y & z \\ P_x & P_y & P_z \end{vmatrix} = \boldsymbol{i}\left(yP_z - zP_y\right) - \boldsymbol{j}\left(xP_z - zP_x\right) + \boldsymbol{k}\left(xP_y - yP_x\right) = \boldsymbol{i}L_x + \boldsymbol{j}L_y + \boldsymbol{k}L_z$$

所以

$$L_x = yP_z - zP_y,\ L_y = zP_x - xP_z,\ L_z = xP_y - yP_x$$

根据算符化规则的第三条可知：

$$\hat{L}_x = \hat{y}\hat{P}_z - \hat{z}\hat{P}_y,\ \hat{L}_y = \hat{z}\hat{P}_x - \hat{x}\hat{P}_z,\ \hat{L}_z = \hat{x}\hat{P}_y - \hat{y}\hat{P}_x$$

将动量算符式(1-21)代入上式得到角动量 L 在 x、y、z 三个方向分量的算符：

$$\begin{aligned} \hat{L}_x &= -i\hbar\left(y\frac{\partial}{\partial z} - z\frac{\partial}{\partial y}\right) \\ \hat{L}_y &= -i\hbar\left(z\frac{\partial}{\partial x} - x\frac{\partial}{\partial z}\right) \\ \hat{L}_z &= -i\hbar\left(x\frac{\partial}{\partial y} - y\frac{\partial}{\partial x}\right) \end{aligned} \tag{1-25}$$

3. 球坐标系中的力学量算符

在后面的计算中，经常需要将直角坐标表示的函数或算符变换为球坐标系下的形式，球坐标系中的三个变量不再是 x, y, z，而是 r, θ, ϕ。r、θ 和 ϕ 分别代表任意矢量 $\boldsymbol{r}$ 的长度、$\boldsymbol{r}$ 与 z 轴的夹角和 $\boldsymbol{r}$ 在 xy 平面投影与 x 轴的夹角，如图 1-8 所示。这三个变量的取值范围分别是

$$r：0 \sim \infty$$

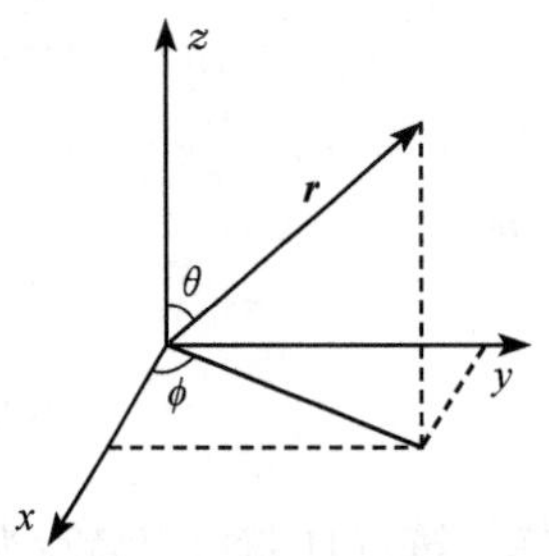

图 1-8　球坐标系中的三个变量 r, θ, ϕ 与直角坐标系中的三个变量 x, y, z 的关系

$$\theta\text{：}0\sim\pi$$

$$\phi\text{：}0\sim 2\pi$$

x, y, z 与 r, θ, ϕ 之间的基本关系为

$$r=(x^2+y^2+z^2)^{\frac{1}{2}}$$

$$\tan\phi=\frac{y}{x}$$

$$x=r\sin\theta\cos\phi$$

$$y=r\sin\theta\sin\phi$$

$$z=r\cos\theta$$

由此可以求出球坐标系中一些常用算符的表达式：

$$\hat{\mathrm{L}}_x=i\hbar\left(\sin\phi\frac{\partial}{\partial\theta}+\cot\theta\cos\phi\frac{\partial}{\partial\phi}\right)\tag{1-26}$$

$$\hat{\mathrm{L}}_y=-i\hbar\left(\cos\phi\frac{\partial}{\partial\theta}-\cot\theta\sin\phi\frac{\partial}{\partial\phi}\right)\tag{1-27}$$

$$\hat{\mathrm{L}}_z=-i\hbar\frac{\partial}{\partial\phi}\tag{1-28}$$

$$\hat{\mathrm{L}}^2=-\hbar^2\left[\frac{1}{\sin\theta}\frac{\partial}{\partial\theta}\left(\sin\theta\frac{\partial}{\partial\theta}\right)+\frac{1}{\sin^2\theta}\frac{\partial^2}{\partial\phi^2}\right]=-\hbar^2\nabla^2_{\theta,\phi}\tag{1-29}$$

$\nabla^2_{\theta,\phi}$ 称为拉普拉斯算符 ∇^2 的角度部分，球坐标系下，∇^2 算符表示如下：

$$\nabla^2=\frac{1}{r^2}\frac{\partial}{\partial r}\left(r^2\frac{\partial}{\partial r}\right)+\frac{1}{r^2\sin\theta}\frac{\partial}{\partial\theta}\left(\sin\theta\frac{\partial}{\partial\theta}\right)+\frac{1}{r^2\sin^2\theta}\frac{\partial^2}{\partial\phi^2}\tag{1-30}$$

此外，在球坐标系中，微小体积元 $\mathrm{d}\tau$ 表示为

$$\mathrm{d}\tau=r^2\sin\theta\mathrm{d}r\mathrm{d}\theta\mathrm{d}\phi\tag{1-31}$$

1.4.2　算符的运算法则

1. 算符的相等

如果对于任意函数 $u(x)$，都有 $\hat{\mathrm{A}}u(x)=\hat{\mathrm{B}}u(x)$，则算符 $\hat{\mathrm{A}}$ 与 $\hat{\mathrm{B}}$ 相等，记为 $\hat{\mathrm{A}}=\hat{\mathrm{B}}$。

2. 算符的加法

对于任意函数 $u(x)$，如果式 $\hat{C}u(x)=\hat{A}u(x)+\hat{B}u(x)$ 成立，则算符 $\hat{C}$ 是算符 $\hat{A}$ 和 $\hat{B}$ 之和，记为 $\hat{C}=\hat{A}+\hat{B}$。算符的加法服从加法的交换律和结合律。

3. 算符的乘法

对于任意函数 $u(x)$，先用算符 $\hat{B}$ 作用于 $u(x)$ 得 $\hat{B}u(x)$，再用算符 $\hat{A}$ 作用于 $\hat{B}u(x)$ 得 $\hat{A}\hat{B}u(x)$，若所得结果与另一算符 $\hat{F}$ 作用于 $u(x)$ 所得结果相同，即 $\hat{A}\hat{B}u(x)=\hat{F}u(x)$，则算符 $\hat{F}$ 为算符 $\hat{A}$ 和 $\hat{B}$ 之积，记为 $\hat{F}=\hat{A}\hat{B}$。

算符 $\hat{A}$ 与其自身的乘积称为算符 $\hat{A}$ 的平方，记为 $\hat{A}^2$，即 $\hat{A}^2=\hat{A}\hat{A}$。

此外，算符的乘法服从乘法的结合律，即 $\hat{A}(\hat{B}\hat{C})=(\hat{A}\hat{B})\hat{C}$。

4. 算符的对易关系和对易子

一般来说，算符的乘法不服从乘法的交换律，即对于任意两个算符 $\hat{A}$ 和 $\hat{B}$，$\hat{A}\hat{B}$ 不一定等于 $\hat{B}\hat{A}$。如果对于算符 $\hat{A}$ 和 $\hat{B}$ 有 $\hat{A}\hat{B}=\hat{B}\hat{A}$，那么称算符 $\hat{A}$ 和 $\hat{B}$ 是可以相互对易的；如果 $\hat{A}\hat{B}\neq\hat{B}\hat{A}$，那么称算符 $\hat{A}$ 和 $\hat{B}$ 是不可相互对易的。

为了表示 $\hat{A}\hat{B}$ 与 $\hat{B}\hat{A}$ 之间的差别，将 $\hat{A}\hat{B}-\hat{B}\hat{A}$ 称为算符 $\hat{A}$ 与 $\hat{B}$ 的对易关系或对易子，记为 $[\hat{A},\hat{B}]$，即

$$[\hat{A},\hat{B}]=\hat{A}\hat{B}-\hat{B}\hat{A} \tag{1-32}$$

根据上述算符是否可以相互对易的判断方法，如果对易子 $[\hat{A},\hat{B}]=0$，那么 $\hat{A}$ 和 $\hat{B}$ 就是可以相互对易的；如果 $[\hat{A},\hat{B}]\neq 0$，那么 $\hat{A}$ 和 $\hat{B}$ 就是不能相互对易的。

例如，因为 $\frac{\mathrm{d}}{\mathrm{d}x}x\neq x\frac{\mathrm{d}}{\mathrm{d}x}$，所以算符 $\frac{\mathrm{d}}{\mathrm{d}x}$ 与 x 是不可相互对易的。证明如下：

因为对于任意函数 $u(x)$ 有

$$\frac{\mathrm{d}}{\mathrm{d}x}xu(x)\neq x\frac{\mathrm{d}}{\mathrm{d}x}u(x)$$

$$\left(\frac{\mathrm{d}}{\mathrm{d}x}x-x\frac{\mathrm{d}}{\mathrm{d}x}\right)u(x)=\frac{\mathrm{d}}{\mathrm{d}x}\left[xu(x)\right]-x\frac{\mathrm{d}}{\mathrm{d}x}u(x)=u(x)$$

算符 $\frac{\mathrm{d}}{\mathrm{d}x}$ 与 x 的对易关系是

$$\left[\frac{\mathrm{d}}{\mathrm{d}x},x\right]=1$$

所以，算符 $\frac{\mathrm{d}}{\mathrm{d}x}$ 与 x 不可相互对易。

再如，对于任意函数 $u(x)$，

$$[\hat{\mathrm{P}}_x, \hat{\mathrm{x}}]u(x) = \left(-i\hbar\frac{\partial}{\partial x}x + xi\hbar\frac{\partial}{\partial x}\right)u(x) = -i\hbar u(x)$$

即 $[\hat{\mathrm{P}}_x, \hat{\mathrm{x}}] = -i\hbar \neq 0$，所以坐标算符 $\hat{\mathrm{x}}$ 与动量算符 $\hat{\mathrm{P}}_x$ 不能相互对易。如果对这两个算符进行交换，则

$$[\hat{\mathrm{x}}, \hat{\mathrm{P}}_x]u(x) = \left(xi\hbar\frac{\partial}{\partial x} - i\hbar\frac{\partial}{\partial x}x\right)u(x) = i\hbar u(x)$$

因此也有 $[\hat{\mathrm{x}}, \hat{\mathrm{P}}_x] = i\hbar \neq 0$。

下面列出了一些常见算符间的对易关系，q 和 p 分别代表 x、y 或 z 三者中任意一个。

(1) 任意两坐标算符之间是相互对易的，即可以相互交换：$[\hat{\mathrm{q}}, \hat{\mathrm{p}}] = [\hat{\mathrm{p}}, \hat{\mathrm{q}}] = 0$。

(2) 三个动量分量算符中的任意两个都是可对易的：$[\hat{\mathrm{P}}_q, \hat{\mathrm{P}}_p] = 0$。

(3) 任一坐标与该坐标方向上的动量分量算符之间不能相互对易：$[\hat{\mathrm{P}}_q, \hat{\mathrm{q}}] = -i\hbar$。

(4) 角动量平方算符与角动量三个分量算符中任意一个都可相互对易：$[\hat{\mathrm{L}}^2, \hat{\mathrm{L}}_q] = 0$。

(5) 角动量三个分量算符中的任意两个都不能相互对易：

$$[\hat{\mathrm{L}}_x, \hat{\mathrm{L}}_y] = i\hbar\hat{\mathrm{L}}_z,\quad [\hat{\mathrm{L}}_y, \hat{\mathrm{L}}_z] = i\hbar\hat{\mathrm{L}}_x,\quad [\hat{\mathrm{L}}_z, \hat{\mathrm{L}}_x] = i\hbar\hat{\mathrm{L}}_y$$

1.4.3　线性算符

若算符 $\hat{\mathrm{A}}$ 作用在任意两个函数 $u(x)$ 和 $v(x)$ 的代数和 $[u(x)+v(x)]$ 上的结果等于这一算符 $\hat{\mathrm{A}}$ 分别作用在这两个函数 $u(x)$ 和 $v(x)$ 上之后再求和 $[\hat{\mathrm{A}}u(x)+\hat{\mathrm{A}}v(x)]$，即

$$\hat{\mathrm{A}}[u(x)+v(x)] = \hat{\mathrm{A}}u(x) + \hat{\mathrm{A}}v(x) \tag{1-33}$$

则将算符 $\hat{\mathrm{A}}$ 称为线性算符。

例如，$\frac{\mathrm{d}}{\mathrm{d}x}[u(x)+v(x)] = \frac{\mathrm{d}}{\mathrm{d}x}u(x) + \frac{\mathrm{d}}{\mathrm{d}x}v(x)$，所以算符 $\frac{\mathrm{d}}{\mathrm{d}x}$ 是线性算符，$\frac{\partial}{\partial x}$ 也是线性的。但 $\sqrt{u(x)+v(x)} \neq \sqrt{u(x)} + \sqrt{v(x)}$，所以 $\sqrt{\ }$ 不是线性算符。同理，sin 和 lg 也不是线性算符。

1.4.4　算符的本征函数和本征方程

如果算符 $\hat{A}$ 作用于函数 $u(x)$ 上等于一个常数 a 与 $u(x)$ 的乘积，即

$$\hat{A}u(x) = au(x) \tag{1-34}$$

那么，a 称为算符 $\hat{A}$ 的本征值，$u(x)$ 称为算符 $\hat{A}$ 的本征函数，式(1-34)称为算符 $\hat{A}$ 的本征方程。对应于不同的本征值 a，算符 $\hat{A}$ 可以有不同的本征函数。在有些情况下，一个算符可能有不止一个的本征值或不止一个的本征函数，因此严格地说，$u(x)$ 应是算符 $\hat{A}$ 的属于本征值 a 的本征函数。

算符的本征值的集合称为算符的本征值谱。若本征值的分布是分立的，就称为分立谱；若本征值的分布是连续的，就称为连续谱；若本征值的分布在某些区间是分立的，在另一些区间是连续的，则称为混合谱。

对于本征值 a，算符 $\hat{A}$ 可能只有一个本征函数属于这个本征值，也可能有两个或多个线性无关的本征函数属于这个本征值 a。若有 f 个线性无关的本征函数属于同一个本征值 a，则称本征值 a 是简并的，f 就是本征值 a 的简并度，也称为退化度。

【例 1-3】　描述某一体系的波函数为 $\psi_n(x) = \sqrt{\dfrac{2}{a}}\sin\left(\dfrac{n\pi x}{a}\right)$，$a$ 为常数，$n = 1, 2, 3, \cdots$。如果 $\psi_n(x)$ 不是哈密顿算符 $\hat{H}$ 的本征函数，请证明；如果是其本征函数，请写出该函数所属的本征值。假设体系的势能 V 等于零。

证明　根据算符的本征值、本征函数及本征方程的定义，先将 $\hat{H}$ 作用到波函数 $\psi_n(x)$ 上。$\psi_n(x)$ 是一维的，即只有一个变量，不含 y 和 z，且由题中假设可知体系的势能 $V = 0$。因此，根据式(1-22)可得到符合题中所给体系的哈密顿算符表达式：

$$\hat{H} = -\frac{\hbar^2}{2m}\frac{d^2}{dx^2}$$

将 $\hat{H}$ 作用于 $\psi_n(x)$ 上，

$$\hat{H}\psi_n(x) = -\frac{\hbar^2}{2m}\frac{d^2}{dx^2}\left[\sqrt{\frac{2}{a}}\sin\left(\frac{n\pi x}{a}\right)\right] = \frac{n^2h^2}{8ma^2}\left[\sqrt{\frac{2}{a}}\sin\left(\frac{n\pi x}{a}\right)\right] = \frac{n^2h^2}{8ma^2}\psi_n(x)$$

即

$$\hat{H}\psi_n(x) = \frac{n^2h^2}{8ma^2}\psi_n(x)$$

令 $E_n = \dfrac{n^2h^2}{8ma^2}$，$n = 1, 2, 3, \cdots$，则 $\hat{H}\psi_n(x) = E_n\psi_n(x)$。

显然，E_n 是与 x 无关的常量，只要 n 确定，$\psi_n(x)$ 只是 x 的函数，E_n 也就确定了，因此上式符合本征方程的定义，即 $\psi_n(x)$ 是 $\hat{H}$ 的本征函数，所属的本征值就是 E_n。

因为 n 的取值是量子化的，只能取 1, 2, 3, …正整数，所以 E_n 的值是不连续的，算符 $\hat{H}$ 的本征函数 $\psi_n(x)$ 所属的本征值谱是分立谱。

从【例 1-3】中本征函数 $\psi_n(x)$ 及 E_n 的表达式可看出，n 确定后，本征函数 $\psi_n(x)$ 和本征值 E_n 都唯一确定了，因此所有本征值都是非简并的，即简并度 f=1。

1.4.5　自轭算符

1. 自轭算符的定义

将任意函数 ψ_n 的共轭函数表示为 ψ_n^*，如果算符 $\hat{A}$ 作用于函数 ψ_n 后能使式 (1-35)成立：

$$\int \psi_n^* \hat{A} \psi_n \mathrm{d}\tau = \int (\hat{A}\psi_n)^* \psi_n \mathrm{d}\tau \tag{1-35}$$

就称算符 $\hat{A}$ 为自轭算符，自轭算符也称为自共轭算符或厄米算符。式(1-35)中的积分是对函数 ψ_n 中所有变量的整个变化区域进行积分。

自轭算符也可通过式(1-36)定义，其中 ψ_m 和 ψ_n 是任意两个函数，$\hat{A}$ 为自轭算符。

$$\int \psi_m^* \hat{A} \psi_n \mathrm{d}\tau = \int \psi_n (\hat{A}\psi_m)^* \mathrm{d}\tau \tag{1-36}$$

式(1-36)的积分范围与式(1-35)相同，即这两个定义是等价的。自轭算符在量子力学中具有十分重要的作用，这类算符还具有如下性质。

2. 自轭算符的性质

如果 $\hat{A}$ 为一个自轭算符，则对于属于该力学量算符且该力学量有确定值的本征方程 $\hat{A}\psi_n = a_n\psi_n$，有

(1) 自轭算符 $\hat{A}$ 的本征值 a 是实数。

证明如下：ψ_n 是属于自轭算符 $\hat{A}$ 本征值 a 的本征函数。按自轭算符的定义，有

$$\int \psi_n^* \hat{A} \psi_n \mathrm{d}\tau = \int \psi_n (\hat{A}\psi_n)^* \mathrm{d}\tau$$

因为 $\hat{A}\psi_n = a_n\psi_n$，所以 $(\hat{A}\psi_n)^* = a_n^*\psi_n^*$。上式变为

$$a_n \int \psi_n^* \psi_n \mathrm{d}\tau = a_n^* \int \psi_n \psi_n^* \mathrm{d}\tau$$

因为 $\int \psi_n^* \psi_n \mathrm{d}\tau = \int |\psi_n|^2 \mathrm{d}\tau$，$\int \psi_n \psi_n^* \mathrm{d}\tau = \int |\psi_n|^2 \mathrm{d}\tau$，且 $\int |\psi_n|^2 \mathrm{d}\tau \neq 0$，所以

$$a_n = a_n^*$$

如果一个数 a_n 与其共轭复数 a_n^* 相等，则 a_n 一定是实数。

(2) 自轭算符 $\hat{A}$ 的所有本征函数都是归一化的。

本征函数的归一性是指本征函数 ψ_n 与其共轭函数 ψ_n^* 之间满足 $\int_\infty \psi_n^*\psi_n \mathrm{d}\tau = 1$ 的关系。根据量子力学第一个基本假设，如果 ψ_n 是描述一个微观粒子体系状态的波函数，那么，$\int_\infty \psi_n^*\psi_n \mathrm{d}\tau = \int_\infty |\psi_n|^2 \mathrm{d}\tau = 1$。因此，本征函数 ψ_n 归一性的物理意义是粒子在整个空间出现的概率为 1。

(3) 自轭算符 $\hat{A}$ 的属于不同本征值 a_m 和 a_n 的本征函数 ψ_m 和 ψ_n 彼此正交。

函数的正交性定义：若两个函数 ψ_n 和 ψ_m 之间满足

$$\int_\infty \psi_n\psi_m^* \mathrm{d}\tau = 0 \tag{1-37}$$

的关系，则函数 ψ_n 和 ψ_m 彼此正交。式中，ψ_m^* 是 ψ_m 的共轭函数。

下面证明：自轭算符 $\hat{A}$ 的属于不同本征值 a_m 和 a_n 的本征函数 ψ_m 和 ψ_n 彼此正交的充分必要条件是 $\int_\infty \psi_m^*\psi_n \mathrm{d}\tau = 0$。(这里只证明其充分性，可以自行练习必要性的证明)

证明：设 $\psi_1, \psi_2, \cdots, \psi_n, \cdots$ 是算符 $\hat{A}$ 的分别属于本征值 $a_1, a_2, \cdots, a_n, \cdots$ 的本征函数，若 ψ_m 和 ψ_n 是上述序列中分别属于不同本征值 a_m 和 a_n 的本征函数，即

$$\hat{A}\psi_m = a_m\psi_m \tag{1-38}$$

$$\hat{A}\psi_n = a_n\psi_n \tag{1-39}$$

因为 $\hat{A}$ 是厄米算符，其本征值是实数，即 $a_m = a_m^*$，所以

$$(\hat{A}\psi_m)^* = (a_m\psi_m)^* = a_m\psi_m^* \tag{1-40}$$

用 ψ_m^* 乘式(1-39)的两端并积分，用 ψ_n 乘式(1-40)的两端并积分得

$$\int_\infty \psi_m^*\hat{A}\psi_n \mathrm{d}\tau = a_n\int_\infty \psi_m^*\psi_n \mathrm{d}\tau$$

$$\int_\infty \psi_n(\hat{A}\psi_m)^* \mathrm{d}\tau = a_m\int_\infty \psi_m^*\psi_n \mathrm{d}\tau$$

因为 $\hat{A}$ 是自轭算符，根据式(1-36)可知，上述两式左端相等，所以

$$(a_m - a_n)\int_\infty \psi_m^*\psi_n \mathrm{d}\tau = 0$$

因为 $a_m \neq a_n$，所以 $\int_{\infty} \psi_m^* \psi_n \mathrm{d}\tau = 0$，式(1-37)得证。

(4) 自轭算符 $\hat{\mathrm{A}}$ 的属于同一个本征值 a_n 的不同本征函数 $\psi_{n,1}, \psi_{n,2}, \cdots, \psi_{n,i}, \cdots$ 任意线性组合后还是属于本征值 a_n 的本征函数。

证明：因为 $\psi_{n,1}$，$\psi_{n,2}$，…，$\psi_{n,i}$，…是自轭算符 $\hat{\mathrm{A}}$ 的属于同一个本征值 a_n 的不同本征函数，所以

$$\hat{\mathrm{A}}\psi_{n,1} = a_n\psi_{n,1},\ \hat{\mathrm{A}}\psi_{n,2} = a_n\psi_{n,2},\ \cdots,\ \hat{\mathrm{A}}\psi_{n,i} = a_n\psi_{n,i},\ \cdots$$

若 $c_{n,1}, c_{n,2}, \cdots, c_{n,i}, \cdots$ 都是常数，那么下面的系列等式成立

$$\hat{\mathrm{A}}\left(c_{n,1}\psi_{n,1}\right) = a_n\left(c_{n,1}\psi_{n,1}\right),\ \hat{\mathrm{A}}\left(c_{n,2}\psi_{n,2}\right) = a_n\left(c_{n,2}\psi_{n,2}\right),\ \cdots,\ \hat{\mathrm{A}}\left(c_{n,i}\psi_{n,i}\right) = a_n\left(c_{n,i}\psi_{n,i}\right),\ \cdots$$

在上列诸等式中任选若干个等式，将左右两侧分别相加得

$$\hat{\mathrm{A}}\left(c_{n,1}\psi_{n,1} + c_{n,2}\psi_{n,2} + \cdots + c_{n,i}\psi_{n,i} + \cdots\right) = a_n\left(c_{n,1}\psi_{n,1} + c_{n,2}\psi_{n,2} + \cdots + c_{n,i}\psi_{n,i} + \cdots\right)$$

令 $\psi_{n,c} = c_{n,1}\psi_{n,1} + c_{n,2}\psi_{n,2} + \cdots + c_{n,i}\psi_{n,i} + \cdots$，代入上式可得

$$\hat{\mathrm{A}}\psi_{n,c} = a_n\psi_{n,c}$$

上式说明，$\psi_{n,1}$，$\psi_{n,2}$，…，$\psi_{n,i}$，…中若干个函数任意线性组合所得到的函数 $\psi_{n,c}$ 仍是自轭算符 $\hat{\mathrm{A}}$ 的属于同一个本征值 a_n 的本征函数，其中 $c_{n,1}$，$c_{n,2}$，…，$c_{n,i}$，…称为线性系数。

函数的正交归一性可用式(1-41)表示：

$$\int_{\infty} \psi_n^* \psi_m \mathrm{d}\tau = \delta_{nm} \tag{1-41}$$

当 $m = n$ 时，$\delta_{nm} = 1$，ψ_n 和 ψ_m 为同一个函数，且是归一化函数；当 $m \neq n$ 时，$\delta_{nm} = 0$，ψ_n 和 ψ_m 彼此正交。

(5) 自轭算符 $\hat{\mathrm{A}}$ 的全部本征函数构成一个完备系列。

具有相同定义域和相同自变量，并满足一定边界条件的连续函数任意线性组合后所生成函数的集合就构成了该函数的完备系列。同一自轭算符的全部本征函数的集合是满足完备系列函数的定义的，因此也构成了一个完备系列。

综上所述，属于某一自轭算符的每一个本征函数都是归一化的，彼此都正交，且全部本征函数构成了一个完备系列，即同一自轭算符的全部本征函数构成了一个正交归一完备集。

1.4.6 线性自轭算符

若一个算符既是线性的又是自轭的，则这个算符就是线性自轭算符。根据量子力学基本假设Ⅱ，微观体系中任何一个可观测力学量都对应一个线性自轭算符。

1.5　量子力学基本假设Ⅲ——薛定谔方程

经典力学中，质点在某一时刻的状态是由质点的坐标和动量来描述的，质点的运动规律服从牛顿第二定律。那么，对于微观粒子，也应建立一个用于确定粒子状态随时间变化规律的方程。但是由于微观粒子的运动规律与经典力学中质点运动规律不同，它具有波粒二象性，在某一时刻的坐标和动量是不能同时被测准的，因此不能像宏观物体那样用坐标和动量来描述微观粒子的行为。在量子力学中，微观粒子的运动状态是用波函数$\Psi(x, y, z, t)$来描述的。量子力学基本假设之三就是关于波函数$\Psi(x, y, z, t)$所满足的本征方程的假设。

假设Ⅲ：波函数$\Psi(x, y, z, t)$满足方程：

$$\hat{H}\Psi(x,y,z,t)=i\hbar\frac{\partial\Psi(x,y,z,t)}{\partial t} \tag{1-42}$$

$\hat{H}$是体系的能量算符——哈密顿算符。式(1-42)中包含时间变量t，称为含时薛定谔(Schrödinger)方程。

与牛顿运动定律一样，描写微观粒子运动基本规律的含时薛定谔方程是从科学实验中概括总结出来的，不能根据其他定理或定律通过逻辑推理和数学演绎的方法得到，其正确性也只能由实践来检验。大量实验结果证明了这一方程的正确性。

1.5.1　薛定谔方程

根据假设Ⅲ，波函数$\Psi(x, y, z, t)$随时间的变化由含时薛定谔方程[式(1-42)]来表达。式中，哈密顿算符的具体形式由式(1-24)表示，即

$$\hat{H}=-\frac{\hbar^2}{2m}\nabla^2+V$$

其中，拉普拉斯算符$\nabla^2=\frac{\partial^2}{\partial x^2}+\frac{\partial^2}{\partial y^2}+\frac{\partial^2}{\partial z^2}$，$m$是粒子的质量，$V$是势能。将$\hat{H}$的具体形式代入式(1-42)得

$$i\hbar\frac{\partial\Psi(x,y,z,t)}{\partial t}=-\frac{\hbar^2}{2m}\nabla^2\Psi(x,y,z,t)+V\cdot\Psi(x,y,z,t) \tag{1-43}$$

在化学上所讨论的状态多数是其概率密度分布不随时间而改变的状态，这样的状态称为定态。定态是原子或分子中的电子最可能的状态。根据定态的定义，

描述定态的波函数 $\Psi(x, y, z, t)$ 一定具有下列形式：

$$\Psi(x,y,z,t)=\psi(x,y,z)\cdot\phi(t)=\psi(x,y,z)\cdot \mathrm{e}^{-i\omega t} \tag{1-44}$$

式中，ω 是一个常数。当波函数 $\Psi(x, y, z, t)$ 具有这种形式时，粒子在空间各点出现的概率密度为

$$\begin{aligned}\left|\Psi(x,y,z,t)\right|^2 &= \Psi^*(x,y,z,t)\cdot\Psi(x,y,z,t)=\psi^*(x,y,z)\cdot\psi(x,y,z)\cdot\phi^*(t)\cdot\phi(t)\\ &=\psi^*(x,y,z)\cdot\psi(x,y,z)\cdot(\mathrm{e}^{i\omega t}\cdot\mathrm{e}^{-i\omega t})=\psi^*(x,y,z)\cdot\psi(x,y,z)\\ &=\left|\psi(x,y,z)\right|^2\end{aligned}$$

由上式看出，在定态，只有当波函数 $\Psi(x, y, z, t)$ 具有式(1-44)所表达的形式时，$\left|\Psi(x,y,z,t)\right|^2=\left|\psi(x,y,z)\right|^2$，即粒子在空间的概率密度分布与时间无关。因此，处于定态的粒子的状态可用不含时间的波函数 $\psi(x, y, z)$ 来表达。$\psi(x, y, z)$ 不含时间变量 t，称为定态波函数，简称为波函数。

将式(1-44)代入式(1-43)得

$$i\hbar\frac{\partial\left[\psi(x,y,z)\cdot\phi(t)\right]}{\partial t}=-\frac{\hbar^2}{2m}\nabla^2\left[\psi(x,y,z)\cdot\phi(t)\right]+V\cdot\left[\psi(x,y,z)\cdot\phi(t)\right]$$

$$i\hbar\cdot\psi(x,y,z)\cdot\frac{\mathrm{d}\phi(t)}{\mathrm{d}t}=-\frac{\hbar^2\phi(t)}{2m}\cdot\nabla^2\psi(x,y,z)+V\cdot\psi(x,y,z)\cdot\phi(t)$$

两边分别除以 $\left[\psi(x,y,z)\cdot\phi(t)\right]$ 得

$$\frac{i\hbar}{\phi(t)}\cdot\frac{\mathrm{d}\phi(t)}{\mathrm{d}t}=-\frac{\hbar^2}{2m\cdot\psi(x,y,z)}\nabla^2\psi(x,y,z)+V$$

上式左边只是时间的函数，右边只是粒子坐标的函数。如果等式成立，则等式两边必等于同一常数。令此常数为 E，那么对于等式右边有

$$-\frac{\hbar^2}{2m}\nabla^2\psi(x,y,z)+V\cdot\psi(x,y,z)=E\cdot\psi(x,y,z)$$

整理得

$$\left(-\frac{\hbar^2}{2m}\nabla^2+V\right)\psi(x,y,z)=E\psi(x,y,z) \tag{1-45}$$

这就是定态波函数 $\psi(x, y, z)$ 应满足的方程，称为定态薛定谔方程，在化学中常简称为薛定谔方程。量子力学可以证明，常数 E 就是粒子的能量，等于粒子的动能(T)和势能(V)之和，即 $E = T + V$。

式(1-45)是薛定谔方程的一般表达式，对于不同的体系，如箱中粒子、单电子原子、多电子原子、双原子分子、多原子分子等，在写薛定谔方程时，应将相应

体系势能 V 的具体表达式代入。结构化学一个很重要的任务就是求解各种体系的薛定谔方程，并根据求解的结果解析物质的结构。

式(1-45)可以简单表示为

$$\hat{H}\psi = E\psi \tag{1-46}$$

这个简单的等式说明，哈密顿算符 $\hat{H}$ 作用到波函数 ψ 上后等于一个常数 E 乘以这个波函数 ψ。将这个等式与本征函数的定义式(1-34)对比会发现，定态薛定谔方程其实就是一个属于哈密顿算符 $\hat{H}$ 的本征方程，能量 E 是 $\hat{H}$ 的本征值，ψ 是 $\hat{H}$ 的属于本征值 E 的本征函数。所以定态薛定谔方程也称“能量有确定值的本征方程”。满足本征方程的波函数一定满足如下所述的波函数的三个标准化条件。

1.5.2　波函数的标准化条件

根据波函数 $\psi(x, y, z)$ 的物理意义和薛定谔方程的性质，用来描述微观粒子运动状态的波函数必须满足下列三个条件，称为波函数的标准化条件。

(1) 在所研究的空间区域内，函数 $\psi(x,y,z)$ 以及 $\psi(x,y,z)$ 对 x、y、z 的一级偏微商 $\dfrac{\partial\psi(x,y,z)}{\partial x}$、$\dfrac{\partial\psi(x,y,z)}{\partial y}$、$\dfrac{\partial\psi(x,y,z)}{\partial z}$ 应分别是 x、y、z 的连续函数。否则，$\psi(x, y, z)$ 对 x、y、z 的一级偏微商或二级偏微商就不存在，薛定谔方程也就没有意义了。

(2) 波函数 $\psi(x, y, z)$ 是单值的。因为 $|\psi|^2$ 是粒子在空间某一点出现的概率密度，这个数值应是唯一的。也就是说，粒子在空间某一点的概率密度不可能既是这个数值，又是其他的数值。

(3) 波函数 $\psi(x, y, z)$ 是平方可积的。波函数的归一化条件要求波函数 $\psi(x, y, z)$ 的模的平方 $|\psi(x,y,z)|^2$ 在整个空间区域内是可以积分的，即要求积分 $\int_\infty |\psi(x,y,z)|^2 \mathrm{d}\tau$ 等于有限的数值。如果 $\psi(x, y, z)$ 不是平方可积的，$\int_\infty |\psi(x,y,z)|^2 \mathrm{d}\tau$ 是发散的，则由式(1-18)得出的归一化常数 $\sqrt{K}$ 等于零，这显然是没有意义的。

1.6　量子力学基本假设Ⅳ——态的叠加

这个假设也称为态叠加原理，说明一个微观体系可能存在的状态有许多，每个状态都由对应的函数来描述。这些状态是可以相互叠加的，叠加后的状态也是体系一种可能的状态。常数 $c_1, c_2, \cdots, c_i, \cdots$ 分别反映了 $\psi_1, \psi_2, \cdots, \psi_i, \cdots$ 对 ψ 的性质贡献的大小。例如，原子中的电子可能存在于 s 轨道，也可能存在于 p 轨道，根据态叠加原理，将 s 轨道和 p 轨道对应的波函数线性组合后所产生的新的波函数仍然是这个原子可能的状态，这相当于将 s 轨道和 p 轨道进行杂化形成的杂化轨道(sp、sp^2 或 sp^3)。

假设Ⅳ：若 $\psi_1, \psi_2, \cdots, \psi_i, \cdots$ 为某一微观体系属于力学量算符 $\hat{A}$ 的本征函数，那么，它们任意线性组合

$$\psi = \sum_{i=1}^{n} c_i \psi_i \tag{1-47}$$

得到的函数 ψ 也是该体系可能的状态，$c_1, c_2, \cdots, c_i, \cdots$ 为任意常数。当体系处于 ψ 所描述的状态时，若 ψ 是归一化的，$\psi_1, \psi_2, \cdots, \psi_i, \cdots$ 的本征值分别是 $a_1, a_2, \cdots, a_i, \cdots$，那么，所测得的力学量 A 的值必定是本征值 $a_1, a_2, \cdots, a_i, \cdots$ 中的一个。其中，测得 A 的值为 a_i 的概率是 $|c_i|^2$。

1.6.1 力学量具有确定值的条件

描述一个微观体系可能状态的波函数不是唯一的。若函数 $\psi(x, y, z)$ 是这个体系某一个可观测力学量 A 的算符 $\hat{A}$ 的属于本征值 a 的本征函数，即

$$\hat{A}\psi(x,y,z) = a\psi(x,y,z) \tag{1-48}$$

那么在 ψ 所描述的状态下，这个力学量 A 有确定的数值，这个确定值就是 a。反之，如果在函数 ψ 所描述的状态下，这个体系可观测力学量 A 有确定值，算符 $\hat{A}$ 作用于 ψ 后能使上式成立，那么 ψ 就是算符 $\hat{A}$ 的属于本征值 a 的本征函数。$\psi(x, y, z)$ 所描述的这个状态称为算符 $\hat{A}$ 的本征态。例如，哈密顿算符 $\hat{H}$ 的本征态称为定态，根据式(1-45)，在定态的能量具有确定值。

如果状态 $\psi(x, y, z)$ 不是力学量算符 $\hat{A}$ 的本征函数，那么在此状态下力学量 A 不具有确定值。

【例 1-4】 一个微观体系处于【例 1-3】中的波函数所描述的状态。在这个状态下体系的能量 E 和动量 P 有无确定值?

解 【例 1-3】中给出的波函数为：$\psi_n(x) = \sqrt{\dfrac{2}{a}}\sin\left(\dfrac{n\pi x}{a}\right)$，$a$ 为常数，$n = 1, 2, 3, \cdots$。

根据力学量有无确定值的条件，只要将力学量 E_n 和 P 对应的算符分别作用于所给出的波函数上，如果作用的结果等于一个常数乘以这个波函数，那么这个力学量就有确定值，若不等于常数乘以这个波函数，那么这个力学量就没有确定值。

能量算符就是哈密顿算符 $\hat{H}$，根据【例 1-3】的结果已经知道 $\hat{H}$ 作用于函数后等于一个常数与这个函数的乘积，即

$$\hat{\mathrm{H}}\psi_n(x)=\frac{n^2h^2}{8ma^2}\psi_n(x)=E_n\psi_n(x)$$

因此，对于题中所给定的状态，体系的能量 E_n 有确定值，$E_n=\frac{n^2h^2}{8ma^2}$，n=1, 2, 3, …。

根据式(1-21)，体系的动量算符 $\hat{\mathrm{P}}=\hat{\mathrm{P}}_x=-i\hbar\frac{\mathrm{d}}{\mathrm{d}x}$，则

$$\hat{\mathrm{P}}_x\psi_n(x)=-i\hbar\frac{\mathrm{d}}{\mathrm{d}x}\left[\sqrt{\frac{2}{a}}\sin\left(\frac{n\pi x}{a}\right)\right]=-i\hbar\frac{n\pi}{a}\sqrt{\frac{2}{a}}\cos\left(\frac{n\pi x}{a}\right)$$

显然，动量算符作用于 $\psi_n(x)$ 的结果不等于一个常数乘以 $\psi_n(x)$，因此对于题中所给定的状态，体系的动量 P 没有确定值。

【例 1-4】的结果说明，$\psi_n(x)$ 所描述的状态是这个微观体系的一个可能状态，而且是能量算符 $\hat{\mathrm{H}}$ 的本征态，但不是动量算符 $\hat{\mathrm{P}}_x$ 的本征态。因此，微观体系的本征态一定是与某一个算符相对应的，如果离开了特定的算符来讨论本征态是没有意义的。那么，是否可能有一个本征函数或一个本征函数系同时属于两个或多个不同的力学量呢？答案是肯定的，下面进行讨论。

1.6.2　不同力学量同时具有确定值的条件

对于一组本征函数 ψ_n，且 ψ_n 组成完备系，力学量 A 和 B 同时具有确定值的充分且必要条件是这两个力学量算符 $\hat{\mathrm{A}}$ 和 $\hat{\mathrm{B}}$ 可相互对易，即

$$\hat{\mathrm{A}}\hat{\mathrm{B}}-\hat{\mathrm{B}}\hat{\mathrm{A}}=0 \tag{1-49}$$

这就是不同力学量同时具有确定值的充分必要条件，证明如下。

充分条件的证明：设 ψ_n 是算符 $\hat{\mathrm{A}}$ 的属于本征值 a_n 的本征函数，同时又是算符 $\hat{\mathrm{B}}$ 的属于本征值 b_n 的本征函数，则

$$\hat{\mathrm{A}}\hat{\mathrm{B}}\psi_n=\hat{\mathrm{A}}(b_n\psi_n)=b_n(\hat{\mathrm{A}}\psi_n)=b_na_n\psi_n$$

$$\hat{\mathrm{B}}\hat{\mathrm{A}}\psi_n=\hat{\mathrm{B}}(a_n\psi_n)=a_n(\hat{\mathrm{B}}\psi_n)=a_nb_n\psi_n$$

将上述两式相减得

$$\left(\hat{\mathrm{A}}\hat{\mathrm{B}}-\hat{\mathrm{B}}\hat{\mathrm{A}}\right)\psi_n=0$$

因为 ψ_n 不是任意函数，还无法确定其是否一定不为零。设 ψ 是任意函数，根据量子力学基本假设Ⅳ，ψ 可以展开成 ψ_1, ψ_2, …, ψ_i, …的级数，即

$$\psi=\sum_i c_i\psi_i$$

将 $\hat{A}\hat{B}-\hat{B}\hat{A}$ 作用在 ψ 上

$$\left(\hat{A}\hat{B}-\hat{B}\hat{A}\right)\psi=\sum_i c_i\left(\hat{A}\hat{B}-\hat{B}\hat{A}\right)\psi_i=0$$

因为 ψ_i 是任意函数，所以 $\hat{A}\hat{B}-\hat{B}\hat{A}=0$，即对于一组共同的本征函数 ψ_n，且 ψ_n 组成完备系，如果力学量 A 和 B 同时具有确定值，则这两个力学量算符 $\hat{A}$ 和 $\hat{B}$ 可相互对易。

必要条件的证明从略。

例如，在 1.4 节讨论算符对易关系时知道，坐标 x 和动量 P_x 两个力学量对应的算符不可相互对易，即 $[\hat{x},\hat{P}_x]=i\hbar\neq 0$。根据不同力学量同时具有确定值的判断条件可知，它们没有共同的本征函数系，因此也不能同时具有确定值。这就是测不准原理。

1.6.3　力学量的平均值

由力学量具有确定值的条件可知，"如果状态 $\psi(x,y,z)$ 不是力学量算符 $\hat{A}$ 的本征函数，那么，此状态下力学量 A 不具有确定值"，但是这个力学量可以有一个平均值。

力学量平均值定理：在任何状态的波函数 ψ 中，任何力学量 A 的平均值 $\overline{A}$ 都等于 $\int_\infty \psi^*\hat{A}\psi\mathrm{d}\tau$，即

$$\overline{A}=\int_\infty \psi^*\hat{A}\psi\mathrm{d}\tau \tag{1-50}$$

证明：因为本征函数集合 $\psi_1,\psi_2,\cdots$ 是一个完备的正交归一化系列，所以根据假设Ⅳ，任意两个线性组合函数 $\psi^{(i)}$ 及 $\psi^{(j)}$ 可写为 $\psi^{(i)}=\sum_i c_i\psi_i$ 及 $\psi^{(j)}=\sum_j c_j\psi_j$。

因为，$\psi_1,\psi_2,\cdots$ 中任意一个函数都是 $\hat{A}$ 的本征函数，所以

$$\hat{A}\psi^{(j)}=\sum_j\left(c_j\hat{A}\psi_j\right)=\sum_j c_j a_j\psi_j$$

因此

$$\begin{aligned}\int_\infty \psi^{(i)*}\hat{A}\psi^{(j)}\mathrm{d}\tau&=\int_\infty\left(\sum_i c_i^*\psi_i^*\right)\hat{A}\left(\sum_j c_j\psi_j\right)\mathrm{d}\tau\\&=\int_\infty\left(\sum_i c_i^*\psi_i^*\right)\left(\sum_j c_j a_j\psi_j\right)\mathrm{d}\tau\\&=\sum_i\sum_j c_i^* c_j a_j\int_\infty \psi_i^*\psi_j\mathrm{d}\tau\end{aligned}$$

考虑到正交归一化性质，即当 $i \neq j$ 时，$\int_{\infty} \psi^{(i)*}\psi^{(j)} \mathrm{d}\tau = 0$，所以 $\int_{\infty} \psi^{(i)*}\hat{\mathrm{A}}\psi^{(j)} \mathrm{d}\tau = 0$；当 $i=j$ 时，$\psi^{(i)} = \psi^{(j)}$，令它们都等于 ψ，$\int_{\infty} \psi^{(i)*}\psi^{(j)} \mathrm{d}\tau = \int_{\infty} \psi^{*}\psi \mathrm{d}\tau = 1$，所以

$$\int_{\infty} \psi^{*}\hat{\mathrm{A}}\psi \mathrm{d}\tau = \sum_{i}\sum_{j} c_i^{*}c_j a_j = \sum_{i} c_i^{*}c_i a_i = \sum_{i} |c_i|^2 a_i \tag{1-51}$$

根据假设Ⅳ，$|c_i|^2$ 是体系处于状态 ψ 时所测得力学量 A 的值为 a_i 的概率，因此上式右边的值就是力学量 A 的平均值，因此

$$\overline{A} = \int_{\infty} \psi^{*}\hat{\mathrm{A}}\psi \mathrm{d}\tau$$

在力学量平均值定理的证明中，下列两点要充分注意：

(1) 在证明时，我们设定的条件是：$\psi_1, \psi_2, \cdots, \psi_i, \cdots$是本征函数集合，符合“正交的、归一的、完备的”性质。由此推出式(1-51)成立，此式与式(1-50)比较后可知，在给定条件下，力学量 A 的平均值可以直接由式(1-52)求算：

$$\overline{A} = \sum_{i} |c_i|^2 a_i \tag{1-52}$$

在量子力学中，表示力学量的算符都是自轭算符，任意一个算符 $\hat{\mathrm{A}}$ 的本征函数都组成了一个正交归一的完备集，因此可观测力学量 A 的平均值 $\overline{A}$ 都可由式(1-52)计算。

(2) 式(1-52)是在 $\psi_1, \psi_2, \cdots, \psi_i, \cdots$均具有“正交的、归一的、完备的”性质条件下推出来的，因此只能用于本征函数力学量平均值的计算。也就是说，对于本征函数系，式(1-50)和式(1-52)是等价的。但是，如果 $\psi_1, \psi_2, \cdots, \psi_i, \cdots$不构成正交归一的完备集合，这样的状态不是 $\hat{\mathrm{A}}$ 的本征态，在此条件下，式(1-52)是不成立的。因此，求非本征态的力学量平均值 $\overline{A}$ 时，只能用式(1-50)。

【例 1-5】　根据【例 1-4】的结果可知，某微观体系处于状态 $\psi_n(x) = \sqrt{\frac{2}{a}}\sin\left(\frac{n\pi}{a}x\right)$ 时，动量 P_x 无确定值。求：当 $0 < x < a$ 时动量 P_x 的平均值。

解　将动量算符 $\hat{\mathrm{P}}_x = -i\hbar\frac{\mathrm{d}}{\mathrm{d}x}$ 作用于函数 $\psi_n(x)$上，得

$$\hat{\mathrm{P}}_x\psi_n(x) = -i\hbar\frac{n\pi}{a}\cdot\sqrt{\frac{2}{a}}\cdot\cos\left(\frac{n\pi}{a}x\right)$$

显然，$\psi_n(x)$所描述的状态不是 $\hat{\mathrm{P}}_x$ 的本征态，因此需利用式(1-50)计算其平均值：

$$
\begin{aligned}
\overline{P}_x &= \int_0^a \psi_n(x)\left(-i\hbar\frac{\mathrm{d}}{\mathrm{d}x}\right)\psi_n(x)\mathrm{d}x \\
&= \int_0^a \left[\sqrt{\frac{2}{a}}\cdot\sin\frac{n\pi x}{a}\left(-i\hbar\frac{\mathrm{d}}{\mathrm{d}x}\right)\sqrt{\frac{2}{a}}\cdot\sin\left(\frac{n\pi x}{a}\right)\right]\mathrm{d}x \\
&= -i\hbar\cdot\frac{2}{a}\cdot\frac{n\pi}{a}\int_0^a\left(\sin\frac{n\pi x}{a}\cos\frac{n\pi x}{a}\right)\mathrm{d}x \\
&= 0
\end{aligned}
$$

所以，在 $0 < x < a$ 区域内，动量 P_x 的平均值为零。

1.7　量子力学基本假设Ⅴ——泡利不相容原理

假设Ⅴ：描述 N 个全同粒子组成的体系的状态函数 ψ 具有一定的对称性，这种对称性是由粒子本身的自旋属性决定的。对于费米子体系，ψ 是反对称的；对于玻色子体系，ψ 是对称的。

量子力学的这个假设也称为泡利(Pauli)不相容原理或泡利原理。

1.7.1　泡利不相容原理的量子力学表达

根据假设Ⅰ，对于一个由许多个微观粒子构成的体系，其状态可以用波函数 ψ 描述，若不考虑时间 t 对体系状态的影响，即体系处于定态，并将任意一个粒子坐标(x_i, y_i, z_i)简写为 q_i，则 $\psi = \psi(q_1, q_2, \cdots, q_i, \cdots)$。如果体系中其他粒子的坐标不变，只将其中任意两个粒子 i 和 j 的全部坐标 q_i 和 q_j 进行变换，变换前的状态为 $\psi = \psi(q_1, q_2, \cdots, q_i, \cdots, q_j, \cdots)$，变换后的状态为 $\psi = \psi(q_1, q_2, \cdots, q_j, \cdots, q_i, \cdots)$。此时，如果式(1-53)成立，

$$
|\psi(q_1, q_2, \cdots, q_i, \cdots, q_j, \cdots)|^2 = |\psi(q_1, q_2, \cdots, q_j, \cdots, q_i, \cdots)|^2 \tag{1-53}
$$

则两个粒子 i 和 j 是不可分辨的，即两个粒子是全同的。如果对所有粒子的坐标都做与上面相似的变换后，式(1-53)仍然成立，那么这个多粒子体系就是全同粒子体系。

对于一个全同粒子体系，根据式(1-53)，变换前后的状态函数之间可能有如下两种关系：

(1) 若 $\psi(q_1, q_2, \cdots, q_i, \cdots, q_j, \cdots) = +\psi(q_1, q_2, \cdots, q_j, \cdots, q_i, \cdots)$，则 ψ 称为对称波函数。

(2) 若 $\psi(q_1, q_2, \cdots, q_i, \cdots, q_j, \cdots) = -\psi(q_1, q_2, \cdots, q_j, \cdots, q_i, \cdots)$，则 ψ 称为反对称波函数。

描述粒子状态的波函数究竟是对称的还是反对称的，则由粒子自身性质决定。

据此，可将自然界中的微观粒子分为两种，一种是费米(Fermi)子，另一种是玻色(Bose)子。

1.7.2　费米子和玻色子

1. 费米子

电子、质子、中子等自旋量子数(相关概念请参见 2.3 节)为半整数的粒子称为费米子。费米子遵守泡利不相容原理。描述费米子体系中粒子运动状态的波函数一定是反对称的。

在以后的学习中，我们会了解到塞曼效应和光谱精细结构等实验的具体内容。这些实验现象说明，电子除了轨道运动外还有不依赖于轨道运动的自旋运动形式存在，描述电子运动状态的全部坐标，既包括空间坐标(x_i, y_i, z_i)，也包括自旋坐标(ω_i)。而电子的自旋坐标是不可以相互交换的，所以电子的全部坐标也不可以相互交换。根据泡利不相容原理，电子就是一种费米子。因此，在一个多电子体系中，两个自旋相同的电子不能占据同一轨道并尽可能远离。也就是说，在同一原子或分子轨道上，最多只能容纳两个自旋相反的电子。

2. 玻色子

光子、氘($^2_1$H)和α 粒子($^4_2$He)等自旋量子数为整数的粒子称为玻色子。玻色子不遵守泡利不相容原理。描述玻色子体系中粒子运动状态的波函数必须是对称波函数。多个玻色子可以同时占据同一原子轨道或分子轨道，具有相同的量子态。例如，我们知道，激光是频率单一的单色光束，应用领域非常广泛。激光之所以有许多区别于其他光束的独特性质，是因为光子是一种玻色子，不受泡利不相容原理约束，组成激光束的大量光子都处于同一能级上，具有相同的量子态。

1.3～1.7 节介绍了量子力学的五个基本假设，通过这些假设可以推出量子力学的全部理论。下面分别以一维空间和三维空间中运动的微观粒子为例，用量子力学的方法分别研究它们的运动规律。

1.8　一维箱中粒子的薛定谔方程

1.8.1　一维箱中的粒子

对于一个被束缚在 $0 < x < a$ 的一维空间内运动的微观粒子，x 为粒子坐标，

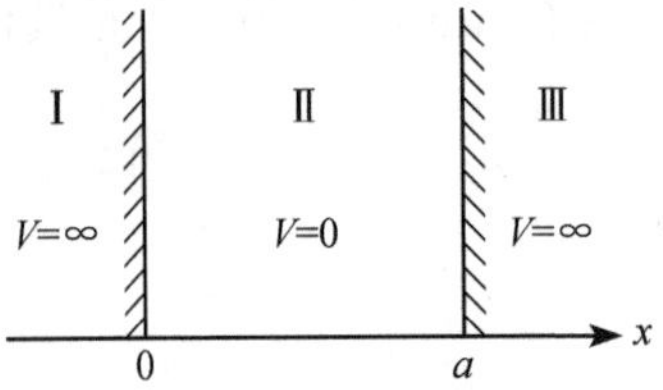

图 1-9　一维势箱

假定其质量为 m，设粒子在此区域内的运动势能 $V = 0$。因为粒子的运动区域被限制在 $0 < x < a$ 内，粒子不可能运动到此区域之外，所以也可认为，在此区域之外，粒子的势能 $V\to\infty$。这种微观粒子称为一维势箱(也称为一维无限深势阱，如图 1-9 所示)中的微观粒子，简称一维箱中的粒子。

1.8.2　一维箱中粒子的薛定谔方程及其解

在一维箱中，微观粒子的运动也是一维的，因此描写粒子运动状态的波函数 ψ 只是粒子坐标 x 的函数：$\psi = \psi(x)$，而且 $\nabla^2 = \dfrac{d^2}{dx^2}$。这样，一维箱中微观粒子的薛定谔方程为

$$\left[-\frac{\hbar^2}{2m}\cdot\frac{d^2}{dx^2}+V(x)\right]\psi(x)=E\psi(x) \tag{1-54}$$

$\psi(x)$是粒子的可能状态，解此微分方程就可得到$\psi(x)$。如果$\psi(x)$是归一化的，那么$|\psi(x)|^2dx$ 就表示在 $x\to x + dx$ 这个微小区间内粒子出现的概率；$|\psi(x)|^2$ 则表示粒子出现在 $0 < x < a$ 区间内某一点 x 处的概率密度。下面解一维箱中粒子的薛定谔方程(1-54)。

因为当 $x \leqslant 0$ 及 $x \geqslant a$ 时，$V\to\infty$，所以在一维箱之外，方程只能有零解，即 $\psi(x) = 0$。

在一维箱内，因为 $V = 0$，所以一维箱中粒子的薛定谔方程[式(1-54)]变为

$$-\frac{\hbar^2}{2m}\cdot\frac{d^2\psi(x)}{dx^2}=E\psi(x)$$

整理得

$$\frac{d^2\psi(x)}{dx^2}+\frac{8\pi^2 mE}{h^2}\psi(x)=0 \tag{1-55}$$

这个二阶线性常系数齐次微分方程的特征根方程为

$$r^2+\frac{8\pi^2 mE}{h^2}=0$$

其特征根

$$r=\pm i\cdot\frac{2\pi}{h}\sqrt{2mE}$$

即 $r_1=+i\cdot\dfrac{2\pi}{h}\sqrt{2mE}$，$r_2=-i\cdot\dfrac{2\pi}{h}\sqrt{2mE}$。因此，方程(1-55)的通解为

$$\psi(x)=c_1\cos\left(\frac{2\pi}{h}\sqrt{2mE}\cdot x\right)+c_2\sin\left(\frac{2\pi}{h}\sqrt{2mE}\cdot x\right) \tag{1-56}$$

从式(1-56)可以看出，任何一组 c_1、c_2 和 E 都可以确定一个 $\psi(x)$，即可得到方程(1-55)的一个解，因此方程(1-55)可以有许多解。但这样得出的解 $\psi(x)$ 不一定就是粒子所可能存在的状态，因为每一组 c_1、c_2 和 E 所确定的解 $\psi(x)$ 还必须满足这个一维粒子体系所要求的边界条件。由于粒子被束缚在 $0<x<a$ 区域内，它不出现在 $x\leqslant 0$ 和 $x\geqslant a$ 的区域，因此当 $x=0$ 和 $x=a$ 时，波函数 $\psi(x)$ 一定等于零，即边界条件是 $\psi(0)=\psi(a)=0$。因此要对式(1-56)所表达的所有 $\psi(x)$ 进行筛选，只有符合边界条件的 $\psi(x)$ 才是一维箱中粒子薛定谔方程(1-54)的解。

将 $x=0$ 时 $\psi(0)=0$ 代入式(1-56)得

$$c_1\cos 0+c_2\sin 0=0$$

因为 $\sin 0=0$，$\cos 0=1$，所以要使上式成立，则一定有 $c_1=0$。而 $c_1\neq 0$ 的那些不符合边界条件 $\psi(0)=0$ 的解需弃去。这样式(1-56)变为

$$\psi(x)=c_2\sin\left(\frac{2\pi}{h}\sqrt{2mE}\cdot x\right) \tag{1-57}$$

再将另一个边界条件 $x=a$ 时 $\psi(a)=0$ 代入式(1-57)得

$$c_2\sin\left(\frac{2\pi}{h}\sqrt{2mE}\cdot a\right)=0$$

这里一定有 $c_2\neq 0$，否则 $\psi(x)$ 总是等于零，得到的只是 $\psi(x)$ 的零解，毫无意义。所以，若要使上式成立，则

$$\sin\left(\frac{2\pi}{h}\sqrt{2mE}\cdot a\right)=0$$

即要求 $\frac{2\pi}{h}\sqrt{2mE}\cdot a=n\pi$。式中，$n$ 称为量子数，可取的数值分别为 1, 2, 3, …。由此推出能量 E 为

$$E=\frac{n^2h^2}{8ma^2} \tag{1-58}$$

式(1-58)表明，为了满足边界条件，一维箱中粒子的能量只能是 $\frac{h^2}{8ma^2}$ 的整数倍，如 $1^2=1$ 倍，$2^2=4$ 倍，$3^2=9$ 倍，…，而不可能取其他值。因此，一维箱中粒子的能量变化是不连续的，是量子化的。对应于 $n=1, 2, 3, \cdots$ 的能级分别称为第一能级、第二能级、第三能级，……。n 越大，能级越高，E 的值越大。

将式(1-58)代入式(1-56)可得

$$\psi(x) = c_2 \sin\left(\frac{n\pi}{a}x\right) \tag{1-59}$$

常数 c_2 需用归一化关系式确定，归一化条件为

$$\int_0^a c_2^2 \sin^2\left(\frac{n\pi}{a}x\right)\mathrm{d}x = 1$$

将数学公式

$$\sin^2\left(\frac{n\pi}{a}x\right) = \frac{1-\cos\left(\frac{2n\pi}{a}x\right)}{2}$$

代入上式得

$$\int_0^a c_2^2 \sin^2\left(\frac{n\pi}{a}x\right)\mathrm{d}x = c_2^2\int_0^a \frac{1-\cos\frac{2n\pi x}{a}}{2}\mathrm{d}x = \frac{ac_2^2}{2} = 1$$

因此，$c_2 = \sqrt{\frac{2}{a}}$，将其代入式(1-59)可得到描述一维箱中粒子运动规律的波函数 $\psi(x)$ 和粒子处于 $\psi(x)$ 状态时的能量 E：

$$\psi_n(x) = \sqrt{\frac{2}{a}}\cdot\sin\left(\frac{n\pi}{a}x\right) \tag{1-60}$$

$$E_n = \frac{n^2h^2}{8ma^2} \tag{1-61}$$

因为 n 可取不同的值，所以得到的是多个解。在 $\psi(x)$ 和 E 的右下角注明下标 n 是为了标记这些不同的解。这里的能量 E_n 是与波函数 $\psi_n(x)$ 一一对应的。例如，状态 $\psi_1(x) = \sqrt{\frac{2}{a}}\cdot\sin\left(\frac{\pi}{a}x\right)$ 对应的能量是 $E_1 = \frac{h^2}{8ma^2}$；状态 $\psi_2(x) = \sqrt{\frac{2}{a}}\cdot\sin\left(\frac{2\pi}{a}x\right)$ 对应的能量是 $E_2 = \frac{4h^2}{8ma^2}$ 等。

1.8.3 薛定谔方程解的讨论

1. 一维箱中微观粒子的概率密度分布具有波动性

在研究一维箱中粒子运动规律时，如果按经典力学模型，粒子在箱内各处出现的概率密度应该相等，概率密度分布曲线与 x 轴应是平行的。但用量子力学的方法得到了完全不同的结果。

图 1-10 为一维箱中粒子的 $\psi_n(x)$ - x 以及 $\left|\psi_n(x)\right|^2$ - x 图。由此图可知，无任何力场存在条件下($V=0$)，一维箱中粒子在不同位置出现的概率不同，粒子既不是被固定在箱内的某一位置，也没有经典的运动轨迹，概率密度分布呈现波动的性质。

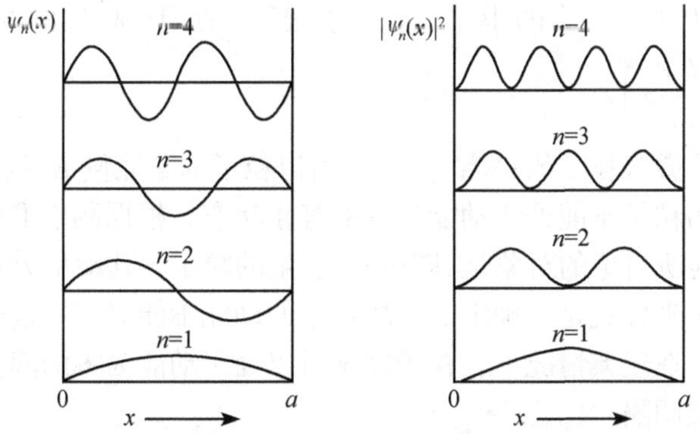

图 1-10　一维箱中粒子的波函数 $\psi_n(x)$ 及 $\left|\psi_n(x)\right|^2$ 随粒子坐标 x 的变化关系

例如，当 $n=1$ 时，粒子处于第一能级：$\psi_1(x)=\sqrt{\dfrac{2}{a}}\cdot\sin\left(\dfrac{\pi}{a}x\right)$，$E_1=\dfrac{h^2}{8ma^2}$。当 $x=0$ 和 $x=a$ 时，$\psi_1(0)=\psi_1(a)=0$，但因为一维箱中粒子的 $0<x<a$，所以在此范围内没有 $\psi(x)=0$ 的点。当 $x=\dfrac{a}{2}$ 时，$\psi_1(x)$ 出现极大值：$\psi_1\left(\dfrac{a}{2}\right)=\sqrt{\dfrac{2}{a}}$，对应的概率密度最大：$\left|\psi_1\left(\dfrac{a}{2}\right)\right|^2=\dfrac{2}{a}$。

当 $n=2$ 时，粒子处于第二能级：$\psi_2(x)=\sqrt{\dfrac{2}{a}}\cdot\sin\left(\dfrac{2\pi}{a}x\right)$，$E_2=\dfrac{4h^2}{8ma^2}$。当 $x=0$、$x=\dfrac{a}{2}$ 和 $x=a$ 时，$\psi_2(0)=\psi_2(\dfrac{a}{2})=\psi_2(a)=0$。在 $0<x<a$ 范围内，只有当 $x=\dfrac{a}{2}$ 时，$\psi(x)=0$。当 $x=\dfrac{a}{4}$ 和 $x=\dfrac{3a}{4}$ 时，$\psi_2(x)$ 分别出现极大值和极小值：$\psi_2\left(\dfrac{a}{4}\right)=\sqrt{\dfrac{2}{a}}$，$\psi_2\left(\dfrac{3a}{4}\right)=-\sqrt{\dfrac{2}{a}}$，对应的概率密度最大：$\left|\psi_2\left(\dfrac{a}{4}\right)\right|^2=\left|\psi_2\left(\dfrac{3a}{4}\right)\right|^2=\dfrac{2}{a}$。

2. 一维箱中粒子的能量是量子化的

一维箱中粒子的能级由式(1-61)表示，$E_n=\dfrac{n^2h^2}{8ma^2}$，$n=1, 2, 3, \cdots$。能量只能是分立的数值，是量子化的。这与经典力学的结果完全不同，经典力学中粒子能量是连续变化的。

1) 零点能

当 $n=1$ 时，E_n 最小，为 $E_1=\dfrac{h^2}{8ma^2}$。E_1 称为零点能，是一维箱中粒子可取的最小能级，对应粒子的状态称为基态。处于基态的粒子的波函数 $\psi_1(x)=\sqrt{\dfrac{2}{a}}\cdot\sin\left(\dfrac{\pi}{a}x\right)$。

因为所讨论微观粒子的势能 $V=0$，所以粒子的总能量 E_n 就等于动能 T。零点能的存在说明粒子不能处于动能为零的静止状态。根据测不准原理也可得到相同的结论：因为所讨论的对象是具有一定能量的粒子，其动量 P 是确定的，根据测不准原理，其坐标就是不确定的，故粒子的动能不能为零。这个结果与经典的力学概念不同，在经典情况下，粒子完全可以处于动能为零的静止状态。

2) 相邻能级间隔

一维箱中粒子相邻两个能级 E_n 和 E_{n+1} 之间的间隔为

$$\Delta E_n = E_{n+1}-E_n=\frac{(2n+1)h^2}{8ma^2} \tag{1-62}$$

粒子的质量 m 和运动范围 a 越小，ΔE_n 越大，即粒子相邻两个能级之间的间隔越大，因此能量量子化的特征越显著。反之，当粒子的 m 和 a 较大时，能级间隔很小。若 m 和 a 增大到一定程度时，ΔE_n 小到可以忽略，这时便可将能量看作是连续变化的。甚至对于像电子这样质量为 $m=9.109\times10^{-31}\text{kg}$ 的微小粒子，也只有当 a 具有原子大小的数量级时，能量量子化特征才显示出来。若 a 很大，如当 $a=0.01\text{m}$ 时，电子的相邻能级间隔 $\Delta E_n=3.76\times10^{-15}(2n+1)\text{eV}$，这个能量如此小，以至于可以忽略不计，因此可将能量看作连续变化的；若 a 很小，如当 $a=10\text{Å}=10^{-10}\text{m}$ 时，电子的能级间隔 $\Delta E_n=37.6(2n+1)\text{eV}$，这是可以观测到的数值，不可以忽略，因此能量是量子化的。

从上述分析可以清楚地看到，量子化是微观领域的特征。在宏观领域，量子化的特征极不显著。

3) 节点

波函数 $\psi_n(x)$ 可以大于或小于零，也可以等于零。从图 1-10 中可以看出，在一维箱中某些位置，$\psi_n(x)=0$，这样的点称为节点。在节点处，粒子是不会出现的，或者说，粒子在节点处出现的概率密度为零，$|\psi_n(x)|^2=0$。不同的 n 对应不同的能级状态，节点的数目也不同，能级越高(n 越大)，节点数越多。例如，对于一维箱中的粒子，$n=1, 2, 3, \cdots$ 时，节点数分别为 $0, 1, 2, \cdots$。这说明，一维箱中波函数 $\psi_n(x)$ 的节点数等于 $(n-1)$。

1.9　三维箱中粒子的薛定谔方程

1.9.1　三维箱中的粒子

现在讨论一个被束缚在三维空间中某一区域的微观粒子的运动规律。设粒子的质量为 m，被束缚在边长分别为 a、b、c 的长方箱中，见图 1-11。箱内粒子的势能 $V=0$。由于粒子被束缚在箱内而无法逃出箱外，因此可以认为箱外粒子的势能 $V\to\infty$，粒子是无法跨越这个势垒的。令这个箱子的一个顶点位于坐标原点，而 a、b、c 三条棱分别与 x、y、z 三个轴重合，三个边夹角都为 90°。这种微观粒子称为三维势箱(也称为三维无限深势阱)中的微观粒子，简称三维箱中的粒子。如果三维箱的三个边长都相等，即 $a=b=c$，则称为立方势箱。

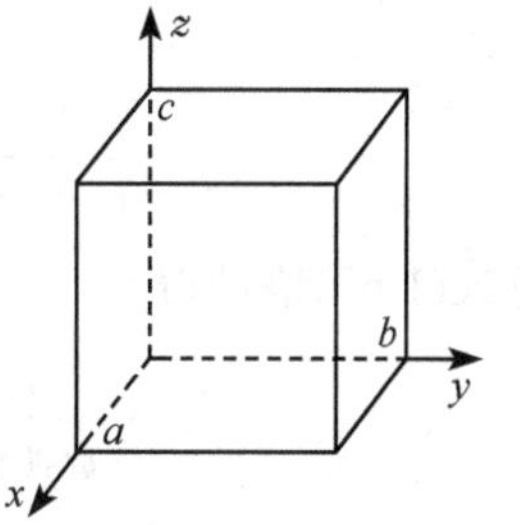

图 1-11　三维势箱

1.9.2　三维箱中粒子的薛定谔方程及其解

三维箱中粒子的薛定谔方程为

$$\frac{\hbar^2}{2m}\left[\frac{\partial^2\psi(x,y,z)}{\partial x^2}+\frac{\partial^2\psi(x,y,z)}{\partial y^2}+\frac{\partial^2\psi(x,y,z)}{\partial z^2}\right]+(E-V)\psi(x,y,z)=0 \quad (1\text{-}63)$$

式中，ψ 是坐标 x、y、z 的函数，$\psi=\psi(x,y,z)$。

在三维箱外部，$V\to\infty$，所以式(1-63)只有零解，$\psi(x,y,z)=0$。

在三维箱内部，$V=0$，所以式(1-63)变为

$$\left(\frac{\partial^2}{\partial x^2}+\frac{\partial^2}{\partial y^2}+\frac{\partial^2}{\partial z^2}\right)\psi(x,y,z)+\frac{2mE}{\hbar^2}\psi(x,y,z)=0 \quad (1\text{-}64)$$

假设波函数 $\psi(x,y,z)$ 可以进行变量分离，即

$$\psi(x,y,z)=\psi_1(x)\cdot\psi_2(y)\cdot\psi_3(z) \quad (1\text{-}65)$$

将式(1-65)代入式(1-64)得

$$\psi_2(y)\psi_3(z)\frac{\mathrm{d}^2\psi_1(x)}{\mathrm{d}x^2}+\psi_1(x)\psi_3(z)\frac{\mathrm{d}^2\psi_2(y)}{\mathrm{d}y^2}+\psi_1(x)\psi_2(y)\frac{\mathrm{d}^2\psi_3(z)}{\mathrm{d}z^2}$$

$$+\frac{2mE}{\hbar^2}\psi_1(x)\psi_2(y)\psi_3(z)=0$$

两边同时除以 $[\psi_1(x)\cdot\psi_2(y)\cdot\psi_3(z)]$ 并移项得

$$-\frac{1}{\psi_1(x)}\frac{\mathrm{d}^2\psi_1(x)}{\mathrm{d}x^2}=\frac{1}{\psi_2(y)}\frac{\mathrm{d}^2\psi_2(y)}{\mathrm{d}y^2}+\frac{1}{\psi_3(z)}\frac{\mathrm{d}^2\psi_3(z)}{\mathrm{d}z^2}+\frac{2mE}{\hbar^2}$$

上式左边只是变量 x 的函数，右边是变量 y 和 z 的函数，欲使两边相等，两边必须等于同一常量。令此常数为 $\frac{2mE_x}{\hbar^2}$，则得

$$-\frac{1}{\psi_1(x)}\cdot\frac{\mathrm{d}^2\psi_1(x)}{\mathrm{d}x^2}=\frac{2mE_x}{\hbar^2} \tag{1-66}$$

$$\frac{1}{\psi_2(y)}\frac{\mathrm{d}^2\psi_2(y)}{\mathrm{d}y^2}+\frac{1}{\psi_3(z)}\frac{\mathrm{d}^2\psi_3(z)}{\mathrm{d}z^2}+\frac{2mE}{\hbar^2}=\frac{2mE_x}{\hbar^2} \tag{1-67}$$

将式(1-67)整理得

$$-\frac{1}{\psi_2(y)}\frac{\mathrm{d}^2\psi_2(y)}{\mathrm{d}y^2}=\frac{1}{\psi_3(z)}\frac{\mathrm{d}^2\psi_3(z)}{\mathrm{d}z^2}+\frac{2m(E-E_x)}{\hbar^2}$$

再令两边同等于 $\frac{2mE_y}{\hbar^2}$，则上式又分离为

$$-\frac{1}{\psi_2(y)}\frac{\mathrm{d}^2\psi_2(y)}{\mathrm{d}y^2}=\frac{2mE_y}{\hbar^2} \tag{1-68}$$

$$\frac{1}{\psi_3(z)}\frac{\mathrm{d}^2\psi_3(z)}{\mathrm{d}z^2}+\frac{2m(E-E_x)}{\hbar^2}=\frac{2mE_y}{\hbar^2} \tag{1-69}$$

这样将式(1-64)分解成三个常微分方程式(1-66)、式(1-68)和式(1-69)。整理后，这三个方程变为

$$\frac{\mathrm{d}^2\psi_1(x)}{\mathrm{d}x^2}+\frac{2mE_x}{\hbar^2}\psi_1(x)=0$$

$$\frac{\mathrm{d}^2\psi_2(y)}{\mathrm{d}y^2}+\frac{2mE_y}{\hbar^2}\psi_2(y)=0$$

$$\frac{\mathrm{d}^2\psi_3(z)}{\mathrm{d}z^2}+\frac{2mE_z}{\hbar^2}\psi_3(z)=0$$

令粒子总能量等于 E_x、E_y 和 E_z 的加和，即 $E=E_x+E_y+E_z$。不难看出，这三个方程就相当于三个一维箱中粒子的薛定谔方程，根据一维箱中粒子薛定谔方程的求解方法，很容易得出这三个方程的解，它们分别是

$$\psi_{n_x}(x)=\sqrt{\frac{2}{a}}\cdot\sin\left(\frac{n_x\pi}{a}x\right),\quad E_x=\frac{n_x^2h^2}{8ma^2},\quad n_x=1,\ 2,\ \cdots \tag{1-70}$$

$$\psi_{n_y}(y)=\sqrt{\frac{2}{b}}\cdot\sin\left(\frac{n_y\pi}{b}y\right),\quad E_y=\frac{n_y^2h^2}{8mb^2},\quad n_y=1,\ 2,\ \cdots \tag{1-71}$$

$$\psi_{n_z}(z)=\sqrt{\frac{2}{c}}\cdot\sin\left(\frac{n_z\pi}{c}z\right),\quad E_z=\frac{n_z^2h^2}{8mc^2},\quad n_z=1,\ 2,\ \cdots \tag{1-72}$$

上面三个等式中的 n_x、n_y 和 n_z 也称为量子数，可取的数值分别为 1, 2, 3, …。因此，方程(1-63)的解是

$$\psi_{n_x,n_y,n_z}(x,y,z)=\psi_{n_x}(x)\cdot\psi_{n_y}(y)\cdot\psi_{n_z}(z)$$
$$=\sqrt{\frac{8}{abc}}\cdot\sin\left(\frac{n_x\pi x}{a}\right)\cdot\sin\left(\frac{n_y\pi y}{b}\right)\cdot\sin\left(\frac{n_z\pi z}{c}\right) \tag{1-73}$$

$$E_{n_x,n_y,n_z}=E_x+E_y+E_z=\frac{h^2}{8m}\left(\frac{n_x^2}{a^2}+\frac{n_y^2}{b^2}+\frac{n_z^2}{c^2}\right) \tag{1-74}$$

由式(1-73)和式(1-74)可知，在长方箱中，每一组(n_x, n_y, n_z)都确定一个状态 $\psi_{n_x,n_y,n_z}(x,y,z)$，每个状态都对应一个确定的能量 E_{n_x,n_y,n_z}。这里需要注意，在长方箱中，一个能量只能与一种状态对应。如果箱子是立方的，即 $a=b=c$，则立方箱中粒子薛定谔方程的解为

$$\psi_{n_x,n_y,n_z}(x,y,z)=\sqrt{\frac{8}{a^3}}\cdot\sin\left(\frac{n_x\pi x}{a}\right)\cdot\sin\left(\frac{n_y\pi y}{a}\right)\cdot\sin\left(\frac{n_z\pi z}{a}\right) \tag{1-75}$$

$$E_{n_x,n_y,n_z}=\frac{h^2}{8ma^2}\left(n_x^2+n_y^2+n_z^2\right) \tag{1-76}$$

由式(1-75)和式(1-76)可知，在立方箱中，每一组(n_x, n_y, n_z)也可确定一个状态。但与长方箱不同的是，只要保持$\left(n_x^2+n_y^2+n_z^2\right)$的值相等，体系就具有相同的能量 E_{n_x,n_y,n_z}，因此(n_x, n_y, n_z)可以有不同的组合方式。也就是说，立方箱中的粒子，同一能量对应不止一种状态，这种能级就称为简并的能级。同一能级所对应状态的数目称为这一能级的简并度，也称为该能级的退化度。例如，ψ_{112}、ψ_{121} 及 ψ_{211} 三种状态对应的能量 $E_{112}=E_{121}=E_{211}$，都是 $\frac{h^2}{8ma^2}\left(1^2+1^2+2^2\right)=\frac{6h^2}{8ma^2}$，因此能级 $\frac{6h^2}{8ma^2}$ 是简并的，其简并度为 3。

三维箱中粒子的薛定谔方程[式(1-63)]可以看作是哈密顿算符 $-\frac{\hbar^2}{2m}\left(\frac{\partial^2}{\partial x^2}+\frac{\partial^2}{\partial y^2}+\frac{\partial^2}{\partial z^2}\right)$ 的本征方程，其本征值就是粒子的能量 E_{n_x,n_y,n_z}，由于量子数 n_x、n_y 和 n_z 可取的数值分别为 1, 2, 3, …，E_{n_x,n_y,n_z} 是量子化的，因此三维箱中粒子哈密顿算符的本征值谱是分立谱。在长方箱情况下，所有本征值都是非简并的。在立方箱情况下，有些本征值是简并的，有些是非简并的。如前所述，本征值 $\frac{6h^2}{8ma^2}$ 是简并的，因为

有三个线性无关的本征函数ψ_{112}、ψ_{121}及ψ_{211}属于这个本征值，因此其简并度是 3；而本征值$\dfrac{12h^2}{8ma^2}$是非简并的，只有一种线性无关的本征函数ψ_{222}属于这个本征值，因此其简并度等于 1。

习　题

1.1　当静止质量等于 100g 的炮弹以 $1000\text{m}\cdot\text{s}^{-1}$ 的速率飞行时，它的质量会增加多少？若速率为 $10^5\text{m}\cdot\text{s}^{-1}$、$10^6\text{m}\cdot\text{s}^{-1}$、$10^7\text{m}\cdot\text{s}^{-1}$ 及 $10^8\text{m}\cdot\text{s}^{-1}$ 时，它的质量又分别会增加多少？将计算结果列成表格并分析它们的变化趋势。

1.2　光在两种介质的界面上发生反射时，入射角=反射角。但实验发现，当波长 $\lambda=0.58\text{Å}$ 的 X 射线以入射角 $\theta=81.8°$ 投射到一面间距 $d=2.814\text{Å}$ 的晶体上时，并没有反射线产生，而当 $\theta=84.6°$ 时，才可以观察到反射线。请说明原因。

1.3　分别计算波长 λ 为 6000Å 的红光及波长 λ 为 1Å 的 X 射线的一个光子的能量 E 和动量 P。

1.4　若波长 λ 为 4000Å 的光照射到金属铯上，计算金属铯所发射出来光电子的速率。已知铯的临阈波长为 6600Å。

1.5　已知电子和中子的德布罗意波长都等于 1Å，它们的速率和动能各是多少？

1.6　试求下列粒子的德布罗意波长：

(1) 能量为 100eV 的自由电子；

(2) 能量为 100eV 的氢原子；

(3) 能量为 0.1eV 的自由电子；

(4) 能量为 0.1eV，质量为 1g 的粒子。

1.7　用速率 $v=1\times10^9\text{cm}\cdot\text{s}^{-1}$ 的电子进行衍射实验。若所用 MgO 晶体粉末的晶面间距 d 为 2.42Å，晶体粉末与底版的距离为 2.5cm。试求第二条和第三条衍射环的半径。

1.8　假设某微观粒子在弹性力作用下运动，弹力常数为 k。试写出该粒子的薛定谔方程。

1.9　写出一个被束缚在半径为 a 的圆周上运动的粒子的薛定谔方程，并求其解。

1.10　写出在边长为 l 的立方箱中运动的质量为 m 的自由粒子最低四个能级的能量、简并度和波函数。

1.11　如果粒子被束缚在 $0<x<a$ 的一维箱内，其状态函数 $\psi(x)=\sqrt{\dfrac{2}{a}}\cdot\sin\left(\dfrac{\pi}{a}x\right)$，求出这个粒子出现在 $0.25\,a<x<0.75\,a$ 区间的概率。

1.12　将一维箱中粒子的波函数进行归一化时，得 $c_2^2=\dfrac{2}{a}$，在后面的处理步骤中只将 c_2 取为 $\sqrt{\dfrac{2}{a}}$。是否也可以取 $c_2=-\sqrt{\dfrac{2}{a}}$？为什么只将 c_2 取为 $\sqrt{\dfrac{2}{a}}$ 而不取为 $-\sqrt{\dfrac{2}{a}}$？

1.13　证明：如果算符 $\hat{\text{L}}$ 和 $\hat{\text{M}}$ 是线性的，那么 $\left(c_1\hat{\text{L}}+c_2\hat{\text{M}}\right)$ 及 $\left(c_1\hat{\text{L}}\hat{\text{M}}\right)$ 也都是线性的。

1.14 证明：如果算符 $\hat{\mathrm{L}}$ 和 $\hat{\mathrm{M}}$ 都是自轭的，那么 $\left(\hat{\mathrm{L}}+\hat{\mathrm{M}}\right)$ 和 $\left(\hat{\mathrm{L}}\hat{\mathrm{M}}+\hat{\mathrm{M}}\hat{\mathrm{L}}\right)$ 也都是自轭的。

1.15 (1) 证明：函数 $\mathrm{e}^{-\frac{1}{2}x^2}$ 是算符 $\left(-\dfrac{\mathrm{d}^2}{\mathrm{d}x^2}+x^2\right)$ 的本征函数，所属的本征值为 1。

(2) 函数 $x\mathrm{e}^{-\frac{1}{2}x^2}$ 是否也为算符 $\left(-\dfrac{\mathrm{d}^2}{\mathrm{d}x^2}+x^2\right)$ 的本征函数？如果不是，说明原因；如果是，求出其本征值。

1.16 说明一维箱中粒子处于状态 $\psi_2(x)=\sqrt{\dfrac{2}{a}}\cdot\sin\left(\dfrac{2\pi x}{a}\right)$ 时，粒子的能量 E、坐标 x、动量 P_x 及动量平方 P_x^2 有无确定值。若有，求它们的确定值；若没有，求它们的平均值。a 是势箱长度，x 是粒子坐标，$0<x<a$。

1.17 设粒子是在一维势阱中运动，粒子所处状态由波函数 $\psi(x)=\dfrac{4}{\sqrt{a}}\cdot\sin\left(\dfrac{\pi}{a}x\right)\cdot\cos^2\left(\dfrac{\pi}{a}x\right)$ 描述，求粒子的能量。若能量无确定值，求其平均值。

1.18 证明：在一维无限深势阱中，粒子的两个状态函数 $\psi_1(x)=\sqrt{\dfrac{2}{a}}\cdot\sin\left(\dfrac{\pi}{a}x\right)$ 与 $\psi_2(x)=\sqrt{\dfrac{2}{a}}\cdot\sin\left(\dfrac{2\pi}{a}x\right)$ 彼此正交。

1.19 在边长为 a 的立方箱中质量为 m 的粒子，当其能量分别为 $\dfrac{9h^2}{8ma^2}$ 和 $\dfrac{27h^2}{8ma^2}$ 时，对应能级的简并度各是多少？

第 2 章　原子的结构、性质和原子光谱

2.1　单电子原子的薛定谔方程

氢原子核外只有一个电子，是最简单的原子。He^+、Li^{2+} 等离子核外也只有一个电子，与氢原子不同的是，它们的核电荷数分别是 2 和 3。这种核外只有一个电子的离子称为类氢离子。氢原子和类氢离子统称为单电子原子。

单电子原子包含一个原子核和一个核外电子，是两个粒子构成的体系，因此单电子原子的薛定谔方程也与式(1-45)所示的单个电子的薛定谔方程不同。设原子核的坐标为(x_1, y_1, z_1)，电子的坐标为(x_2, y_2, z_2)。根据量子力学的基本假定Ⅰ和Ⅲ，体系的定态可用只包含空间坐标的定态波函数Ψ来描述，Ψ是两个粒子坐标的函数

$$\Psi = \Psi\ (x_1, y_1, z_1, x_2, y_2, z_2)$$

定态波函数Ψ应满足定态薛定谔方程

$$\hat{H}\Psi = E_T\Psi \tag{2-1}$$

这里 $\hat{H}$ 是能量算符，即哈密顿算符，E_T 是体系的总能量。

若要确定体系 $\hat{H}$ 的具体形式，需知道能量的经典表达式。单电子原子的总能量 E_T 等于两个粒子各自的动能 T_1、T_2 以及两粒子之间的相互作用势能 V 之和。根据经典力学可知

$$\begin{aligned} E &= T_1 + T_2 + V \\ &= \frac{1}{2m_1}\left(P_{x_1}^2 + P_{y_1}^2 + P_{z_1}^2\right) + \frac{1}{2m_2}\left(P_{x_2}^2 + P_{y_2}^2 + P_{z_2}^2\right) + V\left(x_1, y_1, z_1, x_2, y_2, z_2\right) \end{aligned}$$

因此

$$\hat{H} = \frac{1}{2m_1}\left(\hat{P}_{x_1}^2 + \hat{P}_{y_1}^2 + \hat{P}_{z_1}^2\right) + \frac{1}{2m_2}\left(\hat{P}_{x_2}^2 + \hat{P}_{y_2}^2 + \hat{P}_{z_2}^2\right) + V\left(x_1, y_1, z_1, x_2, y_2, z_2\right) \tag{2-2}$$

式中，m_1 是核的质量；m_2 是电子的质量；P_{x_1} 和 P_{x_2} 分别是核和电子的动量在 x 轴方向的分量。

单电子原子中，原子核与核外单个电子之间的相互作用势能为

$$V = -\frac{Ze^2}{r}$$

式中，Z 是核电荷数，对于氢原子，$Z=1$。将 V 及下列各式

$$\hat{P}_{x_1}=-i\hbar\frac{\partial}{\partial x_1},\quad \hat{P}_{y_1}=-i\hbar\frac{\partial}{\partial y_1},\quad \hat{P}_{z_1}=-i\hbar\frac{\partial}{\partial z_1}$$

$$\hat{P}_{x_2}=-i\hbar\frac{\partial}{\partial x_2},\quad \hat{P}_{y_2}=-i\hbar\frac{\partial}{\partial y_2},\quad \hat{P}_{z_2}=-i\hbar\frac{\partial}{\partial z_2}$$

代入式(2-2)得

$$\hat{H}=-\frac{\hbar^2}{2m_1}\nabla_1^2-\frac{\hbar^2}{2m_2}\nabla_2^2-\frac{Ze^2}{r} \tag{2-3}$$

式中，$\nabla_1^2=\frac{\partial^2}{\partial x_1^2}+\frac{\partial^2}{\partial y_1^2}+\frac{\partial^2}{\partial z_1^2}$，$\nabla_2^2=\frac{\partial^2}{\partial x_2^2}+\frac{\partial^2}{\partial y_2^2}+\frac{\partial^2}{\partial z_2^2}$。由此可得单电子原子的薛定谔方程：

$$\left(-\frac{\hbar^2}{2m_1}\nabla_1^2-\frac{\hbar^2}{2m_2}\nabla_2^2-\frac{Ze^2}{r}\right)\Psi=E_{\mathrm{T}}\Psi \tag{2-4}$$

上面选用的坐标是原子核和电子的直角坐标(x_1, y_1, z_1)和(x_2, y_2, z_2)，选用这样的坐标不能直接表示出电子相对于原子核的运动情况，而且在直角坐标系中，核与电子之间的距离为

$$r=\sqrt{(x_1-x_2)^2+(y_1-y_2)^2+(z_1-z_2)^2} \tag{2-5}$$

式(2-5)中涉及两个粒子的坐标，使方程(2-4)无法进行变量分离，因此引入一套新的变量，如图 2-1 所示，用质心坐标(x_c, y_c, z_c)及电子相对于原子核的坐标(x, y, z)这六个变量来替代(x_1, y_1, z_1)和(x_2, y_2, z_2)。很容易求得这两类坐标之间的关系：

$$x_c=\frac{m_1x_1+m_2x_2}{m_1+m_2}$$

$$y_c=\frac{m_1y_1+m_2y_2}{m_1+m_2}$$

$$z_c=\frac{m_1z_1+m_2z_2}{m_1+m_2}$$

$$x=x_2-x_1$$

$$y=y_2-y_1$$

$$z=z_2-z_1$$

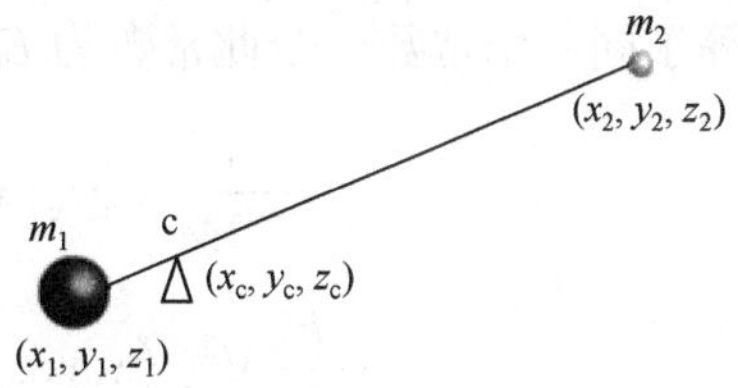

图 2-1　氢原子的坐标

$$\frac{\partial}{\partial x_1}=\frac{m_1}{m_1+m_2}\frac{\partial}{\partial x_c}-\frac{\partial}{\partial x}$$

$$\frac{\partial}{\partial y_1}=\frac{m_1}{m_1+m_2}\frac{\partial}{\partial y_c}-\frac{\partial}{\partial y}$$

$$\frac{\partial}{\partial z_1}=\frac{m_1}{m_1+m_2}\frac{\partial}{\partial z_c}-\frac{\partial}{\partial z}$$

因此可推得用新变量表示的薛定谔方程：

$$\left[-\frac{\hbar^2}{2(m_1+m_2)}\nabla_c^2-\frac{\hbar^2}{2\left(\frac{m_1m_2}{m_1+m_2}\right)}\nabla^2-\frac{Ze^2}{r}\right]\Psi=E_T\Psi \tag{2-6}$$

式中，(m_1+m_2)为原子的总质量，用 M 代替；$\mu=\frac{m_1m_2}{m_1+m_2}$ 称为原子的折合质量。这样，式(2-6)可写为

$$\left[-\frac{\hbar^2}{2M}\nabla_c^2-\frac{\hbar^2}{2\mu}\nabla^2-\frac{Ze^2}{r}\right]\Psi=E_T\Psi \tag{2-7}$$

式中，$r=\sqrt{x^2+y^2+z^2}$，只涉及坐标(x, y, z)，因此这一方程可用分离变量法来解。令

$$\Psi(x_c, y_c, z_c, x, y, z)=\psi_c(x_c, y_c, z_c)\cdot\psi(x, y, z)$$

代入方程式(2-7)，等式两边再同时除以$[\psi_c(x_c, y_c, z_c)\cdot\psi(x, y, z)]$并移项得

$$-\frac{\hbar^2}{2M\psi_c(x_c,y_c,z_c)}\nabla_c^2\psi_c(x_c,y_c,z_c)=\frac{\hbar^2}{2\mu\psi(x,y,z)}\nabla^2\psi(x,y,z)+\frac{Ze^2}{r}+E_T \tag{2-8}$$

式(2-8)左边只是(x_c, y_c, z_c)的函数，右边只是(x, y, z)的函数，两边恒等，因此必等于同一个常数。令此常数为 E_c，则

$$-\frac{\hbar^2}{2M}\nabla_c^2\psi_c(x_c,y_c,z_c)=E_c\psi_c(x_c,y_c,z_c) \tag{2-9}$$

$$-\frac{\hbar^2}{2\mu}\nabla^2\psi(x,y,z)-\frac{Ze^2}{r}\psi(x,y,z)=E\psi(x,y,z) \tag{2-10}$$

式中，$E=E_T-E_c$。因此，单电子原子的薛定谔方程分解为上述两个方程，方程式(2-9)表示质心(整个原子)在空间的平动，E_c 为其平动能。方程式(2-10)表示电子与原子核的相对运动，E 相当于电子相对于原子核运动的动能与势能之和。

因为原子核的质量比电子大得多，可以假定原子核不动，即 $E_c=0$，而只考虑

电子的运动。因此，单电子原子这样一个两粒子体系就简化为一个单个电子的体系，体系的波函数Ψ就只是电子坐标(x, y, z)的函数，$\Psi = \psi(x, y, z)$，电子在原子核所产生的势场中运动，其势能仍为$V = -\dfrac{Ze^2}{r}$，电子的质量用 m_e 表示，体系的薛定谔方程为

$$-\frac{\hbar^2}{2m_e}\nabla^2\psi(x,y,z) - \frac{Ze^2}{r}\psi(x,y,z) = E\psi(x,y,z) \tag{2-11}$$

因为$r = \sqrt{x^2+y^2+z^2}$，所以势能$V = -\dfrac{Ze^2}{r}$。在直角坐标系中，V是三个自变量的函数，而在球坐标系中，势能V只是一个坐标r的函数，方程可以进行分离变量。因此，在求解方程式(2-11)过程中将直角坐标改为球坐标，将球坐标系中拉普拉斯算符∇^2的表达式(1-30)代入式(2-11)，可以得到在假定原子核不动条件下，单电子原子(氢原子或类氢离子)在球坐标系中的薛定谔方程

$$\left[\frac{1}{r^2}\frac{\partial}{\partial r}\left(r^2\frac{\partial}{\partial r}\right) + \frac{1}{r^2\sin\theta}\frac{\partial}{\partial\theta}\left(\sin\theta\frac{\partial}{\partial\theta}\right) + \frac{1}{r^2\sin^2\theta}\frac{\partial^2}{\partial\phi^2}\right]\psi + \frac{2m_e}{\hbar^2}\left(E + \frac{Ze^2}{r}\right)\psi = 0 \tag{2-12}$$

2.2　单电子原子薛定谔方程的近似求解方法

2.2.1　薛定谔方程的变量分离

在以球坐标表示的薛定谔方程中，ψ是 r、θ和ϕ三个变量的函数。若ψ可以进行变量分离，则$\psi(r, \theta, \phi)$可表示为$R(r)$、$\Theta(\theta)$和 $\Phi(\phi)$三个单变量函数的乘积，即

$$\psi(r,\theta,\phi) = R(r)\cdot Y(\theta,\phi) = R(r)\cdot\Theta(\theta)\cdot\Phi(\phi) \tag{2-13}$$

其中，$R(r)$称为ψ的径向部分，$Y(\theta, \phi)$称为ψ 的角度部分：

$$Y(\theta, \phi) = \Theta(\theta)\cdot\Phi(\phi) \tag{2-14}$$

将式(2-13)简写为$\psi = RY$，并将其代入球坐标系下单电子原子薛定谔方程：

$$\frac{1}{r^2}\frac{\partial}{\partial r}\left(r^2\frac{\partial\psi}{\partial r}\right) + \frac{1}{r^2\sin\theta}\frac{\partial}{\partial\theta}\left(\sin\theta\frac{\partial\psi}{\partial\theta}\right) + \frac{1}{r^2\sin^2\theta}\frac{\partial^2\psi}{\partial\phi^2} + \frac{2m_e}{\hbar^2}\left(E + \frac{Ze^2}{r}\right)\psi = 0$$

得

$$\frac{Y}{r^2}\frac{\mathrm{d}}{\mathrm{d}r}\left(r^2\frac{\mathrm{d}R}{\mathrm{d}r}\right) + \frac{R}{r^2\sin\theta}\frac{\partial}{\partial\theta}\left(\sin\theta\frac{\partial Y}{\partial\theta}\right) + \frac{R}{r^2\sin^2\theta}\frac{\partial^2 Y}{\partial\phi^2} + \frac{2m_e}{\hbar^2}\left(E + \frac{Ze^2}{r}\right)RY = 0$$

用$\dfrac{r^2}{RY}$乘以上式并移项得

$$\frac{1}{R}\frac{\mathrm{d}}{\mathrm{d}r}\left(r^2\frac{\mathrm{d}R}{\mathrm{d}r}\right)+\frac{2m_\mathrm{e}r^2}{\hbar^2}\left(E+\frac{Ze^2}{r}\right)=-\frac{1}{Y\sin\theta}\frac{\partial}{\partial\theta}\left(\sin\theta\frac{\partial Y}{\partial\theta}\right)-\frac{1}{Y\sin^2\theta}\frac{\partial^2 Y}{\partial\phi^2}$$

令两边等于同一常数β，于是上式分解为如下两个方程：

$$\frac{1}{R}\frac{\mathrm{d}}{\mathrm{d}r}\left(r^2\frac{\mathrm{d}R}{\mathrm{d}r}\right)+\frac{2m_\mathrm{e}r^2}{\hbar^2}\left(E+\frac{Ze^2}{r}\right)=\beta \tag{2-15}$$

$$-\frac{1}{Y\sin\theta}\frac{\partial}{\partial\theta}\left(\sin\theta\frac{\partial Y}{\partial\theta}\right)-\frac{1}{Y\sin^2\theta}\frac{\partial^2 Y}{\partial\phi^2}=\beta \tag{2-16}$$

将式(2-14)简写为 $Y=\Phi\Theta$，并代入式(2-16)得

$$\frac{\sin\theta}{\Theta}\frac{\mathrm{d}}{\mathrm{d}\theta}\left(\sin\theta\frac{\mathrm{d}\Theta}{\mathrm{d}\theta}\right)+\beta\sin^2\theta=-\frac{1}{\Phi}\frac{\mathrm{d}^2\Phi}{\mathrm{d}\phi^2}$$

令两边同时等于一个新的常数 m^2，于是又将式(2-16)分解为下列两个方程：

$$\frac{\sin\theta}{\Theta}\frac{\mathrm{d}}{\mathrm{d}\theta}\left(\sin\theta\frac{\mathrm{d}\Theta}{\mathrm{d}\theta}\right)+\beta\sin^2\theta=m^2 \tag{2-17}$$

$$-\frac{1}{\Phi}\frac{\mathrm{d}^2\Phi}{\mathrm{d}\phi^2}=m^2 \tag{2-18}$$

式(2-15)、式(2-17)和式(2-18)分别简称为 R 方程、Θ 方程和 Φ 方程，式(2-16)简称为 Y 方程。这样就将一个关于$\psi(r,\theta,\phi)$的含三个变量(r,θ,ϕ)的方程分解成了关于 $R(r)$、$\Theta(\theta)$和 $\Phi(\phi)$的三个常微分方程式(2-15)、式(2-17)和式(2-18)，于是解单电子原子薛定谔方程式(2-12)归结为解上述三个方程。

2.2.2　$\Phi(\phi)$方程的解

将 $\Phi(\phi)$方程式(2-18)整理得

$$\frac{\mathrm{d}^2\Phi}{\mathrm{d}\phi^2}+m^2\Phi=0 \tag{2-19}$$

这是一个常系数二阶齐次线性方程，其解为

$$\Phi=c\mathrm{e}^{\pm i|m|\phi} \tag{2-20}$$

其中，m 是在分离变量时出现的一个任意常数，对于任意 m 的值，$\Phi(\phi)$方程的解都是式(2-20)。

但波函数的标准化条件要求 $\Phi(\phi)$在空间各点都是单值的，因此在坐标由 ϕ 增加到$(\phi+2\pi)$后 $\Phi(\phi)$仍会回到原来位置，所以必须有 $\Phi(\phi)=\Phi(\phi+2\pi)$，即

$$e^{im\phi} = e^{im(\phi+2\pi)}$$

利用复数的三角函数表达式，上式可写为

$$\cos(m\phi) + i\sin(m\phi) = \cos\left[m(\phi+2\pi)\right] + i\sin\left[m(\phi+2\pi)\right]$$

两个复数若相等，其实部和虚部必分别相等，即

$$\cos(m\phi) = \cos\left[m(\phi+2\pi)\right]$$

$$\sin(m\phi) = \sin\left[m(\phi+2\pi)\right]$$

若使这两个等式成立，则 m 一定为整数：$m = 0, \pm 1, \pm 2, \cdots$。方程式(2-19)中的 m 取值虽然可正可负，但当 m 的绝对值相等时，此微分方程也相同，所以与同一个 m^2 所对应的微分方程有如下两个复数解：

$$\varPhi_{|m|} = ce^{i|m|\phi}$$

$$\varPhi_{-|m|} = ce^{-i|m|\phi}$$

根据归一化关系式 $\int_0^{2\pi} \varPhi_{|m|}^* \varPhi_{|m|} \mathrm{d}\phi = 1$，将 $\varPhi_{|m|}$ 和 $\varPhi_{|m|}^*$ 代入即可求归一化常数 c：

$$\int_0^{2\pi} \left(ce^{-i|m|\phi} ce^{i|m|\phi}\right) \mathrm{d}\phi = 1$$

$$c^2 = \frac{1}{2\pi}$$

所以，$c = \frac{1}{\sqrt{2\pi}}$。因此

$$\varPhi_{|m|} = \frac{1}{\sqrt{2\pi}} e^{i|m|\phi} = \frac{1}{\sqrt{2\pi}}\left[\cos(|m|\phi) + i\sin(|m|\phi)\right] \tag{2-21}$$

$$\varPhi_{-|m|} = \frac{1}{\sqrt{2\pi}} e^{-i|m|\phi} = \frac{1}{\sqrt{2\pi}}\left[\cos(|m|\phi) - i\sin(|m|\phi)\right] \tag{2-22}$$

或者用一个式子表示为

$$\varPhi_{\pm|m|} = \frac{1}{\sqrt{2\pi}} e^{\pm i|m|\phi}$$

根据量子力学第Ⅳ条基本假设可知，$\varPhi_{|m|}$和 $\varPhi_{-|m|}$的任意线性组合也是方程式 (2-19)的解。因此，为了得到 $\varPhi(\phi)$方程式(2-18)的实函数解，取

$$\varPhi_{\pm|m|}^{\cos} = C\left(\varPhi_{|m|} + \varPhi_{-|m|}\right) = \frac{2C}{\sqrt{2\pi}}\cos(|m|\phi)$$

$$\Phi_{\pm|m|}^{\sin} = D\left(\Phi_{|m|} - \Phi_{-|m|}\right) = i \cdot \frac{2D}{\sqrt{2\pi}} \sin\left(|m|\phi\right)$$

根据归一化条件可求出 $C = \frac{1}{\sqrt{2}}$，$D = \frac{1}{i\sqrt{2}}$，故得到 $\Phi(\phi)$方程的两个实数解：

$$\begin{aligned} \Phi_{\pm|m|}^{\cos} &= \frac{1}{\sqrt{\pi}} \cos\left(|m|\phi\right) \\ \Phi_{\pm|m|}^{\sin} &= \frac{1}{\sqrt{\pi}} \sin\left(|m|\phi\right) \end{aligned} \tag{2-23}$$

这样就得到关于 $\Phi(\phi)$方程的两组特解，一组特解是用复指数函数表示的 $\Phi_{|m|}$ 和 $\Phi_{-|m|}$，另一组特解是用三角函数表示的实函数 $\Phi_{\pm|m|}^{\cos}$ 和 $\Phi_{\pm|m|}^{\sin}$。这两组特解之间的关系如下：

$$\Phi_{\pm|m|}^{\cos} = \frac{\Phi_{|m|} + \Phi_{-|m|}}{\sqrt{2}}$$

$$\Phi_{\pm|m|}^{\sin} = \frac{\Phi_{|m|} - \Phi_{-|m|}}{i\sqrt{2}}$$

显然 $\Phi(\phi)$方程的解与 m 值有关，所以在右下角用 m 标识。当 $m = 0, \pm1, \pm2$ 时，$\Phi_m(\phi)$方程的解如表 2-1 所示，所给出的波函数 $\Phi_m(\phi)$已经归一化，归一化条件为

$$\int_0^{2\pi} \Phi_m^*(\phi) \cdot \Phi_m(\phi)\mathrm{d}\phi = 1$$

表 2-1　$\Phi(\phi)$方程的解

m	$\Phi_{\pm\|m\|} = \frac{1}{\sqrt{2\pi}} \mathrm{e}^{\pm i\|m\|\phi}$	$\Phi_{\pm\|m\|}^{\cos}$ 和 $\Phi_{\pm\|m\|}^{\sin}$
0	$\Phi_0 = \frac{1}{\sqrt{2\pi}}$	$\Phi_0 = \frac{1}{\sqrt{\pi}}$
1	$\Phi_1 = \frac{1}{\sqrt{2\pi}} \mathrm{e}^{i\phi}$	$\Phi_{\pm1}^{\cos} = \frac{1}{\sqrt{\pi}} \cos\phi$
−1	$\Phi_{-1} = \frac{1}{\sqrt{2\pi}} \mathrm{e}^{-i\phi}$	$\Phi_{\pm1}^{\sin} = \frac{1}{\sqrt{\pi}} \sin\phi$
2	$\Phi_2 = \frac{1}{\sqrt{2\pi}} \mathrm{e}^{2i\phi}$	$\Phi_{\pm2}^{\cos} = \frac{1}{\sqrt{\pi}} \cos 2\phi$
−2	$\Phi_{-2} = \frac{1}{\sqrt{2\pi}} \mathrm{e}^{-2i\phi}$	$\Phi_{\pm2}^{\sin} = \frac{1}{\sqrt{\pi}} \sin 2\phi$

2.2.3　$\Theta(\theta)$方程的解

将 m^2 代入 $\Theta(\theta)$方程式(2-17)可得

$$\frac{\sin\theta}{\Theta}\frac{\mathrm{d}}{\mathrm{d}\theta}\left(\sin\theta\frac{\mathrm{d}\Theta}{\mathrm{d}\theta}\right)+\beta\sin^2\theta=m^2$$

用 $\frac{\Theta}{\sin^2\theta}$ 乘以上式并移项得

$$\frac{1}{\sin\theta}\frac{\mathrm{d}}{\mathrm{d}\theta}\left(\sin\theta\frac{\mathrm{d}\Theta}{\mathrm{d}\theta}\right)+\left(\beta-\frac{m^2}{\sin^2\theta}\right)\Theta=0$$

式中，未知函数 $\Theta(\theta)$是变量 θ 的函数，将其作变量替换，令 $\cos\theta=u$，用一个量纲为一的变量 u 的函数 $P(u)$表示函数 $\Theta(\theta)$，由此可解得 $P(u)$和 $\Theta(\theta)$方程的解(求解过程从略)。

$$P_l^{|m|}(u)=\left(1-u^2\right)^{\frac{|m|}{2}}\frac{\mathrm{d}^{|m|}P_l(u)}{\mathrm{d}u^{|m|}}=\frac{1}{2^l l!}\left(1-u^2\right)^{\frac{|m|}{2}}\frac{\mathrm{d}^{|m|+l}}{\mathrm{d}u^{|m|+l}}\left(u^2-1\right)^l$$

将 $u=\cos\theta$ 代入 $P_l^{|m|}(u)$ 中便可得 $\Theta(\theta)$方程的解为

$$\Theta_{l,m}(\theta)=\sqrt{\frac{(2l+1)(l-|m|)!}{2(l+|m|)!}}P_l^{|m|}\cos\theta \tag{2-24}$$

同时解得式(2-17)中的 $\beta=l(l+1)$。显然 $\Theta(\theta)$方程的解与 l 和 m 之值有关，所以在右下角用 l 和 m 标识。这里，$0\leqslant|m|\leqslant l$，$l=0,1,2,\cdots$。表 2-2 为几个 $\Theta(\theta)$方程的解，所给出的波函数 $\Theta_{l,m}(\theta)$已经归一化，归一化条件为

$$\int_0^{\pi}\Theta_{l,m}^*(\theta)\cdot\Theta_{l,m}(\theta)\sin\theta\mathrm{d}\theta=1$$

表 2-2　$\Theta(\theta)$方程的解

l	m	$\Theta_{l,m}(\theta)$
0	0	$\Theta_{0,0}(\theta)=\frac{\sqrt{2}}{2}$
1	0	$\Theta_{1,0}(\theta)=\frac{\sqrt{6}}{2}\cos\theta$
	±1	$\Theta_{1,\pm1}(\theta)=\frac{\sqrt{3}}{2}\sin\theta$
2	0	$\Theta_{2,0}(\theta)=\frac{\sqrt{10}}{4}\left(3\cos^2\theta-1\right)$
	±1	$\Theta_{2,\pm1}(\theta)=\frac{\sqrt{15}}{2}\sin\theta\cos\theta$
	±2	$\Theta_{2,\pm2}(\theta)=\frac{\sqrt{15}}{2}\sin^2\theta$

因为 $Y_{l,m}(\theta,\phi)=\Theta_{l,m}(\theta)\cdot\Phi_m(\phi)$，所以综合方程 $\Theta_{l,m}(\theta)$和 $\Phi_m(\phi)$的解，可得 $Y_{l,m}(\theta,\phi)$方程(2-16)的解。由于 $\Phi_m(\phi)$方程有复数和实数两套解，因此 $Y(\theta,\phi)$方程也有两套解；因为 $\Theta_{l,m}(\theta)$和 $\Phi_m(\phi)$分别与 l, m 或 m 有关，因此 $Y(\theta,\phi)$也与 l 和 m 有关，也将 l 和 m 标识于函数 $Y(\theta,\phi)$的右下角。例如，$Y_{l,m}(\theta,\phi)$方程的三角函数的解为

$$Y_{l,\pm|m|}^{\cos}(\theta,\phi)=\Theta_{l,m}(\theta)\cdot\Phi_{\pm|m|}^{\cos}(\phi)$$

$$Y_{l,\pm|m|}^{\sin}(\theta,\phi)=\Theta_{l,m}(\theta)\cdot\Phi_{\pm|m|}^{\sin}(\phi)$$

表 2-3 中列出了 $Y(\theta,\phi)$方程的几组解。其中第二套解的符号意义是：在 Y 的右下标中的第一个字母表示 l 值，当 l 等于 0、1 或 2 时分别用 s、p 或 d 表示。这里给出的 $Y(\theta,\phi)$函数都是归一化的，归一化条件为

$$\int_0^{\pi}\int_0^{2\pi}Y_{l,m}^{*}(\theta,\phi)\cdot Y_{l,m}(\theta,\phi)\sin\theta\mathrm{d}\theta\mathrm{d}\phi=1$$

表 2-3　$Y(\theta,\phi)$方程的解

l	m	$Y_{l,m}(\theta,\phi)$	$Y_{l,\pm\|m\|}^{\cos}(\theta,\phi)$或$Y_{l,\pm\|m\|}^{\sin}(\theta,\phi)$
0	0	$Y_{0,0}=\frac{1}{\sqrt{4\pi}}$	$Y_{s}=Y_{0,0}=\frac{1}{\sqrt{4\pi}}$
1	0	$Y_{1,0}=\sqrt{\frac{3}{4\pi}}\cos\theta$	$Y_{p_z}=Y_{1,0}=\sqrt{\frac{3}{4\pi}}\cos\theta$
	1	$Y_{1,1}=\sqrt{\frac{3}{8\pi}}\sin\theta\cdot e^{i\phi}$	$Y_{p_x}=Y_{1,\pm1}^{\cos}=\sqrt{\frac{3}{4\pi}}\sin\theta\cos\phi$ $Y_{p_y}=Y_{1,\pm1}^{\sin}=\sqrt{\frac{3}{4\pi}}\sin\theta\sin\phi$
	−1	$Y_{1,1}=\sqrt{\frac{3}{8\pi}}\sin\theta\cdot e^{-i\phi}$	
2	0	$Y_{2,0}=\sqrt{\frac{5}{16\pi}}(3\cos^2\theta-1)$	$Y_{d_{z^2}}=Y_{2,0}^{\cos}=\sqrt{\frac{5}{16\pi}}(3\cos^2\theta-1)$
	1	$Y_{2,1}=\sqrt{\frac{15}{8\pi}}\sin\theta\cos\theta\cdot e^{i\phi}$	$Y_{d_{xz}}=Y_{2,\pm1}^{\cos}=\sqrt{\frac{5}{16\pi}}\sin2\theta\cos\phi$ $Y_{d_{yz}}=Y_{2,\pm1}^{\sin}=\sqrt{\frac{5}{16\pi}}\sin2\theta\sin\phi$
	−1	$Y_{2,-1}=\sqrt{\frac{15}{8\pi}}\sin\theta\cos\theta\cdot e^{-i\phi}$	
	2	$Y_{2,2}=\sqrt{\frac{15}{32\pi}}\sin^2\theta\cdot e^{2i\phi}$	$Y_{d_{x^2-y^2}}=Y_{2,\pm2}^{\cos}=\sqrt{\frac{15}{16\pi}}\sin^2\theta\cos2\phi$ $Y_{d_{xy}}=Y_{2,\pm2}^{\sin}=\sqrt{\frac{15}{16\pi}}\sin^2\theta\sin2\phi$
	−2	$Y_{2,-2}=\sqrt{\frac{15}{32\pi}}\sin^2\theta\cdot e^{-2i\phi}$	

2.2.4　$R(r)$方程的解

以 $\beta = l(l+1)$代入 $R(r)$方程式(2-15)后，两边同时乘以 $\frac{R}{r^2}$ 且移项得

$$\frac{1}{r^2}\frac{\mathrm{d}}{\mathrm{d}r}\left(r^2\frac{\mathrm{d}R}{\mathrm{d}r}\right)+\left[\frac{-l(l+1)}{r^2}+\frac{2m_\mathrm{e}E}{\hbar^2}+\frac{2m_\mathrm{e}Ze^2}{\hbar^2 r}\right]R-0 \tag{2-25}$$

令 $\alpha^2 = -\frac{2m_\mathrm{e}E}{\hbar^2}$，则方程式(2-25)变为

$$\frac{\mathrm{d}^2R}{\mathrm{d}r^2}+\frac{2}{r}\frac{\mathrm{d}R}{\mathrm{d}r}+\left[\frac{-l(l+1)}{r^2}-\alpha^2-\frac{\alpha^2Ze^2}{Er}\right]R=0 \tag{2-26}$$

方程式(2-26)的求解过程从略。求解可得单电子原子的能量：

$$E_n = -\frac{\mu e^4Z^2}{2n^2\hbar^2} = -13.6\left(\frac{Z}{n}\right)^2 \mathrm{eV} \tag{2-27}$$

式中，n 是正整数，n 与 l 之间应满足下面的关系式：

$$n \geqslant l+1,\ n = 1, 2, 3, \cdots$$

也就是说，n 是一个大于或等于 1 的量子数。由此可知，能量 E 是量子化的，与 n 有关，因此也记为 E_n。

由方程式(2-26)最后可解得 $R(r)$方程的解

$$R_{n,l}(r) = Ne^{-\frac{\rho}{2}}L_{n+l}^{2l+1}(\rho) \tag{2-28}$$

式中，N 是归一化因子：

$$N = -\left\{\left(\frac{2Z}{na_0}\right)^3\frac{(n-l-1)!}{2n\left[(n+l)!\right]^3}\right\}^{\frac{1}{2}}$$

$$L_{n+l}^{2l+1}(\rho) = \sum_{k=0}^{n-l-1}\left\{(-1)^{k+1}\times\frac{\left[(n+l)!\right]^2}{(n-l-1-k)!(2l+1+k)!k!}\times\rho^k\right\}$$

其中，$\rho = \frac{Z}{a_0}r$，$a_0 = \frac{\hbar^2}{m_\mathrm{e}e^2} = 0.529\text{Å}$，$a_0$ 称为玻尔半径。

显然 $R(r)$方程的解与 n 和 l 均有关，因此在 $R(r)$右下角用 n 和 l 标识，表示为 $R_{n,l}(r)$。表 2-4 给出了前几个 $R_{n,l}(r)$函数，这些函数都是归一化的，归一化条件为

$$\int_0^{\infty} R_{n,l}^{*}(r)\cdot R_{n,l}(r)\ r^2 \mathrm{d}r = 1$$

表 2-4　$R(r)$方程的解

n	l	$R_{n,l}(r)$
1	0	$R_{1,0}(r)=2\left(\dfrac{Z}{a_0}\right)^{\frac{3}{2}}\mathrm{e}^{-\frac{Zr}{a_0}}$
2	0	$R_{2,0}(r)=\dfrac{1}{2\sqrt{2}}\left(\dfrac{Z}{a_0}\right)^{\frac{3}{2}}\left(2-\dfrac{Zr}{a_0}\right)\mathrm{e}^{-\frac{Zr}{2a_0}}$
	1	$R_{2,1}(r)=\dfrac{1}{2\sqrt{6}}\left(\dfrac{Z}{a_0}\right)^{\frac{3}{2}}\dfrac{Zr}{a_0}\mathrm{e}^{-\frac{Zr}{2a_0}}$
3	0	$R_{3,0}(r)=\dfrac{2}{81\sqrt{3}}\left(\dfrac{Z}{a_0}\right)^{\frac{3}{2}}\left[27-\dfrac{18Zr}{a_0}+2\left(\dfrac{Zr}{a_0}\right)^2\right]\mathrm{e}^{-\frac{Zr}{3a_0}}$
	1	$R_{3,1}(r)=\dfrac{4}{81\sqrt{6}}\left(\dfrac{Z}{a_0}\right)^{\frac{3}{2}}\left[\dfrac{6Zr}{a_0}-\left(\dfrac{Zr}{a_0}\right)^2\right]\mathrm{e}^{-\frac{Zr}{3a_0}}$
	2	$R_{3,2}(r)=\dfrac{4}{81\sqrt{30}}\left(\dfrac{Z}{a_0}\right)^{\frac{3}{2}}\left(\dfrac{Zr}{a_0}\right)^2\mathrm{e}^{-\frac{Zr}{3a_0}}$

2.2.5　单电子原子薛定谔方程的一般解

将 $R_{n,l}(r)$、$\Theta_{l,m}(\theta)$、$\Phi_m(\phi)$三者相乘就是单电子原子的波函数ψ，ψ由三个量子数 n, l, m 来标记：

$$\psi_{n,l,m}(r,\theta,\phi)=R_{n,l}(r)\cdot Y_{l,m}(\theta,\phi)=R_{n,l}(r)\cdot\Theta_{l,m}(\theta)\cdot\Phi_m(\phi) \tag{2-29}$$

这三个量子数的取值及其关系为

$$n：1, 2, 3, \cdots$$

$$l：0, 1, 2, \cdots, (n-1)$$

$$m：0, \pm1, \pm2, \cdots, \pm l$$

因为 $\Phi_m(\phi)$方程有两套解，一套为实数解，一套为复数解，所以$\psi(r,\theta,\phi)$的解也有两套，以$\psi_{n,l,m}(r,\theta,\phi)$表示的为复数解，另一套为实数解，表示方法如表 2-5 所示。这里给出的$\psi(r,\theta,\phi)$函数都是归一化的，归一化条件可用下面三式中的任意一式表示：

表 2-5　氢原子和类氢离子的波函数 $\psi(r,\theta,\phi)$ ($\rho = Zr/a_0$)

n	l	m	$\psi(r,\theta,\phi)$
1	0	0	$\psi_{1s} = \frac{1}{\sqrt{\pi}}\left(\frac{Z}{a_0}\right)^{\frac{3}{2}} e^{-\rho}$
2	0	0	$\psi_{2s} = \frac{1}{4\sqrt{2\pi}}\left(\frac{Z}{a_0}\right)^{\frac{3}{2}} (2-\rho) e^{-\frac{\rho}{2}}$
	1	0	$\psi_{2p_z} = \frac{1}{4\sqrt{2\pi}}\left(\frac{Z}{a_0}\right)^{\frac{3}{2}} \rho e^{-\frac{\rho}{2}} \cos\theta$
		±1	$\psi_{2p_x} = \frac{1}{4\sqrt{2\pi}}\left(\frac{Z}{a_0}\right)^{\frac{3}{2}} \rho e^{-\frac{\rho}{2}} \sin\theta\cos\phi$, $\psi_{2p_y} = \frac{1}{4\sqrt{2\pi}}\left(\frac{Z}{a_0}\right)^{\frac{3}{2}} \rho e^{-\frac{\rho}{2}} \sin\theta\sin\phi$
3	0	0	$\psi_{3s} = \frac{1}{81\sqrt{3\pi}}\left(\frac{Z}{a_0}\right)^{\frac{3}{2}} \left(27-18\rho+2\rho^2\right) e^{-\frac{\rho}{3}}$
	1	0	$\psi_{3p_z} = \frac{\sqrt{2}}{81\sqrt{\pi}}\left(\frac{Z}{a_0}\right)^{\frac{3}{2}} (6-\rho)\rho e^{-\frac{\rho}{3}} \cos\theta$
		±1	$\psi_{3p_x} = \frac{\sqrt{2}}{81\sqrt{\pi}}\left(\frac{Z}{a_0}\right)^{\frac{3}{2}} (6-\rho)\rho e^{-\frac{\rho}{3}} \sin\theta\cos\phi$, $\psi_{3p_y} = \frac{\sqrt{2}}{81\sqrt{\pi}}\left(\frac{Z}{a_0}\right)^{\frac{3}{2}} (6-\rho)\rho e^{-\frac{\rho}{3}} \sin\theta\sin\phi$
	2	0	$\psi_{3d_{z^2}} = \frac{1}{81\sqrt{6\pi}}\left(\frac{Z}{a_0}\right)^{\frac{3}{2}} \rho^2 e^{-\frac{\rho}{3}} \left(3\cos^2\theta-1\right)$
		±1	$\psi_{3d_{xz}} = \frac{\sqrt{2}}{81\sqrt{\pi}}\left(\frac{Z}{a_0}\right)^{\frac{3}{2}} \rho^2 e^{-\frac{\rho}{3}} \sin\theta\cos\theta\cos\phi$, $\psi_{3d_{yz}} = \frac{\sqrt{2}}{81\sqrt{\pi}}\left(\frac{Z}{a_0}\right)^{\frac{3}{2}} \rho^2 e^{-\frac{\rho}{3}} \sin\theta\cos\theta\sin\phi$
		±2	$\psi_{3d_{x^2-y^2}} = \frac{1}{81\sqrt{2\pi}}\left(\frac{Z}{a_0}\right)^{\frac{3}{2}} \rho^2 e^{-\frac{\rho}{3}} \sin^2\theta\cos 2\phi$, $\psi_{3d_{xy}} = \frac{1}{81\sqrt{2\pi}}\left(\frac{Z}{a_0}\right)^{\frac{3}{2}} \rho^2 e^{-\frac{\rho}{3}} \sin^2\theta\sin 2\phi$

$$\int_0^{\infty}\int_0^{\pi}\int_0^{2\pi} \psi^*(r,\theta,\phi)\cdot\psi(r,\theta,\phi)\cdot r^2\sin\theta \mathrm{d}r\mathrm{d}\theta\mathrm{d}\phi = 1$$

$$\int_0^{\infty}\int_0^{\pi}\int_0^{2\pi} R^*(r)\cdot Y^*(\theta,\phi)\cdot R(r)\cdot Y(\theta,\phi)\cdot r^2\sin\theta \mathrm{d}r\mathrm{d}\theta\mathrm{d}\phi = 1$$

$$\int_0^{\infty}\int_0^{\pi}\int_0^{2\pi} R^*(r)\cdot \Theta^*(\theta)\cdot \Phi^*(\theta)\cdot R(r)\cdot \Theta(\theta)\cdot\Phi(\phi)\cdot r^2\sin\theta \mathrm{d}r\mathrm{d}\theta\mathrm{d}\phi = 1$$

表 2-5 中，$\psi(r,\theta,\phi)$右下标的第一个数字表示主量子数 n 的数值；第二个符号表示角量子数 l 对应的原子轨道的符号，不同的符号对应 l 的取值不同。例如，原子轨道符号分别为 s, p, d, f, …时，l 的取值分别为 0, 1, 2, 3, …；在原子轨道符号的右下角还有一个与 x、y 和 z 有关的函数式，表示此波函数也可以写成这种函数形式。这两套解之间的关系是

$$\psi_{2p_x} = \frac{\psi_{211} + \psi_{21-1}}{\sqrt{2}} \qquad \psi_{2p_y} = \frac{\psi_{211} - \psi_{21-1}}{\sqrt{2}}$$

$$\psi_{2p_z} = \psi_{210} \qquad \psi_{3d_{z^2}} = \psi_{320}$$

$$\psi_{3d_{xz}} = \frac{\psi_{321} + \psi_{32-1}}{\sqrt{2}} \qquad \psi_{3d_{yz}} = \frac{\psi_{321} - \psi_{32-1}}{\sqrt{2}}$$

$$\psi_{3d_{x^2-y^2}} = \frac{\psi_{322} + \psi_{32-2}}{\sqrt{2}} \qquad \psi_{3d_{xy}} = \frac{\psi_{322} - \psi_{32-2}}{\sqrt{2}}$$

2.3　单电子原子运动状态的描述

可以用电子的运动状态表示原子的状态。对于单电子原子，只有一个核外电子，其状态就可用这一电子的状态来表示。用于描述单电子运动状态的量子数有 7 种。

2.3.1　主量子数 *n*

通过上一节讨论知道，描述单电子原子中电子运动状态的波函数 ψ 由三个量子数 n, l, m 标记。当电子处于 $\psi_{n,l,m}$ 状态时，其能量只与主量子数 n 有关

$$E_n = -\left(\frac{Z}{n}\right)^2 R = -13.6 \times \left(\frac{Z}{n}\right)^2 \text{eV}, \quad n = 1, 2, 3, \cdots$$

因此，主量子数 n 决定体系的能量大小，n 越大，电子的能量 E_n 越高。对于氢原子，$Z=1$，当 $n=1$ 时，氢原子处于基态，对应的能量 $E_1=-13.6$ eV。因为 n 是量子化的，所以电子的能量 E_n 也是量子化的。将离原子核无穷远处的电子能量视为零，那么，在空间任意一点处电子的能量 E_n 都为负值。

2.3.2　角量子数 *l*

电子有两种运动形式，一种是电子围绕原子核所做的轨道运动，另一种是电子自身所做的自旋运动。电子的轨道运动有轨道角动量(为一个矢量)。将角动量平方算符

$$\hat{L}^2 = -\hbar^2 \left[\frac{1}{\sin\theta} \frac{\partial}{\partial\theta} \left(\sin\theta \frac{\partial}{\partial\theta} \right) + \frac{1}{\sin^2\theta} \frac{\partial^2}{\partial\phi^2} \right]$$

作用于 $\psi_{n,l,m}$ 上得

$$\hat{L}^2 \psi_{n,l,m} = l(l+1)\hbar^2 \psi_{n,l,m}$$

式中的 $l(l+1)\hbar^2$ 为常数，说明 $\psi_{n,l,m}$ 是算符 $\hat{L}^2$ 的本征函数，其本征值即为角动量 $\boldsymbol{L}$

的平方：

$$L^2 = l(l+1)\hbar^2 \ , \quad l = 0, 1, 2, \cdots, (n-1)$$

因此，电子轨道运动的角动量 $\boldsymbol{L}$ 也有确定值，其大小为

$$|\boldsymbol{L}| = \sqrt{l(l+1)}\ \hbar \tag{2-30}$$

由此可知，电子轨道角动量 $\boldsymbol{L}$ 的大小由 l 决定，l 称为角量子数。因为 l 的取值是量子化的，所以电子轨道角动量的取值也是量子化的。当 n 一定时，l 共有 n 个值。例如，当 $n=2$ 时，l 可以取 0 和 1 两个值，对应轨道角动量大小分别为 0 和 $\sqrt{2}\hbar$ 。

2.3.3　磁量子数 *m*

若将角动量在 z 方向分量算符 $\hat{L}_z$ 作用于 $\psi_{n,l,m}$ 上得

$$\hat{L}_z\psi_{n,l,m} = m\hbar\psi_{n,l,m}$$

式中，$m\hbar$ 为常数，说明 $\psi_{n,l,m}$ 是 $\hat{L}_z$ 的本征函数，其本征值即为角动量 $\boldsymbol{L}$ 在 z 方向分量 $\boldsymbol{M}_z$，其大小为

$$|\boldsymbol{M}_z| = m\hbar, \quad m = 0, \pm 1, \pm 2, \cdots, \pm l \tag{2-31}$$

式中，m 称为磁量子数。因此，电子的轨道角动量在 z 方向的分量也有确定值，磁量子数 m 决定了电子轨道角动量在 z 方向分量的大小。当 l 一定时，m 共有 $2l+1$ 个取值。

因为 m 是量子化的，所以轨道角动量 $\boldsymbol{L}$ 在空间的取向也是量子化的，即只能是某些分立的方向，而不能任意取向。例如，当 $l=1$ 时，m 有 3 个值，分别是 0 和±1。也就是说，对于 $l=1$ 的电子，其轨道角动量大小为 $|\boldsymbol{L}| = \sqrt{l(l+1)}\hbar = \sqrt{2}\hbar$ ，它在 z 方向分量大小 $|\boldsymbol{M}_z|$(z 轴上的投影)只能是 $+\hbar$ 、$-\hbar$ 或 0，这就决定了 $\boldsymbol{L}$ 在空间的取向只有三种，如图 2-2 所示。值得注意的是，当角动量 $\boldsymbol{L}$ 在 z 轴上的投影 $\boldsymbol{M}_z$ 确定时，只确定了 θ 值，但 ϕ 值是不确定的。因此，$\boldsymbol{L}$ 的方向还是可以变化的，ϕ 值由 0°到 360°的变化使 $\boldsymbol{L}$ 形成了以 z 轴为轴，与 z 轴夹角为 θ 的圆锥面，如图 2-3 所示。

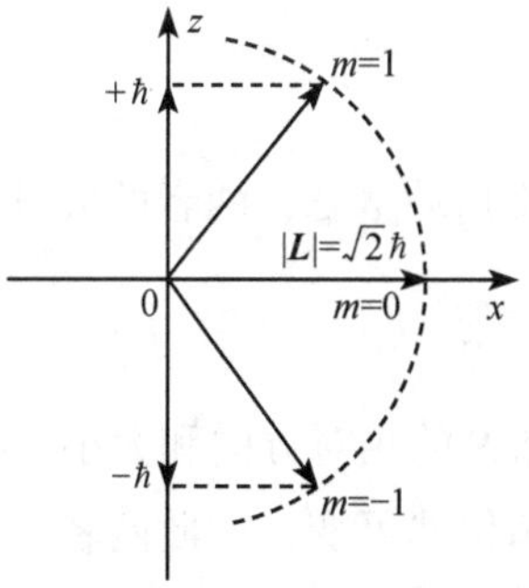

图 2-2　$l=1$ 的电子轨道角动量在 z 轴投影

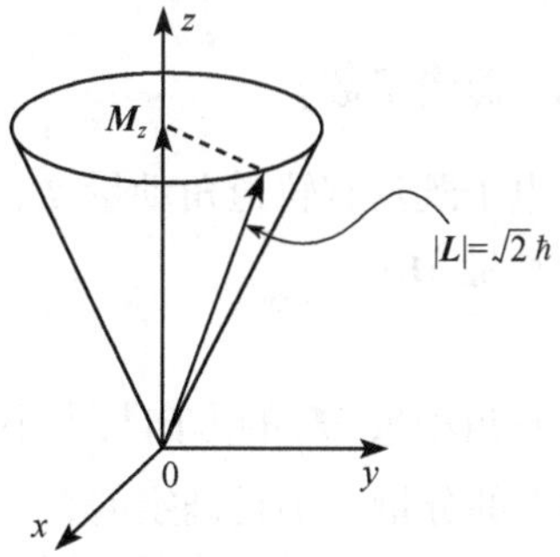

图 2-3　$\boldsymbol{M}_z$ 方向的变动

不难证明$\psi_{n,l,m}$不是算符$\hat{L}_x$和$\hat{L}_y$的本征函数，因此处于状态$\psi_{n,l,m}$上的电子，其轨道角动量在x轴和y轴上的分量都不具有确定值。

2.3.4　自旋量子数 *s*

前已述及，单电子原子中电子的状态可用三个量子数n, l, m描述。但仅有这三个量子数并不能完全确定一个电子的运动状态。原因是电子除了上述轨道运动外，还存在自旋运动，角量子数l确定的只是电子由于绕核旋转而产生的轨道角动量的大小。而电子自旋运动会产生自旋角动量，用矢量$\boldsymbol{S}$表示。为此，引入一个新量子数——电子的自旋量子数s，用于表示电子自旋角动量$\boldsymbol{S}$的大小：

$$|\boldsymbol{S}| = \sqrt{s(s+1)}\hbar \tag{2-32}$$

对于单个电子，$s = \frac{1}{2}$，所以$\boldsymbol{S} = \pm\frac{\sqrt{3}}{2}\hbar$，这意味着$\boldsymbol{S}$的方向有两种，即电子的自旋有两种状态。

2.3.5　自旋磁量子数 m_s

如果将电子自旋角动量$\boldsymbol{S}$在z轴上投影的大小表示为$\boldsymbol{M}_{z,\mathrm{s}}$，则

$$\boldsymbol{M}_{z,\mathrm{s}} = m_{\mathrm{s}}\hbar \tag{2-33}$$

式中，m_{s}称为自旋磁量子数，m_{s}决定了$\boldsymbol{M}_{z,\mathrm{s}}$的大小。因为单电子的自旋角动量$\boldsymbol{S}$只有两种取值，且大小由$s$决定，所以它在$z$轴上的分量(投影)$\boldsymbol{M}_{z,\mathrm{s}}$也只有两种。这就是说，用于确定$\boldsymbol{M}_{z,\mathrm{s}}$的自旋磁量子数$m_{\mathrm{s}}$的取值与$s$有关，实际上，$m_{\mathrm{s}} = \pm s$。对于单电子原子，$s = \frac{1}{2}$，所以

$$m_{\mathrm{s}} = \pm\frac{1}{2}$$

既要考虑电子的轨道运动，还要考虑其自旋运动，因此表示单电子原子中电子状态的完整波函数应由n、l、m和m_{s}四个量子数确定，表示为$\psi_{n,l,m,m_{\mathrm{s}}}$。

2.3.6　总量子数 *j*

电子既具有轨道角动量$\boldsymbol{L}$，又具有自旋角动量$\boldsymbol{S}$，两者的矢量和就是电子的总角动量$\boldsymbol{M}_j$：

$$\boldsymbol{M}_j = \boldsymbol{L} + \boldsymbol{S} \tag{2-34}$$

总角动量$\boldsymbol{M}_j$的方向与大小取决于$\boldsymbol{L}$和$\boldsymbol{S}$的相对方向和大小。虽然$\boldsymbol{L}$和$\boldsymbol{S}$在z轴上的分量大小是确定的，但它们的夹角仍然可变，因此两者的相对方向也可以不同，但并非是任意的。对于单电子，总角动量$\boldsymbol{M}_j$的大小为

$$\left|\boldsymbol{M}_j\right| = \sqrt{j(j+1)}\,\hbar,\quad j = |l \pm s| \tag{2-35}$$

$$j = l+s,\ |l+s-1|,\ |l+s-2|,\ \cdots,\ |l-s|$$

式中，j 称为总量子数。对于单电子 $l=0$ 的状态，即 s 态，j 的取值只能有一个，即 $j=\left|0\pm\frac{1}{2}\right|=\frac{1}{2}$，而总角动量 $\boldsymbol{M}_j$ 的大小也只能是 $\left|\boldsymbol{M}_j\right|=\sqrt{\frac{1}{2}\left(\frac{1}{2}+1\right)}\,\hbar=\frac{\sqrt{3}}{2}\hbar$。当 $l\neq 0$ 时，j 的取值可有两个：$l+\frac{1}{2}$ 和 $l-\frac{1}{2}$，这意味着单电子的 $\boldsymbol{L}$ 和 $\boldsymbol{S}$ 的夹角只能有两种。例如，一个 p 电子，其 $l=1$，因此 j 的取值可有 $\frac{3}{2}$ 和 $\frac{1}{2}$ 两个，$\boldsymbol{M}_j$ 的大小也有两种：$\left|\boldsymbol{M}_j\right|=\frac{\sqrt{15}}{2}\hbar$ 和 $\left|\boldsymbol{M}_j\right|=\frac{\sqrt{3}}{2}\hbar$，表明 $\boldsymbol{L}$ 和 $\boldsymbol{S}$ 有两种相对取向，如图 2-4 所示。

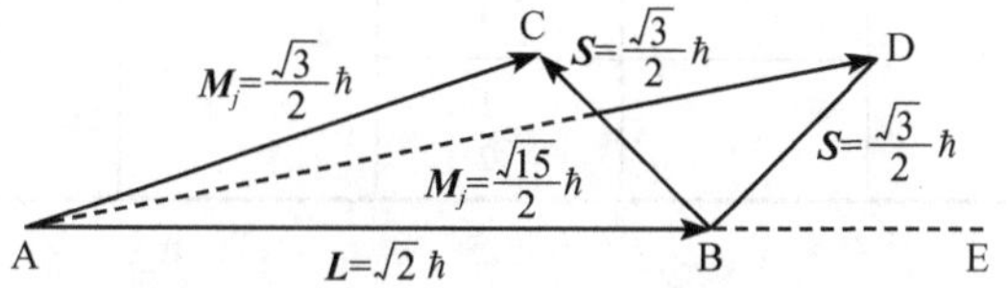

图 2-4　一个 p 电子 $\boldsymbol{M}_j$ 的两种取向

2.3.7　总磁量子数 m_j

由于总角动量 $\boldsymbol{M}_j$ 的大小及在空间取向均是量子化的，因此 $\boldsymbol{M}_j$ 在 z 轴上的分量也是量子化的，总磁量子数 m_j 就决定了总角动量 $\boldsymbol{M}_j$ 在 z 轴方向上分量 $\boldsymbol{M}_{z,j}$ 的大小：

$$\left|\boldsymbol{M}_{z,j}\right| = m_j\hbar,\quad m_j = \pm\frac{1}{2},\pm\frac{3}{2},\ \cdots,\ \pm j \tag{2-36}$$

例如，$j=\frac{3}{2}$ 时，$\left|\boldsymbol{M}_j\right|=\frac{\sqrt{15}}{2}\hbar$，$m_j$ 有 $\pm\frac{1}{2}$ 和 $\pm\frac{3}{2}$ 四个取值，因此 $\boldsymbol{M}_j$ 可有四种取向，如图 2-5 所示。

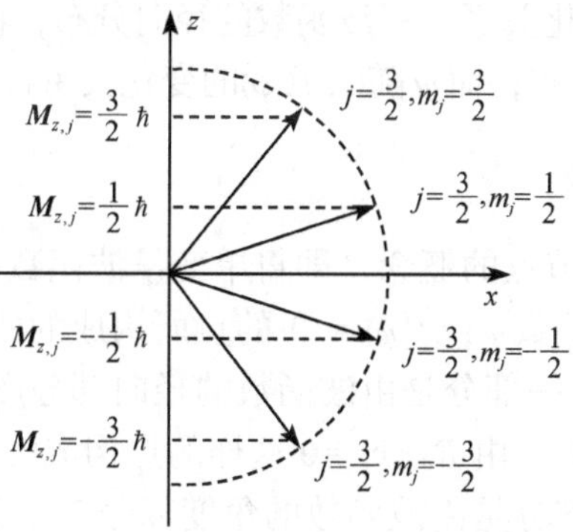

图 2-5　$j=\frac{3}{2}$ 时总角动量 $\boldsymbol{M}_j$ 在 z 方向分量

这样，描述单电子的状态就可以有两组量子数(n, l, m, m_s)或(n, l, j, m_j)。对于相同的 n 和 l，这两组量子数所表示的状态数目是相等的。例如，无论用哪一组量子数描述电子的状态，s 电子都有两种状态，p 电子都有六种状态，如表 2-6 所示。

表 2-6 s 电子和 p 电子对应的两组不同的量子数

<table>
<tr><th rowspan="2">电子</th><th colspan="3">用(l, m, m_s)表示</th><th colspan="3">用(l, j, m_j)表示</th></tr>
<tr><th>l</th><th>m</th><th>m_s</th><th>l</th><th>j</th><th>m_j</th></tr>
<tr><td>s</td><td>0</td><td>0</td><td>$\pm\frac{1}{2}$</td><td>0</td><td>$\frac{1}{2}$</td><td>$\pm\frac{1}{2}$</td></tr>
<tr><td rowspan="3">p</td><td rowspan="3">1</td><td>0</td><td>$\pm\frac{1}{2}$</td><td rowspan="3">1</td><td>$\frac{1}{2}$</td><td>$\pm\frac{1}{2}$</td></tr>
<tr><td>1</td><td>$\pm\frac{1}{2}$</td><td rowspan="2">$\frac{3}{2}$</td><td>$\pm\frac{1}{2}$</td></tr>
<tr><td>-1</td><td>$\pm\frac{1}{2}$</td><td>$\pm\frac{3}{2}$</td></tr>
</table>

2.4 原子轨道的图形表示

在研究有关化学键的形成、分子的空间构型、分子的对称性等问题时，用图形简单而形象地表示波函数 ψ 和概率密度$|\psi|^2$ 等函数的性质显得十分必要。ψ 与空间坐标(r, θ, ϕ)之间的关系称为波函数 ψ 的空间分布，需要四维图形来表示这种关系。为简化起见，根据球坐标系中 ψ 进行变量分离后可表示为径向部分 $R_{n,l}(r)$ 与角度部分 $Y_{l,m}(\theta,\phi)$两个函数的乘积这一性质，即

$$\psi(r,\theta,\phi) = R_{n,l}(r)\cdot Y_{l,m}(\theta,\phi)$$

可先讨论 R 随 r 的变化关系——波函数的径向分布；再讨论 Y 随(θ, ϕ)的变化关系——波函数的角度分布；而 ψ 随(r, θ, ϕ)的变化关系称为 ψ 的空间分布。

2.4.1 波函数的节面数

1.8.3 小节介绍了节点的概念，即将单变量波函数 $\psi(x) = 0$ 的点称为节点。这里将三个变量的波函数 $\psi(r,\theta,\phi) = 0$ 的点所构成的曲面称为节面。$\psi_{n,l,m}(r,\theta,\phi)$ 的节面由两部分产生。一部分是由波函数的径向部分产生的，即在以节点与原点间距离为半径的球面上，由 $R_{n,l}(r) = 0$ 这样的点构成的曲面称为径节面，径节面数等于$(n-l-1)$。另一部分是由波函数的角度部分 $Y_{l,m}(\theta,\phi) = 0$ 产生的，称为角节面，角节面数等于 l。波函数 $\psi_{n,l,m}(r,\theta,\phi)$的总节面数为径节面数和角节面数二者

之和，等于 $n-1$。

2.4.2　径向分布图

$R_{n,l}$与 r 的关系用于表示在同一方向上各点ψ值的相对大小。因为函数 $R_{n,l}$只与量子数 n、l 有关，与 m 无关，所以对于 n、l 分别相同的状态，其 $R_{n,l}$与 r 的关系都相同。

在空间任一点(r, θ, ϕ)周围小体积元 $\mathrm{d}\tau = r^2\sin\theta \mathrm{d}r\mathrm{d}\theta\mathrm{d}\varphi$ 内找到处于量子态(n, l, m)的电子的概率为

$$\left|\psi_{n,l,m}(r,\theta,\phi)\right|^2 \mathrm{d}\tau = \left|\psi_{n,l,m}(r,\theta,\phi)\right|^2 r^2 \sin\theta\ \mathrm{d}r\mathrm{d}\theta\mathrm{d}\phi$$

将上式对θ和 ϕ变化的全部区域积分，即θ从 0 到 π，ϕ从 0 到 2π，并注意到 $Y_{l,m}$的归一化关系式$\int_0^{\pi}\int_0^{2\pi} Y_{l,m}^*(\theta,\phi)\cdot Y_{l,m}(\theta,\phi)\sin\theta\mathrm{d}\theta\mathrm{d}\phi = 1$，可以得到在半径为 r、厚度为 dr 的球壳内电子出现的概率：

$$\mathrm{d}\omega = \int_{\phi=0}^{2\pi}\int_{\theta=0}^{\pi}\left|R_{n,l}(r)Y_{l,m}(\theta,\phi)\right|^2 r^2\sin\theta\ \mathrm{d}r\mathrm{d}\theta\mathrm{d}\phi = R_{n,l}^2(r)r^2\mathrm{d}r = D_{n,l}\mathrm{d}r$$

其中，

$$D_{n,l} = \frac{\mathrm{d}\omega}{\mathrm{d}r} = R_{n,l}^2(r)r^2 \tag{2-37}$$

$D_{n,l}(r)$称为径向分布函数，表示在半径为 r 的单位厚度的球壳内电子出现的概率。

径向分布函数只与 n 和 l 有关，与 m 无关。例如，$2p_x$、$2p_y$ 和 $2p_z$ 轨道中电子的 n 都等于 2，l 都等于 1，尽管它们的 m 不同，但径向分布函数都相同。同理，所有 3d 轨道中电子的径向分布函数也相同。图 2-6 给出了部分原子轨道的径向分布函数 $D_{n,l}(r)$与 r 的关系曲线。

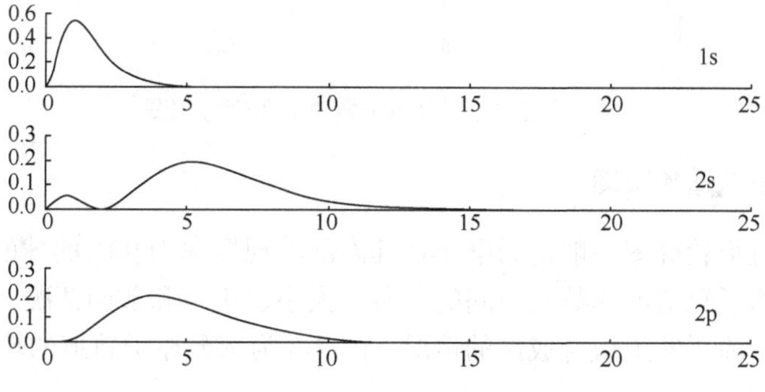

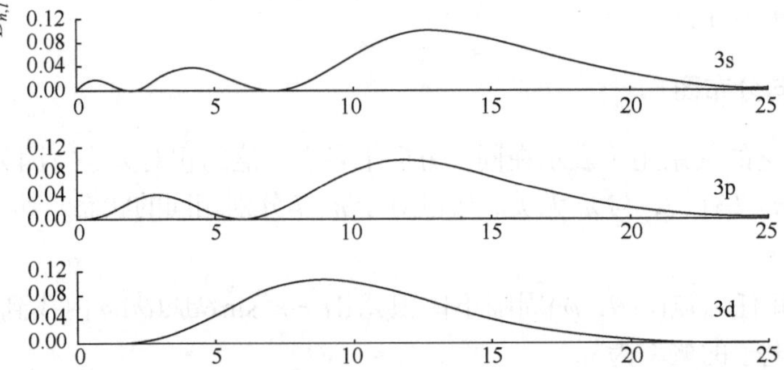

图 2-6　部分原子轨道的 $D_{n,l}(r)$与 r 的关系曲线

2.4.3　角度分布图

描述原子轨道角度分布的图像有多种，其中比较简单实用的是原子轨道的角度分布图。这种图形表示波函数的角度部分 $Y_{l,m}(\theta,\phi)$在空间的分布，是从直角坐标原点引出的长度为$|Y_{l,m}(\theta,\phi)|$的直线端点在空间形成的曲面。$Y_{l,m}(\theta,\phi)$的符号有正负，如图 2-7 所示。

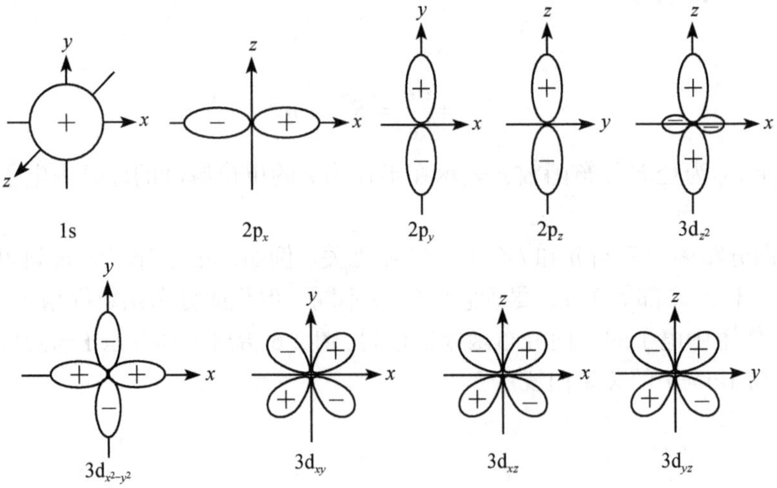

图 2-7　部分原子轨道的角度分布图

2.4.4　原子轨道轮廓图

原子轨道轮廓图一般定为电子在其内部出现概率为 90%的球面。这种图形能定性反映原子轨道波函数在空间的分布、大小、正负和节面情况，可以比较直观地解析各个原子轨道组合成键的情况。图 2-8 为部分原子轨道的轮廓图。

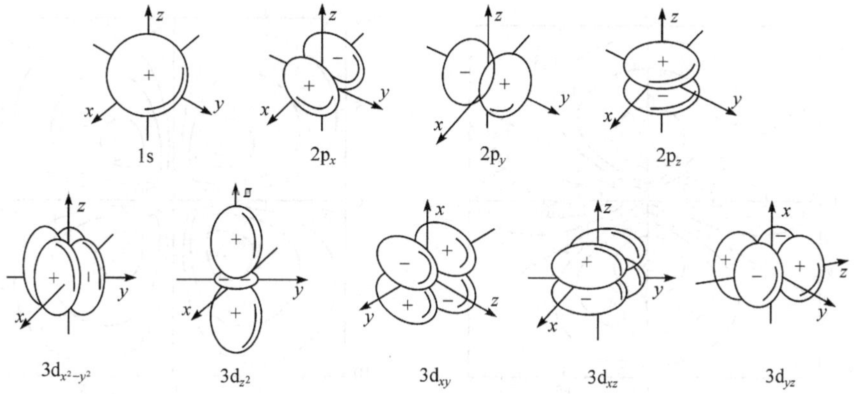

图 2-8　部分原子轨道的轮廓图

2.4.5　空间分布

描述原子轨道空间分布的图像表示概率密度$|\psi|^2$ 在空间各点的分布情况。一般有几种：等值面剖面图、等概率密度面剖面图、界面图、电子云图。

将空间中波函数ψ的值相等的点联结起来所形成的曲面称为原子轨道的等值面，它们是一些同心球或同心椭球，其剖面图为一系列同心圆或同心椭圆。图 2-9 是部分原子轨道的等值面剖面图。将空间中$|\psi|^2$ 的值相等的点联结起来所形成的曲面称为原子轨道的等概率密度面，等概率密度面也是一些同心球或同心椭球。因为空间中ψ相等的点，其$|\psi|^2$也相等，所以等值面剖面图与等概率密度面剖面图的形状相似，不同的是曲面上数值的意义有差别，且$|\psi|^2$等密度面上的值全部为正。

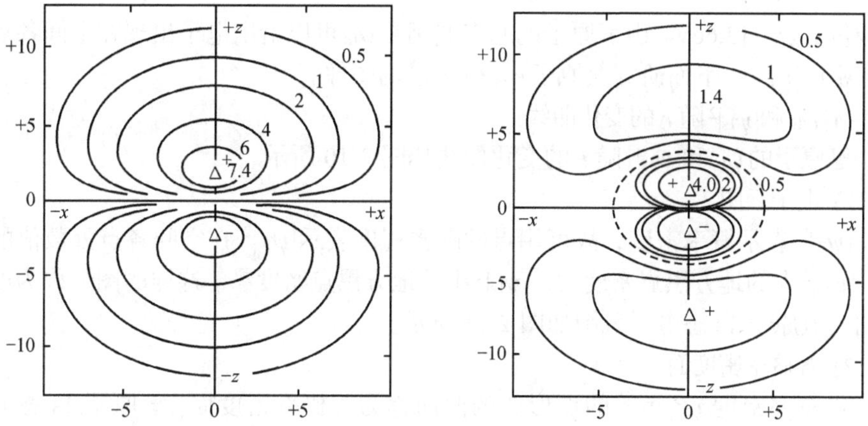

(a) 2p$_z$　　(b) 3p$_z$

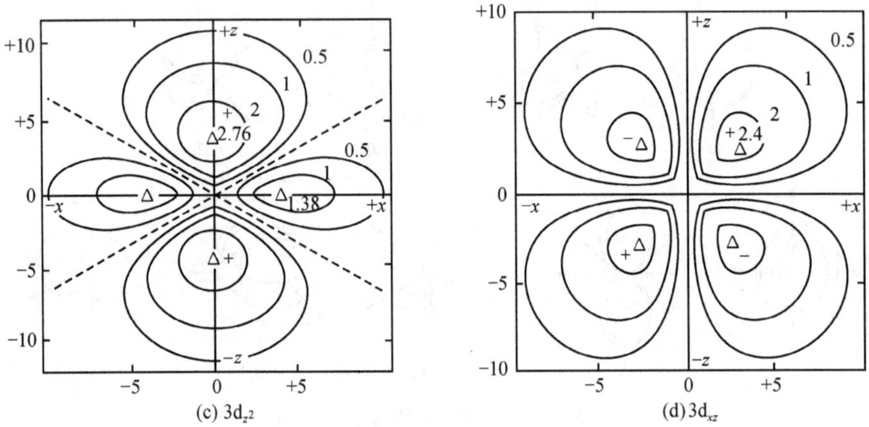

图 2-9　部分原子轨道的等值面剖面图

2.4.6　氢原子的 s 态

若单电子原子的波函数ψ只是 r 的函数，与角度部分无关，这样的波函数所描述的电子的状态称为 s 态，记为ψ_s，即$\psi_s = \psi_s(r)$。下面讨论氢原子的 s 态。

1. 氢原子基态的图像

由式 $E_n = -13.6\left(\dfrac{Z}{n}\right)^2$ 所确定的原子能量最低的状态称为基态。对于氢原子，$Z = 1$。氢原子的 1s 态($n = 1$)就是它的基态，对应的波函数$\psi_{1s} = \sqrt{\dfrac{1}{\pi a_0^3}}e^{-\frac{r}{a_0}}$，电子的能量 E_{1s}=−13.6eV。由氢原子的基态波函数ψ_{1s}可以给出电子出现在空间各点的概率密度$|\psi_{1s}|^2$。下面研究氢原子ψ_{1s}和$|\psi_{1s}|^2$的图像。

1) ψ_{1s}和$|\psi_{1s}|^2$随 r 的变化曲线

氢原子的ψ_{1s}和$|\psi_{1s}|^2$随 r 的变化曲线如图 2-10 所示。

2) 电子云图

$|\psi_{1s}|^2$ 表示概率密度，故可用点的疏密程度表示$|\psi_{1s}|^2$ 在空间各点处数值的大小。$|\psi_{1s}|^2$大的地方黑点密度大，$|\psi_{1s}|^2$小的地方黑点密度小。这样的图形称为电子云图。氢原子 1s 态电子云图如图 2-11 所示。

3) 等概率密度面

由概率密度$|\psi|^2$相等的点形成的曲面称为等概率密度面。氢原子 1s 态的等概率密度面是一系列同心球面。图 2-12 为氢原子等概率密度面的剖面图，为一系列同心圆，圆上标出的数值代表在此面上电子出现概率密度$|\psi_{1s}|^2$ 值的相

对大小。

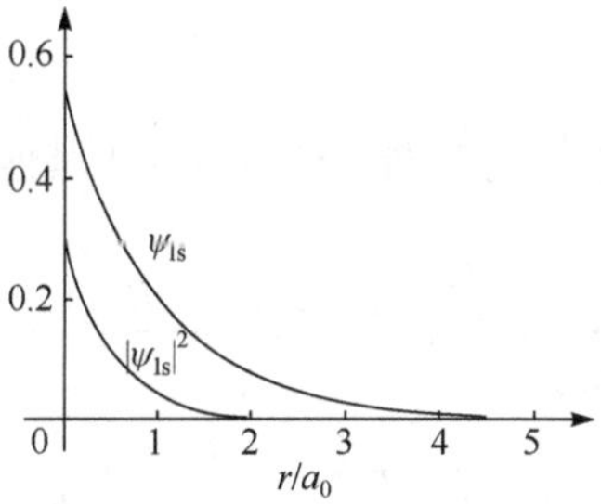

图 2-10　氢原子 ψ_{1s} 和 $|\psi_{1s}|^2$ 随 r 变化的曲线图

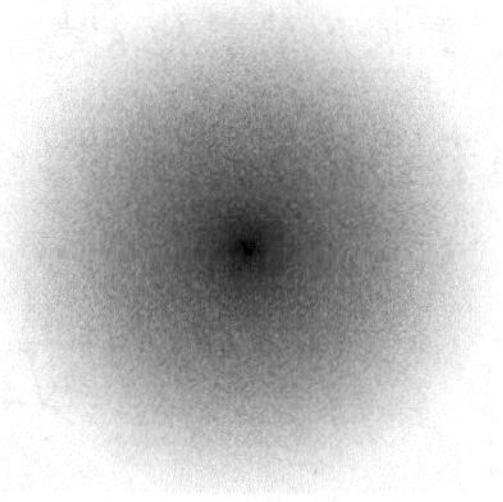

图 2-11　氢原子 1s 态电子云图

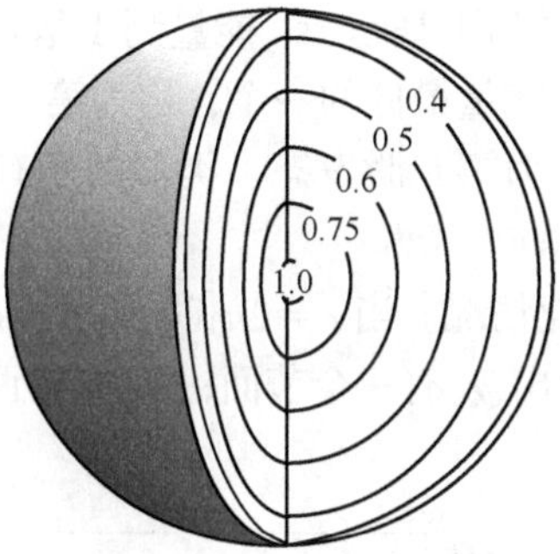

图 2-12　氢原子 1s 态等概率密度面剖面图

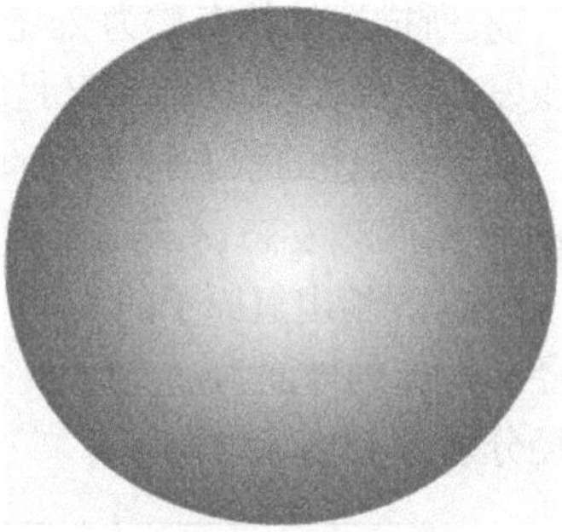

图 2-13　氢原子 1s 态电子出现概率为一定数值的界面图

4) 界面图

界面图是某个等概率密度面，电子在此界面内出现的概率为一个规定值，如 90%或其他值。氢原子 1s 态的界面图都是球面。图 2-13 为氢原子 1s 态电子出现概率为某一数值时的界面图。

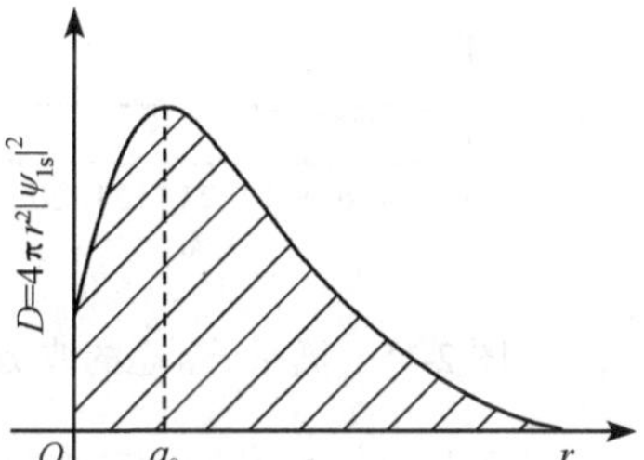

图 2-14　氢原子 1s 态电子云径向分布图

5) 径向分布图

对于氢原子，电子出现在半径为 r、厚度为 dr 的球壳内的概率及概率密度分别为 $d\omega = 4\pi r^2 |\psi_{ns}|^2 dr$ 和 $D_{n,l}(r) = \dfrac{d\omega}{dr} = 4\pi r^2 |\psi_{ns}|^2$ 。$D_{n,l}(r)$对 r 作图得一曲线，如图 2-14 所示。曲线有一极大值。由条件$\dfrac{dD_{n,l}(r)}{dr} = 0$可求出 $D_{n,l}(r)$极大时的半径 r：

$$r = a_0 \tag{2-38}$$

也就是说，对于氢原子，$Z = 1$，在半径 $r = a_0$ 的球面上，单位厚度球壳内发现电子的概率最大。

2. 氢原子的其他 s 态

对于氢原子，核外的 1 个电子除处于基态 1s 态外，还可以处于其他状态。例如：

$$\psi_{2s}=\frac{1}{4\sqrt{2\pi}}\left(\frac{1}{a_0}\right)^{\frac{3}{2}}\left(2-\frac{r}{a_0}\right)\mathrm{e}^{-\frac{r}{2a_0}},\qquad E_{2s}=-\frac{R}{2^2}$$

$$\psi_{3s}=\frac{1}{8\sqrt{3\pi}}\left(\frac{1}{a_0}\right)^{\frac{3}{2}}\left(27-\frac{18r}{a_0}+\frac{2r^2}{a_0^2}\right)\mathrm{e}^{-\frac{r}{3a_0}},\qquad E_{3s}=-\frac{R}{3^2}$$

ψ_{2s}所描述的状态称为 2s 态。2s 态的能量高于基态 1s。能量高于基态的状态称为激发态。而 2s 态的能量又是所有激发态中能量最低的一个，称为第一激发态。

ψ_{3s}所描述的状态称为氢原子的 3s 态，为第二激发态。类似的还有第三激发态ψ_{4s}、第四激发态ψ_{5s}等。

图 2-15 给出氢原子的ψ_{2s}和ψ_{3s}随 r 的变化情况。当 $r = 2a_0$时，$\psi_{2s} = 0$，这说明半径 $r = 2a_0$的球面为ψ_{2s}节面。从图中不难看出ψ_{2s}有一个节面，而ψ_{3s}有两个节面，半径分别为 $1.9a_0$和 $7.1a_0$。

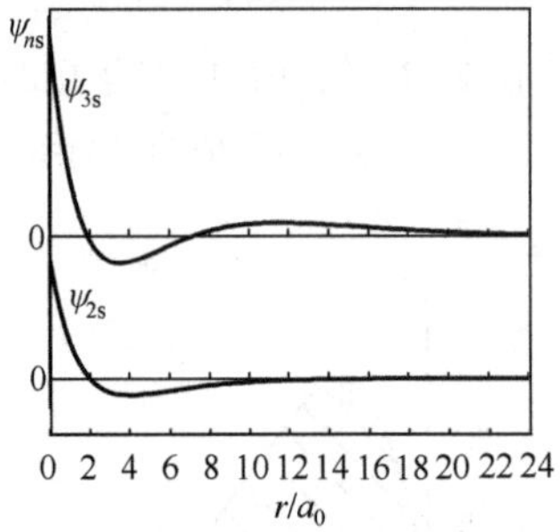

图 2-15　氢原子 s 态的波函数

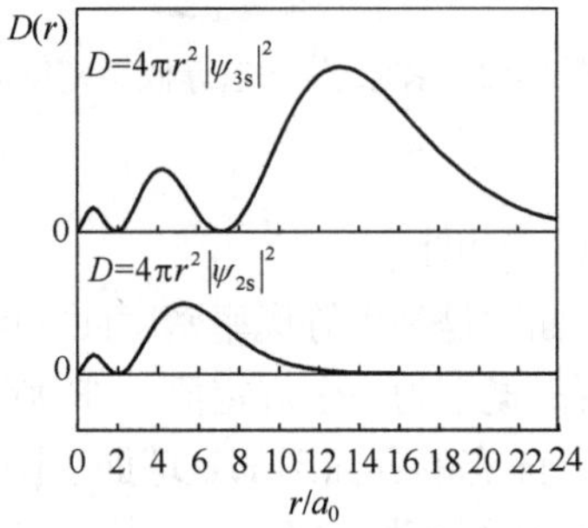

图 2-16　氢原子 s 态的径向分布函数

图 2-16 是ψ_{2s}和ψ_{3s}的径向分布函数 $D_{n,l}(r)$随 r 的变化关系。2s 状态的 $D_{n,l}(r)$有两个极大值，3s 状态有三个极大值。

2.5　多电子原子结构

2.5.1　变分法原理

氦原子核外有两个电子，是最简单的多电子原子，核电荷数为 2，如图 2-17 所示。Li^+核外也只有两个电子，但核电荷数为 3。在讨论氦原子时已经指出，由于原子核的质量比电子大得多，因此可假定原子核不动，只讨论电子相对于核的运动，原子的状态可以用原子核外电子的运动状态来描述。因此，按照量子力学的基本假定，描述氦原子状态的波函数应该是两个电子坐标的函数

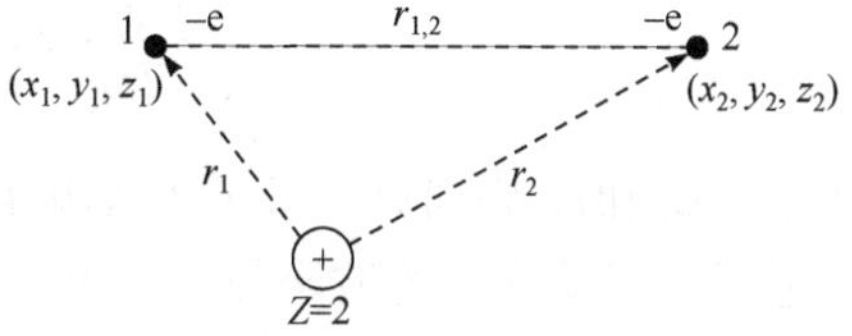

图 2-17　氦原子中的一个原子核和两个电子的相对位置

$$\psi = \psi(x_1, y_1, z_1, x_2, y_2, z_2)$$

若用 r_1 和 r_2 分别表示两个电子的坐标(x_1, y_1, z_1)和(x_2, y_2, z_2)，则ψ也可写为$\psi = \psi(r_1, r_2)$。体系的哈密顿算符是

$$\hat{H} = -\frac{\hbar^2}{2m_e}\nabla_1^2 - \frac{\hbar^2}{2m_e}\nabla_2^2 - \frac{Ze^2}{r_1} - \frac{Ze^2}{r_2} + \frac{e^2}{r_{1,2}} \tag{2-39}$$

氦原子的薛定谔方程为

$$\left(-\frac{\hbar^2}{2m_e}\nabla_1^2 - \frac{\hbar^2}{2m_e}\nabla_2^2 - \frac{Ze^2}{r_1} - \frac{Ze^2}{r_2} + \frac{e^2}{r_{1,2}}\right)\psi = E\psi \tag{2-40}$$

式中，第一、第二项分别是电子 1 和电子 2 的动能；m_e 是电子质量，∇_1^2 和 ∇_2^2 分别是两个电子的拉普拉斯算符；第三、第四、第五项是势能项，其中，第三、第四项分别是电子 1 和电子 2 与原子核之间的吸引能，Z 是核电荷数，对于氦原子，$Z=2$，r_1 和 r_2 分别代表电子 1 和电子 2 与核之间的距离；第五项是电子 1 和电子 2 之间的排斥能，$r_{1,2}$ 代表两个电子之间的距离。

在方程(2-39)中的势能项涉及两个电子坐标 $r_{1,2}$，在直角坐标系中，

$$r_{1,2} = \sqrt{(x_1 - x_2)^2 + (y_1 - y_2)^2 + (z_1 - z_2)^2}$$

无法进行变量分离，不能精确求解，只能采用近似方法处理。最简单的近似方法是忽略电子间相互作用 $\dfrac{e^2}{r_{1,2}}$ 这一项，这时方程(2-40)变为

$$\left(-\frac{\hbar^2}{2m_e}\nabla_1^2 - \frac{\hbar^2}{2m_e}\nabla_2^2 - \frac{Ze^2}{r_1} - \frac{Ze^2}{r_2}\right)\psi = E\psi \tag{2-41}$$

经变量分离后上式可分解为下列两个方程：

$$\left(-\frac{\hbar^2}{2m_e}\nabla_1^2 - \frac{Ze^2}{r_1}\right)\psi_1 = E_1\psi_1 \tag{2-42}$$

$$\left(-\frac{\hbar^2}{2m_e}\nabla_2^2-\frac{Ze^2}{r_2}\right)\psi_2=E_2\psi_2 \tag{2-43}$$

式中，ψ_1 和 ψ_2 分别只是电子 1 或电子 2 坐标的函数，可将它们看作是描述电子 1 和电子 2 运动状态的波函数，E_1 和 E_2 分别是两个电子的能量

$$E_1+E_2=E \tag{2-44}$$

方程(2-42)与方程(2-43)就是核电荷数为 Z 的单电子原子薛定谔方程。因此氦原子中每个电子的状态也可以用四个量子数 n、l、m、m_s 来标记，其基态都是 1s：

$$\psi_{1s}(r_1)=\sqrt{\frac{1}{\pi}}\left(\frac{Z}{a_0}\right)^{\frac{3}{2}}\mathrm{e}^{-\frac{Zr_1}{a_0}}$$

$$\psi_{1s}(r_2)=\sqrt{\frac{1}{\pi}}\left(\frac{Z}{a_0}\right)^{\frac{3}{2}}\mathrm{e}^{-\frac{Zr_2}{a_0}}$$

基态能量都是

$$E_{1s}=-13.6\times\left(\frac{Z}{n}\right)^2\mathrm{eV}=-13.6\times Z^2\mathrm{eV} \tag{2-45}$$

氦原子基态波函数就是两个电子基态波函数的乘积

$$\psi_{1s}=\psi_{1s}(r_1,r_2)=\psi_{1s}(r_1)\ \psi_{1s}(r_2)$$

由式(2-44)和式(2-45)可得，氦原子基态能量 $E=2E_{1s}=-2\times13.6\times2^2\ \mathrm{eV}=-108.8\mathrm{eV}$ 而实验值为−79.0eV。二者差别较大，原因是计算时忽略了电子间相互作用能。采用变分法或微扰法等更精确的方法虽然可以使计算结果更接近实验值，但数学处理过程复杂。下面简单介绍变分法原理。

对于薛定谔方程 $\hat{\mathrm{H}}\psi=E\psi$，如果 ψ 是其解，则用 ψ^* 乘以该式两端且积分后可得

$$E=\frac{\int\psi^*\hat{\mathrm{H}}\psi\mathrm{d}\tau}{\int\psi^*\psi\mathrm{d}\tau}$$

假设 E_0 是体系基态能量，是体系可能具有的最小能量，则通常情况下，将电子任一坐标(x,y,z)的函数 ϕ_i 线性组合后得到的波函数 $\psi=c_1\phi_1+c_2\phi_2+\cdots+c_n\phi_n=\sum_{i=1}^{n}c_i\phi_i$ 作为试探波函数代入上式。因为组合后得到的波函数 ψ 所描述的状态不一定是基态，所以，组合函数 ψ 对应的能量用 E' 表示：

$$E' = \frac{\int \psi^* \hat{\mathrm{H}} \psi \mathrm{d}\tau}{\int \psi^* \psi \mathrm{d}\tau} = \frac{\int \left(\sum_{i=1}^{n} c_i \phi_i \right)^* \hat{\mathrm{H}} \left(\sum_{i=1}^{n} c_i \phi_i \right) \mathrm{d}\tau}{\int \left(\sum_{i=1}^{n} c_i \phi_i \right)^* \left(\sum_{i=1}^{n} c_i \phi_i \right) \mathrm{d}\tau} \tag{2-46}$$

计算所得 E'数值一定不小于 E_0，通过调节试探波函数中的参数 $c_1, c_2, \cdots, c_n$ 可以求得 E'的极小值，这个值就是最接近体系基态能量 E_0 的。

用上述变分法处理氦原子得到其基态能量近似值为−77.5eV，与实验值−79.0eV 比较，误差为 1.9%。

2.5.2　单电子近似和中心力场近似

按照量子力学的基本假定，对于有 N 个电子的原子，描述其状态的波函数应是这几个电子坐标的函数 $\psi = \psi(x_1, y_1, z_1, x_2, y_2, z_2, \cdots, x_N, y_N, z_N)$，$\psi$ 应满足薛定谔方程

$$\left(-\frac{\hbar^2}{2m_{\mathrm{e}}} \sum_{i=1}^{N} \nabla_i^2 - \sum_{i=1}^{N} \frac{Ze^2}{r_i} + \sum_{i<j} \frac{e^2}{r_{i,j}} \right) \psi = E\psi \tag{2-47}$$

式中，第一项是体系中每个电子的动能之和；第二项是原子核与每个电子的吸引能之和，Z 是核电荷数，r_i 是第 i 个电子与核之间的距离；第三项是原子中任意两电子之间排斥能之和，$r_{i,j}$ 是第 i 个电子与第 j 个电子之间的距离。

由于势能项中涉及 i、j 两个电子的坐标 $r_{i,j}$，使薛定谔方程(2-47)无法进行变量分离，因此需采用一些近似处理方法。

1. 单电子近似

众所周知，在 N 电子原子中的每个电子都在其他 $N-1$ 个电子和核所共同形成的势场中运动。假定原子中每个电子都可用一个只含有一个电子坐标的单电子波函数 $\psi_i(x_i, y_i, z_i)$描述，就将这种描述多电子原子中单个电子运动状态的波函数称为单电子波函数，也称为原子轨道。这种近似方法称为单电子近似。在此近似下，若要知道第三个电子的运动状态和对应能量，只需解如下所示的原子中第 i 个单电子薛定谔方程：

$$\left(-\frac{\hbar^2}{2m_{\mathrm{e}}} \nabla_i^2 - \frac{Ze^2}{r_i} + V_i' \right) \psi_i = E_i \psi_i \tag{2-48}$$

式中，左边第一项是第 i 个电子的动能项；第二项是第 i 个电子与核之间的吸引能项；V_i' 是第 i 个电子与其他 $N-1$ 个电子之间的排斥能项。

式(2-48)最简单的近似求解方法是假设 $V_i'=0$。此时上述单电子薛定谔方程又

变成核电荷数为 Z 的单电子原子的薛定谔方程，解这个方程的方法详见 2.2 节。在此单电子近似条件下，只要是主量子数 n 相同的状态，电子的能级都是简并的。例如，在此近似条件下，3s 和 3p 轨道中的电子具有相同的能量。

2. 中心力场近似

然而，电子间的相互排斥能 V_i' 是实际存在的，它不仅与第 i 个电子的坐标 r_i 有关，还与其他 $N-1$ 个电子的坐标有关。但是，由于其他电子在空间出现的概率密度分布几乎不变，因此可以考虑一种平均情况，即 V_i' 只与所考虑电子的坐标 r_i 有关，与 θ、ϕ 无关，即 $V_i' = V_i'(r_i)$，这种近似方法称为中心力场近似。

在中心力场近似下，式(2-47)可按单电子原子薛定谔方程的处理方法进行变量分离，分离为 Y_i 方程和 R_i 方程。Y_i 方程与单电子原子的完全相同，其解也只与量子数 l 和 m 有关。R_i 方程与单电子原子不同，导致能量 E_i 不仅与主量子数 n 有关，还与角量子数 l 有关。

3. 屏蔽常数

对于多电子原子，在讨论 l 对 E_i 的影响时，斯莱特(Slater)采取了一个简化模型：如果其他 $N-1$ 个电子完全集中在原子核上，则其对第 i 个电子的作用就是抵消掉了 $N-1$ 个核电荷。根据斯莱特的这个模型，只要将单电子原子的能量表达式 $E_n = -13.6\times\left(\dfrac{Z}{n}\right)^2$ eV 中核电荷数 Z 用有效核电荷数$(Z-\sigma)$代替，就可以反映出 l 对能量的影响，那么多电子原子的能量 $E_{n,l}$ 就可以表示为

$$E_{n,l} = -13.6\times\left(\frac{Z-\sigma}{n}\right)^2 \text{ eV} \tag{2-49}$$

式中，σ 称为屏蔽常数，显然屏蔽常数 σ 既应与所考虑电子的运动状态有关，也与其余 $N-1$ 个电子的状态有关。

屏蔽常数 σ 可由下列方法简单计算：

将电子按由内而外的次序分组：(1s) (2s2p) (3s3p) (3d) (4s4p) (4d) (4f) (5s5p) ⋯，每个括号内为同一组。

(1) 外组电子对内组电子的屏蔽常数为 0。

(2) 同组中一个电子对另一个电子的屏蔽常数为 0.35；1s 轨道中两个电子之间的屏蔽常数为 0.30。

(3) n 相同时，s 或 p 电子对 d 和 f 电子的屏蔽常数为 1.00。

(4) n 相差 1 的内层电子对外层 s 或 p 电子的屏蔽常数为 0.85，对外层 d 和 f 电子的屏蔽常数为 1.00。

(5) n 相差 2 及 2 以上的内层电子对外层电子的屏蔽常数为 1.00。

在中心力场近似条件下，主量子数 n 相同而角量子数 l 不同的原子轨道的能级不再简并，l 越大的原子轨道，其能量越高。而角量子数 l 也相同的原子轨道的能级仍然是简并的。也就是说，对于确定的 n，角量子数 l 有 n 个取值，按中心力场近似，第 n 能级分裂为 n 个能级。例如，在此近似条件下，3s 和 3p 的能量不再相同，但 $3p_x$、$3p_y$、$3p_z$ 三个原子轨道的能量仍然相同。

图 2-18 所示的是在中心力场近似条件下 $n = 3$ 的原子轨道能级分裂情况。

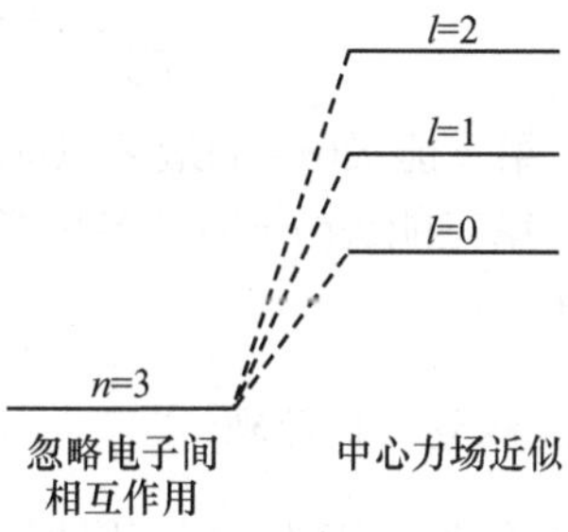

图 2-18　中心力场近似下 $n = 3$ 的原子轨道能级的分裂

【例 2-1】根据屏蔽常数近似计算基态钾原子 $4s^1$ 电子的原子轨道能。

解　钾原子的原子序数是 19，基态原子核外电子排布：$1s^22s^22p^63s^23p^64s^1$。根据斯莱特的近似方法，将钾原子其他电子对 $4s^1$ 电子的屏蔽常数 σ 列于下表：

	4s 层以外	与 4s 同层	n 相差 1 的内层	n 相差大于或等于 2 的内层
电子数	0	0	$8(3s^23p^6)$	$10(1s^22s^22p^6)$
对 $4s^1$ 电子的 σ	0	0	8×0.85	10×1.00

所以，作用于 $4s^1$ 电子总的 $\sigma = 0 + 0 + 8 \times 0.85 + 10 \times 1.00 = 16.80$。因此，基态钾原子 $4s^1$ 电子的原子轨道能：

$$E_{4,0} = -13.6\times\left(\frac{Z-\sigma}{n}\right)^2 \text{ eV} = -13.6\times\left(\frac{19-16.80}{4}\right)^2 \text{ eV} = -4.114\text{eV}$$

2.5.3　原子核外电子的排布

上面讨论了多电子原子中单个电子各种可能的状态及其能级的高低，而电子在原子核外的排布则应服从下面三个规律。

1. 泡利不相容原理

一个原子中不能有两个或更多个电子具有完全相同的四个量子数(n, l, m, m_s)，也就是说，每个量子态只能容纳一个电子。由此可知，一个原子轨道最多只能容纳 2 个电子，且 2 个电子的自旋方向相反。

根据泡利不相容原理，还可计算出一个原子内具有相同主量子数 n 的电子不会超过 $2n^2$ 个：

$$\sum_{l=0}^{n-1} 2(2l+1) = \frac{2+2\times(2n-1)}{2}\cdot n = 2n^2$$

例如，第一能级($n=1$)最多只能容纳 2 个电子；第二能级($n=2$)最多只能容纳 8 个电子；第三能级($n=3$)最多只能容纳 18 个电子；第四能级($n=4$)最多只能容纳 32 个电子。

2. 能量最低原理

在不违背泡利不相容原理的原则下，电子优先填充在能量较低的原子轨道上，以保证整个原子的能量最低。根据这个原理，原子序数从 1 到 5 的原子核外电子排布方式如下：

		1s	2s	2p
H:	$1s^1$	↑		
He:	$1s^2$	↑↓		
Li:	$1s^2 2s^1$	↑↓	↑↓	
Be:	$1s^2 2s^2$	↑↓	↑↓	
B:	$1s^2 2s^2 2p^1$	↑↓	↑↓	↑

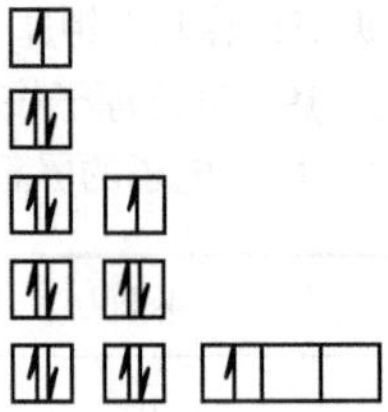

3. 洪德规则

在不违背泡利不相容原理和能量最低原理的原则下，在角量子数 l 相同的原子轨道上，平行自旋的单电子个数越多的状态原子的能量越低，原子也越稳定。

根据上述原子核外电子排布的三原则，原子序数分别为 6、7、8 的 C、N、O 原子核外电子排布方式如下：

		1s	2s	2p
C:	$1s^2 2s^2 2p^2$	↑↓	↑↓	↑ ↑
N:	$1s^2 2s^2 2p^3$	↑↓	↑↓	↑ ↑ ↑
O:	$1s^2 2s^2 2p^4$	↑↓	↑↓	↑↓ ↑ ↑

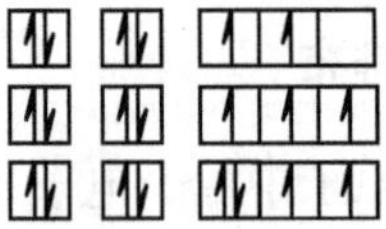

2.6　原 子 光 谱

2.6.1　原子光谱的概念

原子中的电子都处于一定的运动状态，每个状态都具有确定的能量，这些能量是量子化的。在无外来作用时，原子核外电子的排布遵守三个原则，整个原子处于能量最低的状态——基态。但原子的基态可以被破坏，例如，用一定波长的光照射原子时，原子中的一个或几个电子就有可能由此获得能量，而跃迁到较高能级上去，这种电子占据较高能级的原子的状态称为激发态。原子由基态跃迁到激发态的过程称为激发。原子的激发态是不稳定的能量状态，存续时间通常仅为 10^{-8}～10^{-5}s，之后便会将多余能量释放出来，并跃迁回到基态。

假设原子激发态能量为 E_2，基态能量为 E_1，当一个电子由 E_2 跃迁回到 E_1 时，多余的能量以光的形式释放，那么释放出的一个光子的能量 $\Delta E = E_2 - E_1$。而一个光子的能量为 $h\nu$，所以释放出光子的频率：

$$\nu = \frac{\Delta E}{h} = \frac{E_2 - E_1}{h}$$

若用波数来表示则为

$$\tilde{\nu} = \frac{\nu}{c} = \frac{E_2}{hc} - \frac{E_1}{hc}$$

若用底片将发射的光接收下来，便得到一条谱线。与此同时，体系中处于其他能量状态的原子也会发生其他能级间的跃迁，还要发出其他频率的光，将不同频率的光全部接收下来，便得到多条亮的谱线，这就是原子发射光谱。

另外，若用一束白光照射某种物质，此物质将选择吸收其中某些频率的光而发生能级跃迁，即原子中的电子会由低能级跃迁到较高能级上去，如果用底片将透过的光接收下来，则被物质吸收的那些频率的光将会在底片上显示出一系列暗的线，这样获得的光谱称为原子吸收光谱。这里主要讨论原子发射光谱，简称为原子光谱。

原子光谱是原子结构的反映，是由原子结构决定的。光谱与结构之间存在一一对应的关系。不同元素的原子结构不同，能级也不同，因而其光谱的结构和强度也不同。即使是同一元素组成的原子和离子，由于两者的结构不同，能级也不同，其光谱结构也一定不同。由于原子核与原子内层的电子合称为“原子实”，结构比较坚固，不易激发，因此原子光谱主要是处于最高能级的价电子跃迁产生的，其结构也主要取决于价电子的运动状态。同族元素的原子具有相似的价电子结构，故其原子光谱也相似。碱金属只有一个价电子，光谱比较简单。过渡元素有好多个容易激发的价电子，其原子光谱也比较复杂。

对某一原子而言，其能级的分布是一定的，因此电子在这些能级间跃迁而产生的光谱就不是杂乱无章的，其成分和强度都具有一定的规律性。下面讨论氢的原子光谱和碱金属原子光谱。

2.6.2　氢原子光谱

1. 氢原子光谱的线系

氢原子(H)的能量 $E_n = -\frac{13.6}{n^2}\ \text{eV}$，H 的基态能级为 E_1，激发态能级为 E_2，当

H 由能级 E_1 跃迁至 E_2 时产生的一系列谱线的波数为

$$\tilde{\nu} = \frac{E_2}{hc} - \frac{E_1}{hc} = 13.6 \times \left(\frac{1}{n_1^2} - \frac{1}{n_2^2} \right) \text{eV} = 1.097 \times 10^5 \times \left(\frac{1}{n_1^2} - \frac{1}{n_2^2} \right) \text{cm}^{-1}$$

当 $n_1 = 1$ 时，称为莱曼(Lyman)线系，谱线的波数通式为

$$\tilde{\nu} = 1.097 \times 10^5 \times \left(1 - \frac{1}{n_2^2} \right) \text{cm}^{-1}, \quad n_2 = 2, 3, \cdots$$

波数的范围为 $\tilde{\nu} = 8.228 \times 10^4 \sim 1.097 \times 10^5 \text{cm}^{-1}$，位于远紫外光区域。

当 $n_1 = 2$ 时，称为巴耳末(Balmer)线系，谱线的波数通式为

$$\tilde{\nu} = 1.097 \times 10^5 \times \left(\frac{1}{2^2} - \frac{1}{n_2^2} \right) \text{cm}^{-1}, \quad n_2 = 3, 4, \cdots$$

波数范围为 $\tilde{\nu} = 1.524 \times 10^4 \sim 2.743 \times 10^4 \text{cm}^{-1}$，位于可见光区域。

当 $n_1 = 3$ 时，称为帕邢(Paschen)线系，谱线的波数通式为

$$\tilde{\nu} = 1.097 \times 10^5 \times \left(\frac{1}{3^2} - \frac{1}{n_2^2} \right) \text{cm}^{-1}, \quad n_2 = 4, 5, \cdots$$

波数范围为 $\tilde{\nu} = 5.333 \times 10^3 \sim 1.219 \times 10^4 \text{cm}^{-1}$，位于中红外和近红外光区域。

由上面分析可知，原子光谱中的任一条谱线都可以写成两项之差，前一项称为定项，后一项称为动项。氢原子光谱三个线系中定项的值不同。同一线系中的所有谱线的波数都不超过定项的值，越靠近定项，谱线越密。动项中 n_2 的最小值也不同。每一个 n_2 对应一条谱线；改变 n_2 可得到一系列谱线；n_2 由最小值变化到无穷大，该系列谱线的波数也由最小极限值变化到最大极限值。图 2-19 为氢原子光谱三个线系部分谱线示意图。

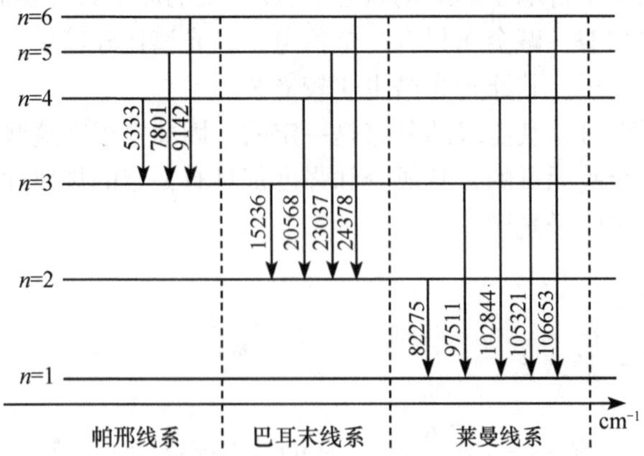

图 2-19　氢原子光谱的三个线系部分谱线示意图

2. 氢原子光谱的精细结构

由上面讨论可知，原子光谱与原子能级分布方式有密切关系，通过光谱结构的分析，可以测定和验证能级的分布。但对于同样的原子，当用较精密的光谱仪器测定时会发现谱线的数目增多了，原来的一条谱线分裂成为相距很近的数条谱线。例如，由能级 E_4 跃至 E_3 的谱线由原来的 1 条分裂为 8 条。这种在没有外力影响的情况下，光谱线发生细致分裂的现象称为光谱的精细结构。

光谱精细结构产生的根本原因还是原子的能级存在精细结构，即普通的一个能级实际上是由一组靠得很近的能级组成。当电子由一个能级跃迁到另一能级时，跃迁方式不止一种，因此得到的谱线就不止一条，而是靠得很近的数条，若仪器的分辨率不够高则分辨不清，只能得到一条线。若使用分辨率较高的仪器，就能很好地将它们分辨出来，反映的情况也更真实。所有种类原子的光谱都有精细结构，这是共性。下面以氢原子为例讨论光谱产生精细结构的具体原因。

1) 相对论效应

前面所述氢原子的能量是在没有考虑相对论效应的情况下得到的，即将电子的质量 m_e 看作是与速率无关的常数而得到的。但实际情况是：电子的运动速率很大，其质量 m_e 需按运动质量来考虑。这样氢原子轨道的能量表达式中还必须加上一个修正项ΔE_r，即

$$E=-\left(\frac{Z}{n}\right)^2 R+\Delta E_r$$

量子力学可以推得

$$\Delta E_r=-\frac{R\alpha^2 Z^4}{n^3}\left(\frac{1}{l+\frac{1}{2}}-\frac{3}{4n}\right)$$

式中，$\alpha=\frac{2\pi e^2}{hc}$。因此，由于相对论效应的存在，电子的能量不仅与 n 有关，而且与 l 有关，对应于第 n 能级，l 的取值可能有 0, 1, 2, …, $(n-1)$，共 n 个，因此第 n 能级便分裂成了 n 个能级；对于相同的 n，若 l 的值越小，ΔE_r 越小，能量 E 也越小，即对于同一 n 值，s 态$(l=0)$的能量最低，p 状态$(l=1)$的能量小于 d$(l=2)$状态的能量，如图 2-20 所示。

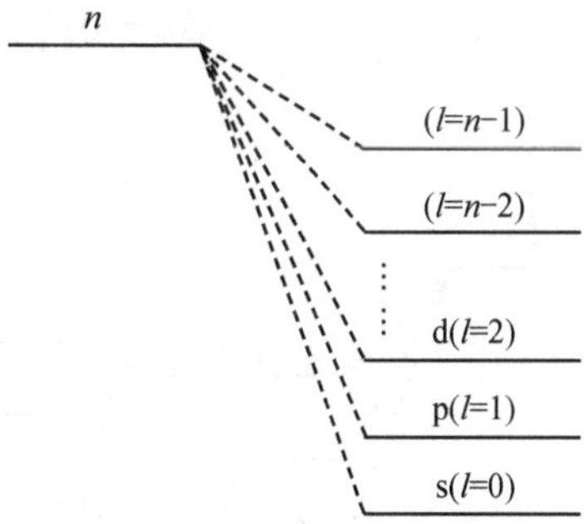

图 2-20　考虑相对论效应时 s、p 和 d 轨道能级的高低

2) 旋轨耦合作用

如果不考虑电子的旋轨耦合(L-S)作用——电子的轨道运动和自旋运动的电磁相互作用，那么原子轨道的能量只取决于 n 和 l。实际情况是，对于 n 和 l 都分别相同的状态，由于 L-S 作用的存在，原子轨道的能量仍然不同。因此，氢的原子轨道能量表达式中还必须附加以电子的自旋角动量与轨道角动量的相互作用能 ΔE_s，即

$$E = -\left(\frac{Z}{n}\right)^2 R + \Delta E_r + \Delta E_s$$

其中，

$$\Delta E_s = \frac{R\alpha^2 Z^4}{n^3} \cdot \frac{j(j+1) - l(l+1) - s(s+1)}{2l\left(l+\frac{1}{2}\right)(l+1)}$$

由上式可知，对于相同的 n 和 l，j 值大者，ΔE_s 大，E 也大；j 值小者，ΔE_s 小，E 也小。显然，ΔE_s 随自旋角动量与轨道角动量的相对取向的不同而不同。2.3 节中已指出，对于单电子原子，$j = \left|l \pm \frac{1}{2}\right|$，电子的自旋角动量与轨道角动量的相对取向只有两种。这就是说，在 L-S 作用存在条件下，同一个 l 值对应两个 j 值，即同一个 l 轨道的能级将分裂为两个，其中，$j = \left|l + \frac{1}{2}\right|$ 的能级抬高，$j = \left|l - \frac{1}{2}\right|$ 的能级降低。只是当 $l = 0$ 时，$j = \frac{1}{2}$，只有一种取向，因而能级只是抬高但不分裂。

综上所述，对于氢原子主量子数为 n 的能级，在相对论效应和旋轨耦合的共同作用下将分裂成 $2n-1$ 个能级。能级总的修正项应为

$$\Delta E = \Delta E_r + \Delta E_s = \frac{R\alpha^2 Z^4}{n^2}\left(\frac{1}{j+\frac{1}{2}} - \frac{3}{4n}\right) \tag{2-50}$$

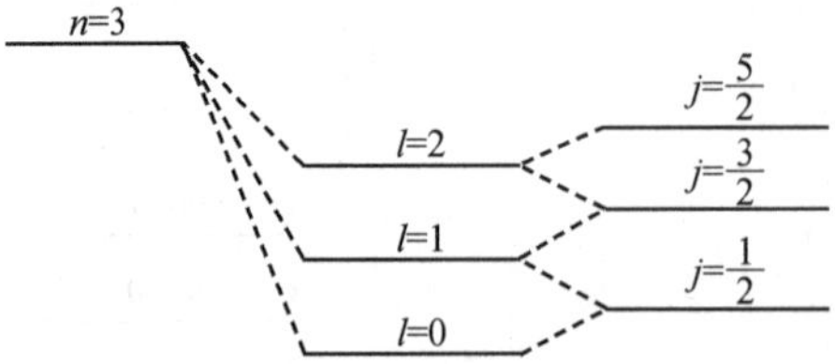

图 2-21　氢原子的 n=3 能级的分裂

图 2-21 所示的是氢原子 $n = 3$ 能级的分裂情况，相对论效应使 $n = 3$ 的能级分裂成 l 分别为 0、1、2 的三个能级；L-S 作用的结果使 $l = 1$ 及 $l = 2$ 的两个能级又各自分裂为两个能级，j 分别为 $\frac{5}{2},\frac{3}{2}$ 及 $\frac{3}{2},\frac{1}{2}$；$l = 0$ 的能级只移动但不

分裂，$j=\frac{1}{2}$。根据式(2-50)可知，对于同一 n 值，只要是 j 相同的状态，都具有相同的能量，所以 j 相同的能级又重合为一个能级。

因此，在相对论效应和旋轨耦合的共同作用下，第 n 能级实际只是分裂成 n 个能级。

3. 单电子原子的光谱项符号

氢原子的运动状态可用量子数 n、l、j 和 m_j 来表示。当无外力作用(如外加磁场)时，氢原子轨道的能级与 m_j 无关，只要三个量子数 n、l、j 就可以确定其运动状态。为方便起见，可用包含 n、l、j 这三个量子数信息的光谱项来表示氢原子的状态，表示的方法如下：

(1) 用 S, P, D, F, G, …分别表示 $l=0, 1, 2, 3, 4, \cdots$。

(2) 在这些字母的左上角附以指标 $2s+1$ 的值，称为光谱项的多重度，对于氢原子，$2s+1=2$。

(3) 在这些字母的右下角注以总量子数 j 的数值。

例如，氢原子的 $l=0$，$j=\frac{1}{2}$ 的状态用光谱项 $^2S_{\frac{1}{2}}$ 表示，读作二重 S 二分之一；$l=1$，$j=\frac{1}{2}$ 的状态用光谱项 $^2P_{\frac{1}{2}}$ 表示，读作二重 P 二分之一；$l=1$，$j=\frac{3}{2}$ 的状态用 $^2P_{\frac{3}{2}}$ 表示；$l=2$，$j=\frac{5}{2}$ 的状态用光谱项 $^2D_{\frac{5}{2}}$ 表示等。

(4) 最后，再将主量子数 n 写在 l 对应符号的前面，这就是氢原子光谱项的符号，可以表示氢原子的状态，如 $n\,^2D_{\frac{5}{2}}$。

其他单电子原子光谱项符号的表示原则与氢原子相同。

4. 氢原子光谱的选择定则

相对论效应和旋轨耦合共同作用的结果使第 n 能级分裂成 n 个能级，所以图 2-19 氢原子光谱中每一条谱线也应分裂成数条谱线，但由于 n 相同而 l、j 不同的状态间能量差一般比 n 不同的状态间能量差小，因此分裂后的谱线一般都靠得很近，如帕邢线系中的第一条线是由 $n=4$ 跃迁至 $n=3$ 能级的，若能级不分裂，则只得一条波数为 5333cm^{-1} 的谱线。

但由于 E_4 分裂成了四个能级，E_3 又分裂成了三个能级，因此电子在能级之间跃迁的方式就会增多，得到谱线的数目也增多。假设 $n=4$ 的四个能级到 $n=3$ 的三个能级之间的电子跃迁都是允许的，那么应得到 12 条谱线，如图 2-22 所示。但实际测得的谱线只有 8 条，这说明并不是任意两个能级间的跃迁都是可以发生的。量子力学可以证明，能级之间的跃迁需要满足一定的规则，这种规则称为光谱的选择定则。对于氢原子，其选择定则是$\Delta l = \pm 1$；$\Delta j = 0, \pm 1$。

根据这一规则，图 2-22 中那些画虚线的跃迁是禁阻的，只有画实线的跃迁才是允许的，共可得 8 条谱线，这与实验结果完全一致。

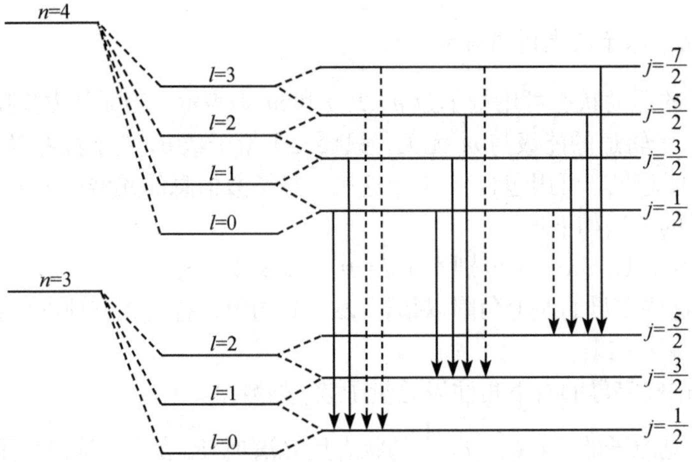

图 2-22　氢原子光谱帕邢线系中的电子由 n=4 能级向 n=3 能级的跃迁

5. 塞曼效应

实验研究发现，若将发光原子置于磁场中，原来的一条谱线可分裂成为数条谱线，这种在外磁场中光谱线发生分裂的现象称为塞曼(Zeeman)效应。

当无外加磁场时，电子的能量与总磁量子数 m_j 无关，也就是说，那些总角动量大小相同而方向不同的状态，其能量是相同的。但是，有外磁场存在时，电子在磁场的作用下具有一附加能量ΔE_{m}，

$$\Delta E_{\mathrm{m}} = -g m_j \mu_0 H$$

式中，$\mu_0 = \dfrac{eh}{4\pi m_{\mathrm{e}} c}$，因为 e 为负值，所以 μ_0 为负值；g 称为朗德因子，不同的粒子，g 值不同，电子的 $g = 2$；H 是磁场强度。从ΔE_{m}表达式可以看出，$m_j > 0$ 的状态，$\Delta E_{\mathrm{m}} > 0$，表明在磁场作用下，$m_j > 0$ 状态的能级将升高，且 m_j 越大，能级升高得越多；而 $m_j < 0$ 的状态，能量将降低，且 m_j 越小，能级降低得越多。

外加磁场对原子光谱的影响较复杂，通常将塞曼效应分为简单塞曼效应和复杂塞曼效应两类，而后者又分为正常塞曼效应和反常塞曼效应。表 2-7 中列出了各种塞曼效应的含义及相应的原子光谱的选择定则。

表 2-7　各种塞曼效应的比较

分类	简单塞曼效应	复杂塞曼效应	
		正常塞曼效应	反常塞曼效应
条件	只考虑电子的轨道运动，不考虑电子的自旋运动	外磁场很强，旋轨耦合不显著(不予考虑)	外磁场较弱，旋轨耦合作用不能忽略
与磁场中原子的能量 E 有关的量子数	n, l, m (与 S 和 m_s 无关)	n, l, m, m_s	n, l, j, m_j
光谱选择定则 (Δn 任意)	$\Delta l=\pm1$ $\Delta s=0$ $\Delta m=0,\pm1$	$\Delta l=\pm1$ $\Delta s=0$ $\Delta m=0,\pm1$ $\Delta m_s=0$	$\Delta l=\pm1$ $\Delta s=0$ $\Delta j=0,\pm1$ $\Delta m_j=0,\pm1$
实例(以氢原子 $n=3$ 能级为例)	$l=0$，$m=0$ $l=1$，$m=0,\pm1$ $l=2$，$m=0,\pm1,\pm2$	$l=0$，$m=0$ $l=1$，$m=0,\pm1$，$m_s=\pm\frac{1}{2}$ $l=2$，$m=0,\pm1,\pm2$	$l=0$，$j=\frac{1}{2}$，$m_j=\pm\frac{1}{2}$ $l=1$，$j=\frac{1}{2}$，$m_j=\pm\frac{1}{2}$ $j=\frac{3}{2}$，$m_j=\pm\frac{1}{2},\pm\frac{3}{2}$ $l=2$，$j=\frac{1}{2}$，$m_j=\pm\frac{1}{2}$ $j=\frac{3}{2}$，$m_j=\pm\frac{1}{2},\pm\frac{3}{2}$ $j=\frac{5}{2}$，$m_j=\pm\frac{1}{2},\pm\frac{3}{2},\pm\frac{5}{2}$

根据以上讨论，氢原子 p 电子的能级分裂情况可用图 2-23 表示。

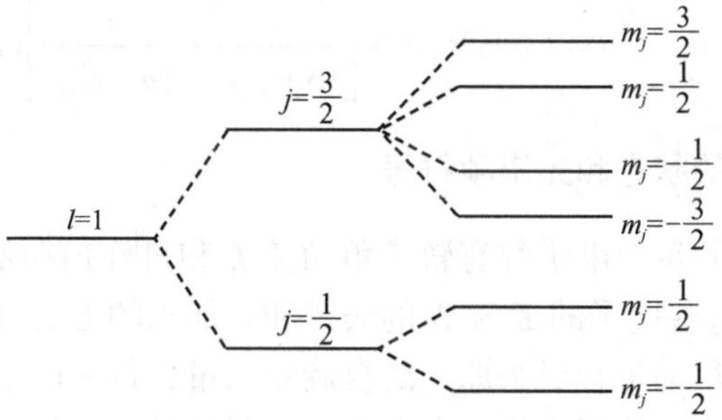

图 2-23　氢原子光谱项为 ^{2}P 的能级在磁场中的分裂(反常塞曼效应)

2.6.3　碱金属的原子光谱

碱金属原子光谱与氢原子光谱类似，只是谱项的通式稍有不同。例如，在巴耳末线系内，氢原子的谱线可用下面的通式来表示，谱线趋向于一极限值。

$$\tilde{\nu}=1.097\times10^{5}\times\left(\frac{1}{2^{2}}-\frac{1}{n_{2}^{2}}\right)\ \mathrm{cm}^{-1},\ n_{2}=3,\ 4,\ \cdots$$

但对于碱金属，这些谱线需用三个公式表示，将其分为三组，分别称为主线系(np 状态上的电子跃迁到 2s 态上产生的)、锐线系(ns 状态上的电子跃迁到 2p 态上产生的)和漫线系(nd 状态上的电子跃迁到 2p 态上产生的)。这三个线系定项中的 n_1 和动项中的 n_2 都不等于整数，需进行修正，称为里德伯修正，不同线系不同项的里德伯修正值一般不同，但也有例外。对于锂原子，这三个线系谱线通式分别为

主线系：
$$\tilde{\nu}=1.097\times10^{5}\times\left[\frac{1}{(2+s)^{2}}-\frac{1}{(n+p)^{2}}\right]\mathrm{cm}^{-1},\ n=2, 3,\ \cdots$$

锐线系：
$$\tilde{\nu}=1.097\times10^{5}\times\left[\frac{1}{(2+p)^{2}}-\frac{1}{(n+s)^{2}}\right]\mathrm{cm}^{-1},\ n=3, 4,\ \cdots$$

漫线系：
$$\tilde{\nu}=1.097\times10^{5}\times\left[\frac{1}{(2+p)^{2}}-\frac{1}{(n+d)^{2}}\right]\mathrm{cm}^{-1},\ n=3, 4,\ \cdots$$

式中，字母 s、p、d 分别是不同情况下的里德伯修正值，相当于对于主量子数 n 的修正，一般小于 0。

钠原子光谱与锂原子光谱类似，这三个线系谱线通式分别为

主线系：
$$\tilde{\nu}=1.097\times10^{5}\times\left[\frac{1}{(3+s)^{2}}-\frac{1}{(n+p)^{2}}\right]\mathrm{cm}^{-1},\ n=3, 4,\ \cdots$$

锐线系：
$$\tilde{\nu}=1.097\times10^{5}\times\left[\frac{1}{(3+p)^{2}}-\frac{1}{(n+s)^{2}}\right]\mathrm{cm}^{-1},\ n=4, 5,\ \cdots$$

漫线系：
$$\tilde{\nu}=1.097\times10^{5}\times\left[\frac{1}{(3+p)^{2}}-\frac{1}{(n+d)^{2}}\right]\mathrm{cm}^{-1},\ n=3, 4,\ \cdots$$

2.6.4　多电子原子的状态和光谱项符号

多电子原子中的每个电子都有轨道角动量 $\boldsymbol{L}$ 和自旋角动量 $\boldsymbol{S}$。一个原子的总的角动量 $\boldsymbol{M}_J$ 应为这些电子的 $\boldsymbol{L}$ 和 $\boldsymbol{S}$ 的矢量和。加和的方法可以有两种，一种是将每一电子的自旋角动量合成为原子的自旋角动量，每一电子的轨道角动量合成为原子的轨道角动量，然后再将二者合成为原子的总角动量，这种方法称为 L-S 耦合法。另一种是先把每个电子的自旋角动量和轨道角动量合成为每个电子的总角动量，然后再将每个电子的总角动量合成为原子的总角动量，这种方法称为 J-J 耦合法。下面讨论 L-S 耦合法。

1. 原子的自旋角动量 $\boldsymbol{S}$

单个电子的 $s=\dfrac{1}{2}$，所以其自旋角动量的大小为一个常数，其值为

$$|\boldsymbol{S}_i| = \sqrt{s(s+1)}\,\hbar = \frac{\sqrt{3}}{2}\hbar$$

在多电子原子中，单个电子的自旋角动量 $\boldsymbol{S}_i$ 的矢量和就是原子的自旋角动量 $\boldsymbol{S}$：

$$\boldsymbol{S} = \sum_i \boldsymbol{S}_i$$

总自旋角动量的绝对值为

$$|\boldsymbol{S}| = \sqrt{S(S+1)}\,\hbar \tag{2-51}$$

式中，S 是原子的自旋量子数，对于一个 n 电子体系，每个电子的 S 都等于 $\dfrac{1}{2}$，即 $S_1 = S_2 = \cdots = \dfrac{1}{2}$，$S$ 可能取值为 $S_1 + S_2 + \cdots + S_n$，$S_1 + S_2 + \cdots + S_n-1$，$S_1 + S_2 + \cdots + S_n-2$，…，即 S 可取值为 $\dfrac{n}{2}$，$\dfrac{n}{2}-1$，$\dfrac{n}{2}-2$，…，$\dfrac{1}{2}$（n 为奇数）或 0（n 为偶数）。

例如，对于两电子原子，$S_1 = S_2 = \dfrac{1}{2}$，S 的取值为 $S_1 + S_2 = 1$，$S_1 + S_2 - 1 = 0$，即 S 的取值只有 1 和 0 两种，因此原子的 $\boldsymbol{S}$ 大小只有 $|\boldsymbol{S}| = \sqrt{2}\hbar$ 和 $|\boldsymbol{S}| = 0$ 两种。

对于三电子原子，$S_1 = S_2 = S_3 = \dfrac{1}{2}$，$S$ 的取值为 $S_1 + S_2 + S_3 = \dfrac{3}{2}$ 和 $S_1 + S_2 + S_3 - 1 = \dfrac{1}{2}$，即 S 的取值可有 $\dfrac{3}{2}$ 和 $\dfrac{1}{2}$ 两种，原子的自旋角动量 $\boldsymbol{S}$ 的大小 $|\boldsymbol{S}|$ 可有 $\dfrac{\sqrt{15}}{2}\hbar$ 和 $\dfrac{\sqrt{3}}{2}\hbar$ 两种。当 $n=4$ 时，S 的取值可有 2、1、0 三种，$\boldsymbol{S}$ 的大小可有 $\sqrt{6}\hbar$、$\sqrt{2}\hbar$、0 三种。

量子力学可以证明，对于原子自旋量子数为 S 的自旋角动量 $\boldsymbol{S}$ 来说，其方向不是任意的，这些可能的方向使其在 z 轴上的投影为

$$|\boldsymbol{M}_{S,z}| = m_s\hbar,\quad m_s = S, S-1, S-2, \cdots, -S \tag{2-52}$$

式中，m_s 共有 $(2S+1)$ 个取值，说明 $\boldsymbol{S}$ 在 z 轴上的投影共有 $(2S+1)$ 个，因此原子的自旋角动量 $\boldsymbol{S}$ 必定只有 $(2S+1)$ 个方向。

2. 原子的轨道角动量 $\boldsymbol{L}$

多电子原子中各个电子的轨道角动量的矢量和就是原子的轨道角动量 $\boldsymbol{L}=\sum_i \boldsymbol{L}_i$。同自旋角动量合成的情况相似，同一原子中的电子，其轨道角动量的相对方向也不是任意的，合成所得到的原子角动量 $\boldsymbol{L}$ 的绝对值只能是

$$|\boldsymbol{L}|=\sqrt{L(L+1)}\,\hbar \tag{2-53}$$

式中，L 是原子的角量子数。对于两个电子的原子，L 的取值为 l_1+l_2，l_1+l_2-1，…，$|l_1-l_2|$。例如，对于两个 p 电子而言，$l_1=1$，$l_2=1$，因此原子的角量子数 L 的取值可能有 2、1、0 三种，从而原子的轨道角动量 $\boldsymbol{L}$ 的大小可有 $\sqrt{6}\hbar$、$\sqrt{2}\hbar$、0 三种。

对于三电子体系，可先将其中的两个电子的角量子数合成，其结果与第三个电子的角量子数再合成。例如，三个 p 电子，原子的角量子数可取值为 3、2、1、0，而原子轨道角动量的大小可为 $\sqrt{12}\hbar$、$\sqrt{6}\hbar$、$\sqrt{2}\hbar$、0。

对于角量子数为 L 的原子来说，其轨道角动量 $\boldsymbol{L}$ 在 z 轴上的投影是

$$|\boldsymbol{M}_z|=m_L\hbar,\quad m_L=0,\ \pm1,\ \pm2,\ \cdots,\ \pm L \tag{2-54}$$

式中，m_L 共有 $(2L+1)$ 个取值，说明 $\boldsymbol{L}$ 在 z 轴上共有 $(2L+1)$ 个投影，因此原子的轨道角动量 $\boldsymbol{L}$ 必定只有 $(2L+1)$ 个方向。

3. 原子的总角动量 $\boldsymbol{M}_J$

原子的总角动量 $\boldsymbol{M}_J$ 等于其自旋角动量 $\boldsymbol{S}$ 和轨道角动量 $\boldsymbol{L}$ 的矢量和：

$$\boldsymbol{M}_J=\boldsymbol{L}+\boldsymbol{S}$$

总角动量的绝对值

$$|\boldsymbol{M}_J|=\sqrt{J(J+1)}\,\hbar \tag{2-55}$$

式中，$J=L+S$，$L+S-1$，…，$|L-S|$。

例如，对于 $L=2$ 和 $S=1$ 来说，J 的可能取值为 3、2 和 1。

$\boldsymbol{L}$ 和 $\boldsymbol{S}$ 的相对方向不是任意的，$\boldsymbol{M}_J$ 的方向也不是任意的，它在 z 轴上的投影只能为

$$|\boldsymbol{M}_{J,z}|=m_J\hbar,\quad m_J=J,\ J-1,\ J-2,\ \cdots \tag{2-56}$$

式中，m_J 共有 $(2J+1)$ 个取值，即 $\boldsymbol{M}_{J,z}$ 在 z 轴上共有 $(2J+1)$ 个投影，因此原子的总角动量必定只有 $(2J+1)$ 个方向。

这样，除了主量子数 n 以外，多电子原子的状态可用三个量子数 L、S、J 来表示。标记的方法如下：

(1) L 取值为 0, 1, 2, 3, 4, …等数值时，对应的状态分别用大写字母 S, P, D, F,

G, …等表示。

(2) 将 $2S+1$ 之值写在 L 对应符号的左上角，即写成 ^{2S+1}L，^{2S+1}L 称为光谱项。

(3) J 值写在 L 对应符号的右下角，即写成 $^{2S+1}L_J$，$^{2S+1}L_J$ 称为光谱支项。

例如，处于 $L=2$、$S=\frac{1}{2}$ 状态的原子，其光谱项为 ^2D，此状态下 J 可能取值为 $\frac{5}{2}$ 和 $\frac{3}{2}$，因此谱项 ^2D 有两个支项，分别是 $^2D_{\frac{5}{2}}$ 和 $^2D_{\frac{3}{2}}$。

当 $L>S$ 时，J 有 $(2S+1)$ 个取值，因而有 $(2S+1)$ 个支项，所以上角标 $(2S+1)$ 称为光谱项的多重性。当 $L<S$ 时，光谱支项的数目不再等于 $(2S+1)$，而是等于 $(2L+1)$，但 $(2S+1)$ 仍称为光谱项的多重性。

2.6.5　由电子组态确定光谱项

原子核外电子的排布称为电子的组态。同一种原子，原子核外电子的排布可有许多种，其中，原子处于基态——整个原子能量最低的状态——的电子组态称为基组态。

具有完全相同的主量子数 n 和角量子数 l 的电子称为等价电子，n 和 l 中至少有一个不相同的电子称为非等价电子。由于受到泡利不相容原理的限制，等价电子与非等价电子光谱项的求法不同。

1. 非等价电子的光谱项

对于非等价电子，n 和 l 中至少已有一个量子数不同，因此描述原子状态的另外两个量子数 J 和 m_J 的选取不受限制，其光谱项也比较容易确定。首先需确定原子的角量子数 L 和自旋量子数 S 的所有可能的值，再将两者组合在一起，就可得到其光谱项。下面举例说明。

(1) n 不同而 l 相同的电子组态。

【例 2-2】 求 $ns^1(n+1)s^1$ 组态电子的光谱项。

解　这里有两个 s 电子，$l_1=l_2=0$，$s_1=s_2=\frac{1}{2}$。由 l_1 和 l_2 可得 $L=0$，由 s_1 和 s_2 可得 $S=1, 0$。L 和 S 再组合在一起，因此得两个光谱项：^3S，^1S。

【例 2-3】 求 $np^1(n+1)p^1$ 组态电子的光谱项。

解　两个 p 电子，$l_1=l_2=1$，$s_1=s_2=\frac{1}{2}$。由 l_1 和 l_2 可得 $L=2, 1, 0$，由 s_1 和 s_2 可得 $S=1, 0$。L 和 S 再组合在一起，得 6 个光谱项：^3D，^3P，^3S，^1D，^1P，^1S。

【例 2-4】 求 $(n-1)p^1np^1(n+1)p^1$ 组态电子的光谱项。

解　这里有三个 p 电子，$l_1=l_2=l_3=1$，$s_1=s_2=s_3=\frac{1}{2}$。在【例 2-3】中已知两个 p 电子合成

得 $L'=2, 1, 0$。由 s_1 和 s_2 可得 $S'=1, 0$。L' 和 S' 再分别与 l_3 和 s_3 组合可得 $L=3, 2, 1, 0$；$S=\frac{3}{2},\frac{1}{2}$。$L$ 和 S 再组合在一起，最后得到 8 个光谱项：$^4F(1)$，$^4D(2)$，$^4P(3)$，$^4S(1)$，$^2F(2)$，$^2D(4)$，$^2P(6)$，$^2S(2)$。

值得注意的是，L' 或 S' 与 l_3 或 s_3 组合后某些量子数的值重复出现，使最后得到的光谱项也重复出现。括号内的数字即代表该光谱项重复出现的次数。例如，$L'=3$ 与 $l_3=1$ 组合后得到 L 的数值分别为 4、3、2，而 $L'=2$ 与 $l_3=1$ 组合后得到 L 的数值分别为 3、2、1，其中 L 的数值 3 和 2 是重复的。再如，$S'=1$ 与 $s_3=\frac{1}{2}$ 组合后得到 S 的数值分别为 $\frac{3}{2}$ 和 $\frac{1}{2}$，而 $S'=0$ 与 $s_3=\frac{1}{2}$ 组合后得到 S 的数值为 $\frac{1}{2}$，其中 S 的数值 $\frac{1}{2}$ 是重复的。

(2) n 相同而 l 不同的电子组态。

【例 2-5】 求 ns^1np^1 组态电子的光谱项。

解 这里有两个电子，一个 s 电子和一个 p 电子，这两个电子的 $l_1=0, l_2=1, s_1=s_2=\frac{1}{2}$。由 l_1 和 l_2 可得 $L=1$。由 s_1 和 s_2 可得 $S=1, 0$。L 与 S 再组合，因此得两个光谱项：^3P，^1P。

【例 2-6】 求 np^1nd^1 组态电子的光谱项。

解 一个 p 电子和一个 d 电子，这两个电子的 $l_1=1, l_2=2, s_1=s_2=\frac{1}{2}$。由 l_1 和 l_2 可得 $L=3,2,1$。由 s_1 和 s_2 可得 $S=1,0$。L 和 S 再组合在一起，得 6 个光谱项：^3F，^3D，^3P，^1F，^1D，^1P。

部分非等价电子组态的光谱项见表 2-8。

表 2-8　部分非等价电子组态的光谱项

电子组态	光谱项
$ns^1(n+1)s^1$	^3S，^1S
ns^1np^1	^3P，^1P
ns^1nd^1	^3D，^1D
$np^1(n+1)p^1$	^3D，^3P，^3S，^1D，^1P，^1S
np^1nd^1	^3F，^3D，^3P，^1F、^1D、^1P
nd^1nd^1	^3G，^3F，^3D，^3P，^3S，^1G，^1F，^1D，^1P，^1S
$(n-1)s^1ns^1(n+1)s^1$	$^4S(1)$，$^2S(2)$
$(n-1)s^1ns^1(n+1)p^1$	$^4P(1)$，$^2P(2)$

续表

电子组态	光谱项
$(n-1)s^1ns^1(n+1)d^1$	$^4D(1)$，$^2D(2)$
$(n-1)s^1np^1(n+1)p^1$	$^4D(1)$，$^4P(1)$，$^4S(1)$，$^2D(2)$，$^2P(2)$，$^2S(2)$
$(n-1)s^1np^1(n+1)d^1$	$^4F(1)$，$^4D(1)$，$^4P(1)$，$^2F(2)$，$^2D(2)$，$^2P(2)$
$(n-1)p^1np^1(n+1)p^1$	$^4F(1)$，$^4D(2)$，$^4P(3)$，$^4S(1)$，$^2F(2)$，$^2D(4)$，$^2P(6)$，$^2S(2)$
$(n-1)p^1np^1(n+1)d^1$	$^4G(1)$，$^4F(2)$，$^4D(3)$，$^4P(2)$，$^4S(1)$，$^2G(2)$，$^2F(4)$，$^2D(6)$，$^2P(4)$，$^2S(2)$

2. 等价电子的光谱项

对于等价电子，需要考虑泡利不相容原理，所以光谱项的求法比较复杂。下面以 np^2 电子组态为例来讨论非等价电子光谱项的求法。

若考虑到电子的自旋运动，p 轨道的简并度就是 6。两个 p 电子在这 6 个状态中的分布方式共有 15 种，这 15 种状态如表 2-9 所示。表中 m_i 和 m_L 分别为单个电子和原子的磁量子数；$m_{s,i}$ 和 m_s 分别为单个电子和原子的自旋磁量子数。根据表 2-9，可以求 np^2 电子组态的光谱项。

表 2-9　np^2 电子组态的 15 种微观状态

序号	$m_i(=0, \pm1, \cdots, \pm l)$			$m_L=\sum_i m_i$	$m_s=\sum m_{s,i}$	光谱项
	1	0	−1			
1	↑↓			2	0	^1D
2	↑	↑		1	1	^3P
3	↑	↓		1	0	^1D
4	↑		↑	0	1	^3P
5	↑		↓	0	0	^1D
6	↓	↑		1	0	^3P
7	↓	↓		1	−1	^3P
8	↓		↑	0	0	^3P
9	↓		↓	0	−1	^3P
10		↑↓		0	0	^1S
11		↑	↑	−1	1	^3P
12		↑	↓	−1	0	^1D
13		↓	↓	−1	−1	^3P
14		↓	↑	−1	0	^3P
15			↑↓	−2	0	^1D

先分析 np^2 电子的第 1 种微观状态。表 2-9 中 m_L 的最大值为 2。根据 m_L 的取值规则($m_L = 0, \pm1, \pm2, \cdots, \pm L$)，即 m_L 的最大值等于 L，因此表 2-9 中 $m_L = 2$ 这种微观状态对应的 L 最大，应等于 2。由此，也就可以推算出一定存在 $L = 2$ 的状态，此时 m_L 可能的取值为 $0, \pm1, \pm2$ 共五种。但对于第 1 种微观状态，$m_s = 0$，根据 m_s 的取值规则($m_s = 0, \pm1, \pm2, \cdots, \pm S$)，这种状态对应的 S 应等于 0。而 $L = 2$ 且 $S = 0$ 的状态对应光谱项为 ^1D。由此可以推断，表 2-9 中的 15 个微观状态中属于光谱项 ^1D 的状态共 5 个，将它们挑选出来，分别是表中的第 1、第 3、第 5、第 12 和第 15 种状态。在挑选这 5 种微观状态时，若遇到 m_L 和 S 完全相同的情况，如表 2-9 中第 3 和第 6 种状态，则只选择其中一种即可。

不再重复考虑属于 ^1D 的这五个态，在剩余的十个态中重复上述分析过程。例如，第 2 种微观状态的 $m_L = 1$，根据 m_L 的取值规则，这种状态对应的 L 最大应等于 1。由此，也就可以推算出一定存在 $L = 1$ 的状态，此时 m_L 可能的取值为 0 和 ± 1 共三种。而对于第 2 种微观状态，$m_s = 1$，根据 m_s 的取值规则，对应的 $S = 1$，由此，又可以推算出一定存在 $S = 1$ 的状态，而 $S = 1$ 状态的 m_s 可能的取值也有 0 和 ± 1 三种。因此，$L = 1$ 且 $S = 1$ 时对应的微观状态数为 $3\times3 = 9$ 种，对应光谱项均为 ^3P。在表 2-9 中剩余的 10 个状态中再挑选出属于光谱项 ^3P 的状态共 9 个。

经过上述分析，表 2-9 中只剩下第 10 种微观状态，其 m_L 和 m_s 都为 0，显然对应的 L 和 S 也都等于 0，因此所属的光谱项为 ^1S。

这样，就得到了 np^2 组态等价电子的全部光谱项，共有三个：^1S，^1D，^3P。由电子的光谱项很容易求得相应的光谱支项，^1S 的 $L = 0$，$S = 0$，$J = 0$，所以有一个支项：$^1S_0$；^1D 的 $L = 2$，$S = 0$，$J = 2$，所以也有一个支项：$^1D_2$；^3P 的 $L = 1$，$S = 1$，$J = 2, 1, 0$，所以有三个支项：$^3P_2$、$^3P_1$ 和 $^3P_0$。

由于电子是一种费米子，在原子轨道上的排布受到泡利不相容原理的约束，因此原子核外等价电子光谱项的推引遵从下述规律：

(1) 原子核外等价电子的组态存在“电子”和“空位”的对应关系，即等价电子 np^x 组态与 np^{6-x} 组态的光谱项相同，等价电子 nd^x 组态与 nd^{10-x} 组态的光谱项相同。例如，np 轨道有 6 种状态，电子组态为 np^4 时有 2 个空位，那么，np^4 组态应与具有 2 个电子的 np^2 组态的光谱项相同。同理，np^1 与 np^5，nd^1 与 nd^9，nd^2 与 nd^8，nd^3 与 nd^7，nd^4 与 nd^6 等也分别有相同的光谱项。

(2) 等价电子的光谱项与非等价电子的光谱项之间存在一个简单的“2 电子规则”。即 $np^1(n+1)p^1$ 非等价电子组态的光谱项中，凡是$(L+S)$等于偶数的光谱项，即属于 np^2 等价电子组态的光谱项。例如，前面【例 2-3】中推出了 $np^1(n+1)p^1$ 非等价电子组态的光谱项为 ^3D、^3P、^3S、^1D、^1P、^1S。其中$(L+S)$等于偶数的光谱项为 ^3P、^1D、^1S。这三个谱项就是 np^2 等价电子组态的光谱项。同理，$nd^1(n+1)d^1$ 与 nd^2 之间也存在这样的关系。需要注意的是，这个规则只适用于原子外层价电子为 2 个电子的组态。例如，$np^1(n+1)p^1(n+2)p^1$ 与 np^3 之间就不存在这样的关系。

(3) 原子核外电子为全充满组态(如 s^2、p^6、d^{10} 等)时只有一个光谱项：$^1S_0$。

等价电子某些组态的光谱项列于表 2-10 中。

表 2-10　等价电子某些组态的光谱项

电子组态	光谱项
s^2	^1S
p^2	^1S，^1D，^3P
p^3	^2P，^2D，^4S
p^4	^1S，^1D，^3P
p^5	^2S
p^6	^1S
d^2	^1S，^1D，^1G，^3P，^3F
d^3	^2P，$^2D(2)$，^2F，^2G，^2H，^4P，^4F
d^4	$^1S(2)$，$^1D(2)$，^1F，$^1G(2)$，^1I，$^3P(2)$，^3D，$^3F(2)$，^3G，^3H，^3D
d^5	^2S，^2P，$^2D(3)$，$^2F(2)$，$^2G(2)$，^2H，^2I，^4P，^4D，^4F，^4G，^6S

2.6.6　原子能级图

1. 能级的分裂

前面曾经介绍，如果考虑电子的自旋运动，p 轨道的简并度是 6，两个电子在这 6 个轨道中的排布方式有 15 种，也就是说，np^2 组态是 15 重简并的。

但实验结果并非如此，p^2 组态并不是 15 重简并的，而是按三个谱项分裂。这是由于中心力场对电子相互作用取了平均而产生的。也就是说，与忽略电子间势能的情况相比较而言，虽然每个电子能量都发生了变化，而且升高了，但每一个电子都升高了相同的能量。量子力学可以证明，如果考虑电子间的相互作用，电子组态的能级按光谱项进行分裂，同一谱项中各微观状态的能量相同，而不同谱项的能量不再相同。

用更高分辨率的仪器进一步分析发现，同一谱项的能量也不是单一的，电子的旋轨耦合作用导致光谱项支项发生分裂。例如，钠原子第一激发态 $1s^22s^22p^63p^1$ 有一个单一的谱项 ^2P，它有两个支项 $^2P_{\frac{3}{2}}$ 和 $^2P_{\frac{1}{2}}$；而钠原子基态 $1s^22s^22p^63s^1$ 有一个单一的谱项 ^2S，它只有一个支项 $^2S_{\frac{1}{2}}$。^2P 至 ^2S 之间的跃迁称为钠 D 线，由于谱项 ^2P 的分裂，钠 D 线的精细结构是由两条波长分别为 5890Å 和 5896Å 的谱线构成。

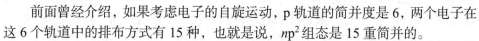

在原子的各个谱项中能量最低的谱项称为基谱项。可以根据下列规则确定基

谱项：

(1) S 值越大的谱项能量越低。

(2) 若 S 相同，则其中 L 值越大的谱项，其能量越低。

(3) 若 S 和 L 都相同，则对于正光谱而言，J 越小者能量越低；对反光谱而言，J 越大，谱项的能量越低。

正光谱是指电子数未达到半充满或处于半充满组态(如 p^1、p^2、p^3 等组态)所产生的光谱；反光谱是指电子数超过半充满组态(如 p^4、p^5 组态等)产生的光谱。

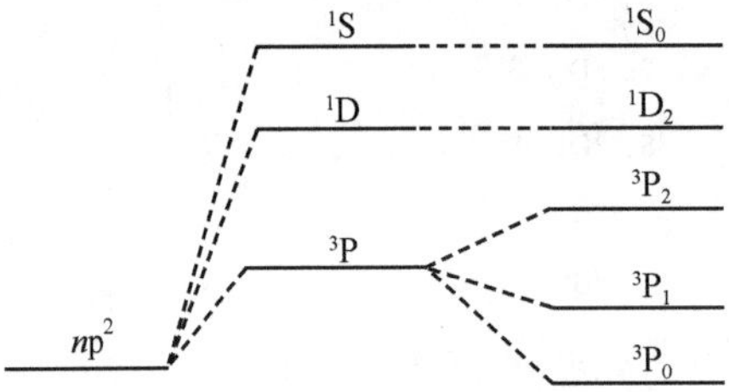

图 2-24　np^2 组态电子的能级图

例如，np^2 组态的谱项能级高低次序是 $^3P < {}^1D < {}^1S$，基谱项是 ^3P，能级图如图 2-24 所示。nd^2 组态的谱项能级高低次序是 $^3F < {}^3P < {}^1G < {}^1D < {}^1S$，基谱项是 ^3F。

需要指出的是，上述关于光谱项能级高低的判断规则常有例外。

2. 原子光谱的选择定则

对于多电子原子，电子在各能级间跃迁依然须遵循选择定则：$\Delta S = 0$；$\Delta L = 0, \pm 1$；$\Delta J = 0, \pm 1$，而 $J = 0 \rightarrow J' = 0$ 的跃迁是禁阻的。

例如，钙原子光谱中，电子由 4^3D 向 4^3P 的跃迁，因 ^3D 和 ^3P 都是三重简并，各有三个光谱支项，应分裂为 9 条谱线，但实验只测得 6 条，其原因就是光谱选择定则的限制，其中有 3 条是被禁阻的，如图 2-25 中虚线所示。除此之外，实际能测得几条谱线还与仪器的分辨率有关。

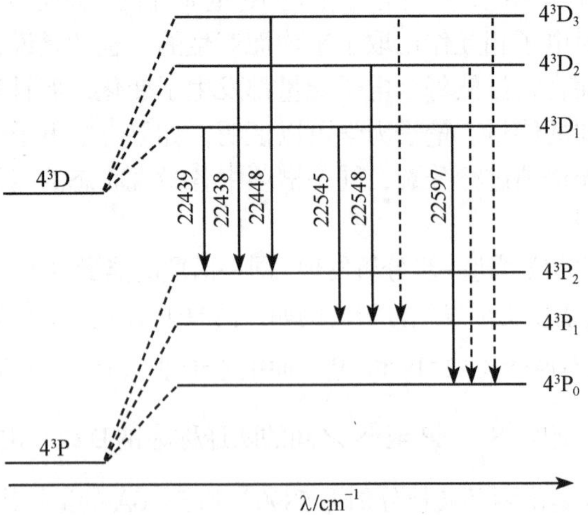

图 2-25　钙原子 4^3D 向 4^3P 的跃迁

3. 塞曼效应

以上讨论的是原子不受外力作用情况下能级的分裂。同 H 原子一样，多电子原子也有塞曼效应，即在磁场中多电子原子的能级也发生分裂，谱线增多。

多电子原子的谱线在磁场中发生分裂的原因同样是原子的总角动量 J 在空间取向的量子化，它可有 2^{J+1} 个不同取向。在磁场中 $n\mathrm{p}^2$ 组态的能级发生分裂的情况如图 2-26 所示。考虑到塞曼效应，光谱的选择定则应再加一项：$\Delta m_J = 0, \pm1$。

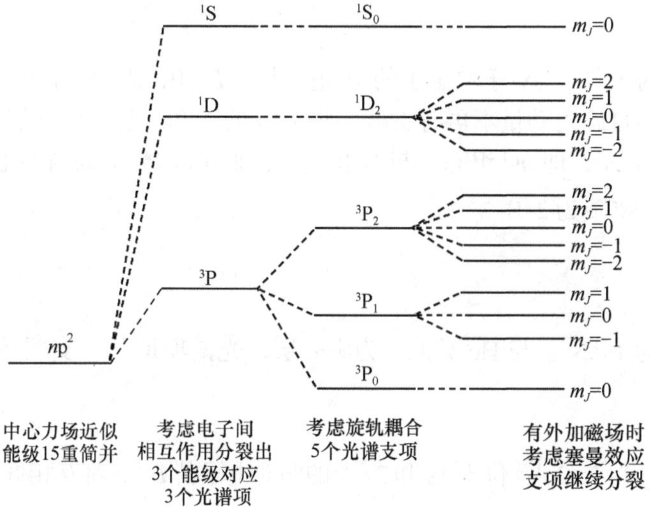

图 2-26　磁场中 $n\mathrm{p}^2$ 组态的能级图

2.6.7　原子的光谱项

根据不同电子组态的光谱项，很容易推导原子的光谱项。下面以周期表前面几个元素为例，讨论其基组态的光谱项。

1. H

核外一个电子，基组态是 $1\mathrm{s}^1$，因此其 $L=0$，$S=\dfrac{1}{2}$，故其谱项为 $1^2\mathrm{S}$。J 只能等于 $\dfrac{1}{2}$，因此只有一个支项为 $1^2\mathrm{S}_{\frac{1}{2}}$。氢原子的激发态相当于另一些 n 和(或)l 数值，依 l 的数值不同，其谱项可为 $^2\mathrm{S}$, $^2\mathrm{P}$, $^2\mathrm{D}$, …，但由于只有一个电子，S 只能等于 $\dfrac{1}{2}$，因此得到的光谱项永远是二重的，即$(2S+1)$永远等于 2。

2. He

核外两个电子，基组态为 $1s^2$，根据泡利不相容原理，两个电子必须自旋相反，因此 $S=0$，又由于 $L=0$，因此光谱项为 ^1S，J 只能取值 0，因此也只有一个支项为 $^1S_0$。当有一个电子激发进入高能级时，两个电子变为非等价电子，这时两个电子可以有相同的自旋，可以有 $S=0$ 和 $S=1$ 两种情况，因此在激发态时，单重态 $(2S+1=1)$ 和三重态 $(2S+1=3)$ 都可能存在，但不可能有大于三重态的态。

3. Li

基组态为 $1s^22s^1$。对于填满了的 1s 电子层，$L=0$，$S=0$，它们对整个原子的轨道角动量和自旋角动量不再有贡献，所以 Li 的 L 和 S 值仅由外层电子决定。外层电子组态为 $2s^1$，即 ns^1 组态，与 H 相同，因此 Li 的光谱项与 H 也相同(只是 n 不同)为 2^2S，支项为 $2\,^2S_{\frac{1}{2}}$。

4. Be

基组态为 $1s^22s^2$，与 He 类似，为满壳层，光谱项是 ^1S，支项是 $^1S_0$。

5. B

基组态为 $1s^22s^22p^1$，位于 1s 和 2s 上的两对电子其 L、S 都互相抵消，对光谱项无贡献，因而只需考虑 $2p^1$ 组态。只有一个电子的 $2p^1$ 组态，其 $L=1$，$S=\dfrac{1}{2}$，故光谱项为 ^2P。又因为 $J=1+\dfrac{1}{2}=\dfrac{3}{2}$ 或 $J=1-\dfrac{1}{2}=\dfrac{1}{2}$，因此有两个光谱支项 $^2P_{\frac{3}{2}}$ 和 $^2P_{\frac{1}{2}}$。

6. C

基组态为 $1s^22s^22p^2$，只需考虑外层两个 p 电子，这就是等价电子 np^2 组态的光谱项，前面已经推出，为 ^1S、^1D 和 ^3P。^1D 有一个支项 $^1D_2$，^1S 也只有一个支项 $^1S_0$，^3P 有三个支项 $^3P_2$、$^3P_1$ 和 $^3P_0$。在这些光谱支项中，^3P 项能量是最低的，是 C 原子的基谱项。

7. N

基组态为 $1s^22s^22p^3$，根据表 2-9，其光谱项为 ^2P、^2D、^4S。又根据洪德规则，^4S 的能量最低，是 N 原子的基谱项。

由原子核外电子组态推引原子光谱项时，注意存在下列两条规律：

(1) 对于全充满的轨道，如 ns^2、np^6、nd^{10} 等，电子都是自旋成对且方向相反，电子的总的自旋角动量和总轨道角动量均为 0，它们对整个原子的 S 和 L 均无贡献，因此由电子组态求原子光谱项时，可不考虑满壳层上的电子，而只需考虑价电子。

(2) 若电子组态为全充满状态，如 Be、Ne 等原子，因 $S=0$，$L=0$，$J=0$，所以其光谱项均为 ^1S，光谱支项均为 $^1S_0$。

习　题

2.1 已知氢原子 $\psi_{1s}=\sqrt{\dfrac{1}{\pi a_0^3}}e^{-\frac{r}{a_0}}$，试求处于此状态的电子出现在 $r=a_0$ 和 $r=2a_0$ 的圆球内的概率，并比较处于 ψ_{2p_x} 和 ψ_{2p_y} 轨道上的电子出现在半径 $r=a_0$ 的圆球内概率的大小。

2.2 试求：处于 1s 态的氢原子，电子出现在其内部的概率等于 90%的等概率密度面的半径 r。若氢原子处于 ψ_{2p_z} 所描述的状态，则 r 又为多少？

2.3 求氢原子 ψ_{2s} 的：

(1) 径向分布函数为极大值时的半径；

(2) 概率密度为极大值时的半径；

(3) 节面半径。

2.4 已知氢原子处于 ψ 所描述的状态，$\psi=c_1\psi_{210}+c_2\psi_{211}+c_3\psi_{31-1}$，假设所有波函数都已经归一化。计算：

(1) ψ 所描述状态的能量平均值及能量值为 $-\dfrac{13.6}{2^2}\text{eV}$ 的状态出现的概率。

(2) ψ 所描述状态的角动量平均值及角动量值为 $\sqrt{2}\hbar$ 的状态出现的概率。

(3) ψ 所描述状态的角动量在 z 方向分量平均值及角动量 z 分量为 $\dfrac{h}{2\pi}$ 的状态出现的概率。

2.5 由氢原子薛定谔方程的通解求 ψ_{210}、ψ_{211} 和 ψ_{21-1}。

2.6 氢原子轨道 ψ_{310} 有哪些节面？请用方程将其表示出来。这些节面将空间分成几个区域？在空间何处其概率密度最大？

2.7 氢原子中处于 ψ_{32-1} 状态的电子，其能量、轨道角动量、轨道角动量在 z 方向分量、自旋角动量以及自旋角动量与 z 轴的夹角各是多少？

2.8 证明：氢原子的状态函数 ψ_{2p_z} 与 ψ_{1s} 和 ψ_{2p_x} 分别正交。

2.9 证明：处于基态的氢原子，r^2 的平均值等于 $3a_0^2$，而 $\dfrac{1}{r^2}$ 的平均值等于 $\dfrac{2}{a_0^2}$。

2.10 氢原子中处于 ψ_{2p_z} 状态的电子，其轨道角动量在 x 轴和 y 轴上的分量是否具有确定值？若有确定值，其值是多少？若无确定值，其平均值是多少？

2.11 若体系处于状态 $\psi=c_1\psi_{211}+c_2\psi_{210}$，则角动量 z 分量 L_z 和角动量平方 L^2 有无确定值？若

有确定值，其值是多少？若无确定值，其平均值是多少？假设所有波函数都已经归一化。

2.12 氢原子巴耳末线系中固定项的项值是多少？波长最长及最短的谱线的波长、频率和波数各是多少？

2.13 推引下列非等价电子组态的光谱项：$np^1(n+1)p^1$；np^1nd^1；$ns^1np^1(n+1)d^1$。

2.14 推引下列等价电子组态的光谱项：nd^2；np^3。

2.15 推引 np^4 电子组态的光谱项、光谱支项及基谱项，并与 np^2 电子组态的推引结果比较。

2.16 推引基态铜原子的光谱项、光谱支项及基谱项。

2.17 推引基态硅原子的光谱项。若基态硅原子的一个 3p 电子跃迁到 4s 上，求此激发态的光谱项。

2.18 已知 3 价钒离子(V^{3+})基态和第一激发态的电子排布如下：

V^{3+}基态：$1s^22s^22p^63s^23p^63d^24s^0$

V^{3+}第一激发态：$1s^22s^22p^63s^23p^63d^14p^1$

请推引它们的光谱项和光谱支项，并说明处于第一激发态的 V^{3+}核外电子排布方式为什么不是 $1s^22s^22p^63s^23p^63d^14s^1$？

2.19 如果考虑旋轨耦合作用及反常塞曼效应，画出 nd^2 组态电子的能级图，并在图中标出光谱项及光谱支项。

2.20 如果不考虑塞曼效应，画出$(n+1)p^2$组态和 np^1nd^1 组态各谱项之间允许的电子跃迁。

2.21 试求出谱项 n^3P 对应的能级上，电子的轨道角动量与自旋角动量可能的夹角。

2.22 试求出 np^1nd^1 组态两个电子的自旋角动量之间可能的夹角以及总自旋角动量与 z 轴可能的夹角。

第 3 章　双原子分子的结构和性质

分子是由原子组成的，根据组成分子的原子个数，可以将分子分为单核分子和多核分子两类。单核分子也就是单原子分子，是最简单的分子。多核分子是由两个或两个以上原子通过化学键结合而成，典型的化学键有三种：共价键、离子键和金属键。本章重点讨论双原子分子的结构和性质，旨在了解共价键的形成和本质。

3.1　氢分子离子的结构和共价键的本质

结构最简单的双原子分子是由两个原子核和一个电子组成的氢分子离子(H_2^+)。H_2^+在化学上不稳定，但实验证明它确实存在。

3.1.1　氢分子离子的薛定谔方程

H_2^+中两个原子核与一个电子的相对坐标如图 3-1 所示。图 3-1 中 a、b 表示两个氢原子核，e^-表示核外的一个电子，两核之间的距离为 R，电子 e^-与核 a 及核 b 之间的距离分别为 r_a 和 r_b。

与原子核相比，电子的质量 m_e 很小而运动速率又很快，因此可以近似认为原子核静止不动，而电子处于两个原子核形成的势场中运动，称为玻恩-奥本海默(Born-Oppenheimer)近似，简称 B-O 定核近似。在此近似下，描述H_2^+运动状态的波函数ψ只是电子坐标(x, y, z)的函数，即$\psi = \psi(x, y, z)$，ψ满足下面的薛定谔方程：

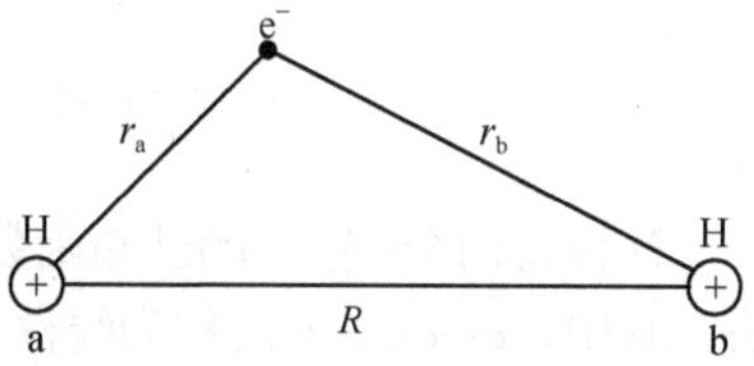

图 3-1　氢分子离子 H_2^+ 中氢原子核与电子的相对坐标

$$\hat{H}\psi = E\psi \tag{3-1}$$

其中，哈密顿算符$\hat{H}$为

$$\hat{H} = -\frac{\hbar^2}{2m_e}\nabla^2 - \frac{e^2}{r_a} - \frac{e^2}{r_b} + \frac{e^2}{R}$$

式中，第一项是电子 e^-的动能项；第二项和第三项分别是电子 e^-与核 a 和核 b 的吸引能项；第四项是两核 a 与 b 之间的排斥能项。

根据原子单位(au)的定义：

$$1\ 原子单位长度 = a_0 = \frac{\hbar^2}{m_e e^2} = 0.529\text{Å}$$

$$1\ 原子单位电荷 = e = 1.602\times10^{-19}\text{C}$$

$$1\ 原子单位质量 = m_e = 9.109\times10^{-31}\text{kg}$$

$$1\ 原子单位能量 = \frac{e^2}{a_0} = \frac{m_e e^4}{\hbar^2} = 2\times13.6\text{eV} = 27.2\text{eV}$$

由此可得，在原子单位下，$\hbar = 1$。因此，采用原子单位时，H_2^+ 的哈密顿算符

$$\hat{H} = -\frac{1}{2}\nabla^2 - \frac{1}{r_a} - \frac{1}{r_b} + \frac{1}{R}$$

将上式代入式(3-1)，即可得到用原子单位表示的 H_2^+ 的薛定谔方程

$$\left(-\frac{1}{2}\nabla^2 - \frac{1}{r_a} - \frac{1}{r_b} + \frac{1}{R}\right)\psi = E\psi \tag{3-2}$$

3.1.2 线性变分法原理

将方程中各变量进行分离的方法简称为变分法。在应用变分法解薛定谔方程时，首先需考虑如何选取一个品优的波函数作为变分函数，所选取的变分函数越接近实际情况越好。一般选用的变分函数都是一些已知实函数的线性组合，可用通式(3-3)表示：

$$\psi = c_1\psi_1 + c_2\psi_2 + \cdots + c_n\psi_n = \sum_{i=1}^{n} c_i\psi_i \tag{3-3}$$

这种将两个(或多个)已知函数的线性组合作为变分函数的方法称为线性变分法，其中，$c_1, c_2, \cdots, c_n$ 称为线性变分参数，$\psi_1, \psi_2, \cdots, \psi_n$ 都是归一化的实函数。

在体系的变分函数初步确定后，就要确定体系能量 E 最低时变分参数 $c_1, c_2, \cdots, c_n$ 的具体数值。在求这些参数时，首先将式(3-3)代入式(2-46)：

$$E' = \frac{\int\psi^*\hat{H}\psi\,d\tau}{\int\psi^*\psi\,d\tau} = \frac{\int\psi\hat{H}\psi\,d\tau}{\int\psi\psi\,d\tau} = \frac{\int\left(\sum_{i=1}^{n}c_i\psi_i\right)^*\hat{H}\left(\sum_{i=1}^{n}c_i\psi_i\right)d\tau}{\int\left(\sum_{i=1}^{n}c_i\psi_i\right)^*\left(\sum_{i=1}^{n}c_i\psi_i\right)d\tau}$$

整理得

$$E' = \frac{\sum_{i=1}^{n} c_i^2 \int \psi_i \hat{H} \psi_i \mathrm{d}\tau + \sum_{i=1}^{n} \sum_{j=1, j\neq i}^{n} c_i c_j \int \psi_i \hat{H} \psi_j \mathrm{d}\tau}{\sum_{i=1}^{n} c_i^2 \int \psi_i^2 \mathrm{d}\tau + \sum_{i=1}^{n} \sum_{j=1, j\neq i}^{n} c_i c_j \int \psi_i \psi_j \mathrm{d}\tau}$$

令

$$H_{ii} = \int \psi_i \hat{H} \psi_i \mathrm{d}\tau \text{，} \quad H_{jj} = \int \psi_j \hat{H} \psi_j \mathrm{d}\tau$$

$$H_{ij} = \int \psi_i \hat{H} \psi_j \mathrm{d}\tau \text{，} \quad H_{ji} = \int \psi_j \hat{H} \psi_i \mathrm{d}\tau$$

$$S_{ii} = \int \psi_i \psi_i \mathrm{d}\tau \text{，} \quad S_{ij} = \int \psi_i \psi_j \mathrm{d}\tau$$

则

$$E' = \frac{\sum_{i=1}^{n} c_i^2 H_{ii} + \sum_{i=1}^{n} \sum_{j=1, j\neq i}^{n} c_i c_j H_{ij}}{\sum_{i=1}^{n} c_i^2 S_{ii} + \sum_{i=1}^{n} \sum_{j=1, j\neq i}^{n} c_i c_j S_{ij}} \tag{3-4}$$

为了求出使 E'具有最小值(等于 E)时的 $c_1, c_2, \cdots, c_n$，令 $\frac{\partial E'}{\partial c_1} = 0$，$\frac{\partial E'}{\partial c_2} = 0$，$\cdots$，$\frac{\partial E'}{\partial c_n} = 0$，这样就得到如下 n 个关于线性变分参数 $c_1, c_2, \cdots, c_n$ 的方程，称为久期方程组。

$$\begin{aligned}
(H_{11} - ES_{11})c_1 + (H_{12} - ES_{12})c_2 + \cdots + (H_{1n} - ES_{1n})c_n &= 0 \\
(H_{21} - ES_{21})c_1 + (H_{22} - ES_{22})c_2 + \cdots + (H_{2n} - ES_{2n})c_n &= 0 \\
&\vdots \\
(H_{n1} - ES_{n1})c_1 + (H_{n2} - ES_{n2})c_2 + \cdots + (H_{nn} - ES_{nn})c_n &= 0
\end{aligned}$$

考虑到 ψ_i 均是归一化的，$S_{ii} = \int \psi_i \psi_i \mathrm{d}\tau = 1$，久期方程组简化为

$$\begin{aligned}
(H_{11} - E)c_1 + (H_{12} - ES_{12})c_2 + \cdots + (H_{1n} - ES_{1n})c_n &= 0 \\
(H_{21} - ES_{21})c_1 + (H_{22} - E)c_2 + \cdots + (H_{2n} - ES_{2n})c_n &= 0 \\
&\vdots \\
(H_{n1} - ES_{n1})c_1 + (H_{n2} - ES_{n2})c_2 + \cdots + (H_{nn} - E)c_n &= 0
\end{aligned} \tag{3-5}$$

若久期方程组的 $c_1, c_2, \cdots, c_n$ 同时为零，则所选取的变分函数 ψ 没有意义。因此，方程组具有非全为零的解(简称为非零解)的条件是其系数行列式等于零，即

$$\begin{vmatrix} H_{11}-E & H_{12}-ES_{12} & \cdots & H_{1n}-ES_{1n} \\ H_{21}-ES_{21} & H_{22}-E & \cdots & H_{2n}-ES_{2n} \\ \vdots & \vdots & & \vdots \\ H_{n1}-ES_{n1} & H_{n2}-ES_{n2} & \cdots & H_{nn}-E \end{vmatrix}=0 \tag{3-6}$$

这是一个关于能量 E 的代数方程，左端行列式称为久期行列式。解此方程得 E 的 n 个解 $E_1, E_2, \cdots, E_n$。将得到的每个 E 分别代回到久期方程组(3-5)中，即可求得 n 组 $c_1, c_2, \cdots, c_n$，再将每组 $c_1, c_2, \cdots, c_n$ 代入式(3-3)中就得到了与每个不同的能量 E 对应的波函数 ψ。

3.1.3 变分法解氢分子离子的薛定谔方程

在解 H_2^+ 薛定谔方程之前，尽管还不知道 H_2^+ 真正的波函数 ψ 是什么形式，但可根据体系的性质了解到 ψ 的某些性质。例如，当 $r_b\to\infty$时，$R\to\infty$，由于距离无穷远，电子 e 受核 b 的作用很小以致可以忽略，可以认为电子只受 a 核产生势场的作用，此时的 H_2^+ 相当于一个由 a 核和一个电子构成的氢原子，H_2^+ 的薛定谔方程也随之变成了氢原子的薛定谔方程，H_2^+ 的基态波函数就是氢原子的基态波函数 $\frac{1}{\sqrt{\pi}}e^{-r_a}$ (用原子单位表示)，对应的能量是氢原子基态能量，用 E_a 表示。也就是说，H_2^+ 的波函数 ψ 应当具有这样的性质：当 $r_b\to\infty$时，H_2^+ 的 $\psi=\psi_a=\frac{1}{\sqrt{\pi}}e^{-r_a}$，$E=E_a$。

同理，当 $r_a\to\infty$时，$R\to\infty$，此时，H_2^+ 的 $\psi=\psi_b=\frac{1}{\sqrt{\pi}}e^{-r_b}$，$E=E_b$。

若要使得所选取的变分函数 ψ 同时具有上述 ψ_a 和 ψ_b 的性质，那么，可以将 ψ_a 和 ψ_b 线性组合为 ψ，即

$$\psi=c_1\frac{1}{\sqrt{\pi}}e^{-r_a}+c_2\frac{1}{\sqrt{\pi}}e^{-r_b}=c_1\psi_a+c_2\psi_b \tag{3-7}$$

以此组合函数作为变分函数，可得 H_2^+ 的久期方程组：

$$\begin{aligned}(H_{aa}-E)c_1+(H_{ab}-ES_{ab})c_2=0\\(H_{ba}-ES_{ba})c_1+(H_{bb}-E)c_2=0\end{aligned}$$

其中，$H_{aa}=\int\psi_a\hat{H}\psi_a d\tau$，$H_{ab}=\int\psi_a\hat{H}\psi_b d\tau$，$H_{ba}=\int\psi_b\hat{H}\psi_a d\tau$，$H_{bb}=\int\psi_b\hat{H}\psi_b d\tau$，$S_{ab}=\int\psi_a\psi_b d\tau$，$S_{ba}=\int\psi_b\psi_a d\tau$。显然，对于 H_2^+，有

$$H_{aa}=H_{bb},\ H_{ab}=H_{ba},\ S_{ab}=S_{ba} \tag{3-8}$$

因此H_2^+的久期方程组变为

$$\begin{aligned}(H_{aa}-E)c_1+(H_{ab}-ES_{ab})c_2&=0\\(H_{ab}-ES_{ab})c_1+(H_{aa}-E)c_2&=0\end{aligned} \tag{3-9}$$

上面的方程组具有非零解的条件是其系数行列式等于零，即

$$\begin{vmatrix}H_{aa}-E & H_{ab}-ES_{ab}\\H_{ab}-ES_{ab} & H_{aa}-E\end{vmatrix}=0 \tag{3-10}$$

将行列式展开后，上述方程变为

$$(H_{aa}-E)^2=(H_{ab}-ES_{ab})^2$$

解此方程得E的两个解E_{I}和E_{II}：

$$E_{\mathrm{I}}=\frac{H_{aa}+H_{ab}}{1+S_{ab}} \tag{3-11}$$

$$E_{\mathrm{II}}=\frac{H_{aa}-H_{ab}}{1-S_{ab}} \tag{3-12}$$

将E_{I}代入久期方程组(3-9)可得 $c_1=c_2$，因此属于能量E_{I}的波函数为$\psi_{\mathrm{I}}=c_1(\psi_a+\psi_b)$。将$\psi_{\mathrm{I}}$代入其归一化关系式$\int_0^\infty \psi_{\mathrm{I}}^*\psi_{\mathrm{I}}\mathrm{d}r=1$中可得

$$\int_0^\infty [c_1(\psi_a+\psi_b)]^2\,\mathrm{d}r=1$$

$$c_1^2=\frac{1}{\int_0^\infty\left(\psi_a^2+2\psi_a\psi_b+\psi_b^2\right)\mathrm{d}r}$$

考虑到ψ_a和ψ_b都是归一化波函数，$\int_0^\infty \psi_a^2\mathrm{d}r=\int_0^\infty \psi_b^2\mathrm{d}r=1$，而$\int_0^\infty \psi_a\psi_b\mathrm{d}r=S_{ab}$，所以

$$c_1=\frac{1}{\sqrt{2+2S_{ab}}}$$

因此，ψ_{I}归一化后为

$$\psi_{\mathrm{I}}=\frac{1}{\sqrt{2+2S_{ab}}}(\psi_a+\psi_b) \tag{3-13}$$

将E_{II}代入式(3-9)，可得 $c_1=-c_2$。因此，属于能量E_{II}的波函数为$\psi_{\mathrm{II}}=c_1(\psi_a-\psi_b)$，归一化后得

$$\psi_{\mathrm{II}}=\frac{1}{\sqrt{2-2S_{ab}}}(\psi_a-\psi_b) \tag{3-14}$$

式(3-11)～式(3-14)就是 H_2^+ 薛定谔方程的解的结果，是 H_2^+ 的能量 E_{I} 和 E_{II} 及对应的波函数 ψ_{I} 和 ψ_{II}。在这些结果中含有三个积分 H_{aa}、H_{ab} 和 S_{ab}，因为 H_2^+ 的哈密顿算符中含有核间距 R，所以这三个积分应是 R 的函数。经过进一步的数学计算，这三个积分可分别表示为

$$H_{aa} = E_a + \frac{1}{R} - \int \frac{\psi_a^2}{r_b} d\tau \tag{3-15}$$

$$H_{ab} = E_a S_{ab} + \frac{1}{R} S_{ab} - \int \frac{\psi_a \psi_b}{r_a} d\tau \tag{3-16}$$

$$S_{ab} = \int \psi_a \psi_b d\tau \tag{3-17}$$

为了讨论问题简便，常将这三个积分变换为以核 a 和核 b 为焦点的椭球坐标系中用原子单位表示的形式

$$H_{aa} = E_a + (\frac{1}{R} + 1)e^{-2R} \tag{3-18}$$

$$H_{ab} = E_a S_{ab} + \left(\frac{1}{R} - \frac{2R}{3}\right)e^{-R} \tag{3-19}$$

$$S_{ab} = (\frac{R^2}{3} + R + 1)e^{-R} \tag{3-20}$$

3.1.4 三个积分 H_{aa}、H_{ab} 和 S_{ab} 的性质

三个积分 H_{aa}、H_{ab} 和 S_{ab} 分别称为库仑(Coulomb)积分、交换积分和重叠积分，都是核间距离 R 的函数。它们并不是体系的物理量，但体系的物理量随 R 变化的性质与这些积分随 R 变化的性质有关。例如，式(3-8)和式(3-9)中的能量 E_{I} 和 E_{II} 就是用这三个积分表示的，因此体系的能量 E 与核间距离 R 有关，是 R 的函数。下面研究这三个积分随 R 的变化性质，从而讨论核间距 R 对体系性质的影响。

1. 库仑积分 H_{aa}

在式(3-15)中，第一项 E_a 为氢原子 a 的基态能，第二项 $\frac{1}{R}$ 为 a 和 b 两原子核之间的排斥能，第三项 $-\int \frac{\psi_a^2}{r_b} d\tau$ 为 b 原子核对 a 原子中电子的吸引能。令 $J(R)$ 为 H_{aa} 与氢原子轨道基态能量 E_a 之差

$$J(R) = H_{aa} - E_a = \frac{1}{R} - \int \frac{\psi_a^2}{r_b} d\tau \tag{3-21}$$

分析式(3-21)可知，当 $R = 0$ 时，$J \to \infty$，使 $H_{aa} \to \infty$，而此时的 $\frac{1}{R} \to \infty$，说明两原子核之间的排斥能极大；当 $R \to \infty$时，$J=0$，使 $H_{aa}=E_a$，而此时的 $\frac{1}{R} \to 0$，说明两原子核之间排斥能极小。随着 R 的增大(从 $0 \to \infty$)，J 单调减小(从$\infty \to 0$)。当 H_2^+ 的 a 和 b 两核之间距离等于平衡核间距，即 $R = R_e = 1.06\text{Å} \approx 2a_0 = 2\text{au}$ 时，$J = 0.027\text{au}$，而 $E_a = -0.5\text{au}$，此时 J 占 E_a 的百分数为

$$\frac{0.027}{0.5} \times 100\% = 5.4\%$$

因此，可近似认为 $H_{aa} \approx E_a$。也就是说，积分 H_{aa} 近似等于原子轨道 ψ_a 的能量 E_a。常用α表示 E_a，那么有 $H_{aa} \approx \alpha$。所以，H_{aa} 也称为α积分。

2. 交换积分 H_{ab}

H_{ab} 通常用 β 表示，也称为 β 积分。H_{ab} 的大小对分子成键能起着重要作用。令

$$K(R) = \left(\frac{1}{R} - \frac{2R}{3}\right)e^{-R}$$

根据式(3-19)可得

$$H_{ab} = E_a S_{ab} + K(R) \tag{3-22}$$

由式(3-22)不难证明，当 $R = 0.71\text{au}$ 时，$H_{ab} = 0$；当 $R > 0.71\text{au}$ 时，$H_{ab} < 0$，且 H_{ab} 的绝对值$|H_{ab}|$随 R 的增加而增大。而 H_2^+ 平衡核间距为 $R_e = 2\text{au}$，大于 0.71au，因此对于 H_2^+ 而言，在平衡核间距附近总有 $H_{ab} < 0$。进一步分析发现，当 R 继续增大到一定程度时，$|H_{ab}|$在出现一个极大值之后开始随 R 的增加而单调减小；当 $R \to \infty$时，$H_{ab} \to 0$。这说明，H_{ab} 与两原子轨道 ψ_a 和 ψ_b 的交换程度有关，交换得越多，$|H_{ab}|$越大。当 $R = 2\text{au}$ 时，$H_{ab} = \beta = -0.406\text{au}$。

3. 重叠积分 S_{ab}

由式(3-20)可知，$0 < S_{ab} < 1$。而 S_{ab} 对核间距 R 的导数小于零，即

$$\frac{dS_{ab}}{dR} = -\frac{1}{3}(R^2 + R)e^{-R} < 0$$

说明 S_{ab} 值随着 R 的增大而单调减小。由此可以认为：当 $R \to 0$ 时，$S_{ab} \to 1$，R 较小时，两核相距较近，两个氢原子轨道 ψ_a 与 ψ_b 重叠较多，S_{ab} 的值比较大；当 $R \to \infty$ 时，$S_{ab} = 0$，R 越大，两核相距越远，ψ_a 与 ψ_b 重叠也就越少，S_{ab} 的值也较小。这就是说，S_{ab} 与两原子轨道的重叠程度也有关，因此 S_{ab} 也称为重叠积分。当 R 等

于平衡核间距($R = R_e = 2$au)时，$S_{ab} = 0.586$。

3.1.5 氢分子离子的结构

由于 H_{aa}、H_{ab} 和 S_{ab} 都是核间距 R 的函数，因此能量 E_{I} 和 E_{II} 也都是 R 的函数，E_{I} 和 E_{II} 与 R 的关系如图 3-2 所示。

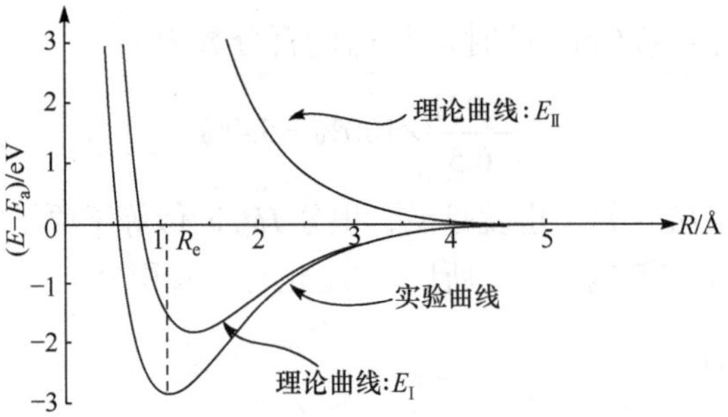

图 3-2　氢分子离子的能量变化曲线

图 3-2 中，曲线 E_{I} 有一最低点，说明电子处于 ψ_{I} 所描述的状态时，H_2^+ 可以稳定存在。最低点对应的核间距离 R 就是平衡核间距 R_e，即 H_2^+ 的键长。从图 3-2 中测算出 $R_e = 2.495$au(1.32Å)，实验值为 2au(1.06Å)。曲线 E_{I} 最低点对应的能量就是 H_2^+ 的离解能，即 H_2^+ 分解为(H^+ + H)时所需的能量，用 D_e 表示。由图 3-2 测算出 $D_e = 0.0654\text{au} = 1.78\text{eV} = 171.8\text{kJ}\cdot\text{mol}^{-1}$，实验值为 $D_e = 2.79\text{eV} = 268.8\text{kJ}\cdot\text{mol}^{-1}$。

能量 E_{II} 曲线随着 R 的增加而单调减小，无极小值。当 $R \to \infty$时，$E_{\mathrm{II}} \to 0$。因此，电子处于 ψ_{II} 所描述的状态时，H_2^+ 不稳定，会自动地离解为(H^+ + H)并放出能量。

上面得到的 H_2^+ 键长及离解能数据与实验结果有较大的误差，这种误差由所选择的变分函数引起。如果选择的变分函数形式更加合理，得到的结果会更加符合实验结果。此外，采用椭球坐标精确求解，得到的结果与实验结果完全一致。

E_{I} 和 E_{II} 两种能量曲线分别称为吸引曲线和排斥曲线，相应的状态分别称为吸引态和排斥态。ψ_{I} 和 ψ_{II} 是由 ψ_a 和 ψ_b 两个原子轨道组合而成，称为分子轨道。其中，ψ_{I} 称为成键轨道，ψ_{II} 称为反键轨道，如图 3-3 所示。

根据 E_{I} 和 E_{II} 的表达式(3-11)和式(3-12)可以计算出 H^+和 H 结合形成 H_2^+ 后，与原来的氢原子轨道能 H_a 相比，分子轨道能 E_{I} 和 E_{II} 的变化值：

$$E_{\mathrm{I}} = \frac{H_{aa} + H_{ab}}{1 + S_{ab}} = E_a + \frac{J(R) + K(R)}{1 + S_{ab}} = \alpha - h \tag{3-23}$$

$$E_{\mathrm{II}} = \frac{H_{aa} - H_{ab}}{1 - S_{ab}} = E_a + \frac{J(R) - K(R)}{1 - S_{ab}} = \alpha + h^* \tag{3-24}$$

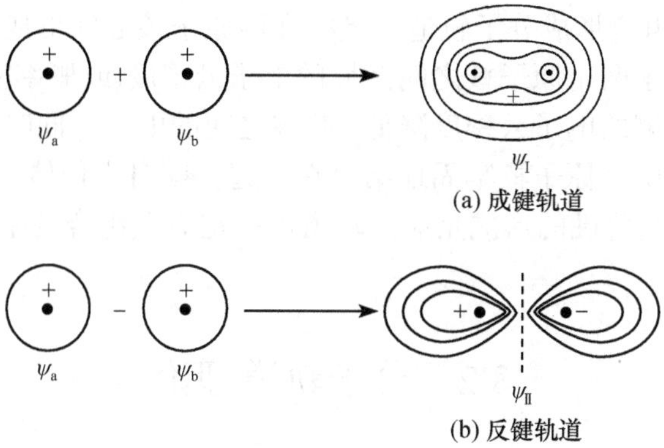

图 3-3　两个 H 的原子轨道 ψ_a 和 ψ_b 组合形成 H_2 的两个分子轨道 ψ_I 和 ψ_{II} 的示意图

式中，

$$h=-\frac{J(R)+K(R)}{1+S_{ab}}, \quad h^*=\frac{J(R)-K(R)}{1-S_{ab}}$$

当 $R=2\text{au}$ 时，$h=0.0537\text{au}$，$h^*=0.3338\text{au}$，$h^*>h$，$E_I=E_a-0.0537\text{au}$，$E_{II}=E_a+0.338\text{au}$ 因此 $E_I<E_a<E_{II}$。

如果再忽略 S_{ab}，则由式(3-11)和式(3-12)可直接得到

$$E_I=\alpha+\beta=\alpha-0.406 \tag{3-25}$$

$$E_{II}=\alpha-\beta=\alpha+0.406 \tag{3-26}$$

根据上面的分析，图 3-4 中画出了由 H^+ 和 H 两个原子轨道形成 H_2^+ 分子轨道的能级示意图。

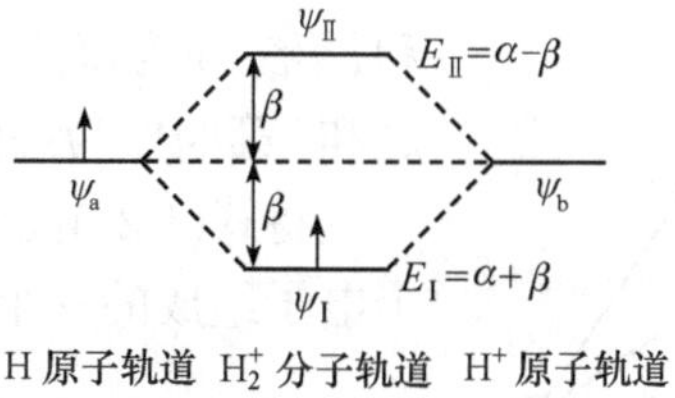

图 3-4　H^+ 和 H 的两个原子轨道形成 H_2^+ 分子轨道的能级示意图

3.1.6　共价键的本质

当原子相互接近时，它们的原子轨道以一定的方式叠加，组合形成分子轨道。分子轨道包括成键轨道和反键轨道。原子中的电子进入成键轨道后，会使体系的能量降低，若进入反键轨道，则会使体系能量升高。若电子充填进分子轨道后能使体系总的能量降低，则能形成稳定分子，此时在两原子间形成的化学键就称为共价键。

由原子轨道组合形成分子轨道，最终在两原子核之间形成共价键，这种作用的实质是增加了两个原子核之间区域的电子云密度(或概率密度，$|\psi|^2$的值)，而使两原子核外侧的电子云密度降低。两核之间的电子云同时受到两个原子核的吸引，从而将两个原子核牢固地结合在一起，同时也使体系的总能量降低。值得注意的是，共价键的形成是原子轨道以一定方式组合的结果，并非是简单的电子云叠加。

3.2　分子轨道理论

下面讨论多核多电子体系，如 H_2、N_2等。如果一个分子中含有 P 个原子核和 N 个电子，其中原子核 a、b、…的核电荷数分别为 Z_a、Z_b、…。假定原子核不动而只讨论电子相对于核的运动，体系的状态函数ψ应当是 N 个电子坐标的函数：

$$\psi=\psi(x_1, y_1, z_1, x_2, y_2, z_2, \cdots, x_N, y_N, z_N)$$

这个多核多电子分子体系的哈密顿算符为

$$\hat{H}=-\frac{1}{2}\sum_{i=1}^{N}\nabla_i^{\,2}-\sum_{a=1}^{P}\sum_{i=1}^{N}\frac{Z_a}{r_{a,i}}+\frac{1}{2}\sum_{\substack{i=1,j=1\\ i\neq j}}^{N}\frac{1}{r_{i,j}}+\frac{1}{2}\sum_{\substack{a=1,b=1\\ a\neq b}}^{P}\frac{Z_aZ_b}{R_{a,b}} \tag{3-27}$$

式中，$r_{a,i}$为第 a 个原子核与第 i 个电子之间的距离；$r_{i,j}$为第 i 个电子与第 j 个电子之间的距离；$R_{a,b}$是第 a 个原子核与第 b 个原子核之间的距离。式(3-27)中，第一项为 N 个电子的动能项之和，第二项为每个电子与每个核的势能项(吸引能)之和，第三项为每两个电子间的势能项(排斥能)之和，第四项为每两个核之间排斥能项之和。

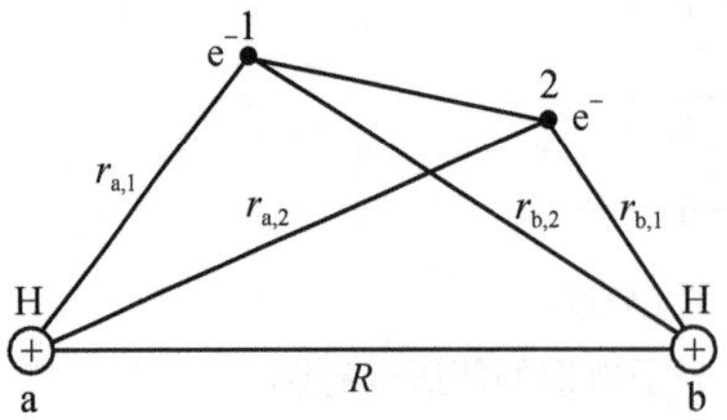

图 3-5　氢分子 H_2 中两个原子核与两个电子的相对坐标

将式(3-27)代入下式即得由 P 个核和 N 个电子组成的一个分子体系的薛定谔方程。

$$\hat{H}\psi=E\psi$$

例如，对于 H_2，其相对坐标示意图如图 3-5 所示，薛定谔方程是

$$\left[-\frac{1}{2}(\nabla_1^2+\nabla_2^2)-\frac{1}{r_{a,1}}-\frac{1}{r_{a,2}}-\frac{1}{r_{b,1}}-\frac{1}{r_{b,2}}+\frac{1}{r_{1,2}}+\frac{1}{R_{a,b}}\right]\psi=E\psi \tag{3-28}$$

即使对于最简单的多电子体系 H_2，目前也不能对其薛定谔方程进行精确求解，对于更复杂的体系，精确求解更难。因此，只能采用近似方法。常用的近似方法有两种，一种是分子轨道理论，另一种是价键理论。本节介绍分子轨道理论的要点。

3.2.1　单电子波函数近似

分子轨道理论最关键的一条近似就是假定分子中每个电子的状态都可以用一个波函数 ψ 来描述，ψ 是电子坐标 (x, y, z) 的函数，$\psi = \psi(x, y, z)$。这种用来描述分子中单个电子运动状态的波函数称为分子轨道(分子轨道和原子轨道分别简称为 MO 和 AO)。$|\psi|^2$ 表示所描述的电子出现在空间各点的概率密度。

将所研究的电子看作是在所有原子核及其他 $N-1$ 个电子共同形成的平均势场中运动，因此其薛定谔方程为

$$\left[-\frac{1}{2}\nabla^2 - \sum_{a=1}^{P}\frac{1}{r_\mathrm{a}} + V_\mathrm{e} + V_\mathrm{p}\right]\psi = E\psi \tag{3-29}$$

式中，r_a 是所研究电子距 a 原子核的距离；V_e 是其他 $N-1$ 个电子与所研究电子之间的平均势能(排斥能)，V_e 只是所研究的电子坐标 (x, y, z) 的函数；V_p 是原子核之间的排斥能总和，为常数。

解方程(3-29)就可得到一系列的分子轨道 $\psi_1, \psi_2, \cdots, \psi_i, \cdots$，以及与其相对应的一系列的能量 $E_1, E_2, \cdots, E_i, \cdots$。这些分子轨道就是分子中单个电子所可能的状态，与其相对应的能量近似地代表处于该轨道上的电子从分子中电离出去所需要的能量，整个分子的能量就等于所有这些电子能量之和。

通常方程(3-29)不能精确求解，而只能用近似方法(如变分法)求解。

3.2.2　分子轨道是原子轨道的线性组合

同解 H_2^+ 薛定谔方程一样，在解多核多电子分子薛定谔方程时仍需选择适当的变分函数。通常，在一个分子中，处于某一原子附近的分子轨道应当具有该原子的原子轨道所具有的性质，因此，一个简便而合理的方法就是将组成这个分子的各个原子的原子轨道进行线性组合，以此作为分子轨道的变分函数，与式(3-3)相同，这个变分函数 ψ 用下式表示：

$$\psi = c_1\psi_1 + c_2\psi_2 + \cdots + c_N\psi_N = \sum_{i=1}^{N} c_i\psi_i$$

式中，c_i 是变分参数，可以由变分法求解。

3.2.3 分子轨道的成键三原则

并不是任意两个原子轨道都可线性组合成分子轨道，只有满足三个条件的原子轨道才可有效地组成分子轨道，称为分子轨道的成键三原则。下面以双原子分子为例来解释这三条原则。

两个原子轨道分别用ψ_a和ψ_b表示，H_{aa}为原子轨道ψ_a的能量，用α_a表示；H_{bb}为原子轨道ψ_b的能量，用α_b表示。这里α_a和α_b是不同原子轨道的能量，一般不相等。假设，$\alpha_a > \alpha_b$，$H_{ab} = H_{ba} = \beta$，$S_{ab} = S_{ba}$，因为S_{ab}值较小，$H_{ab} \gg ES_{ab}$，所以近似认为$H_{ab} - ES_{ab} \approx H_{ab} = \beta$。同前面讨论的$H_2^+$情况相同，利用变分法，并将上述条件代入式(3-9)可得久期方程组：

$$\begin{cases} (\alpha_a - E)c_1 + \beta c_2 = 0 \\ \beta c_1 + (\alpha_b - E)c_2 = 0 \end{cases} \tag{3-30}$$

并解得

$$E_1 = \frac{1}{2}\left[(\alpha_a + \alpha_b) - \sqrt{(\alpha_a - \alpha_b)^2 + 4\beta^2}\right] = \alpha_b - h \tag{3-31}$$

$$E_2 = \frac{1}{2}\left[(\alpha_a + \alpha_b) + \sqrt{(\alpha_a - \alpha_b)^2 + 4\beta^2}\right] = \alpha_a + h \tag{3-32}$$

式中，

$$h = \frac{1}{2}\left[\sqrt{(\alpha_a - \alpha_b)^2 + 4\beta^2} - (\alpha_a - \alpha_b)\right] \tag{3-33}$$

式(3-33)中，$h > 0$，又因为$\alpha_a > \alpha_b$，所以$\alpha_a > \alpha_b > E_1$，$E_2 > \alpha_a > \alpha_b$。将$E_1 = \alpha_b - h$代入方程组(3-30)中的第二个方程，可得与能量$E_1$对应的分子轨道$\psi_1$中的变分参数$c_1$与$c_2$之比值：

$$\frac{c_1}{c_2} = -\frac{h}{\beta} = \frac{(\alpha_a - \alpha_b) - \sqrt{(\alpha_a - \alpha_b)^2 + 4\beta^2}}{2\beta} \tag{3-34}$$

将$E_2 = \alpha_a + h$代入方程组(3-30)中的第一个方程，可得对应于能量E_2的分子轨道ψ_2中两参数之比，这里用c_1'和c_2'表示：

$$\frac{c_1'}{c_2'} = \frac{\beta}{h} = \frac{2\beta}{\sqrt{(\alpha_a - \alpha_b)^2 + 4\beta^2} - (\alpha_a - \alpha_b)} \tag{3-35}$$

以此可以解释下述分子轨道的成键三原则。

1. 能量相近原则

只有能量相近的原子轨道才能有效地组成分子轨道，这就是能量相近原则。

如果两个原子轨道的能量α_a与α_b相差太大，则这两个原子轨道不能有效重叠形成分子轨道，也就不能形成稳定的分子。例如，当$\alpha_a \gg \alpha_b$时，式(3-34)变为

$$\frac{c_1}{c_2}=\frac{\alpha_a-\sqrt{\alpha_a^2+4\beta^2}}{2\beta}$$

对于H_2^+而言，当$R=R_e$时，$\alpha_b=-0.5\text{au}$，$\beta=-0.406\text{au}$。若$\alpha_a \gg \alpha_b$，那么$\alpha_a \gg \beta$，$\alpha_a-\sqrt{\alpha_a^2+4\beta^2}\approx 0$，即$\frac{c_1}{c_2}\approx 0$，与$c_2$相比，$c_1$可忽略。因此不难看出，与能量$E_1$对应的分子轨道$\psi_1=c_1\psi_a+c_2\psi_b$中的$c_1\psi_a$项可忽略，所以$\psi_1=c_2\psi_b$，分子轨道$\psi_1$就等同于原子轨道$\psi_b$，而$\psi_a$对分子轨道$\psi_1$没有贡献。因此，$\psi_a$和$\psi_b$没有有效地组合成分子轨道。

同样，在$\alpha_a \gg \alpha_b$条件下，从式(3-35)不难看出，能量E_2对应的分子轨道$\psi_2=c_1'\psi_a+c_2'\psi_b$中，两参数$c_1'$与$c_2'$的比值很大，即$c_1'$比$c_2'$大得多，$c_2'$可忽略，所以$\psi_2=c_1'\psi_a$，分子轨道$\psi_2$就等同于原子轨道$\psi_a$，而$\psi_b$对分子轨道没有贡献。因此，在此状态下的$\psi_a$和$\psi_b$也没有有效地组合成分子轨道。

上面的分析说明，当两原子轨道能量α_a与α_b相差很大时，两个所谓的分子轨道就分别近似等于原有的两个原子的原子轨道，即两条原子轨道不能有效地组合成分子轨道，两个原子之间也就未能有效成键。因此，若要形成有效的分子轨道，两原子轨道的能量应相近。

2. 最大重叠原则

原子轨道在彼此接近形成分子轨道时，应当彼此尽可能多得重叠，这就是最大重叠原则。

从式(3-31)的分析可知，h是成键轨道能E_1与能量较低的原子轨道能量α_b之间的差值。h越大，说明E_1降低得越多，形成分子轨道后电子能量降低得也越多，分子越稳定，因此h越大，越有利于形成稳定的分子。

在$(\alpha_a-\alpha_b)$一定的情况下，根据式(3-33)，若要使h的值增大，那么$|\beta|$值就越大越好。而$\beta=H_{ab}$，β的大小与两原子轨道的交换程度有关，$|\beta|$值越大，两原子轨道的交换程度越大，形成的分子越稳定。

需要注意的是，两原子轨道的交换程度不仅与两原子核的距离有关，还与两条原子轨道相互接近的方向有关。例如，当一个原子的p_z轨道与另一个原子的s轨道组成分子轨道时，在相同核间距情况下，沿z轴互相靠近时，$|\beta|$值最大，原

子轨道之间的交换程度也最大，见图 3-6。

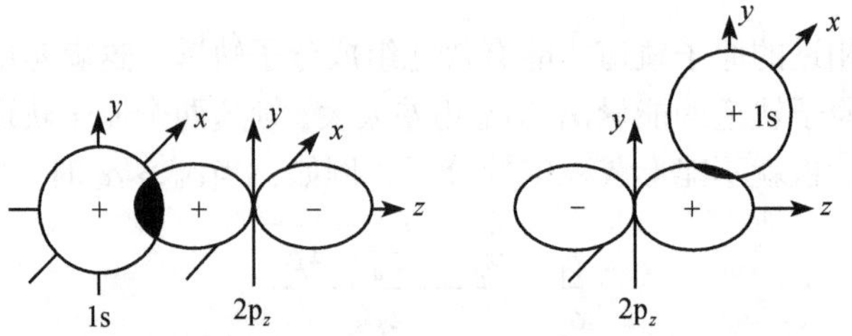

图 3-6　一个原子的 p_z 轨道与另一个原子的 s 轨道在不同方向上的重叠

3. 对称性匹配原则

只有对称性互相匹配的原子轨道才有可能形成分子轨道，这就是对称性匹配原则。

通过上面分析可知，两原子轨道重叠程度较小时，$|\beta|$值会很小。但还需要知道，每种原子轨道都是有对称性的。即使两个原子轨道能有较大程度的重叠，但若对称性互不匹配，仍然会使$|\beta|$值很小，甚至为零。

例如，s 轨道在空间是球形对称的，而 p 轨道是中心反对称的，d 轨道是中心对称的。当 s 轨道沿 z 轴方向与 p_z 接近形成分子轨道时，为了能够有效地形成分子轨道，在保证最大重叠的同时，还要保证 s 和 p_z 两条原子轨道的同符号区域(+号区域)相互重叠。但是，当 s 轨道沿 z 轴方向与 p_x 接近时，在 x 方向正向区域两条轨道的符号相同(+号)，而在 x 方向负向区域的两条轨道的符号相反，使 β 值为零，因此不能有效地形成分子轨道，见图 3-7。

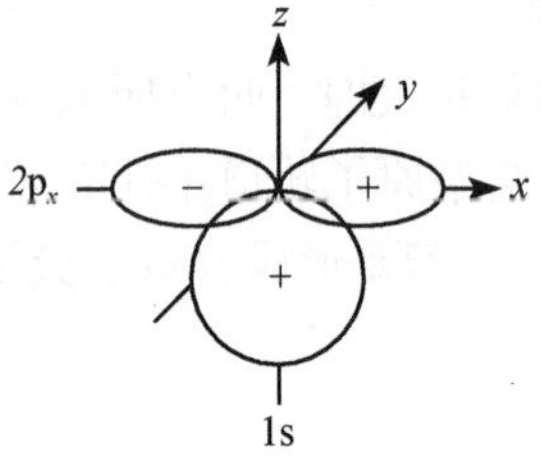

图 3-7　一个原子的 p_x 轨道与另一个原子的 s 轨道相互接近时对称性不匹配

如果 s、p、d 的 9 个原子轨道可以两两任意组合，可有 $\frac{9\times 8}{2}+9=45$ 种方式形成分子轨道。但是，由于受到对称性匹配条件的限制，其中 31 种组合方式中两个原子轨道的对称性是不匹配的，只有 14 种方式是对称性匹配的，因此也就只能形成 14 种分子轨道。

按对称性不同，可将这 14 种分子轨道分为三类：σ 轨道、π 轨道和 δ 轨道。

1) σ 轨道、σ 电子和 σ 键

对于键轴(z 轴)呈圆柱形对称的分子轨道称为 σ 轨道。σ 轨道共有 6 种，其中，两个 s 轨道相互重叠形成的分子轨道记为 s-s 重叠。其他 5 种是 s-p_z、s-d_{z^2}、p_z-p_z、p_z-d_{z^2}、d_{z^2}-d_{z^2}。

σ 轨道上充填的电子称为 σ 电子。通常情况下，σ 电子的能量较低，比较稳定。这种由原子轨道“头对头”重叠形成的共价键称为 σ 键。

2) π 轨道、π 电子和 π 键

两原子轨道的同符号区域沿键轴(z 轴)方向接近并重叠成键后，在键轴方向看，有一个包含键轴的节面，这样形成的分子轨道称为 π 轨道。π 轨道也有 6 种，包括 p_x-p_x、p_x-d_{xz}、p_y-p_y、p_y-d_{yz}、d_{xz}-d_{xz}、d_{yz}-d_{yz}。

π 轨道上充填的电子称为 π 电子。π 电子的能量一般高于 σ 电子。这种由原子轨道“肩并肩”形成的共价键称为 π 键。

图 3-8 中为几种由原子轨道组成的分子轨道示意图。

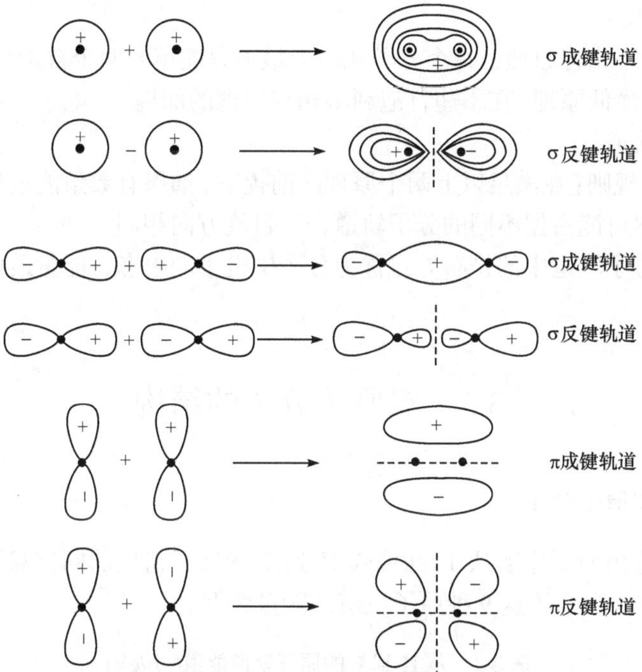

图 3-8　几种由原子轨道组成的分子轨道示意图(虚线表示节面)

3) δ 轨道、δ 电子和 δ 键

在键轴方向看，如果含有两个包含键轴的节面，这样的分子轨道称为 δ 轨道。δ 轨道只有 2 种：d_{xy}-d_{xy}，$d_{x^2-y^2}$-$d_{x^2-y^2}$。

δ 轨道上充填的电子称为 δ 电子。δ 电子的能量是三种分子轨道中所充填电子能量最高的。原子轨道以这种方式形成的共价键称为 δ 键。

图 3-9 为沿键轴方向观察到的三种分子轨道的特点。

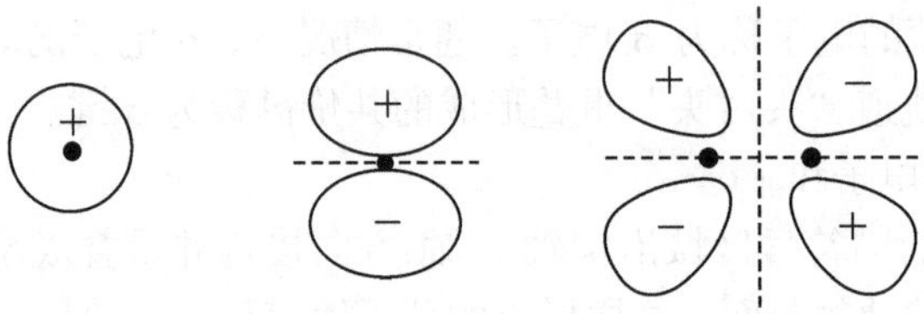

图 3-9　沿键轴方向观察到的三种分子轨道的特点(虚线表示节面)

4. 电子在分子轨道中的填充规则

构成分子时，电子在分子轨道中的充填原则与在原子轨道中相同，也要遵守下列三个原则：

(1) 泡利不相容原理：每个分子轨道上最多只能填入两个自旋相反的电子。

(2) 能量最低原理：在不违背泡利不相容原理的前提下，电子尽可能占据能量较低的分子轨道。

(3) 洪德规则：在满足以上两个原理的前提下，如果有数条能量相同的分子轨道，电子将尽可能占据不同的分子轨道，且自旋方向相同。

电子在分子轨道中的排布方式称为分子中电子的组态，能量最低的组态称为分子的基态。

3.3　双原子分子的结构

3.3.1　同核双原子分子

本节讨论由原子序数从 1 到 9(从 H 到 F)的原子组成的同核双原子分子结构及性质。表 3-1 列出了这 9 种原子轨道的能量数据。

表 3-1　从 H 到 F 的原子轨道能量($-E$/eV)

原子	1s	2s	2p	电子组态
H	13.60			$1s^1$
He	24.6			$1s^2$
Li	64.9	5.44		$1s^22s^1$
Be	121.0	9.4		$1s^22s^2$
B	197.2	14.0	5.7	$1s^22s^22p^1$
C	293.2	19.5	10.7	$1s^22s^22p^2$

续表

原子	1s	2s	2p	电子组态
N	408.0	25.6	12.9	$1s^22s^22p^3$
O	542.6	32.4	15.9	$1s^22s^22p^4$
F	696.3	40.1	18.6	$1s^22s^22p^5$

根据分子轨道的成键原则，只有能量相近的原子轨道才有可能形成分子轨道。分析表 3-1 中的数据可知，每种原子的 1s 和 2s 轨道能都相差 50eV 以上，1s 和 2p 轨道能量相差更大，虽然 1s 与 2s 及 1s 与 $2p_z$ 是符合对称性匹配原则的原子轨道，但不符合能量相近原则。因此，在讨论这些同核双原子分子时不必考虑主量子数不同的原子轨道组成分子轨道的问题。

1. H_2 和 He_2

H_2 和 He_2 分子都是由两个原子的 1s 轨道组成两个 σ 分子轨道，其中成键轨道用 σ_{1s} 表示，反键轨道用 σ^*_{1s} 表示。能级图见图 3-10。

H_2 中每个 H 提供 1 个电子，共有 2 个电子，根据泡利不相容原理和能量最低原理，这 2 个电子占据 σ_{1s} 轨道且自旋相反，因此 H_2 的电子组态为$(\sigma_{1s})^2$，如图 3-11 所示。

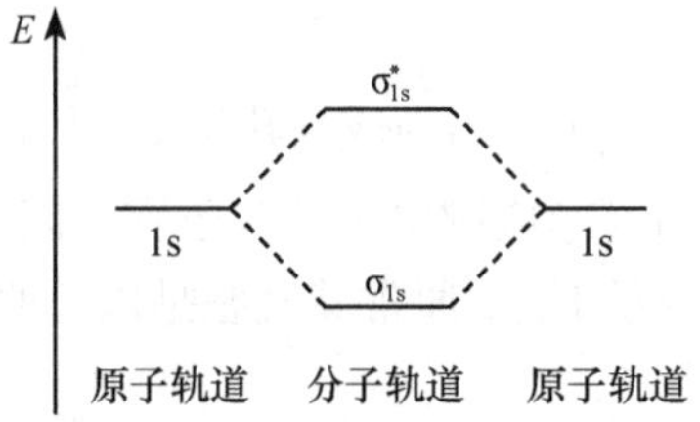

图 3-10　分子轨道 σ_{1s} 和 σ^*_{1s}

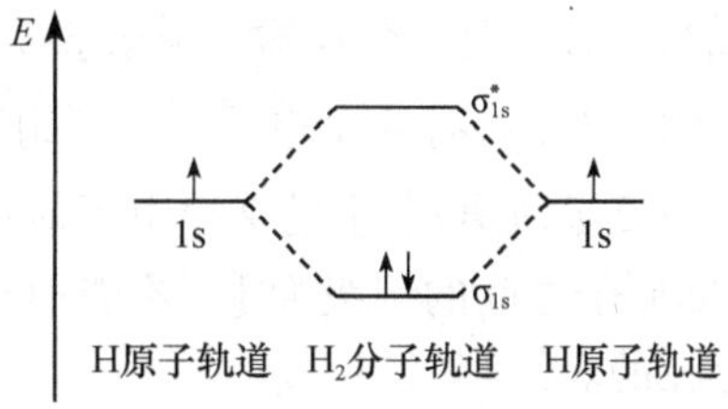

图 3-11　H_2 能级图

表 3-2 中列出了一些同核双原子分子(或离子)的净成键电子数、键级、离解能及键长数据。其中

$$净成键电子数 = 成键轨道上电子总数 - 反键轨道上电子总数$$

$$键级 = 净成键电子数 \div 2$$

表 3-2　同核双原子分子的基态

分子	电子组态	净成键电子数	键级	离解能/eV	键长/Å
H_2^+	$(\sigma_{1s})^1$	1	0.5	2.65	1.06
H_2	$(\sigma_{1s})^2$	2	1	4.48	0.74

续表

分子	电子组态	净成键电子数	键级	离解能/eV	键长/Å
He_2^+	$(\sigma_{1s})^2(\sigma_{1s}^*)^1$	1	0.5	(3.1)	1.08
He_2	$(\sigma_{1s})^2(\sigma_{1s}^*)^2$	0	0	—	—
Li_2	$(\sigma_{1s})^2(\sigma_{1s}^*)^2(\sigma_{2s})^2$	2	1	1.1	2.67
Be_2	$(\sigma_{1s})^2(\sigma_{1s}^*)^2(\sigma_{2s})^2(\sigma_{2s}^*)^2$	0	0	—	—
B_2	$(1\sigma_g)^2(1\sigma_u)^2(2\sigma_g)^2(2\sigma_u)^2(1\pi_u)^1(1\pi_u)^1$	2	1	3.0 ± 0.5	1.59
C_2	$(1\sigma_g)^2(1\sigma_u)^2(2\sigma_g)^2(2\sigma_u)^2(1\pi_u)^2(1\pi_u)^2$	4	2	6.2	1.24
N_2^+	$(1\sigma_g)^2(1\sigma_u)^2(2\sigma_g)^2(2\sigma_u)^2(1\pi_u)^2(1\pi_u)^2(3\sigma_g)^1$	5	2.5	8.73	1.12
N_2	$(1\sigma_g)^2(1\sigma_u)^2(2\sigma_g)^2(2\sigma_u)^2(1\pi_u)^2(1\pi_u)^2(3\sigma_g)^2$	6	3	9.76	1.09
O_2^+	$[Be_2](\sigma_{2p_z})^2(\pi_{2p_x})^2(\pi_{2p_y})^2(\pi^*_{2p_x})^1$	5	2.5	6.48	1.12
O_2	$[Be_2](\sigma_{2p_z})^2(\pi_{2p_x})^2(\pi_{2p_y})^2(\pi^*_{2p_x})^1(\pi^*_{2p_y})^1$	4	2	5.06	1.21
F_2	$[Be_2](\sigma_{2p_z})^2(\pi_{2p_x})^2(\pi_{2p_y})^2(\pi^*_{2p_x})^2(\pi^*_{2p_y})^2$	2	1	1.6 ± 0.35	1.44

净成键电子数和键级都可用于衡量两原子间形成共价键的相对强度。净成键电子数越多，键级越大，共价键越强，分子越稳定。

H_2 比 H_2^+ 多一个成键电子，可以预料 H_2 比 H_2^+ 稳定。实验测得 H_2^+ 的离解能为 2.65eV，键长为 1.06Å，H_2 的离解能为 4.48eV，键长为 0.74Å，H_2 的离解能约为 H_2^+ 的 2 倍，键长比 H_2^+ 短，见表 3-2。

两个 He 共有 4 个电子，电子组态为$(\sigma_{1s})^2(\sigma_{1s}^*)^2$，因为成键轨道 σ_{1s} 上的 2 个电子与反键轨道 σ_{1s}^* 上的 2 个电子能量相互抵消，净成键电子数等于零。因此，2 个 He 原子之间的键级为零，不能形成稳定的分子 He_2，通常其气态是以单原子状态存在的。

由上面分析可以看出，2 个原子在形成分子时，内层电子的能量相互抵消，对键级的贡献为零，不起成键作用。因此，在处理较复杂的分子时，一般只需要考虑原子的价电子(外层轨道上的电子)之间的相互作用，而不用考虑内层轨道上电子的贡献。

2. Li_2 和 Be_2

2 个 2s 轨道组成一个成键轨道和一个反键轨道，分别用(σ_{2s})和(σ_{2s}^*)表示，能级图如图 3-12 所示。电子仍按能级由低到高的顺序填充，就可得到 Li_2 和 Be_2 分子中电子的排布：

$$Li_2：(\sigma_{1s})^2(\sigma_{1s}^*)^2(\sigma_{2s})^2$$

$$Be_2:\ (\sigma_{1s})^2(\sigma_{1s}^*)^2(\sigma_{2s})^2(\sigma_{2s}^*)^2$$

Li_2分子净成键电子数是 2，键级为 1，相当于 1 个 Li—Li 单键。

Be_2分子中 8 个电子在这 4 个分子轨道上的总能量与在 4 个原子轨道上的能量相等(实际上前者比后者还略高一些)，键级为 0，因此 Be_2是不稳定分子，得不到 Be_2分子。

3. O_2和 F_2

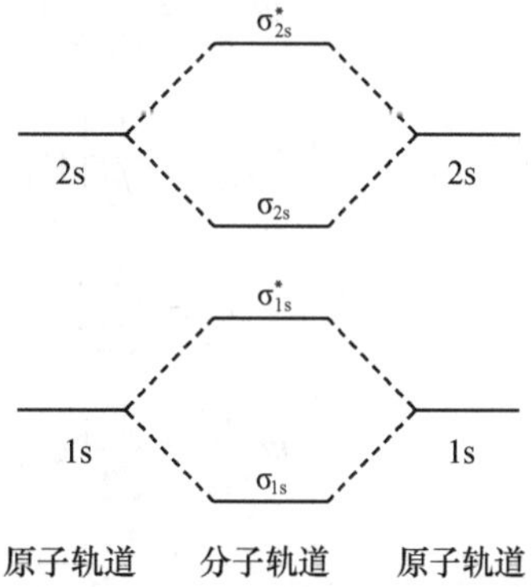

图 3-12　σ_{1s}和σ_{1s}^*及σ_{2s}和σ_{2s}^*分子轨道

从 B 到 F 等 5 个原子所生成的双原子分子的电子总数大于 8，因此 2p 轨道也参与组成分子轨道。2 个原子的 2 条 1s 轨道属于内壳层，可不考虑其成键问题。而根据对称性匹配原则，每个原子都有 2s、$2p_x$、$2p_y$和 $2p_z$这 4 个原子轨道，2 个原子总共有 8 个原子轨道，可组成 4 个 σ 轨道和 4 个 π 轨道。

在形成双原子分子轨道过程中，若忽略 2s 与 2p 之间的相互作用，则 2 个原子的 2s 之间形成 2 条 σ 轨道，成键轨道记为(σ_{2s})，反键轨道记为(σ_{2s}^*)；2 个 O 原子的 $2p_z$之间也形成 2 条 σ 轨道，成键轨道记为(σ_{2p_z})，反键轨道记为($\sigma_{2p_z}^*$)。而 2 个 O 原子的 $2p_x$之间以及 $2p_y$之间又可分别组合成 4 个 π 轨道，成键轨道分别记为π_{2p_x}和π_{2p_y}，反键轨道分别记为$\pi^*_{2p_x}$和$\pi^*_{2p_y}$。显然，π_{2p_x}和π_{2p_y}能量相等，是简并的。$\pi^*_{2p_x}$和$\pi^*_{2p_y}$能量相等，也是简并的。与 π 轨道相比，σ 轨道的重叠程度较大，即$|\beta|$值较大。因此，σ 成键轨道的能量比 π 成键轨道的能量低，而 σ 反键轨道比 π 反键轨道能量高。图 3-13 是有 2p 轨道参与成键的同核双原子分子的分子轨道能级图。

用变分法可得各分子轨道及其能量的表达式：

$$\psi_{\sigma_{2s}}=\frac{1}{\sqrt{2}}\left[\phi_{2s}(\mathrm{A})+\phi_{2s}(\mathrm{B})\right],\qquad E_{\sigma_{2s}}=\alpha_{2s}+\beta_{2s}$$

$$\psi_{\sigma_{2s}^*}=\frac{1}{\sqrt{2}}\left[\phi_{2s}(\mathrm{A})-\phi_{2s}(\mathrm{B})\right],\qquad E_{\sigma_{2s}^*}=\alpha_{2s}-\beta_{2s}$$

$$\psi_{\sigma_{2p_z}}=\frac{1}{\sqrt{2}}\left[\phi_{2p_z}(\mathrm{A})+\phi_{2p_z}(\mathrm{B})\right],\quad E_{\sigma_{2p_z}}=\alpha_{2p_z}+\beta_{2p_z}$$

$$\psi_{\sigma^*_{2p_z}} = \frac{1}{\sqrt{2}}\left[\phi_{2p_z}(A) - \phi_{2p_z}(B)\right], \quad E_{\sigma^*_{2p_z}} = \alpha_{2p_z} - \beta_{2p_z}$$

$$\psi_{\pi_{2p_x}} = \frac{1}{\sqrt{2}}\left[\phi_{2p_x}(A) + \phi_{2p_x}(B)\right], \quad E_{\pi_{2p_x}} = \alpha_{2p_x} + \beta_{2p_x}$$

$$\psi_{\pi_{2p_y}} = \frac{1}{\sqrt{2}}\left[\phi_{2p_y}(A) + \phi_{2p_y}(B)\right], \quad E_{\pi_{2p_y}} = \alpha_{2p_y} + \beta_{2p_y}$$

$$\psi_{\pi^*_{2p_x}} = \frac{1}{\sqrt{2}}\left[\phi_{2p_x}(A) - \phi_{2p_x}(B)\right], \quad E_{\pi^*_{2p_x}} = \alpha_{2p_x} - \beta_{2p_x}$$

$$\psi_{\pi^*_{2p_y}} = \frac{1}{\sqrt{2}}\left[\phi_{2p_y}(A) - \phi_{2p_y}(B)\right], \quad E_{\pi^*_{2p_y}} = \alpha_{2p_y} - \beta_{2p_y}$$

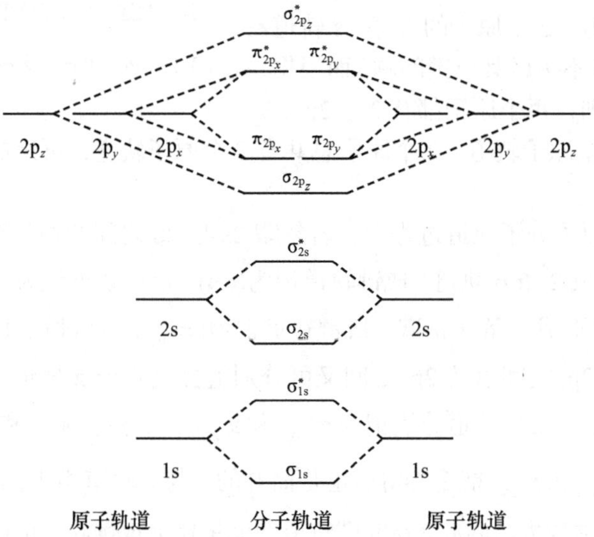

图 3-13　有 2p 轨道参与成键的同核双原子分子的分子轨道能级图

上面各式中，ψ表示分子轨道，ϕ表示原子轨道，$\phi_{2s}(A)$表示原子 A 的 2s 轨道，$E_{\sigma_{2s}}$ 表示 σ_{2s} 分子轨道的能量，α_{2s} 表示 2s 原子轨道的α积分，β_{2s} 表示 2s 原子轨道的β积分，以此类推。$\frac{1}{\sqrt{2}}$ 是归一化因子。

有了能级图 3-13 就可具体讨论以上各同核双原子分子的电子排布。

根据分子轨道成键三原则，O_2 中 16 个电子在图 3-13 所示的各个能级中进行填充，最后 2 个电子应分别填在两个简并的 π 反键轨道上且自旋平行。O_2 的电子组态为

$$O_2：[Be_2](\sigma_{2p_z})^2(\pi_{2p_x})^2(\pi_{2p_y})^2(\pi_{2p_x}^*)^1(\pi_{2p_y}^*)^1$$

O_2 的净成键电子数为 4，键级为 2，相当于一个 O═O 双键。按这种电子排布，O_2 应当是顺磁性的，实验证明 O_2 确实是顺磁性分子。

同理还可以得到 F_2 的电子组态为

$$F_2：[Be_2](\sigma_{2p_z})^2(\pi_{2p_x})^2(\pi_{2p_y})^2(\pi_{2p_x}^*)^2(\pi_{2p_y}^*)^2$$

F_2 净成键电子数为 2，键级为 1，相当于一个 F—F 单键。F_2 的净成键电子数比 O_2 少，所以 F_2 比 O_2 活泼，离解能小，键更长。O_2 和 F_2 的键能与键长数据见表 3-2。F_2 的键能只有 1.6eV，低于一般的单键键能，原因是$(\pi_{2p_x}^*)^2$和$(\pi_{2p_y}^*)^2$两个反键轨道能除了可以抵消$(\pi_{2p_x})^2$和$(\pi_{2p_y})^2$两个成键轨道能外，还使整个分子的净能量升高。

4. B_2、C_2 和 N_2

首先讨论 N_2。N_2 有 14 个电子，由表 3-1 可知，N 的 2s 和 2p 轨道的能量只相差 12.7eV。因此，在分析两个原子间的成键作用时，除了考虑两个 N 的 2s-2s 以及 2p-2p 之间的相互作用能外，也不能忽略 2s 与 $2p_z$ 轨道之间的相互作用(s 与 p_x 及 p_y 之间的轨道对称性不匹配，所以无需考虑它们之间的相互作用)。例如，由于 $2p_z$ 与 2s 能量相近，2 个 2s 轨道在组合形成 2 个 σ 分子轨道(一个成键轨道和一个反键轨道)时能量降低。同时，由于同样的原因，两个原子的 2 个 $2p_z$ 轨道在组合时形成的 2 个 σ 分子轨道的能量提高并高于 π 键的成键轨道能。因此，在考虑到 2s 与 $2p_z$ 间的相互作用时，同核双原子分子的部分能级发生能级交错，如图 3-14 所示。

在这种情况下，上述 4 条 σ 分子轨道中的每一条都至少由 4 条原子轨道组合而成，因此上面所采用的表示分子轨道的符号就不再适用，必须考虑使用一种新符号。

如果将对于分子中心的反演是对称的轨道标记为 g，对于分子中心反演是反对称的轨道标记为 u。那么，σ 键的成键轨道对于分子中心是对称的，记为 σ_g，反键轨道是反对称的，记为 σ_u；π 键的成键轨道是反对称的，记为 π_u，π 键的反键轨道是对称的，记为 π_g。

按照这种符号标记图 3-14 中的各个能级并与图 3-13 比较发现，有 4 个 σ 轨道的能量发生了改变，$2\sigma_g$ 能量降低，形成强的成键轨道；$3\sigma_u$ 能量升高，成为强的反键轨道；$2\sigma_u$ 能量降低，是弱的反键轨道。这 3 个轨道只是能量有了变化，但并未改变与其他轨道之间的能级高低顺序。但 $3\sigma_g$ 轨道不仅能量升高了，而且比

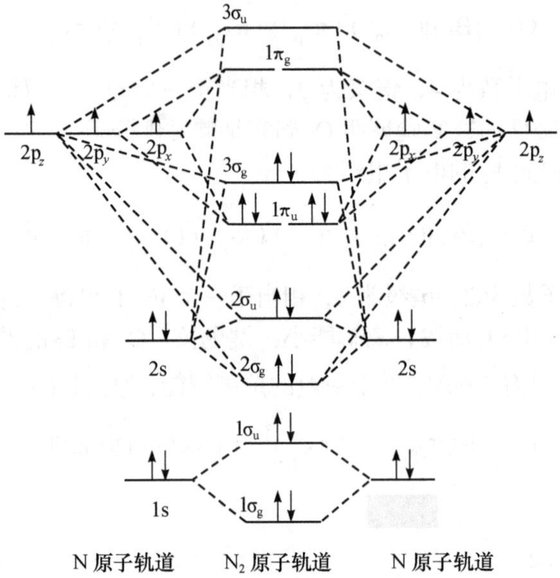

图 3-14　考虑到 2s 与 $2p_z$ 轨道的相互作用同核双原子分子能级图

π_{2p_x} 的能量还要高，成为弱成键轨道。

根据电子的填充规则，将 N_2 的 14 个电子填充到图 3-14 中相应的能级上就得到了 N_2 的电子组态

$$N_2\text{：}(1\sigma_g)^2(1\sigma_u)^2(2\sigma_g)^2(2\sigma_u)^2(1\pi_u)^4(3\sigma_g)^2$$

N_2 净成键电子数为 6，键级为 3，相当于一个 N≡N 三键。分析图 3-14 中能级较高的分子轨道可知，这个 N≡N 三键由 2 个 π 键(2 个 $1\pi_u$)和 1 个 σ 键($3\sigma_g$)组成。能量最高的分子轨道——前线轨道，是$(3\sigma_g)^2$。

对于 B 和 C 来说，因为 B 和 C 的 2s 与 $2p_z$ 轨道能量也很接近，应考虑它们之间的电子相互作用，所生成的双原子分子的分子轨道和能级图与 N_2 类似，只是所填充的电子数目不同，如图 3-14 所示。

B_2 和 C_2 的电子组态分别为

$$B_2\text{：}(1\sigma_g)^2(1\sigma_u)^2(2\sigma_g)^2(2\sigma_u)^2(1\pi_u)^1(1\pi_u)^1$$

$$C_2\text{：}(1\sigma_g)^2(1\sigma_u)^2(2\sigma_g)^2(2\sigma_u)^2(1\pi_u)^2(1\pi_u)^2$$

B_2 净成键电子数为 2，键级为 1，相当于一个 B—B 单键。C_2 净成键电子数为 4，键级为 2，相当于一个 C═C 双键，前线轨道是 2 个$(1\pi_u)^2$。

由于 N_2 的前线轨道是 σ 轨道$(3\sigma_g)^2$，C_2 的前线轨道是 π 轨道$(1\pi_u)^4$，因此化学变化过程中 N_2 不会像 C_2 那样发生加成反应，但更容易将这对电子提供出来与过

渡金属形成配位键。

3.3.2　异核双原子分子

通常情况下，异核双原子分子的 2 个原子之间的电负性差别较大，原子轨道的能量差别也较大。与同核双原子分子不同，异核双原子分子的结构比较复杂。

1. HF

根据表 3-1，H 的 1s 轨道和 F 的 2p 轨道能量相近，可以组成分子轨道。根据对称性匹配原则，H 的 1s 轨道只能和 F 的 $2p_z$ 轨道组合形成 1 条 σ 轨道，而在形成 HF 后，F 原子中其余的原子轨道 1s、2s、$2p_x$ 和 $2p_y$ 几乎全部保留着 F 原子轨道的性质，但在 HF 分子中也称为分子轨道，只是不起成键作用，故称为非键轨道。同时，对异核双原子分子来讲，分子轨道的对称性消失。因此，在表示能级高低顺序时将所有 σ 或 π 轨道按能量由低到高的顺序分别记为 1σ，2σ，…，或 1π，2π，…。HF 的分子能级图如图 3-15 所示。HF 的基组态为

$$HF：(1\sigma)^2(2\sigma)^2(3\sigma)^2(1\pi)^4$$

其中 1σ、2σ、1π 均为非键轨道，只有 3σ 为成键轨道，所以 HF 的净成键电子数为 2，键级为 1，相当于一个 H—F 的 σ 单键。

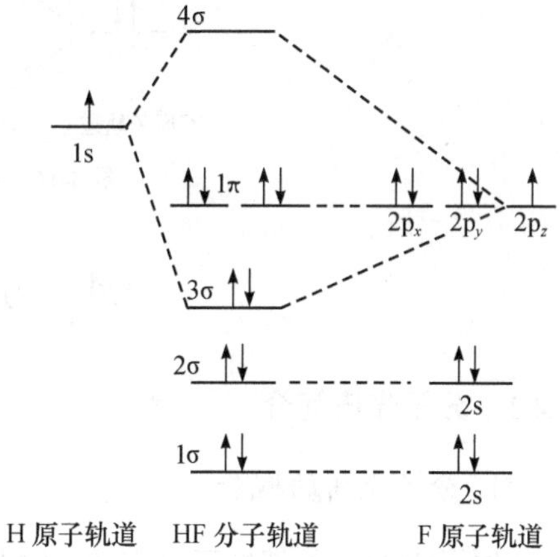

图 3-15　HF 分子能级图

2. CO

CO 与 N_2 是等电子体系，成键状况大致相同，也出现能级交错现象，也有类似于 N_2 的由 2 个 π 键和 1 个 σ 键组成的三键(2 个 1π 和 1 个 5σ)。但分析 CO 的这三个能级中所充填电子的来源可以发现，在 2 个 1π 轨道的 4 个电子中，有 3 个是 O 提供的，1 个是 C 提供的，因此这 2 个 1π 轨道含有较多的 O 原子轨道 $2p_x$ 及 $2p_y$ 的成分，是 2 个弱的成键轨道，这也是 CO 键能小于 N_2 而键长略长的原因。此外，由于能级相近的原子轨道间相互作用的影响，CO 的 4σ 分子轨道能低于 O 的 2s 原子轨道能，4σ 成为一个弱的反键轨道。CO 的能级图如图 3-16 所示。CO 的基组态为

$$CO：(1\sigma)^2\,(2\sigma)^2\,(3\sigma)^2\,(4\sigma)^2\,(1\pi)^4\,(5\sigma)^2$$

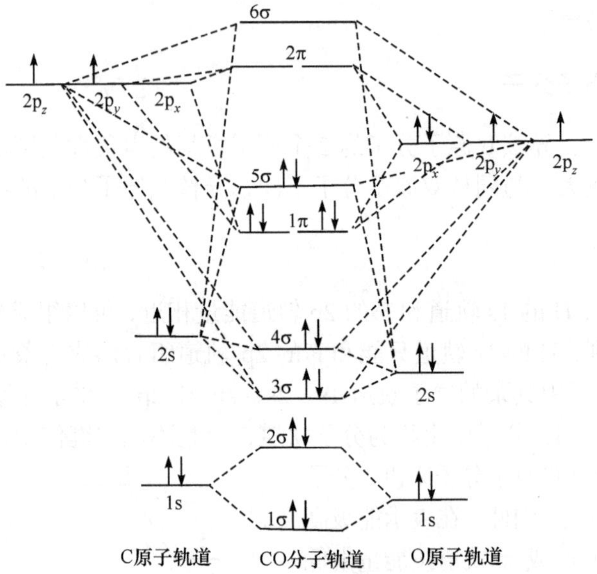

图 3-16　CO 分子能级图

3.4　分 子 光 谱

3.4.1　分子光谱简介

1. 分子光谱的概念

原子中的电子都处于一定的运动状态，每一运动状态都具有确定的能量，这些能量是量子化的，当电子从一个能级跃迁到另一个能级时，就要发射或吸收光子。同原子一样，分子的能量也是量子化的。当将光源发出的白光照射到分子上时，如果分子在入射光的作用下，从能级 E_1 跃迁到能级 E_2，要吸收光子，吸收光子的频率 ν 取决于两个能级间的能量差 $E_2 - E_1$：

$$\nu = \frac{E_2 - E_1}{h} \tag{3-36}$$

也就是将频率为 ν 的光吸收了。若用仪器观察透过分子的光就会发现，在整个亮区中有一条黑线。分子中的电子除了在 E_2 与 E_1 之间的跃迁外，还可发生其他能级之间的跃迁，还可吸收其他波长的光，若用底板将其接收则必然会有一条条黑线，称为分子吸收光谱，或简称分子光谱。

若用波数表示，式(3-36)变为

$$\nu = \frac{E_2 - E_1}{hc} = \frac{E_2}{hc} - \frac{E_1}{hc} = T_1 - T_2 \tag{3-37}$$

式中，$T = -\dfrac{E}{hc}$ 称为谱项。

分子光谱与原子光谱有许多不同的地方。原子光谱是由一条条谱线组成的，数目较少，谱线之间的间隔较大，特别是那些外层电子数目不多的原子更是如此。但是，分子光谱谱线的数目很多，而且比较密集，这些谱线可以分成许多组。每组谱线在波数大的一端非常密，用分辨率较低的仪器往往不能将这些谱线分开，而成为连续光谱。每一组谱线形成一个光谱带，因此称分子光谱为带光谱，将原子光谱称为线光谱。分子光谱中带与带之间距离较大，几个带又组成一大组，称为一个光谱系，系与系之间的距离更大。

2. 分子及分子内部的运动

分子光谱有别于原子光谱，其原因是分子内部的能级分布比较复杂，这与分子以及分子内部复杂的运动密不可分。对原子而言，只有一个原子核，其余都是电子，在原子中只有电子相对于原子核的运动。但在分子中却不这样简单，除单原子分子外，分子中至少有两个原子核，除了电子相对于原子核的运动外，还有其他的运动形式，这些运动可分解为 5 种方式：平动、转动、振动、电子运动和核运动，其中平动是整个分子在空间的运动，其他 4 种属于分子内部的运动。每一种运动方式都具有一定的能量。

1) 平动

平动是由分子热运动产生的，是分子作为一个整体，其质心在空间的位移，用 tr 表示。平动能级也是量子化的，能级间隔ΔE_{tr}约为 10^{-18}eV，间隔较小，在光谱上反映不出来，常被看作是连续变化的。

2) 转动

转动是由于分子运动过程中角动量不平衡产生的，是整个分子绕质心进行的运动，用 R 表示。

转动能级是量子化的，能级间隔ΔE_{R}一般为 10^{-4}～0.05eV，根据式(3-37)可知，由于转动能级发生跃迁而产生的光谱必将落在波数 $\tilde{\nu}$ 为 0.3～400cm^{-1} 的远红外区域，是线状谱。也就是说，如果用能量很低的远红外线照射分子，则只能引起分子转动能级的跃迁，这样得到的分子光谱称为转动光谱或远红外光谱。

3) 振动

振动是分子中各原子核在其平衡位置附近的微小运动，用 v 表示。

振动能级是量子化的，能级间隔ΔE_{v}一般为 0.05～1eV。根据式(3-37)可知，仅因振动能级跃迁而产生的光谱将处于波数 $\tilde{\nu}$ 为 400～8000cm^{-1} 的中红外或近红外区域。若用近红外线照射分子，将引起分子振动能级间的跃迁，这样得到的光谱称为红外光谱或振动光谱。

由于$\Delta E_v \gg \Delta E_R$，因此在引起分子振动能级跃迁的同时，必然伴随分子转动能级的跃迁。也就是说，振动能级的改变不可能单独发生，一定会伴随着转动能级的变化，对应于某两个振动能级间的跃迁所得到的将不是一条谱线，而是一组靠得近的谱线——光谱带，每个光谱带相当于在两振动能级间跃迁的基础上，又叠加上了不同转动能级间的跃迁。这样得到的光谱是带状谱，称为振动-转动光谱。

4) 电子运动

电子运动是指分子内电子的轨道运动，一般情况下不考虑电子自旋运动产生的光谱。

电子能级也是量子化的，能级间的能量差ΔE_e更大，为 1～20eV。电子能级间跃迁产生的光谱位于紫外及可见区域，这种分子光谱称为电子光谱或紫外光谱。ΔE_e远大于ΔE_v和ΔE_R，因此电子能级的跃迁也将伴随着振动能级和转动能级的跃迁，电子光谱也是带状谱，但比振动光谱复杂，一般包含若干个光谱系，不同的谱系相当于不同的电子能级间的跃迁。一个谱系又包含有若干谱带，不同的谱带相当于在电子能级跃迁的基础上，又叠加了不同振动能级间的跃迁。不同的谱带又包含多条谱线，每一条谱线相当于在电子能级间跃迁和振动能级间跃迁的基础上又叠加了转动能级的跃迁。

5) 核运动

原子核通常处于其运动的基态。若要使原子核由基态跃迁到第一激发态，所需要的能量ΔE_n极高(几十电子伏特甚至更高)，因此在讨论分子光谱时不考虑核自旋运动能级的改变。

研究分子光谱时通常只考虑分子内部的转动、振动和电子运动这三种运动方式。这三种运动方式之间是相互影响的，其中一种运动状态的改变必将引起其他两种运动状态的改变，但在一般近似情况下可忽略其影响。这样，整个分子的能量就近似等于这三部分能量之和：

$$E = E_e + E_v + E_R \tag{3-38}$$

式中，E 表示分子的总能量；E_e 表示电子轨道运动能；E_v 表示分子振动能；E_R 表示分子转动能。分子从能级 E_1 跃迁到 E_2 时吸收光子的波数：

$$\tilde{\nu} = \frac{E_2 - E_1}{hc} = \frac{E_{e_2} - E_{e_1}}{hc} + \frac{E_{v_2} - E_{v_1}}{hc} + \frac{E_{R_2} - E_{R_1}}{hc} \tag{3-39}$$

3. 分子光谱的选律

分子光谱一般是指分子的吸收光谱。在红外谱图中，通常将波长(λ)或波数($\tilde{\nu}$)定义为横坐标，透光率(T)或吸光度(A)定义为纵坐标。透光率 T 为透光强度 I 与入射光强度 I_0 之比：

$$T = \frac{I}{I_0}$$

吸光度 A 定义为透光率对数的负值：

$$A = -\lg T$$

分子能否产生谱线(在谱图中能否产生吸收峰)主要是考察分子的偶极矩是否为零：

(1) 同核双原子分子：偶极矩为零，没有振动和转动光谱。但分子内电子的跃迁会使其产生瞬间偶极，所以同核双原子分子的电子光谱会伴随振动和转动光谱产生。

(2) 异核双原子分子：偶极矩不为零，有分子的振动和转动光谱。

(3) 转动过程中保持非极性的多原子分子没有转动光谱，但是有振动光谱和电子光谱，如 CH_4、BCl_3、CO_2 等。

3.4.2　双原子分子的转动光谱

1. 刚性转子模型

考虑一种最简单双原子分子转动的模型。把双原子分子的转动看作一个刚性转子的转动，即假定：

(1) 原子核体积是可以忽略不计的质点。

(2) 分子的核间距离 r 不变。

(3) 分子沿着经过质心并垂直于两原子核之间连线的转动轴转动。

(4) 分子不受外力作用，势能 $V = 0$。

刚性转子模型如图 3-17 所示，设 m_1 和 m_2 是双原子分子中 a 和 b 两个原子核的质量，其核间距离是 r，C 点是质心。C 到 a 和 b 的距离分别为 r_1 和 r_2。

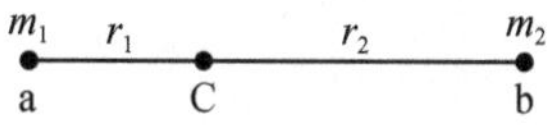

图 3-17　刚性转子模型

2. 刚性转子的薛定谔方程及其解

根据刚性转子模型可知，刚性转子的势能 V 为零，只有动能 T，T 可由下式计算：

$$T = \frac{1}{2I}L^2$$

式中，L^2 是双原子分子角动量的平方；I 是分子对于质心 C 的转动惯量：

$$I = m_1 r_1^2 + m_2 r_2^2 = \frac{m_1 m_2}{m_1 + m_2} r^2 = \mu r^2$$

μ 是分子的折合质量，对于双原子分子

$$\mu = \frac{m_1 m_2}{m_1 + m_2}$$

因此，体系的哈密顿算符

$$\hat{H} = \hat{T} + \hat{V} = \frac{1}{2I}\hat{L}^2 + 0 = \frac{1}{2I}\hat{L}^2$$

由第 1 章的学习可以知道，在球坐标系中，角动量平方算符可以表示如下：

$$\hat{L}^2 = -\hbar^2 \left[\frac{1}{\sin\theta}\frac{\partial}{\partial\theta}\left(\sin\theta\frac{\partial}{\partial\theta}\right) + \frac{1}{\sin^2\theta}\frac{\partial^2}{\partial\phi^2} \right]$$

所以双原子分子(看作刚性转子)的薛定谔方程为

$$\frac{1}{2I}\hat{L}^2\psi = E_R\psi$$

即

$$-\frac{\hbar^2}{2I}\left[\frac{1}{\sin\theta}\frac{\partial}{\partial\theta}\left(\sin\theta\frac{\partial}{\partial\theta}\right) + \frac{1}{\sin^2\theta}\frac{\partial^2}{\partial\phi^2} \right]\psi = E_R\psi \tag{3-40}$$

式中，E_R 是转动能；ψ 是波函数，$\psi = \psi(\theta,\phi)$。

不难发现，式(3-40)就是类氢离子薛定谔方程的角度部分。解此刚性转子的薛定谔方程可以得到如下结论：

1) 转动能 E_R

$$E_R = \frac{\hbar^2}{2I}J(J+1)\,,\ J = 0, 1, 2\cdots \tag{3-41}$$

式中，J 称为转动量子数，因此转动能量 E_R 是量子化的。令

$$B = \frac{h}{8\pi^2 Ic} \tag{3-42}$$

则

$$E_R = BhcJ(J+1) \tag{3-43}$$

B 是只与分子本性有关的常数。相邻两个能级 $E_{R,J}$ 和 $E_{R,(J+1)}$之间的能级差

$$\Delta E_R = E_{R,(J+1)} - E_{R,J} = 2Bhc(J+1)$$

2) 当分子由转动能级 $E_{R,(J+1)}$跃迁到 $E_{R,J}$时，吸收光子的波数

$$\tilde{\nu}=\frac{\Delta E_R}{hc}=\frac{2Bhc}{hc}(J+1)=2B(J+1)$$

例如：

$$J=1 \rightarrow J=2,\quad \tilde{\nu}(1)=4B$$
$$J=2 \rightarrow J=3,\quad \tilde{\nu}(2)=6B$$
$$J=3 \rightarrow J=4,\quad \tilde{\nu}(3)=8B$$
$$\vdots$$

从得到的结果看，所有谱线间的距离都是相等的，均为 2B，即

$$\Delta\tilde{\nu}=2B \tag{3-44}$$

这就是说，双原子分子的转动光谱由一系列等距离的谱线组成，谱线间距为 2B，如图 3-18 所示。例如，HF 的转动光谱数据如表 3-3 所示。谱线间的距离随着波数的增加稍稍缩短，但基本相等。

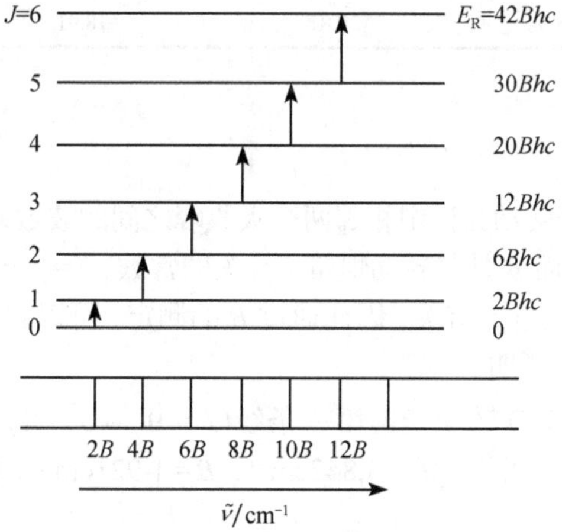

图 3-18　双原子分子的转动能级

3. 分子转动光谱的选律

量子力学证明，分子转动光谱的选择定则是：

(1) 对于极性分子，$\Delta J=\pm 1$，说明只有相邻能级间的跃迁才是允许的。

(2) 对于非极性分子，$\Delta J=0$，说明非极性分子没有转动光谱。

对于能级间的跃迁，一定伴随着光子的发射与吸收，即一定伴随着分子能量的改变。但是，只有当能量的变化能够引起周围电磁场的变化时才有光谱产生。对于非极性分子而言，$\Delta J=0$ 并不意味着它的转动能级不改变，而只是能级的改变没有引起辐射。事实上，并不是任何能量的改变都可以发射出光子，正如非极性分子转动状态的改变不能引起电磁场的变化，不吸收也不发射光子一样。

表 3-3 HF 的转动光谱

J	$\tilde{\nu}$ /cm^{-1}	$\Delta\tilde{\nu}$ /cm^{-1}	$B=\frac{1}{2}\Delta\tilde{\nu}$ /cm^{-1}	r/Å
0	41.08			
1	82.19	41.11	20.56	0.929
2	123.15	40.96	20.48	0.931
3	164.00	40.85	20.43	0.932
4	204.62	40.62	20.31	0.935
5	244.93	40.31	20.16	0.933
6	285.01	40.08	20.04	0.941
7	324.65	39.64	19.82	0.946
8	363.93	39.28	19.64	0.951
9	402.85	38.89	19.65	0.955
10	441.13	38.31	19.16	0.963
11	478.94	37.81	18.91	0.969

4. 应用

通过双原子分子转动光谱中相邻两个吸收峰之间的波数差就可以利用式(3-44) $\Delta\tilde{\nu}=2B$ 来确定 B，而 B 是与转动惯量 I 有关的常数，$I=\mu r^2$，I 又与键长(等于平衡核间距 r_e)和折合质量 μ 有关，因此通过 B 的测定，可以测定分子的键长和相对原子质量。下面举例说明。

Gilliam 测定了 CO 转动光谱第一条线($J=0 \rightarrow J=1$)的 $\tilde{\nu}=3.842\text{cm}^{-1}$。由式(3-44)得 $\tilde{\nu}(0)=2B$，所以 $2B=3.842\text{cm}^{-1}$，$B=1.921\text{cm}^{-1}$。因此，分子的转动惯量

$$I=\frac{h}{8\pi^2 Bc}=\frac{6.626\times10^{-27}}{8\times3.142^2\times2.998\times10^{10}\times1.921}=1.457\times10^{-39}(\text{g}\cdot\text{cm}^2)$$

已知 C 和 O 的相对原子质量分别是 $M_C=12$，$M_O=15.995$，因此 CO 的折合质量

$$\mu=\frac{12\times15.995}{(12+15.995)\times6.024\times10^{23}}=1.138\times10^{-23}(\text{g})$$

而 $I=\mu r^2$，所以

$$r=\sqrt{\frac{I}{\mu}}=\sqrt{\frac{1.457\times10^{-39}}{1.138\times10^{-23}}}(\text{cm})=1.132(\text{Å})$$

5. 刚性转子模型的修正

根据刚性转子模型所得的结果与实验结果基本相符，但不能解释表 3-3 中相邻两谱线间隔随 J 增大而略有缩短的实验现象。刚性转子模型的不足之处源于它的第二条假定，即假定两原子核之间的距离固定不变。实际上，两原子之间的化学键并非是“刚性的”而是有“弹性的”，两个原子核之间的距离可以在一定限度下拉长或缩短。例如，转动量子数 J 值越大，双原子分子转动能越高，离心力越大，键长也就拉得越长。

键的弹性会引起两个结果，其一，两核间距离的拉长使体系的势能 V 不再等于零，而变为由下式表达的形式，

$$V = -\frac{k}{2}(r - r_{\mathrm{e}})^2$$

式中，k 是分子的弹力常数；r_{e} 是平衡核间距。键越弱，力常数 k 越小，在离心力下越易变形。其二，核间距离 r 随转动状态的改变而变化。

考虑到上述因素后，假定：

(1) 原子核是体积可以忽略的质点。

(2) 核间距离 r 大于平衡距离 r_{e}，但在转动过程中 r 仍为一不变的常数。

这一模型称为非刚性转子模型。根据非刚性转子模型可得转动能级

$$E_{\mathrm{R}} = \frac{\hbar^2}{2\mu r_{\mathrm{e}}^{\ 2}} J(J+1) - \frac{\hbar^4}{2\mu^2 r_{\mathrm{e}}^{\ 6} k} J^2 (J+1)^2 \tag{3-45}$$

与刚性转子模型的能级式(3-41)相比，式(3-45)多了后面一项。分子从能级 J 跃迁到 $J+1$ 时所吸收的光子的波数

$$\tilde{\nu} = 2B(J+1) - 4D(J+1)^3, \qquad J = 0, 1, 2, \cdots \tag{3-46}$$

式中，$B = \dfrac{h}{8\pi^2 Ic}$，$D = \dfrac{h^3}{32\pi^4 \mu^2 r_{\mathrm{e}}^{\ 6} ck}$，$B$ 和 D 都是与分子本性有关的常数，B 中包含分子的折合质量 μ 和核间平衡距离 r_{e}，D 中除包含 μ 和 r_{e} 外，还含有弹力常数 k。因此，若通过光谱测出分子的 B 值和 D 值，则可用来计算这些分子相应的结构参数。

由式(3-46)可以证明，相邻两谱线之间的距离随着 J 的增大而减小，并由此可以解释表 3-3 中相邻两谱线间隔随 J 的增大而略有缩短的实验事实。

依据非刚性转子模型的分子转动光谱选择定则仍然是：非极性分子 $\Delta J = 0$，没有转动光谱；极性分子 $\Delta J = \pm 1$。

3.4.3 双原子分子的振动光谱

1. 一维谐振子的薛定谔方程

在双原子分子中，两原子核之间有一平衡位置，此时的核间距就是平衡核间距 r_e，在平衡位置附近，两原子核可以做微小的振动，描述这种振动的变量只有一个，就是核间距 r，即双原子分子振动运动的自由度为 1。因此，按量子力学基本假定，用来描述这种振动运动状态的波函数应该只是 r 的函数，$\psi = \psi(r)$。假设两原子在平衡位置附近的振动为简谐振动。因为振动的自由度等于 1，所以可以将双原子分子看成是一个一维谐振子。

令 $x = r - r_e$，则此谐振子的振动势能为

$$V = \frac{1}{2}k(r - r_e)^2 = \frac{1}{2}kx^2 \tag{3-47}$$

按量子力学基本原理得其振动势能的算符为

$$\hat{V} = \frac{1}{2}kx^2 \tag{3-48}$$

下面推导体系的动能表达式及动能算符。若以质心为坐标原点，两原子的质量分别为 m_1 和 m_2，两原子与质心之间的距离分别为 r_1 和 r_2，则两原子的动能 T_1 和 T_2 分别为

$$T_1 = \frac{1}{2}m_1\left(\frac{\mathrm{d}r_1}{\mathrm{d}t}\right)^2$$

$$T_2 = \frac{1}{2}m_2\left(\frac{\mathrm{d}r_2}{\mathrm{d}t}\right)^2$$

因为

$$r_1 = \frac{m_2}{m_1 + m_2}r$$

$$r_2 = \frac{m_1}{m_1 + m_2}r$$

所以总的振动动能

$$T = T_1 + T_2 = \frac{1}{2}\left(\frac{m_1 m_2}{m_1 + m_2}\right)\left(\frac{\mathrm{d}r}{\mathrm{d}t}\right)^2 = \frac{1}{2}\mu\left(\frac{\mathrm{d}r}{\mathrm{d}t}\right)^2$$

这说明，双原子分子振动的动能等于一个质量为 μ 、位移为 r 的质点的动能，将 $r = r_e + x$ 代入上式得

$$T = \frac{\mu}{2}\left(\frac{\mathrm{d}x}{\mathrm{d}t}\right)^2 = \frac{P_x^{\ 2}}{2\mu}$$

P_x 为振子在 x 坐标方向的动量，根据式(1-21)，动量在 x 方向分量的算符

$$\hat{\mathrm{P}}_x^2 = \left(-i\hbar\frac{\partial}{\partial x}\right)^2$$

因此，振子的振动动能算符为

$$\hat{\mathrm{T}} = -\frac{\hbar^2}{2\mu}\frac{\mathrm{d}^2}{\mathrm{d}x^2} \tag{3-49}$$

根据式(3-48)和式(3-49)可以得到体系的哈密顿算符

$$\hat{\mathrm{H}} = \hat{\mathrm{T}} + \hat{\mathrm{V}} = -\frac{\hbar^2}{2\mu}\frac{\mathrm{d}^2}{\mathrm{d}x^2} + \frac{1}{2}kx^2$$

这样就得到了描述双原子分子振动运动(按一维谐振子模型振动)的薛定谔方程

$$\left(-\frac{\hbar^2}{2\mu}\frac{\mathrm{d}^2}{\mathrm{d}x^2} + \frac{k}{2}x^2\right)\psi = E_{\mathrm{v}}\psi \tag{3-50}$$

式中，E_{v} 是双原子分子的振动能。整理式(3-50)得

$$\frac{\mathrm{d}^2\psi}{\mathrm{d}x^2} + \frac{2\mu}{\hbar^2}\left(E_{\mathrm{v}} - \frac{k}{2}x^2\right)\psi = 0 \tag{3-51}$$

2. 一维谐振子薛定谔方程的解答结果

根据式(3-51)的解的结果可以得到如下结论：

1) 光谱的选择定则

量子力学可以证明，若将双原子分子的振动看作是一维谐振子的振动，那么其振动光谱的选择定则是：

(1) 非极性分子没有振动光谱，$\Delta v = 0$。

(2) 极性分子有振动光谱，且 $\Delta v = \pm 1$。

2) 振动能级公式

解一维谐振子薛定谔方程(3-50)可以得到一维谐振子的振动能 E_{v} 表达式：

$$E_{\mathrm{v}} = \left(v + \frac{1}{2}\right)h\nu\ ,\quad v = 0, 1, 2, \cdots \tag{3-52}$$

式中，ν 是振动频率，$\nu = \frac{1}{2\pi}\sqrt{\frac{k}{\mu}}$，$k$ 是弹力常数，μ 是折合质量；v 是振动量子

数。显然振动能也是量子化的。

3) 零点能

一维谐振子的能量最小值($v=0$ 时的 E_v)不是零，而是 $E_0=\frac{1}{2}h\nu$，称为零点振动能或零点能。这是经典力学与量子力学的一个重大区别，经典力学允许分子不具有振动能(振动能为零)，而量子力学则认为分子总有某种程度的振动。

4) 振动能级是等间隔的

当振动状态由 v 跃迁至 $v+1$ 时，吸收光的能量：

$$\Delta E_v=\left(v+1+\frac{1}{2}\right)h\nu-\left(v+\frac{1}{2}\right)h\nu=h\nu \tag{3-53}$$

式(3-53)说明一维谐振子相邻两个振动能级的间隔都是相等的，都等于 $h\nu$。根据选择定则，极性分子振动能级跃迁只能发生在相邻两个能级之间，根据式(3-53)，当振动状态由 v 跃迁至 $v+1$ 时所吸收的光子的波数

$$\tilde{\nu}=\frac{\Delta E_v}{hc}=\frac{\nu}{c}$$

因此，对于某一确定的能产生振动能级跃迁的双原子分子，其振动能级的改变只能吸收一种波长的光，其振动光谱只有一条谱线，这条谱线的频率用 ν_e 表示，称为特征振动频率

$$\nu_e=\frac{1}{2\pi}\sqrt{\frac{k}{\mu}}$$

对应的波数为

$$\tilde{\nu}_0=\frac{\nu_e}{c}=\frac{1}{2\pi c}\sqrt{\frac{k}{\mu}}$$

5) 振动能级是非简并的

对于一维谐振子，振动能级的简并度 $\omega_v=1$，即振动能级是非简并的。

3. 一维谐振子模型的非谐性修正

可以通过 HCl 的振动光谱来验证上述一维谐振子模型的正确性。用分辨率较低的光谱仪得到 HCl 分子在远红外区吸收谱带的波数列于表 3-4 中，其中波数最小的那条谱线的强度最大，其余几条随着波数的增加而迅速减小。仔细分析会发现，谱线的波数有 $\tilde{\nu}_0$、$2\tilde{\nu}_0$、$3\tilde{\nu}_0$ 等的倍数关系。通常将 $\tilde{\nu}_0$ 称为基本谱带，$2\tilde{\nu}_0$ 称为第一泛音带，以此类推。分析各条谱线波数之间的关系可得到下面的经验公式：

$$\tilde{\nu}=av-bv^2,\qquad v=1,2,\cdots$$

式中，a 和 b 是与分子本性有关的常数，对于 HCl，$a=2937.86$，$b=51.60$。

表 3-4　HCl 吸收光谱

光带	$\tilde{\nu}$ /cm^{-1}(实验值)	$\Delta\tilde{\nu}$ /cm^{-1}	$\tilde{\nu}$ /cm^{-1}(计算值)
基本光带	2885.9	—	2885.7
第一泛音带：$\tilde{\nu}=2\tilde{\nu}_0$	5668.0	2782.1	5668.2
第二泛音带：$\tilde{\nu}=3\tilde{\nu}_0$	8346.9	2678.9	8347.5
第三泛音带：$\tilde{\nu}=4\tilde{\nu}_0$	10923.1	2576.1	10923.6
第四泛音带：$\tilde{\nu}=5\tilde{\nu}_0$	13396.5	2473.4	13396.6

因为不存在纯粹的振动光谱，实际测得的都是振动-转动光谱。因为仪器分辨率不够，转动谱线密集在一起而成为光谱带。大量实验结果表明，一般双原子分子的近红外光谱都有类似特点。

上述实验结果表明，一维谐振子模型推测双原子分子的振动能级是等间隔的，实际却非等间隔。推测振动光谱的谱线只有一条，实际却有数条，存在泛音带。实质上，这个模型只能解释 HCl 振动光谱中波数最小且强度最大的一条谱带，即基本谱带 $\tilde{\nu}_0$。因此一维谐振子模型虽然在一定程度上反映了双原子分子振动的实际情况，但也存在缺点。缺点在于将双原子分子振动势能等同于一维谐振子振动势能的假设，而实际上两者之间是有差别的。

对于双原子分子，当 $r=0$ 时，两原子之间排斥能 $V(r)\to\infty$；当 $r<r_e$时，V 随着 r 的增大而减小；当 $r=r_e$时，两原子之间排斥能最小，$V(r_e)=-D_e$，D_e称为平衡解离能。根据谐振子模型，将势能 V 对核间距 r 作图可得到 V 随 r 的变化为一抛物线关系，如图 3-19 中虚线所示。可以看出，当 $r>r_e$时，势能 V 随着 r 的增大而增大，即两原子之间的势能随着 r 的增大也一直增大。然而实际情况是，当核间距 r 增大到一定程度时，双原子分子分离为两个游离原子，两原子间的引力等于零，势能也趋于一常数。因此实际势能曲线如图 3-19 中的实线所示。此外，还应注意到，根据式(3-52)，一维谐振子的能量最小值 $E_0=\dfrac{1}{2}h\nu$，此时 $v=0$，$V(r)=-D_0$，D_0称为零点能。因此，图 3-19 中虚线的最低点对应的 $V(r)=-D_e$是双原子分子不可能出现的能量状态，即无振动点。

考虑到双原子分子振动的非谐振性，在振动势能表达式(3-47)中再加入一校正项，则势能 V 表示为

$$V=\frac{1}{2}k(r-r_e)^2+\beta(r-r_e)^3=\frac{1}{2}kx^2+\beta x^3 \tag{3-54}$$

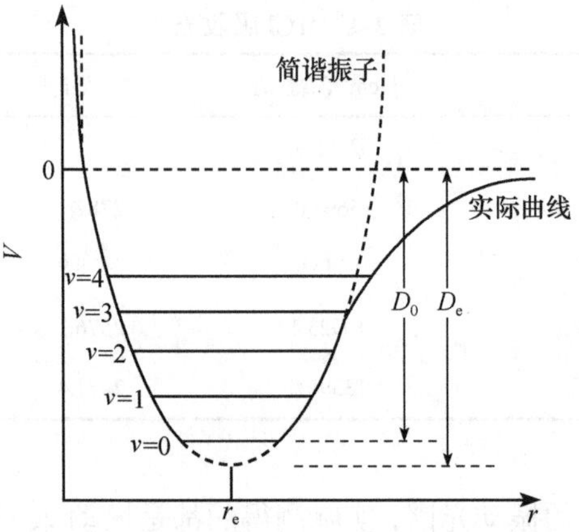

图 3-19　一维谐振子势能曲线与实际曲线对比

式中，β 是与整个分子振动本性有关的常数。根据式(3-54)绘制的势能曲线能在更大的 x 范围内与图 3-19 中实线重合，因而预计会得到更好的结果。利用式(3-54)求得分子振动的能量

$$E_v = \hbar\sqrt{\frac{k}{\mu}}\left(v+\frac{1}{2}\right) - \eta\hbar\sqrt{\frac{k}{\mu}}\left(v+\frac{1}{2}\right)^2,\quad v = 0, 1, 2, \cdots \tag{3-55}$$

式中，η 称为非谐性常数，其值远小于 1，对于 HCl，$\eta = 0.017$。当势能为式(3-54)所示时，量子力学指出双原子分子的选择定则：

(1) 非极性分子，$\Delta v = 0$，没有振动光谱，这与谐振子模型相同。

(2) 对于极性分子有振动光谱，且$\Delta v = \pm 1, \pm 2, \pm 3, \cdots$。

由式(3-55)可得，体系由 $v = 0$ 能级跃迁到 v 能级时吸收光子的波数

$$\tilde{v}_{0\to v} = (\tilde{v}_0 - \eta\tilde{v}_0)v - \eta\tilde{v}_0 v^2 \tag{3-56}$$

根据式(3-56)得出 $v = 1, 2, 3, 4$ 时的 $\tilde{v}$ 值为

基本谱带：$\tilde{v}_{0\to 1} = \tilde{v}_0(1-2\eta)$

第一泛音带：$\tilde{v}_{0\to 2} = 2\tilde{v}_0(1-3\eta)$

第二泛音带：$\tilde{v}_{0\to 3} = 3\tilde{v}_0(1-4\eta)$

第三泛音带：$\tilde{v}_{0\to 4} = 4\tilde{v}_0(1-5\eta)$

由此得到的谱线波数与表 3-4 中实验值基本符合。实验结果中，由于通常分子都处于最低振动能级，而且由最低能级跃迁到 $v = 1$ 能级的概率最大，因此基本谱带的强度最强。

由实验所测任意两条谱线波数，例如，$\tilde{v}_{0\to 1}$ 和 $\tilde{v}_{0\to 2}$，可通过解联立方程求出 $\tilde{v}_0$ 和非谐振常数μ。因 $\tilde{v}_0 = \dfrac{1}{2\pi c}\sqrt{\dfrac{k}{\mu}}$，所以可以通过 $\tilde{v}_0$ 计算分子的弹性常数 k。k 反

映了分子中原子间结合的牢固程度，一般情况下，k 越大，键能越大，键长越短。例如，从 HCl 的 $\tilde{\nu}_{0\to1} = 2885.9\text{cm}^{-1}$ 和 $\tilde{\nu}_{0\to2} = 5668.0\text{cm}^{-1}$ 可通过解联立方程

$$\begin{cases} \tilde{\nu}_0(1-2\eta) = 2885.9\text{cm}^{-1} \\ 2\tilde{\nu}_0(1-3\eta) = 5668.0\text{cm}^{-1} \end{cases}$$

得到 $\tilde{\nu}_0 = 2990\text{cm}^{-1}$，$\eta = 0.0174$。由此计算出 HCl 的弹力常数 $k = 5.16\times10^5\text{dyn}\cdot\text{cm}^{-1}$。一些双原子分子的相关数据列于表 3-5 中。

表 3-5　一些双原子分子的振动数据

分子	$\tilde{\nu}_0$ /cm^{-1}	非谐振常数 η	弹力常数 k/(dyn·cm^{-1})	核间距 r/Å
HF	4138.5	0.0218	9.66×10^5	0.927
HCl	2990.6	0.0174	5.16×10^5	1.274
HBr	2649.7	0.0171	4.12×10^5	1.414
HI	2309.5	0.0172	3.14×10^5	1.609
CO	2169.7	0.0061	19.02×10^5	1.130
NO	1904.0	0.0073	15.95×10^5	1.151

3.4.4　双原子分子的振动-转动光谱

由于转动能级间隔约为 100cm^{-1}，比振动能级间隔 3000cm^{-1} 小得多，因此振动能级的跃迁必然伴随着转动能级的跃迁。但由于这两种能级间隔差别较大，作为一级近似，可以认为双原子分子的振动和转动运动是相互独立的，把振动与转动的总能量看作两种能量的简单加和，即 $E_{\text{v-R}} = E_{\text{v}} + E_{\text{R}}$，式中，$E_{\text{v-R}}$ 是总能量。如果对于振动采用非谐振子模型，对转动采用修正后的刚性转子模型，那么

$$\begin{aligned} E_{\text{v-R}} &= E_{\text{v}} + E_{\text{R}} \\ &= hc\tilde{\nu}_0\left(v+\frac{1}{2}\right) - \eta hc\tilde{\nu}_0\left(v+\frac{1}{2}\right)^2 + BhcJ(J+1) - DhcJ^2(J+1)^2 \end{aligned}$$

由于其中最后一项的间隔比起前面三项来小得多，可以忽略不计，所以

$$E_{\text{v-R}} = hc\tilde{\nu}_0\left(v+\frac{1}{2}\right) - \eta hc\tilde{\nu}_0\left(v+\frac{1}{2}\right)^2 + BhcJ(J+1)$$

这也就是说，振动-转动总能量与量子数 v 和 J 有关，但由于转动能级间隔只相当于振动能级间隔的 $\dfrac{1}{300}$，因此转动状态的改变相当于使振动能级发生分裂。例如，当振动能级由 $v=0$ 跃迁到 $v=1$ 时，若不考虑转动，这两个能级间的跃迁只产生一条谱线；若考虑到所伴随的转动状态的改变时，相当于 $v=0$ 和 $v=1$ 这

两个能级都分裂为数个能级，因此 $v = 0$ 到 $v = 1$ 的跃迁的谱线也分裂为数条谱线，如图 3-20 所示。

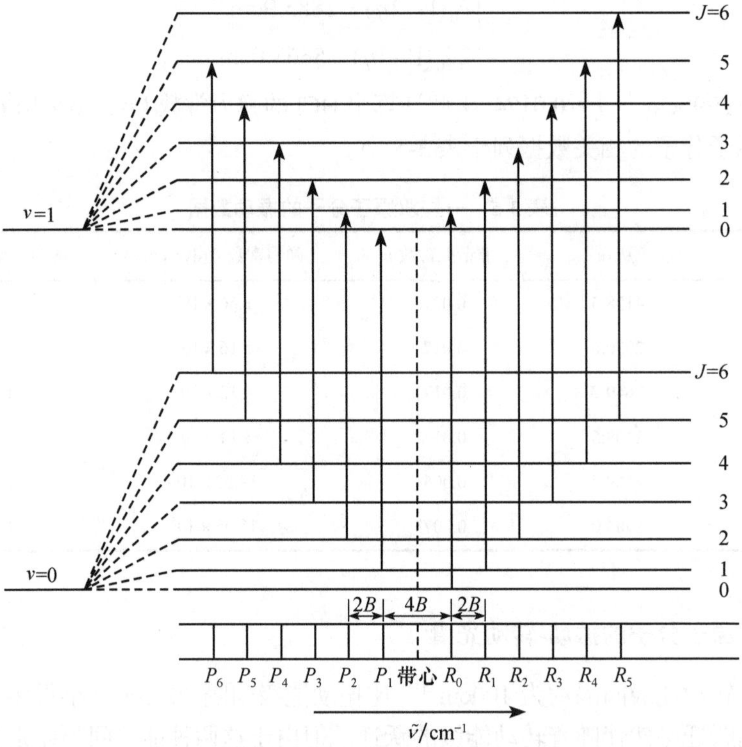

图 3-20　双原子分子振动-转动能级间的跃迁和产生的光谱

振动-转动光谱对应的选择定则是：对于非极性分子，没有振动-转动光谱，$\Delta J = 0$，$\Delta v = 0$；对于极性分子，$\Delta v = \pm 1, \pm 2, \pm 3, \cdots$，$\Delta J = \pm 1$。

根据选择定则，$v = 0$ 到 $v = 1$ 之间的跃迁由下式表达的一系列谱线组成

$$\tilde{v} = \frac{\Delta E_{\text{v-R}}}{hc} = \frac{E_{v=1,J_2} - E_{v=0,J_1}}{hc} = \tilde{v}_0 - 2\eta\tilde{v}_0 + B(J_2 - J_1)(J_2 + J_1 + 1)$$

当$\Delta J = J_2 - J_1 = 1$ 时，得一系列谱线的波数为

$$\tilde{v} = \tilde{v}_0(1 - 2\eta) + 2B(J_1 + 1)\text{，} J_1 = 0, 1, 2, \cdots$$

当$\Delta J = J_2 - J_1 = -1$ 时，得一系列谱线的波数为

$$\tilde{v} = \tilde{v}_0(1 - 2\eta) - 2B(J_2 + 1)\text{，} J_2 = 0, 1, 2, \cdots$$

由此看出，$v = 0$ 到 $v = 1$ 跃迁的光谱由许多密集的谱线组成，构成了一个谱带。这些谱线可按$\Delta J = 1$ 和$\Delta J = -1$ 分为两组，称为谱带的两支，这两支以波数 $\tilde{v} = \tilde{v}_0(1 - 2\eta)$ 为中心对称分布，$\tilde{v}_0(1 - 2\eta)$ 称为带源或带心。其中$\Delta J = 1$ 的一支比

带心的频率大，在带心的右边，称为 R 支；$\Delta J=-1$ 的一支比带心的频率小，在带心的左边，称为 P 支。各谱线的距离均为 $2B$，而两支之间的间隔为 $4B$，见图 3-20。因为$\Delta J=0$ 的跃迁是被选择定则禁阻的，所以带心谱线 $\tilde{\nu}=\tilde{\nu}_0(1-2\eta)$ 是不出现的。

3.4.5　红外光谱

1. 三原子分子的简正振动

作为近似，也可以用经典的谐振子模型来讨论多原子分子的振动，其特征振动频率就是这个多原子分子振动光谱中几条强度最强的谱线对应的频率。

下面以 AB_2 直线形三原子分子为例来讨论多原子分子的振动。

先讨论在 x 轴方向上的运动。AB_2 直线形三原子分子如图 3-21 所示，A 的质量为 M，B_1 和 B_2 分别表示两个质量均为 m 的 B 原子。x_1、x_2、x_3 分别是 B_1、A、B_2 的坐标，分别代表 B_1、A、B_2 离开平衡位置的距离，它们都是时间 t 的函数：$x_1=x_1(t)$，$x_2=x_2(t)$，$x_3=x_3(t)$。

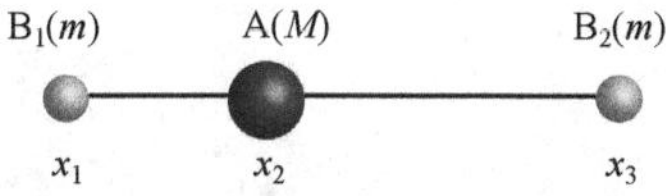

图 3-21　直线形 AB_2 三原子分子

根据物理学方法可以求出这三个原子的坐标是如何随时间 t 而改变的，从而求出在 x 方向上这个三原子分子有三种特征振动频率(求解过程从略)，它们分别是

$$\nu_{tr}=0$$

$$\nu_1=\frac{1}{2\pi}\sqrt{\frac{k}{m}}$$

$$\nu_2=\frac{1}{2\pi}\sqrt{\frac{k(2m+M)}{mM}}$$

它们分别表示这个 AB_2 直线形三原子分子在 x 方向上三种可能的振动方式，见图 3-22。

当体系以第一种方式运动时，$\nu_{tr}=0$，三个原子之间的距离保持不变，这实际上不是振动，而是整个分子沿 x 轴的平动。因此，对于直线形三原子分子在 x 轴的振动来说，只有两种不同的振动方式。在每种方式中，每个原子都以相同的频率和相同的位相在运动，即它们在同一时刻通过其平衡位置，并在同一时刻通过其振幅的最大位置，但各原子的振幅是不同的，这种振动称为简正振动。上述讨论结果说明，线形三原子分子在 x 方向有两种简正振动，分别具有两种不同的特征频率，特征频率是只与分子本性有关的常数。

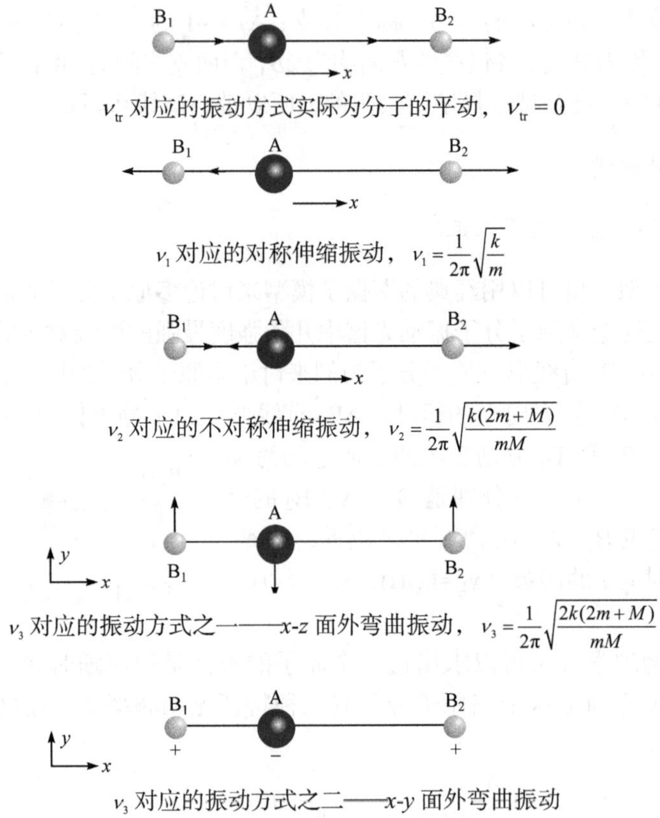

ν_{tr} 对应的振动方式实际为分子的平动，$\nu_{tr}=0$

ν_1 对应的对称伸缩振动，$\nu_1=\frac{1}{2\pi}\sqrt{\frac{k}{m}}$

ν_2 对应的不对称伸缩振动，$\nu_2=\frac{1}{2\pi}\sqrt{\frac{k(2m+M)}{mM}}$

ν_3 对应的振动方式之一——x-z 面外弯曲振动，$\nu_3=\frac{1}{2\pi}\sqrt{\frac{2k(2m+M)}{mM}}$

ν_3 对应的振动方式之二——x-y 面外弯曲振动

图 3-22　直线形 AB_2 三原子分子的简正振动(z 轴垂直纸面向外)

AB_2 直线形三原子分子在 y 轴和 z 轴方向也会发生振动。关于在 y 轴和 z 轴上振动的讨论方法与 x 轴相似(具体过程从略)，也可以求出 AB_2 直线形三原子分子在 y 轴只有一种振动方式，其特征振动频率为

$$\nu_3=\frac{1}{2\pi}\sqrt{\frac{2k(2m+M)}{mM}}$$

因 z 轴与 y 轴等价，所以其结果与 y 轴结果完全相同，只是旋转 90°。也就是说，ν_3 对应的简正振动是二重简并的。

综上所述，AB_2 直线形三原子分子在整个空间共有四种简正振动方式，见图 3-22，其中有两种方式的振动频率相同，所以只有三种特征振动频率。ν_1 对应的振动称为对称伸缩振动，因为在振动中分子的偶极矩没有变化，始终为零，因此频率 ν_1 不出现在光谱中；ν_2 对应的振动称为不对称伸缩振动，这种振动方式中，偶极矩发生了变化，因此 ν_2 出现在光谱中；ν_3 对应的振动称为弯曲振动(对应两种振动方式，xz 及 xy 面外弯曲振动)，直线形 AB_2 分子由于弯曲振动而变为极性分子，在振动过程中偶极矩也发生了变化，因此频率 ν_3 也出现在光谱中。

例如，直线形的 CO_2 分子共有四种简正振动方式，三种特征振动频率，对应的波数分别为 $\tilde{\nu}_1 = 1330\text{cm}^{-1}$，$\tilde{\nu}_2 = 2349\text{cm}^{-1}$ 和 $\tilde{\nu}_3 = 667\text{cm}^{-1}$。

2. 振动自由度

一个由 N 个原子构成的分子，每个原子在空间的位置要用三个坐标描述，要描述整个分子在空间的运动就要用 $3N$ 个坐标，所以分子的自由度就是 $3N$。每个原子运动的总结果就是分子的一种运动。而分子的运动也可以看作三种运动的叠加：第一种运动是平动，即将分子看作一个质点，其质心在空间的移动，表示分子的这种运动要用三个坐标，即分子的平动自由度为 3。第二种运动是转动，即分子作为一个刚体在空间绕转轴的运动，对于非线形分子来说绕某一轴的转动总可以分解成绕 x、y、z 三个轴的转动，因此描述非线形分子的转动要用三个坐标，即非线形分子的转动自由度为 3。但线形分子绕其分子轴的转动并不改变整个分子的位置，因此只要两个坐标就可描述其转动，即线形分子的转动自由度是 2。以上两种运动都不改变分子中任意两个原子之间的距离，即不改变分子的几何构型。第三种运动是改变分子中原子间相对距离的运动，称为振动，因为分子总的自由度是 $3N$，除去平动和转动自由度，线形分子的振动自由度就是 $3N-5$，非线形分子的振动自由度就是 $3N-6$。也就是说，用 $3N-5$ 或 $3N-6$ 个坐标来描述分子键长和键角的改变，即分子构型的改变。

每一个振动自由度都对应着一种简正振动方式。线形分子有 $3N-5$ 种简正振动，例如，线形的 CO_2 分子的简正振动方式为 $3\times3-5 = 4$ 种，非线形三原子分子 H_2O 的简正振动方式为 $3\times3-6 = 3$ 种。H_2O 的简正振动方式如图 3-23 所示。

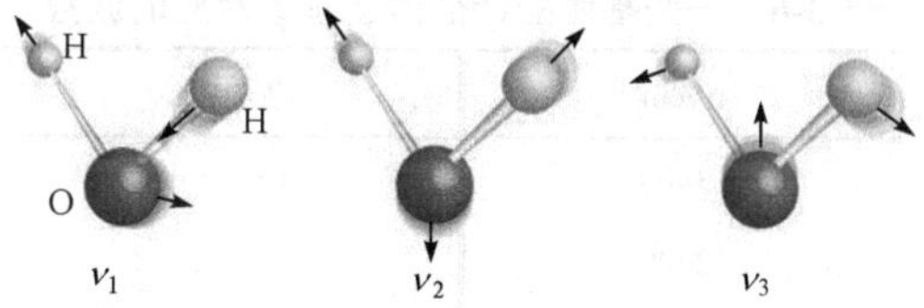

图 3-23　水的三种简正振动

简正振动可以分为两大类，第一类只是键长有所改变，而键角不变，称为伸缩振动，如 CO_2 的 ν_1 和 ν_2 对应的对称和不对称伸缩振动。第二类是键长不变而键角改变的振动，称为弯曲振动，如 CO_2 的 ν_3 对应的弯曲振动。N 个原子构成的非环状分子，原子间有 $N-1$ 个键，故有 $N-1$ 个振动是伸缩振动，另外 $2N-5$(非线形分子)或 $2N-4$(线形分子)个是弯曲振动。例如，H_2O 分子的 $N=3$，有 3 种简正振动，其中有 2 个伸缩振动和 1 个弯曲振动。

3. 红外活性

每一种振动方式都对应一个特征频率。但并不是所有的振动频率都可在红外光谱上产生吸收带。只有振动过程中偶极矩发生变化的振动方式才会产生红外吸收，这种能产生红外吸收的振动方式是有红外活性的，或称为有光效的。而振动过程中偶极矩不改变的振动方式是非红外活性的，或称为非光效的。例如，水的三种振动都是有红外活性的。而 CO_2 的对称伸缩振动 ν_1 是非红外活性的，在红外光谱中不出现 ν_1 这一频率，而只出现 667.3cm^{-1} 和 2349cm^{-1} 两个红外吸收。

实际测得的红外光谱，除出现上述这些基本振动频率外，还出现倍频、合频和差频。基本频率 ν_i 的整数倍的频率称为倍频，如 $2\nu_i$、$3\nu_i$ 等。两个或更多个不同频率之和称为合频，如 $\nu_i+\nu_2$、$2\nu_1+\nu_2$、$\nu_1+\nu_2+\nu_3$ 等。两个不同频率之差称为差频，如 $\nu_1-\nu_2$、$2\nu_1-\nu_2$ 等。产生倍频、合频和差频的原因是振动的非谐性，光谱的选择定则允许这样的频率出现。

4. 基团的特征振动频率

分子的每一个简正振动都包含分子中所有原子的位移。其中有些简正振动中所有原子都具有相同或近似相同的振幅，称为骨架振动，骨架振动频率一般在 1400～700cm^{-1}。还有一些简正振动中，某一小原子团的振幅可能比其他原子的振幅大得多，就像分子中只有这一个小原子团在运动，其他部分可近似看作静止的。这种只涉及分子的某一基团的振动称为该基团的特征振动。表 3-6 中给出了一些基团的特征振动频率对应的波数。

表 3-6　一些基团的特征振动频率对应的波数

基团	$\tilde{\nu}$ /cm^{-1}	基团	$\tilde{\nu}$ /cm^{-1}
—OH	3600	—C≡C—	2220
$—NH_2$	3400	—C≡N	2250
≡CH	3300	—C═O	1750～1600
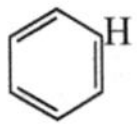	3060	—C═C—	1650
$═CH_2$	3030	—C═N	1600
$—CH_2$	2970(反对称伸缩)	—C—C—	1200～1000
	2870(对称伸缩)	—C—N—	1200～1000
	1460(反对称弯曲)	—C—O—	1200～1000

续表

基团	$\tilde{\nu}$ /cm^{-1}	基团	$\tilde{\nu}$ /cm^{-1}
	1375(对称弯曲)	—C═S	1100
—CH_2	2930(反对称弯曲)	—C—F	1050
	2860(对称伸缩)	—C—Cl	725
	1470(弯曲)	—C—Br	650
—SH	2580	—C—I	550

基团的特征振动频率通常只与基团本身有关，而与分子的其他部分无关。表 3-7 中列出的同系物都具有共同的振动频率——基团的特征振动频率对应的波数。

表 3-7　同系物共同的特征振动频率对应的波数

R	R—X 键的特征振动频率对应的波数/cm^{-1}		
	R—SH	R—CN	R—NH_2
CH_3	2572	2249	3372
C_2H_5	2570	2243	3369
C_3H_9	2575	2244	3377
C_4H_9	2575	2240	3371
C_5H_{11}	2573	2242	—
平均	2573	2244	3372

一个分子可以有许多骨架振动模型，因而有许多骨架振动频率，理论上不大可能指定哪个频率是属于哪个模型。但是，所有这些谱带总体上是和分子结构相对应的，改变取代基，这些吸收带就会发生显著变化，这些吸收带一般称为“指纹”带，可以利用这些指纹带的图形来区别不同的分子。一个分子或一个分子的某一部分结构往往可以从这部分光谱的结构辨认出来。

例如，一个分子式为 C_2H_4OS 的物质，其可能的结构有两种：

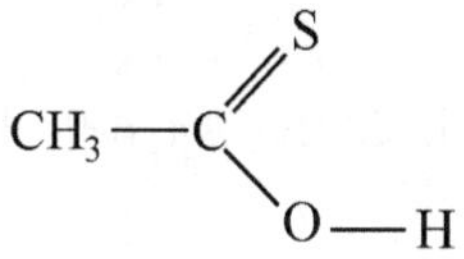

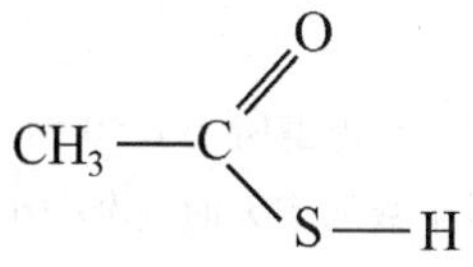

此物质的红外光谱在 1730cm^{-1} 和 2600cm^{-1} 有两个很强的吸收，提示分子中有—C═O 和—S—H 基团，而没有—C═S 的特征吸收 1100cm^{-1}，因此估计该物质应为(b)结构。

基团的特征频率一般变化不大，但所处的化学环境不同时，其频率是有差别的。基团频率的这种变化称为基团频率的位移。例如，醇中—OH 基的伸缩振动频率与氢键有关，氢键拉长并削弱了—OH 键，从而降低了它的振动频率。如果在—OH 基和—C═O 基之间存在氢键，则不仅—OH 基的振动频率降低，而且—C═O 的振动频率也会降低。

物理状态的改变也能引起振动频率的位移。极性分子尤其如此。一般情况下，高聚集状态的物质振动频率较低，即 $\nu_{气} > \nu_{液} \approx \nu_{溶液} > \nu_{固}$。例如，HCl 是极性分子，由气态变为液态，H—Cl 伸缩振动的频率对应的波数降低约 100cm^{-1}，若是固态 HCl，则进一步降低 20cm^{-1}。

习 题

3.1 试写出在玻恩-奥本海默近似条件下用原子单位表示的二价锂分子离子(Li_2^{2+})和氮分子(N_2)的薛定谔方程。

3.2 简述变分法原理。

3.3 简要说明三个积分 H_{aa}、H_{ab}、S_{ab} 的物理意义。

3.4 简述分子轨道理论的要点。

3.5 用分子轨道理论分析 N_2、O_2、F_2 分子键长的相对次序。

3.6 用分子轨道理论预测 N_2^+、O_2^+、F_2^+ 及 N_2^{2-}、O_2^{2-}、F_2^{2-} 能否稳定存在。它们的键长与其对应中性分子的键长有什么关系？

3.7 画出 H_2、C_2、N_2、O_2、F_2、O_2^{2+} 及 F_2^+ 分子轨道能级图，写出它们基态的电子组态，并估计分子的磁性(属于顺磁性分子还是反磁性分子)。

3.8 说明实验测定 C_2 分子键长(124pm)比 C 原子共价双键半径和(2×67pm)短的原因。

3.9 试用分子轨道理论讨论 CN^-和 LiH 分子的结构，画出分子轨道能级图，写出基组态。

3.10 画出 NO 的分子轨道能级图，写出基组态，并比较 NO 与 NO^+键的强度及键长大小。

3.11 证明：按非刚性转子模型所得转动光谱相邻两条谱线间的距离随着转动量子数的增大而逐渐缩小。

3.12 证明：按非谐振子模型所得 $v=0$ 到 v 的跃迁所产生的振动光谱中，相邻两条谱线间的距离随着振动量子数的增大而逐渐缩小。

3.13 简述分子具有红外活性的判据。

3.14 画出 SO_2 的简正振动方式。已知与三个基本振动频率对应谱带波数分别为 1361cm^{-1}、1151cm^{-1}、519cm^{-1}，请指出每种频率对应的振动方式，并说明是否具有红外活性。

3.15　在 $H^{127}I$ 的振动光谱中观察到 2309.5cm^{-1} 的强吸收峰，如果将 HI 分子的振动看作是谐振子的简谐振动，请计算及说明：

(1) HI 的简正振动是否有红外活性。

(2) HI 的简正振动频率是多少。

(3) HI 简正振动的零点能是多少。

(4) HI 简正振动的力常数。

第 4 章　分子的对称性

日常生活中我们会遇到各种各样对称的物体，从自然界中各种对称的花朵、雪花到民间的剪纸，以及人类的建筑，如北京的故宫、中国古建筑中的窗格等，对称的物体数不胜数。在化学中，许多分子的形状看起来也有一定的对称性。我们会感到有一些物体的对称程度不同，而有一些物体尽管完全不同，形状也不相同，但对称情况却相同。例如，图 4-1 中的(1)、(2)及(4)三者之间的对称程度不同，而(1)与(3)是两种不同的物体，但对称性程度似乎又相同。其原因就在于每种物体结构的异同。本章将讨论分子的对称性。

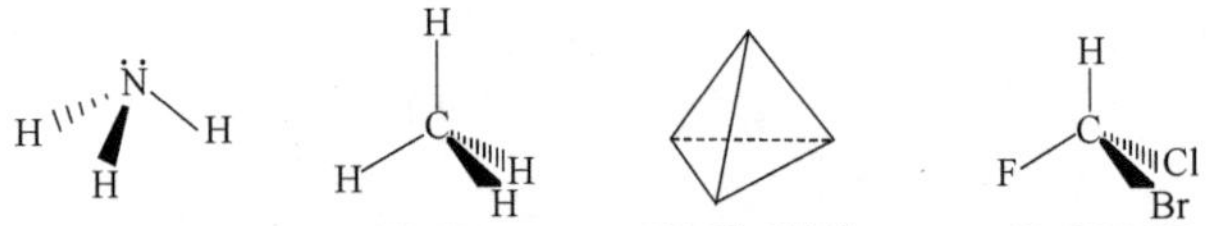

(1) NH_3　　(2) CH_4　　(3) 正三棱锥　　(4) CHFClBr

图 4-1　几种对称及不对称的图形

4.1　对称操作和对称元素

将图形中每一点按一定规则从一个位置移动到另一个位置就称为操作。例如，将图形中每一点绕某一轴线旋转一定角度，也就是将整个图形围绕这一轴线旋转一定角度，这就是一个操作。进一步分析发现，有一些操作实现以后，物体中某些点之间的距离发生了改变；也有一些操作实现以后，并不改变物体中任意两点之间的距离。不改变物体中任意两点之间距离的操作称为对称操作，而改变了图形中某些点之间距离的操作称为不对称操作。还有一些操作在实现以后不仅任意两点之间的距离没有改变，甚至物体中任意点的位置也没有变化，如果仅根据操作前后的图形进行观察根本无法确定操作是否实施过，这种不改变图形中任意一点位置的操作称为恒等操作，用 E 表示。显然，E 是一个对称操作。任何操作都能被恒等操作所复原，但仅能被恒等操作所复原的物体一定不是对称的。因此，对称的物体应当能被两个或两个以上的对称操作复原。若某一对称操作能使一个物体复原，就说这个物体具有这种对称性。在进行对称操作时所凭借的几何元素称为对称元素或对称要素，如点、线、面等。

在对一个有限物体进行操作时，物体中至少有一点是不动的，这种操作称为点操作。在化学研究中，有时需要分析分子的对称性。分子属于有限大小的物体，所以对分子进行的对称操作都属于点操作。

一个有限物体可能具有的对称操作有旋转、反演、反映、旋转反演和旋转反映五种类型，相对应的对称元素分别是旋转轴、对称中心、对称面、反轴和映轴(也称像转轴)。下面分别进行介绍。

4.1.1　旋转和旋转轴

将物体中各点绕一个共同轴线旋转一定角度的操作称为旋转。旋转时所借助的几何元素为一直线，称为旋转轴。旋转的角度称为旋转角。能使一个物体复原的最小旋转角称为这个旋转轴的基转角，用 α 表示。若一个物体旋转 α 角后能复原，则旋转 $n\alpha$ 角后也能复原，其中，$n=1,2,\cdots$。就将这个旋转轴称为 n 重轴，记为 C_n，n 为旋转轴的轴次，$n=\dfrac{2\pi}{\alpha}$。例如，基转角为 $\dfrac{\pi}{2}$ 的旋转轴称为四重轴，记为 C_4；基转角为 $\dfrac{\pi}{3}$ 的旋转轴称为六重轴，记为 C_6。如果绕 C_n 轴连续旋转 n 个基转角 α，则物体中每一点都旋转了 2π，又回到了原先的位置，这等于恒等操作 E。对于线形分子，如 HCl，绕其键轴(通过 HCl 两个原子中心的连线)做任意小的角度的旋转都能使分子复原，其键轴就是一个轴次为∞的旋转轴，记为 C_∞。

图 4-2 中列出了几个不同分子所具有的旋转轴。

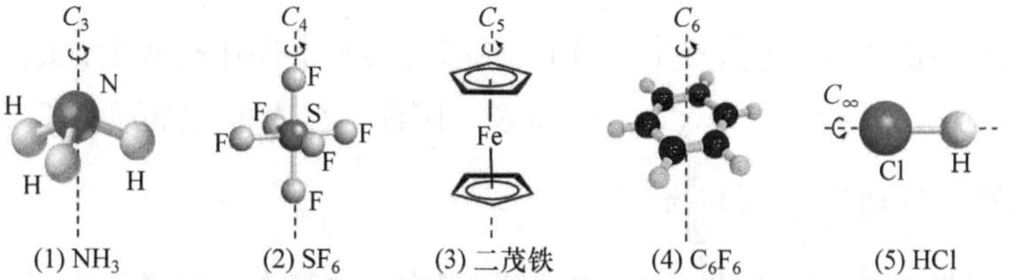

图 4-2　不同分子所具有的旋转轴

凭借同一对称元素所能进行的独立的对称操作的数目称为这一对称元素的阶次。C_n 轴的阶次为 n。例如，C_2 轴的阶次为 2，凭借一个 C_2 轴所能施行的对称操作有 2 个：C_2^1 和 C_2^2，分别称为二重一阶旋转和二重二阶旋转，它们都是 C_2 轴的基本操作，旋转角分别为 π 和 2π。其中，$C_2^2=C_2^1\cdot C_2^1=E$，为恒等操作。水分子中有一个 C_2 轴，如图 4-3 所示。

C_3 轴的阶次为 3，凭借一个 C_3 轴所能施行的对称操作有 3 个：C_3^1、C_3^2、C_3^3，分别称为三重一阶旋转、三重二阶旋转和三重三阶旋转，它们都是 C_3 轴的基本操作，

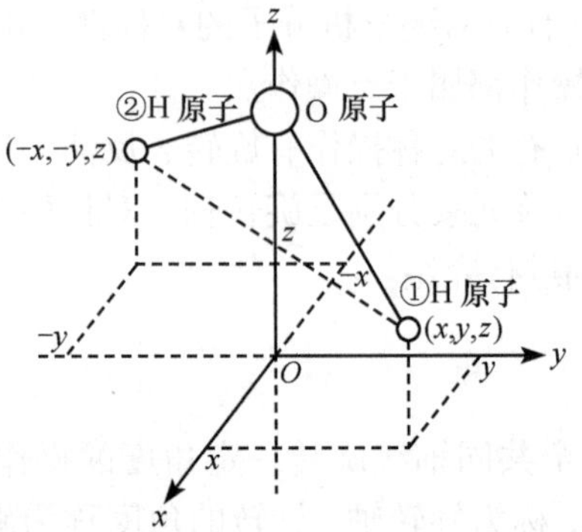

图 4-3　H_2O 分子的 C_2 轴与子轴重合

旋转角分别为$\frac{2}{3}\pi$、$\frac{4}{3}\pi$和 2π。其中，$C_3^2 = C_3^1 \cdot C_3^1$，$C_3^3 = C_3^1 \cdot C_3^1 \cdot C_3^1 = E$，见图 4-4。

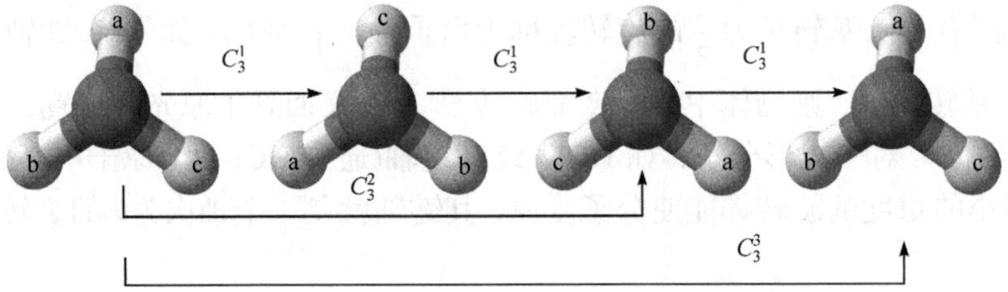

图 4-4　有 C_3 轴的分子 C_3^1、C_3^2、C_3^3 之间的变换关系

C_4 轴的阶次为 4，凭借一个 C_4 轴所能施行的基本操作有 4 个：C_4^1、C_4^2、C_4^3 和 C_4^4。其中，$C_4^2 = C_4^1 \cdot C_4^1 = C_2^1$，$C_4^4 = E$。因此，$C_4$ 轴的特征操作只有 C_4^1 和 C_4^3 两种，旋转角分别为$\frac{1}{2}\pi$和$\frac{3}{2}\pi$。

C_6 轴的阶次为 6，凭借一个 C_6 轴所能施行的基本对称操作有 6 个：C_6^1，$C_6^2 = C_3^1$，$C_6^3 = C_2^1$，$C_6^4 = C_3^2$，C_6^5，$C_6^6 = E$。因此，C_6 轴的特征操作只有 C_6^1 和 C_6^5 两种，旋转角分别为$\frac{1}{3}\pi$和$\frac{2}{3}\pi$。

任何一个基本操作都对应一个表示矩阵。例如，H_2O 有一个 C_2 轴，如图 4-3 所示。O 原子在 z 轴上，C_2 轴与 z 轴重合，①H 和②H 的坐标分别为(x, y, z)和$(-x, -y, z)$。按目前状况，进行 C_2^1 操作后，①H 移到②H 的位置，①H 的坐标由(x, y, z)变为$(-x, -y, z)$，而②H 移到①H 的位置，①H 和②H 等同，所以 H_2O 复原。上述过程可用下式表示

$$C_2^1\begin{bmatrix}x\\y\\z\end{bmatrix}=\begin{bmatrix}-1&0&0\\0&-1&0\\0&0&1\end{bmatrix}\begin{bmatrix}x\\y\\z\end{bmatrix}=\begin{bmatrix}-x\\-y\\z\end{bmatrix}$$

相当于 C_2^1 操作作用到 H_2O 分子中任意一点的坐标(例如，①H 的坐标，用一个 3×1 的矩阵表示)上后等于一个 3×3 的矩阵与该坐标的表示矩阵相乘，最后使这点的坐标变换为一个新的 3×1 矩阵表示的坐标。因此，C_2^1 操作的表示矩阵为

$$C_2^1=\begin{bmatrix}-1&0&0\\0&-1&0\\0&0&1\end{bmatrix}$$

直角坐标系中，绕 z 轴逆时针旋转 α 角的任何对称操作都可用下面的三维矩阵表示

$$C_n^1=\begin{bmatrix}\cos\alpha&-\sin\alpha&0\\\sin\alpha&\cos\alpha&0\\0&0&1\end{bmatrix}$$

例如，C_3 轴的基转角是 120°，C_3^1 和 C_3^2 操作的旋转角分别是 120°和 240°，它们的表示矩阵分别是

$$C_3^1=\begin{bmatrix}-\frac{1}{2}&-\frac{\sqrt{3}}{2}&0\\\frac{\sqrt{3}}{2}&-\frac{1}{2}&0\\0&0&1\end{bmatrix},\qquad C_3^2=\begin{bmatrix}-\frac{1}{2}&\frac{\sqrt{3}}{2}&0\\-\frac{\sqrt{3}}{2}&-\frac{1}{2}&0\\0&0&1\end{bmatrix}$$

有些分子中只有一个旋转轴，而有些分子可能有不止一个旋转轴，其中轴次较高的称为主轴，其他称为副轴。

4.1.2　反演和对称中心

将物体中一点 A 移动到 A 与某点 O 连线并延长至等距离的 A'处的操作称为对 A 点的反演。进行反演所凭借的几何点 O 称为对称中心，记为 i。一个物体进行反演时，物体中的每一点都应做相应的反演操作，而不能只限于一点或几点。

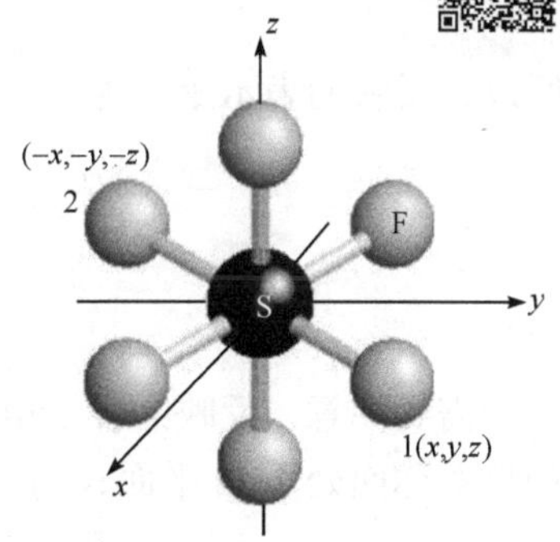

图 4-5　SF_6 分子

一个分子如果有对称中心，那么，分子中任一原子与对称中心连线并延长后，必定可以在延长线上与对称中心等距离的另一侧找到另一个相同的原子。图 4-5 所示为 SF_6 分子的结构示意图，

将坐标原点(O 点)定在 S 原子处，O 点即是 SF_6 分子的对称中心，坐标为(x, y, z)的 F 原子经反演操作后坐标变为$(-x, -y, -z)$。上述反演过程可用下式表示

$$i\begin{bmatrix} x \\ y \\ z \end{bmatrix} = \begin{bmatrix} -1 & 0 & 0 \\ 0 & -1 & 0 \\ 0 & 0 & -1 \end{bmatrix}\begin{bmatrix} x \\ y \\ z \end{bmatrix} = \begin{bmatrix} -x \\ -y \\ -z \end{bmatrix}$$

所以，反演操作 i 的表示矩阵为

$$i = \begin{bmatrix} -1 & 0 & 0 \\ 0 & -1 & 0 \\ 0 & 0 & -1 \end{bmatrix}$$

也可以对 i 进行多次操作——n 次反演(i^n)。但是，当 $n=$ 奇数时，$i^n = i$；当 $n=$ 偶数时，$i^n = E$。所以，反演的独立操作只有 i 和 i^2，其阶次为 2。

有一些分子有对称中心，如苯、CO_2、$H_2C{=}CH_2$ 等。也有些分子是没有对称中心的，如 CH_4、NH_3、H_2O、CO 等。

4.1.3　反映和对称面

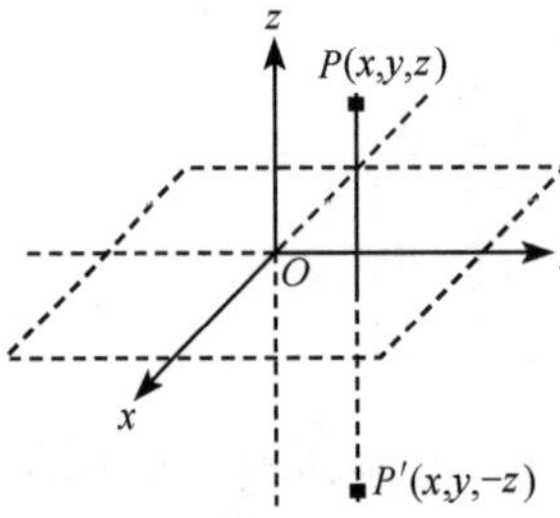

图 4-6　P 点的反映操作

将物体中各点垂直移动到某一平面相反方向且与此平面等距离处的操作称为反映。进行反映所凭借的平面称为对称面，记为σ。如图 4-6 所示，设σ为处于 xy 平面内的一个对称面，用σ_{xy}表示。P 点坐标为(x, y, z)，经此对称面反映到 P'点，坐标变为$(x, y, -z)$。上述反映过程可用下式表示：

$$\sigma_{xy}\begin{bmatrix} x \\ y \\ z \end{bmatrix} = \begin{bmatrix} 1 & 0 & 0 \\ 0 & 1 & 0 \\ 0 & 0 & -1 \end{bmatrix}\begin{bmatrix} x \\ y \\ z \end{bmatrix} = \begin{bmatrix} x \\ y \\ -z \end{bmatrix}$$

所以，反映的表示矩阵为

$$\sigma_{xy} = \begin{bmatrix} 1 & 0 & 0 \\ 0 & 1 & 0 \\ 0 & 0 & -1 \end{bmatrix}$$

需要注意，反映的表示矩阵并不是唯一的，这与对称面的取向有关。例如，如果对称面处于 xz 平面，用σ_{xz}表示，那么反映的表示矩阵为

$$\sigma_{xz}=\begin{bmatrix}1 & 0 & 0\\ 0 & -1 & 0\\ 0 & 0 & 1\end{bmatrix}$$

同反演一样，反映也可以进行多次操作——n 次反映(σ^n)。但是当 $n=$ 奇数时，$\sigma^n=\sigma$；当 $n=$ 偶数时，$\sigma^n=E$。所以，反映的独立操作只有 σ 和 σ^2，其阶次为 2。

一个分子如果有对称面，那么，分子中每个原子向这个对称面作垂线并延长至此对称面另一侧的等距离处后，都可找到另一个相同的原子。在讨论分子的对称面时，应注意将有对称面的分子与手性分子区分开，因为二者有完全不同的对称性。有对称面的分子，其对称面经过分子的中心，是平分分子的平面，同时，分子又与其镜像有对映关系。而手性分子自身是没有对称面的，仅与其镜像有对映关系。

有的分子没有对称面，如 CHFBrCl，而有一些分子有对称面。平面分子至少有一个对称面，如 $HClC{=}CH_2$ 有一个对称面。而许多分子还有不止一个的对称面，如苯有 7 个，NH_3 有 3 个，H_2O 有 2 个，HCl 则有无穷多个对称面等。

如果分子中既有对称面也有旋转轴，那么通常将 σ 右下角处标以不同的符号来表示分子中对称面和旋转轴在空间取向的关系。如图 4-7 所示，σ_h 表示分子的主轴与对称面垂直，如 $H_2C{=}CH_2$ 有 1 个 σ_h，苯有 1 个 σ_h；σ_v 表示主轴处于此对称面内，如 H_2O 有 2 个 σ_v、NH_3 有 3 个 σ_v、苯有 6 个 σ_v、HCl 有无穷多个 σ_v；σ_d 表示主轴处于此对称面内，同时，此对称面平分两个副轴的夹角，如苯的 6 个相互间夹角为 30°的 σ_v 同时也是 σ_d，6 个 σ_d 的共同交线就是苯分子的一个 C_6 轴。

4.1.4　旋转反演和反轴

先凭借某一轴线进行旋转操作，再凭借此轴线上的一点进行反演操作，这种复合操作，称为旋转反演。进行旋转反演所凭借的轴线称为反轴，记为 I_n。一个分子如果有 I_n 轴，那么这个分子绕此轴旋转 $\dfrac{2\pi}{n}$ 后再沿此轴线上某一点反演即可使分子复原。n 称为该反轴的轴次，I_n 称为 n 重反轴。n 为偶数时，I_n 的阶次为 n，此时 I_n 有 n 个基本操作：I_n^1，I_n^2，…，I_n^n；n 为奇数时，I_n 的阶次为 $2n$，此时 I_n 有 $2n$ 个基本操作：I_n^1，I_n^2，…，I_n^n，I_n^{n+1}，…，I_n^{2n}。例如，一重旋转反演的结果是 $I_1^1=i$，$I_1^2=E$；二重旋转反演的结果是 $I_2^1=iC_2^1=\sigma_h$，$I_2^2=E$。

图 4-8 是有 I_3 轴分子的结构，大球为 A 原子，小球为 B 原子，第①、②、③三个 B 原子所处的平面与第④、⑤、⑥三个 B 原子所处的平面平行，但上下两平

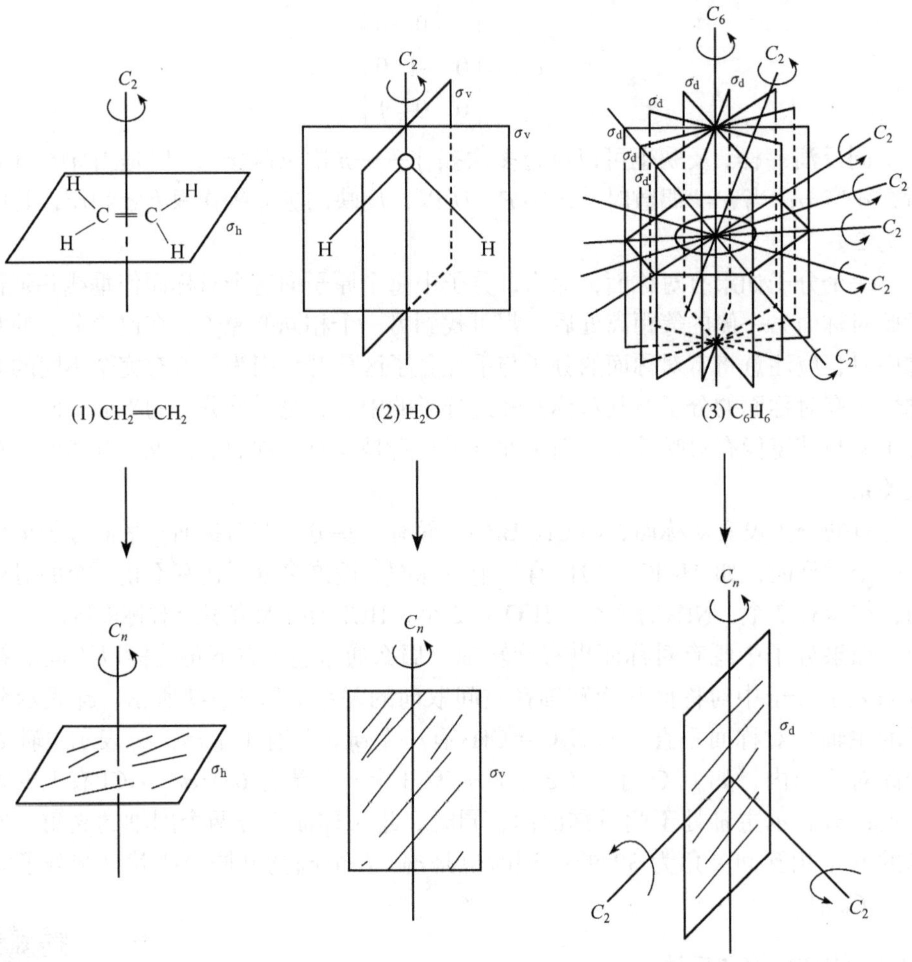

图 4-7　三种不同取向的对称面

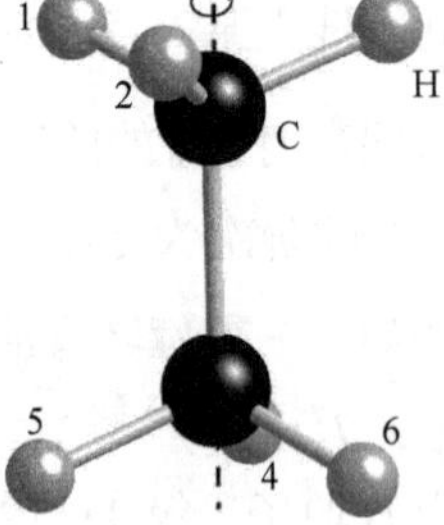

图 4-8　有 I_3 轴分子的结构

面上的原子相互交错，I_3 垂直于这两个平面。根据图 4-8 容易得出 I_3 操作的结果：

$$I_3^1 = iC_3^1$$

$$I_3^2 = I_3^1 I_3^1 = iC_3^1 iC_3^1 = C_3^2$$

$$I_3^3 = I_3^1 I_3^1 I_3^1 = C_3^2 iC_3^1 = i$$

$$I_3^4 = I_3^3 I_3^1 = iiC_3^1 = C_3^1$$

$$I_3^5 = I_3^4 I_3^1 = C_3^1 iC_3^1 = iC_3^2$$

$$I_3^6 = I_3^5 I_3^1 = E$$

从 I_3 操作的结果可知，它包括 6 个独立的对称操作：$E, C_3^1, C_3^2, i, iC_3^1, iC_3^2$，其中既包括 C_3 和 i 的全部对称操作，也包括 C_3 和 i 组合后的全部对称操作，所以 I_3 是 C_3 和 i 的联合操作，即 $I_3 = C_3 + i$。

图 4-9 为 CH_4 结构图，CH_4 分子有一个四重反轴 I_4，四个 H 处于正四面体的 4 个角，C 处于四面体中心。根据图 4-9 容易得出 I_4 操作的结果：

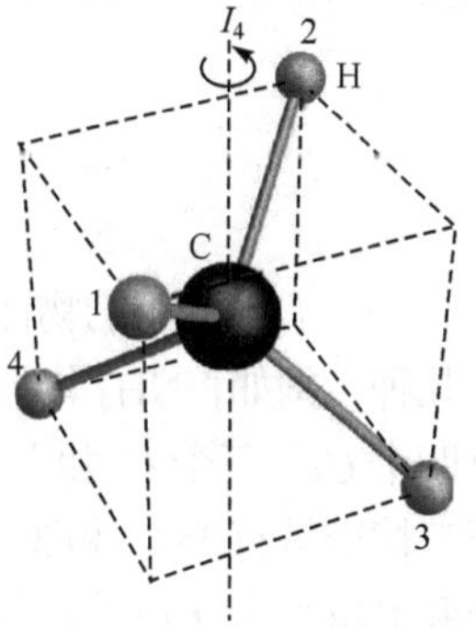

图 4-9　CH_4 的 4 重反轴

$$I_4^1 = iC_4^1$$

$$I_4^2 = I_4^1 I_4^1 = iC_4^1 iC_4^1 = C_4^2 = C_1^1$$

$$I_4^3 = I_4^2 I_4^1 = C_2^1 iC_4^1 = iC_4^3$$

$$I_4^4 = I_4^3 I_4^1 = E$$

由 I_4 操作的结果可知，它包括 4 个独立的对称操作：$I_4^1, I_4^2, I_4^3, I_4^4$（或 iC_4^1, C_2^1, iC_4^3, E），因此不能写为 C_4 和 i 的简单加和形式。

类似的，还可以根据图 4-10 写出 I_6 操作的结果：

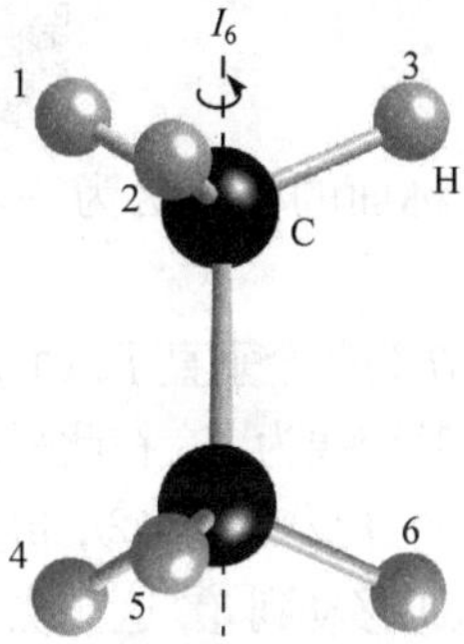

图 4-10　有 I_6 轴分子的结构

$$I_6^1 = \sigma_h C_3^2$$

$$I_6^2 = I_6^1 I_6^1 = C_3^1$$

$$I_6^3 = I_6^2 I_6^1 = \sigma_h$$

$$I_6^4 = I_6^3 I_6^1 = C_3^2$$

$$I_6^5 = I_6^4 I_6^1 = \sigma_h C_3^1$$

$$I_6^6 = I_6^5 I_6^1 = E$$

I_6 操作包括 6 个独立的对称操作，是 C_3 和 σ_h 的联合操作，即 $I_6 = C_3 + \sigma_h$。

根据上面的分析，将 I_n 操作的结果推广到一般情况后可用简式(4-1)表示

$$I_n = \begin{cases} C_n + i, & n\text{为奇数} \\ C_{\frac{n}{2}} + \sigma_h, & n\text{为偶数} \\ I_n\text{与}C_{\frac{n}{2}}\text{同时存在，}n\text{为偶数且为4的整数倍} \end{cases} \tag{4-1}$$

4.1.5　旋转反映和映轴

与旋转反演是旋转和反演的复合操作类似，旋转反映是另一种复合操作。其定义是先凭借某一轴线进行旋转，再凭借与此轴线垂直的平面进行反映。旋转反

映所凭借的轴线称为映轴，也称为象转轴，记为 S_n，n 称为映轴的轴次。

映轴和反轴可以互相代替，因此分子的对称性可用旋转轴、对称面、对称中心和反轴表示，也可用旋转轴、对称面、对称中心和映轴表示。

4.2　对称元素的组合和群的乘法表

一个有限大小的物体所具有的对称元素，只有前面讲的四种对称元素中的某种或某几种。例如，NH_3 分子有一个 C_3 轴和三个 σ_v，可表示为 $1\times C_3$ 和 $3\times\sigma_v$。CH_4 分子具有四个 C_3、三个 C_2 和六个 σ_v，即 $4\times C_3$、$3\times C_2$ 和 $6\times\sigma_v$。H_2O 分子具有 $1\times C_2$ 和 $2\times\sigma_v$。正三棱锥具有 $1\times C_3$ 和 $3\times\sigma_v$。$CHCl_3$ 分子具有 $1\times C_3$ 和 $3\times\sigma_v$。其中，NH_3 分子、正三棱锥和 $CHCl_3$ 分子虽然不是相同的物体，外形也不同，但它们所具有的对称元素的种类及个数是完全相同的，也就是说，它们的对称性完全相同。因此，可以将有限大小的物体按其对称性分类，对称元素的种类和个数相同的图形归为一类，称为一种对称类型。不同的对称类型代表对称元素之间的不同组合方式。这就是说，对称元素之间可以相互组合，但这些组合并非是随意的，其个数及其相对位置都要符合一定的规则。

4.2.1　对称元素的组合定理

(1) 两个交角为 α 的对称面的交线必为一基转角为 2α 的对称轴。

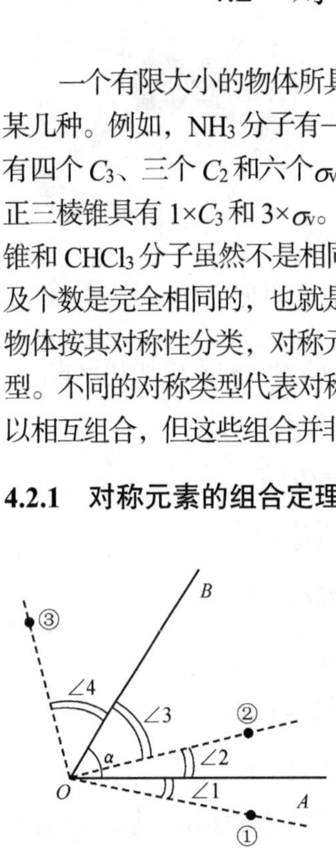

图 4-11　两个对称面的组合

证明：见图 4-11。A 和 B 为两个垂直于纸面的对称面，交角为 α，$\alpha\leqslant 90°$，其交线为 L，在此平面图中 L 显示为一点(O 点)，点①由 A 反映到点②，再凭借 B 反映到点③，总的效果是从①移动到③，这与绕 L 轴旋转 2α 角($2\alpha=\angle1+\angle2+\angle3+\angle4$)的效果相同，故知 L 为一对称轴。

因为由点①到点②是反映过程，所以 $\angle1=\angle2$。

同理，$\angle3=\angle4$，所以 $\angle1+\angle4=\angle2+\angle3=2\alpha$。

因此，L 的基转角为 2α，轴次 $n=\dfrac{2\pi}{2\alpha}$。

由此定理可知，只有两个或两个以上对称面的对称类型是不存在的。由此定理还可以推出，若有一个对称面包含一个 C_n 轴，则必有 n 个对称面包含这个 C_n 轴，而且这些对称面的交角为 $\dfrac{2\pi}{2n}$。

(2) 若有两个 C_2 轴以 α 角相交，则通过这两个 C_2 轴交点且同时垂直于这两个 C_2 轴的直线必为一基转角为 2α 的对称轴。

这一定理的证明与前面的证明相似，故省略。由此定理可以推出，若有一个 C_2 轴与一个 C_n 轴垂直，则必有 n 个 C_2 轴与这个 C_n 轴垂直，而这些 C_2 轴的夹角均为 $\frac{2\pi}{2n}$。

(3) 对称中心、对称面以及与此对称面垂直的偶次旋转轴三者之中，任何两者的组合都可产生第三者。

证明：见图 4-12，以 C_2 轴为例证明。设图 4-12 中 O 为对称中心，C_2 轴及对称面 σ_h 标示在图上，$C_2 \perp \sigma_h$，交点为 O。

图 4-12 中任意一点 A 凭借 C_2 轴旋转到 B，再凭借 σ_h 反映到 C，相当于 A 凭借对称中心 O 直接反演到 C，因此 O 为一对称中心。

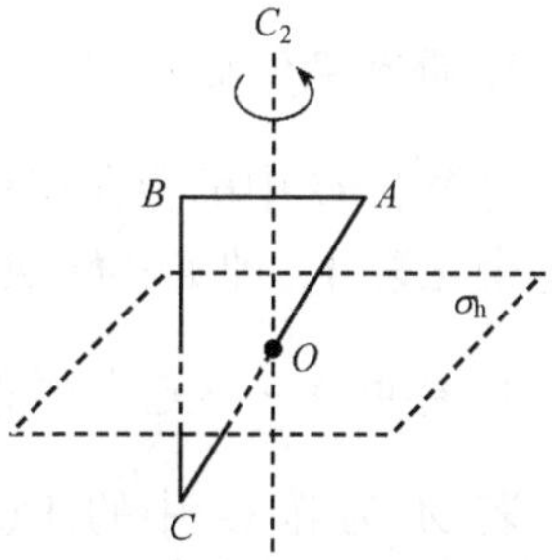

图 4-12　对称中心、对称面及与此对称面垂直的 C_2 轴组合

由于受到上述三个定理的限制，对称元素的组合不是任意的。例如，一个 C_3 轴和一个包含它的 σ_v 的组合就是不可能的。事实上，可以有单独存在一个 C_3 轴的对称类型，也可以有单独存在一个 σ 的对称类型，但不可能存在既有一个 C_3 轴又有一个包含它的 σ_v 的对称类型。对于一个有 C_3 轴的分子，可以没有对称面包含这个 C_3 轴，但是，分子中如果存在包含这个 C_3 轴的 σ_v，则 σ_v 的个数必定是三个，而不可能是一个、两个或四个。此外，也可以存在只具有一个 σ 和一个偶次轴的对称类型，但两者必须相互垂直而不可能以其他角度相交。

一个有限的物体，既然具有确定的对称元素，那么它所具有的所有对称操作也就确定了。例如，NH_3 的对称元素由 $1\times C_3$ 和 $3\times\sigma_v$ 组成，那么 NH_3 所具有的对称操作的集合就是 $\left\{E,\ C_3^1,\ C_3^2,\ \sigma_a,\ \sigma_b,\ \sigma_c\right\}$。其中，$\sigma_a$、$\sigma_b$、$\sigma_c$ 分别代表三个空间取向不同的对称面。NH_3 对称操作的集合就构成了一个分子点群的类型，称为 C_{3v} 群。下面就介绍群的概念。

4.2.2　群的定义

所谓群就是按照一定规律相互联系的一些元素的集合，这些元素可以是数字、矩阵、算符、操作等。如果一个群 G 是由 $A, B, C, D, \cdots n$ 个元素组成，那么群 G 就可表示为 $G=\{A, B, C, D, \cdots\}$。其中，$A, B, C, D, \cdots$ 是组成群 G 的元素，n 称为群的阶。当群中元素的个数 n 有限时，G 称为有限群。

数学上，只有当元素的集合 $\{A, B, C, D, \cdots\}$ 符合下列构成群的基本条件时，G 才能称为群。

1. 群的封闭性

群中任意两个元素的积必为群中的一个元素。也就是说，如果 A 和 B 属于 G，$A \cdot B = C$，那么 C 也属于 G。需要注意的是，一般情况下，$A \cdot B$ 与 $B \cdot A$ 不一定相等。

2. 群元素的乘法满足结合律

若 A、B、C 是群 G 中任意三个元素，则 $A \cdot B \cdot C = A \cdot (B \cdot C) = (A \cdot B) \cdot C$。

3. 群有单位元素

每个群 G 中都会存在一个单位元素 E，它与群 G 中任意元素 A 的乘积都等于这个元素 A，即 $E \cdot A = A \cdot E = A$。

4. 群中每一个元素都有逆元素存在

若 A 为群 G 中的任意一个元素，那么 A 与其逆元素 A^{-1} 之间满足关系：$A \cdot A^{-1} = A^{-1} \cdot A =$ 单位元素 E，且 A^{-1} 也是群 G 中的一个元素。

如果群 G 中的某一部分元素的集合 L 仍然满足上述构成群的四个条件，那么这部分元素的集合 L 也构成了一个群，群 L 称为群 G 的子群。

可以证明，任何对称物体所具有的对称操作的集合对于对称操作的乘法来说都构成一个群——对称操作群。前已述及，当施行对称操作时，有限物体中至少有一点是不动的，有限物体的对称操作属于点操作的范畴。因此，将有限物体的对称操作群称为点群。如果我们讨论的对象是一个有限的分子，那么它的对称操作群就称为分子点群。点群应具有如下两个特征：①对称操作是点操作；②群中全部对称操作各自所依据的对称元素至少通过一个公共交点。

例如，NH_3 分子中包含的对称元素有 3 种：E，C_3，σ_v；对应的对称操作有 6 个：$E, C_3^1, C_3^2, \sigma_a, \sigma_b, \sigma_c$。图 4-13 为 NH_3 分子的平面投影图，C_3 轴与 z 轴重合(垂直于 xy 平面)。上述 6 个对称操作就构成了一个 NH_3 分子的分子点群，称为 C_{3v} 群，这是一个 6 阶群，表示为 $C_{3v} = \left\{E, C_3^1, C_3^2, \sigma_a, \sigma_b, \sigma_c\right\}$。群中任一元素都满足构成群的四个条件，如 $C_3^1 \cdot C_3^2 = C_3^2 \cdot C_3^1 = E$，说明 C_{3v} 群的单位元素(单位操作)是恒等操作 E，C_3^1 和 C_3^2 互为逆操作(所谓逆操作是指与原操作方向相反的操作)，即 $\left(C_3^1\right)^{-1} = C_3^2$，$\left(C_3^2\right)^{-1} = C_3^1$。因为 E、C_3^1、C_3^2 满足构成群的四个条件，所以它们构成了一个 3 阶群，表示为 C_3，$C_3 = \left\{E, C_3^1, C_3^2\right\}$，显然 C_3 群是 C_{3v} 的子群。

对称操作的乘法一般不满足乘法交换律，即 $B \cdot A \neq A \cdot B$。如果某两个对称操作的乘法满足交换律，则称它们是可以交换的，如 $C_3^1 \cdot C_3^2 = C_3^2 \cdot C_3^1$，所以 C_3^1 和 C_3^2 是可以交换的。

上面只是对 NH_3 分子所属点群中个别元素之间的关系进行了简单分析，根据群的乘法表更容易验证这些对称操作的集合确实构成了一个分子点群。下面仍然以 NH_3 分子所属的 C_{3v} 点群为例讨论群的乘法表。

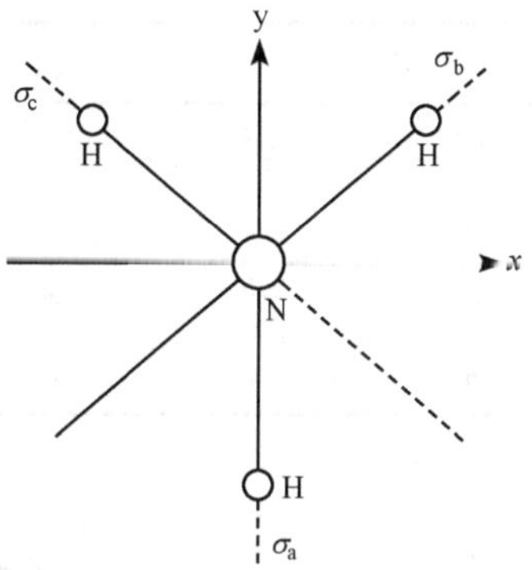

图 4-13　NH_3 分子的对称操作示意图

虚线表示镜面

4.2.3　群的乘法表

将群中所有元素之间的乘积列表表示，就称为群的乘法表。表中第 j 行 i 列的元素 Y_jX_i 是第 1 行第 i 个元素 X_i 与第 1 列第 j 个元素 Y_j 的乘积，如表 4-1 所示。

表 4-1　群的乘法表

G	X_1	X_2	···	X_i	···	X_n
Y_1	Y_1X_1	Y_1X_2	···	Y_1X_i	···	Y_1X_n
Y_2	Y_2X_1	Y_2X_2	···	Y_2X_i	···	Y_2X_n
⋮	⋮	⋮	⋮	⋮	⋮	⋮
Y_j	Y_jX_1	Y_jX_2	···	Y_jX_i	···	Y_jX_n
⋮	⋮	⋮	⋮	⋮	⋮	⋮
Y_n	Y_nX_1	Y_nX_2	···	Y_nX_i	···	Y_nX_n

按图 4-13 所示的对称元素的相对位置，将群 $C_{3v} = \{E, C_3^1, C_3^2, \sigma_a, \sigma_b, \sigma_c\}$ 中 6 个元素分别填入第 1 行和第 1 列。在做对称操作的乘法时应注意操作的先后顺序，例如，对于 Y_jX_i，应先操作第 X_i 再操作 Y_j。C_{3v} 群乘法表见表 4-2。从表 4-2 中对称操作乘法的结果不难看出，$E, C_3^1, C_3^2, \sigma_a, \sigma_b, \sigma_c$ 这 6 个元素的集合满足构成群的条件，证明 C_{3v} 是一种分子点群。

表 4-2　C_{3v} 群的乘法表

C_{3v}	E	C_3^1	C_3^2	σ_a	σ_b	σ_c
E	E	C_3^1	C_3^2	σ_a	σ_b	σ_c
C_3^1	C_3^1	C_3^2	E	σ_c	σ_a	σ_b

续表

C_{3v}	E	C_3^1	C_3^2	σ_a	σ_b	σ_c
C_3^2	C_3^2	E	C_3^1	σ_b	σ_c	σ_a
σ_a	σ_a	σ_b	σ_c	E	C_3^1	C_3^2
σ_b	σ_b	σ_c	σ_a	C_3^2	E	C_3^1
σ_c	σ_c	σ_a	σ_b	C_3^1	C_3^2	E

4.3　分子点群

分子的对称性不同，对称类型也不同，所属点群也不相同，每一个对称类型(点群)都可用一种符号表示。下面介绍用申夫利斯(Schönflies)符号表示的各类分子点群。

1. C_n 群

只有一个 n 重轴的对称类型用 C_n 表示，C_n 群为 n 阶群。例如，反式双氧水 H_2O_2 分子只有一个二重轴，其点群用 C_2 表示。

2. C_{nh} 群

若除了一个 n 重轴(C_n)外还有一个与此 C_n 轴垂直的对称面σ_h存在，这种类型的群用 C_{nh} 表示，为 $2n$ 阶群。例如，反式二氯乙烯(ClHC═CHCl)有一个 C_2 轴，还有一个与此 C_2 垂直的σ_h，因此属于 C_{2h} 群。

通常将 C_{1h} 群记为 C_s 群，它只有一个对称面，$C_s = \{E, \sigma\}$。例如，Ti 的四面体形四配位化合物 $TiCl_2(C_2H_5)_2$ 就属于 C_s 群。

3. C_{nv} 群

前面在讨论对称元素组合定理时已经讲到，若有一个对称面包含一个 n 重轴，则必有 n 个对称面包含这个 n 重轴，因此 C_{nv} 群所具有的对称要素是一个 C_n 轴和 n 个包含它的对称面，而且相邻两个对称面之间的夹角 $\alpha = \dfrac{2\pi}{2n}$。$C_{nv}$ 群为 $2n$ 阶群。NH_3 和 CH_3Cl 属于 C_{3v} 群，正三棱锥也属于 C_{3v} 群。H_2O 和顺式 H_2O_2 属于 C_{2v} 群。五氟化碘(IF_5)是正四棱锥结构，属于 C_{4v} 群，异核双原子分子都包含一个无穷轴(C_∞)和无穷多个包含这个 C_∞轴的对称面，属于 $C_{\infty v}$ 群。

4. S_n 群和 C_{ni} 群

属于 S_n 群和 C_{ni} 群的分子中有一个 n 重反轴 I_n(或 n 重映轴 S_n)。当 n 为奇数时属于 C_{ni} 群，为 $2n$ 阶群，对称元素有 C_n、i 和 I_n 等。n 为偶数时属于 S_n 群，为 n 阶群。

5. D_n 群

分子中除了有一个 C_n 轴外还有 n 个与此 C_n 轴垂直的 C_2 轴，这种对称类型用 D_n 表示，为 $2n$ 阶群，相邻两个 C_2 轴之间的夹角 $\alpha = \frac{2\pi}{2n}$。例如，部分扭转的 $H_3C—CH_3$ 属于 D_3 点群，它有 1 个 C_3 轴和 3 个与此 C_3 轴垂直的 C_2 轴。

6. D_{nh} 群

分子中除了有一个 C_n 轴和 n 个与此 C_n 轴垂直的 C_2 轴外，还有一个与此 C_n 轴垂直的对称面 σ_h，这种对称类型用 D_{nh} 表示，为 $4n$ 阶群。例如，苯分子属于 D_{6h} 群，含有 1 个 C_6 轴、6 个 C_2 轴、6 个 σ_v、1 个 σ_h 和一个 i，相邻两个 C_2 轴之间的夹角为 30°。乙烯分子属于 D_{2h} 群，PCl_5 分子属于 D_{3h} 群，$PtCl_4^{2-}$ 属于 D_{4h} 群，顺式二茂铁分子属于 D_{5h} 群，圆柱形对称的 CO_2 分子属于 $D_{\infty h}$ 群等。

7. D_{nd} 群

分子中除了有一个 C_n 轴和 n 个与此 C_n 轴垂直的 C_2 轴外，还有 n 个平分 C_2 轴夹角的对称面 σ_d，这种对称类型用 D_{nd} 表示，为 $4n$ 阶群。例如，丙二烯分子属于 D_{2d} 群，椅式环己烷属于 D_{3d} 群，S_8 属于 D_{4d} 群，反式二茂铁分子属于 D_{5d} 群等。

8. T 群、T_h 群和 T_d 群

T 群具有 4 个 C_3 轴和 3 个 C_2 轴，为 12 阶群，其中的 C_2 轴为主轴。

T_h 群具有 4 个 C_3 轴、3 个 C_2 轴和 3 个 σ_h(垂直于 C_2)，为 24 阶群。

T_d 群具有 4 个 C_3 轴、3 个 C_2 轴和 6 个 σ_d(平分 4 个 C_3 之间的夹角)，为 24 阶群。

属于 T 群和 T_h 群的分子不常见。具有正四面体构型的分子或离子都属于 T_d 群，如 CH_4 和 NH_4^+ 分子都属于 T_d 群。

9. O 群和 O_h 群

O 群具有 4 个 C_3 轴、3 个 C_4 轴和 6 个 C_2 轴，为 24 阶群。

O_h 群具有 4 个 C_3 轴、3 个 C_4 轴、6 个 C_2 轴和 3 个 σ_h(垂直于 C_4)，为 48 阶群。

属于 O 群的分子不常见。但属于 O_h 群的分子较常见，具有正八面体和立方体构型的分子，如 SF_6、$[Co(NH_3)_6]^{2-}$和$[Fe(CN)_6]^{4-}$等 AB_6 型分子，都属于 O_h 群。

10. *I 群和 I_d 群*

I 群具有 6 个 C_5 轴、10 个 C_3 轴和 15 个 C_2 轴，为 60 阶群。

I_d 群具有 6 个 C_5 轴、10 个 C_3 轴、15 个 C_2 轴、15 个σ_d(平分 6 个 C_5 之间的夹角)和 1 个对称中心 i，为 120 阶群。例如，C_{60} 和硼烷中正二十面体构型的 $B_{12}H_{12}^{2-}$ 均属于 I_d 群。

表 4-3 列出了一些多面体和分子所具有的全部对称元素和所属点群。

表 4-3　一些多面体和分子的全部对称元素和所属点群

图形	全部对称元素	点群
正四面体	$3\times C_2$，$4\times C_3$，$6\times\sigma_d$，$3\times S_4$	T_d
正八面体	$3\times C_4$，$4\times C_3$，$6\times C_2$，$9\times\sigma$，i，$3\times S_4$，$4\times S_6$	O_h
立方体	$3\times C_4$，$4\times C_3$，$6\times C_2$，$9\times\sigma$，i，$3\times S_4$，$4\times S_6$	O_h
长方体	$3\times C_2$，$3\times\sigma(1\times\sigma_h$，$2\times\sigma_v)$，$i$	D_{2h}
正四棱锥	$1\times C_4$，$4\times\sigma_v$	C_{4v}
正三棱双锥	$1\times C_3$，$3\times C_2$，$4\times\sigma(1\times\sigma_h$，$3\times\sigma_v)$，$1\times S_3$	D_{3h}
NH_3	$1\times C_3$，$3\times\sigma_v$	C_{3v}
CH_4	$3\times C_4$，$4\times C_3$，$6\times\sigma_d$，$3\times S_4$	T_d
H_2O	$1\times C_2$，$2\times\sigma_v$	C_{2v}
S_8	$1\times C_4$，$4\times C_2$，$4\times\sigma_d$，$1\times S_8$	D_{4d}
PCl_5	$1\times C_3$，$3\times C_2$，$4\times\sigma(1\times\sigma_h$，$3\times\sigma_v)$，$1\times S_3$	D_{3h}
乙硼烷	$3\times C_2$，$3\times\sigma(1\times\sigma_h$，$2\times\sigma_v)$，$i$	D_{2h}
顺式二茂铁	$1\times C_5$，$5\times C_2$，$6\times\sigma(1\times\sigma_h$，$5\times\sigma_v)$，$1\times S_5$	D_{5h}

一些多面体的图形如图 4-14 所示，其中正十二面体的每个面都是正五边形，共有 12 个面、20 个顶点和 30 个棱。正二十面体的每一个面都是正三角形，共有 20 个面、12 个顶点和 30 个棱。

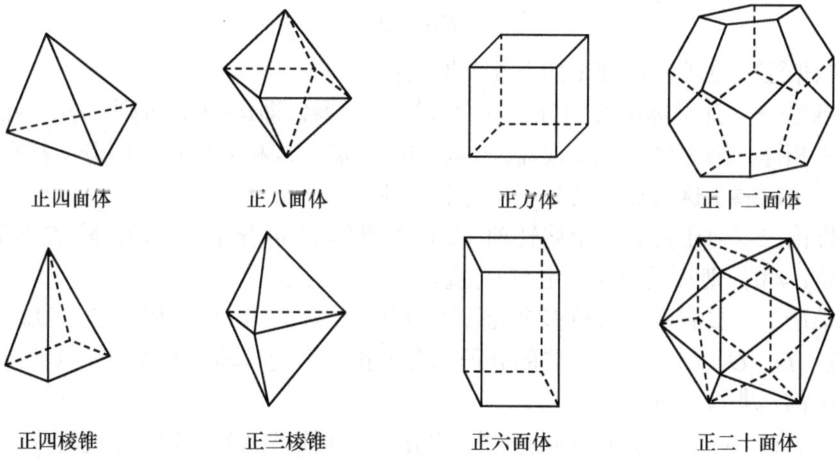

图 4-14　一些多面体的立体结构

4.4　分子的偶极矩和极化率

4.4.1　分子的偶极矩

分子中原子核带正电荷，电子带负电荷，正、负电荷总数相等，整个分子呈电中性。但是，对于多原子分子，分子中的原子有一定的空间排布方式，电子在空间各处出现的概率不等。也就是说，电子云在空间也有一定的分布方式。可以分别将正、负电荷在空间的分布各看成是一个点，假设正电荷集中在一个正电中心上，负电荷集中在一个负电中心上，正、负电荷各为 $+q$ 和 $-q$，正、负电中心相距 l，则分子的偶极矩 $\boldsymbol{\mu}$ 的大小可以表示为

$$|\boldsymbol{\mu}| = q \cdot l \tag{4-2}$$

偶极矩 $\boldsymbol{\mu}$ 是矢量，其方向规定为从正电中心指向负电中心，用来衡量分子极性大小，单位为 C·m。$|\boldsymbol{\mu}| = 0$ 的分子是非极性分子；$|\boldsymbol{\mu}| \neq 0$ 的分子是极性分子。$|\boldsymbol{\mu}|$ 越大，分子的极性越强。

4.4.2　分子偶极矩与对称性的关系

偶极矩属于分子的一种“静态”性质，它应该“固定”在分子骨架上，就如同是分子骨架的一部分。当某一对称操作对整个分子骨架进行变换时，偶极矩也随着分子骨架发生相应的变换。另外，对称操作是使分子复原的操作，并不改变物质的物理性质，因此分子的偶极矩也不会发生变化。若 R 为分子所属点群中的任一对称操作，则偶极矩矢量 $\boldsymbol{\mu}$ 在 R 的作用下不应发生变化，即

$$R\boldsymbol{\mu}=\boldsymbol{\mu} \tag{4-3}$$

根据这一定理，可推出如下几个推论：

推论一　有对称中心的分子其偶极矩等于零，即$\mu=0$。否则，$i\boldsymbol{\mu}=-\boldsymbol{\mu}$，与式(4-3)相悖。因为属于$C_{2h}$、$C_{4h}$、$D_{2h}$、$D_{4h}$、$D_{6h}$、$T_h$和$I_d$等点群的分子都有对称中心，所以属于这些点群的分子均为非极性分子。

推论二　对于具有一个旋转轴C_n(恒等操作E可看作一重轴，除E外)的分子，若$\mu\neq 0$，则其偶极矩一定与C_n重合。

推论三　具有两个或更多个旋转轴的分子，其$\mu=0$。因为属于D_n、D_{nh}、D_{nd}、T、T_h、T_d、O、O_h、I_d及I群的分子都有不止一个旋转轴，所以属于这些点群的分子也都是非极性分子。

推论四　对于具有对称面的分子，若$\mu\neq 0$，则其偶极矩一定位于此对称面内。

推论五　分子内只要存在互不重合的旋转轴和对称面，则$\mu=0$。由此推论可知，属于C_{nh}群的分子均为非极性分子。

根据这些推论可知，只有属于C_s、C_n和C_{nv}这三类点群的分子偶极矩可以不为零，除此以外的所有分子的偶极矩都等于零。也就是说，极性分子只能属于C_n或C_{nv}这两类点群。

如果已知一个分子所属的点群，那么根据上面的分析就可以判断出这个分子是否为非极性分子。反之，也可根据偶极矩的实验测定结果来判断分子的几何构型。例如，二氯乙烯有两个异构体，顺式属于C_{2v}群，$\mu\neq 0$，沸点60.1℃；反式属于C_{2h}群，$\mu=0$，沸点48.4℃。再如，对于一个AB_3型分子，若$\mu=0$，则其构型必为平面三角形，属于D_{3h}群；若$\mu\neq 0$，则可能是正三棱锥，属于C_{3v}群。

4.4.3　分子的诱导偶极矩和极化率

上面讲到的分子的偶极矩都是指分子的永久偶极矩，是由于分子自身结构产生的分子固有的性质，与有无外加电场无关。对于非极性分子，外加电场的存在会导致其正、负电荷中心分离，产生诱导极化，使分子的偶极矩不再为零。诱导偶极矩的大小与外加电场的强度及分子的极化率有关，可用式(4-4)计算：

$$\boldsymbol{\mu}_{诱}=\alpha\boldsymbol{E} \tag{4-4}$$

式中，$\boldsymbol{E}$是物质内部感受到的电场强度($V\cdot m^{-1}$)；α是分子的极化率($C^2\cdot m^2\cdot J^{-1}$)，α与物质的摩尔折射度R有关

$$\alpha=\frac{3\varepsilon_0 R}{N_A} \tag{4-5}$$

式中，ε_0是真空介电常数($C^2\cdot m^{-1}\cdot J^{-1}$)；$N_A$是阿伏伽德罗常量；摩尔折射度$R$的

量纲常用 m^3 或 cm^3 表示。

4.4.4　分子的摩尔折射度

摩尔折射度(R)是由于在光的照射下分子中电子(主要是价电子)云相对于分子骨架产生相对运动，使分子中的电子极化。R 可作为分子中电子极化率的量度，其定义为

$$R = \frac{n^2 - 1}{n^2 + 2} \times \frac{M}{\rho} \tag{4-6}$$

式中，n 是折射率；M 是摩尔质量；ρ 是密度。R 与波长有关，若以钠光 D 线为光源(属于高频电场，$\lambda = 5893\text{Å}$)，所测得的折射率则以 n_D 表示，相应的摩尔折射度以 R_D 表示。

根据麦克斯韦的电磁理论，物质的介电常数 ε_0 和折射率 n 之间有如下关系：

$$\varepsilon_0(\lambda) = n^2(\lambda) \tag{4-7}$$

ε_0 和 n 均与波长(λ)有关。将式(4-7)代入式(4-6)得

$$R = \frac{\varepsilon_0 - 1}{\varepsilon_0 + 2} \times \frac{M}{\rho} \tag{4-8}$$

摩尔折射度具有加和性，等于分子中各原子折射度及形成化学键时折射度的增量之和。离子化合物的摩尔折射度等于其离子折射度之和。利用物质摩尔折射度的加和性质，可根据物质的化学式算出其各种同分异构体分子的摩尔折射度，并与实验测定结果进行比较研究，从而分析分子的键型及结构。表 4-4 列出了一些常见原子的摩尔折射度，表 4-5 列出了形成化学键时原子摩尔折射度的增量数据。

表 4-4　常见原子的摩尔折射度

原子	R_D	原子	R_D
H	1.028	Br	8.741
C	2.591	I	13.954
O(酯类)	1.764	N(脂肪族的)	2.744
O(缩醛类)	1.607	N(芳香族的)	4.243
OH(醇)	2.546	S(硫化物)	7.921
Cl	5.844	CN(腈)	5.459

表 4-5　形成化学键时原子摩尔折射度的增量

化学键种类	R_D 增量	化学键种类	R_D 增量
单键	0	三元环	0.614
双键	1.575	四元环	0.317
三键	1.977	五元环	−0.19
		六元环	−0.15

对于共价化合物，摩尔折射度的加和性还表现为分子的摩尔折射度等于分子中各化学键摩尔折射度之和。表 4-6 列出了一些由实验总结出来的各种类型共价键的摩尔键折射度数据。

对于同一化合物，由表 4-4 和表 4-6 求得的摩尔折射度略有差异。有些化合物的差异较大，原因可能是表中数据只考虑到相邻原子间的相互作用而忽略了不相邻原子间的相互作用，或忽略了分子中各化学键之间的相互作用。若加以适当修正，二者结果将趋于一致。

表 4-6 常见共价键的摩尔折射度

键	R_D	键	R_D	键	R_D
C—C	1.296	C—Cl	6.51	C≡N	4.82
C—C(环丙烷)	1.50	C—Br	9.39	O—H(醇)	1.66
C—C(环丁烷)	1.38	C—I	14.61	O—H(酸)	1.80
C—C(环戊烷)	1.26	C—O(醚)	1.54	S—H	4.80
C—C(环己烷)	1.27	C—O(缩醛)	1.46	S—S	8.11
C ⁐ C(苯环)	2.69	C=O	3.32	S—O	4.94
C=C	4.17	C=O(甲基酮)	3.49	N—H	1.76
C≡C(末端)	5.87	C—S	4.61	N—O	2.43
$C_{芳香}$—$C_{芳香}$	2.69	C=S	11.91	N=O	4.00
C—H	1.676	C—N	1.57	N—N	1.99
C—F	1.45	C=N	3.75	N=N	4.12

4.5　分子的对称性与旋光性

光是一种电磁波，其振动方向与传播方向垂直。一般光源所发出的光可以在垂直于传播方向的平面上任一方向振动，这样的光称为自然光。如果只有一个振动的方向，那么这种光就称为偏振光。偏振光的振动方向与传播方向所形成的平面称为振动面，与振动面垂直的平面称为偏振面。当偏振光通过某些物质时，其偏振面会发生变化。这说明，某些分子具有使平面偏振光的偏振面旋转的能力，分子的这种性质称为旋光性。例如，乳酸分子[α-羟基丙酸，$CH_3CH(OH)COOH$]就具有旋光性。

分子的旋光性与分子的对称性有关，是分子结构的重要特征。只有手性分子才具有旋光性。手性分子与其镜中的影像成对映关系(但二者并不重合)，二者互为对映异构体。两个互为对映异构体的分子的旋光能力大小相等但方向相反。也就是说，若一个分子的旋光度是α，其镜像的旋光度为α'，则应有$\alpha'=-\alpha$。而非手性分子能够与其对映体重合，两者不是异构体，而是同一分子，因此两者的旋光度相等，即$\alpha=\alpha'$。又由于有旋光性分子的旋光度与其镜像的旋光度之间一定有$\alpha'=-\alpha$，所以，α只能为零，即非手性分子的旋光度为零。

分子的对称性可以为分子有无旋光性提供简单的判据，即凡是具有反轴的分子都能与其对映体重合，都不具有旋光性。而反轴可以用式(4-1)中的各种方式表达，因此又可以推引出“凡是具有对称面σ、对称中心 i 或 I_{4n} 反轴的分子都不具有旋光性”的结论。

习　题

4.1　写出映轴 S_1、S_2、S_3 及 S_4 的全部对称操作。

4.2　用对称操作的表示矩阵证明：

(1) $C_2(z)\ \sigma_{xy} = i$；

(2) $C_2(x)\ C_2(y) = C_2(z)$；

(3) $C_2(z) = \sigma_{xz}\ \sigma_{yz}$。

4.3　给出下列分子或离子的全部对称元素和所属点群。

(1) H_2S；(2) SO_4^{2-}；(3) 1,3,5-三氯苯；(4) CH_2F_2。

4.4　题 4.3 中所给出的四个分子哪些是极性分子？

4.5　属于下列点群的分子有没有旋光性？

(1) C_2；(2) C_{3h}；(3) D_3；(4) D_{3d}；(5) O_h；(6) T。

4.6　给出下列分子的点群。

(1) $CH_2=CHF$；(2) $CH_2=CF_2$；(3) 苯；(4) 氟苯；(5) 邻-二氟苯；(6) 间-二氟苯；(7) 对-二氟苯。

4.7　一个正四面体的任意两个顶点染成另外一种颜色后属于什么点群？

4.8　写出反式二氯乙烯的全部对称操作并作出乘法表。

4.9　SF_5Cl 分子与 SF_6 分别属于什么点群？

4.10　如何判断一个分子有无永久偶极矩？如何判断一个分子有无旋光性？

4.11　有旋光性且偶极矩不为零的分子一定属于什么点群？

4.12　根据下列分子偶极矩数据判断分子所属点群。

(1) C_3H_2，$\mu=0$；

(2) SO_2，$\mu=5.4\times10^{-30}$C · m；

(3) N≡C—C≡N，$\mu=0$；

(4) H—O—O—H，$\mu=6.9\times10^{-30}$C · m；

(5) O_2N—NO_2，$\mu=0$；

(6) H_2N—NH_2，$\mu=6.14\times10^{-30}$C · m；

(7) 二苯胺，$\mu=5.34\times10^{-30}$C · m。

4.13　利用表 4-4 数据计算 CH_3COOH 分子的摩尔折射度 R。实验测定其折射率 $n=1.3718$，密度为 1.046g · m^{-3}，计算出 R 的实验值并与根据表 4-4 计算的值相比较。

第 5 章　多原子分子的结构和性质

本章介绍几种用于研究多核多电子分子体系结构和性质的理论，包括休克尔(Hückel)分子轨道理论(HMO，也称为简单分子轨道理论)、价电子对互斥理论(VSEPR)、杂化轨道理论、定域及离域分子轨道理论等。

5.1　简单分子轨道理论

5.1.1　简单分子轨道理论的基本内容

1. 简单分子轨道理论要点

HMO 认为，在有机平面构型的共轭分子中，σ 键是定域键，构成了分子的骨架。每个碳(C)原子剩余的那个垂直于分子平面的 2p 轨道常用于形成 π 键。π 键中的 π 电子比 σ 电子活泼，化学活性高。π 电子并非定域在 2 个 C 中间的区域，而是与其他相邻的 π 键组合起来形成多中心多电子的大 π 键，分布在分子平面两侧。所有 π 电子在整个分子骨架范围内运动，称为离域 π 键。

2. 简单分子轨道理论的假定

在讨论共轭分子结构和性质时，HMO 有如下基本假设：

(1) 将 σ 键与 π 键分开处理，σ 键形成分子骨架，是定域的。π 键分布在整个分子骨架中，属于整个分子，是离域的。

(2) 由共轭分子的 σ 键形成的分子骨架相对不变，分子的性质主要由 π 电子决定。

(3) 每个 π 电子的行为都可用一个波函数描述。

(4) 在用简单分子轨道理论处理共轭分子体系时，仍需采用变分法解其薛定谔方程，需要计算 H_{ij} 和 S_{ij} 等类型的积分，这是很困难的。考虑到 H_{ij} 和 S_{ij} 这些类型的积分都与两原子的重叠程度有关，两原子相距越远，重叠得越少，这些积分的绝对值越小。因此休克尔提出式(5-1)所表示的两条假定：

$$H_{ij}=\begin{cases}\alpha \ (\text{当}\,i=j\,\text{时})\\ \beta \ (\text{当}\,i\,\text{与}\,j\,\text{两个C相邻时})\\ 0 \ (\text{当}\,i\,\text{与}\,j\,\text{两个C相隔时})\end{cases};\qquad S_{ij}=\begin{cases}1 \ (\text{当}\,i=j\,\text{时})\\ 0 \ (\text{当}\,i\neq j\,\text{时})\end{cases}\tag{5-1}$$

其中的第二项关于 S_{ij} 的假定并不是新的假定，只要所有原子轨道是归一化的，当 $i=j$ 时就有 $S_{ij}=1$。α 是 C 原子中 2p 电子的能量，β 是相邻 C 的两个 2p 轨道之间的 β 积分，$\beta<0$。对于共轭分子，每个 C 的 α 积分都相同，相邻 C 的 β 积分也相同，不相邻 C 的 β 积分和重叠积分 S_{ij} 都为 0。

所以 HMO 不需要考虑 π 电子哈密顿算符和势能函数的具体形式，从而使处理步骤简化。

3. 简单分子轨道理论的处理步骤

(1) 假定共轭分子中有 n 个碳(C)原子，每个 C 提供一个 2p 轨道，用 ϕ_i 表示，n 个 C 提供的 n 个 ϕ_i 共同组成分子轨道 ψ。根据第 3 章中介绍的分子轨道理论可知，分子轨道是原子轨道的线性组合，所以选择的变分函数与式(3-3)具有相同的形式：

$$\psi=c_1\phi_1+c_2\phi_2+\cdots+c_n\phi_n=\sum_{i=1}^{n}c_i\phi_i \tag{5-2}$$

(2) 根据变分法原理，$E=\dfrac{\int\psi^*\hat{\mathrm{H}}\psi\mathrm{d}\tau}{\int\psi^*\psi\mathrm{d}\tau}$，令

$$H_{ij}=\int\phi_i\hat{\mathrm{H}}\phi_j\mathrm{d}\tau$$

$$S_{ij}=\int\phi_i\phi_j\mathrm{d}\tau$$

则由

$$\frac{\partial E}{\partial c_1}=\frac{\partial E}{\partial c_2}=\cdots=\frac{\partial E}{\partial c_n}=0$$

得到的 $c_1,c_2,\ldots,c_n$ 应当满足下列联立方程组——共轭分子的久期方程组

$$\begin{aligned}&(H_{11}-ES_{11})c_1+(H_{12}-ES_{12})c_2+\cdots+(H_{1n}-ES_{1n})c_n=0\\&(H_{21}-ES_{21})c_1+(H_{22}-ES_{22})c_2+\cdots+(H_{2n}-ES_{2n})c_n=0\\&\qquad\vdots\\&(H_{n1}-ES_{n1})c_1+(H_{n2}-ES_{n2})c_2+\cdots+(H_{nn}-ES_{nn})c_n=0\end{aligned} \tag{5-3}$$

这是一个齐次方程组，有一组零解，即 $c_1=c_2=\cdots=c_n=0$，但无意义。此方程组具有非零解的条件是其系数行列式——久期行列式等于零，即

$$\begin{vmatrix}H_{11}-ES_{11} & H_{12}-ES_{12} & \cdots & H_{1n}-ES_{1n}\\H_{21}-ES_{21} & H_{22}-ES_{22} & \cdots & H_{2n}-ES_{2n}\\\vdots & \vdots & & \vdots\\H_{n1}-ES_{n1} & H_{n2}-ES_{n2} & \cdots & H_{nn}-ES_{nn}\end{vmatrix}=0 \tag{5-4}$$

(3) 将式(5-1)的具体数值代入久期行列式，可求出所有的能级 $E_1, E_2, \cdots, E_n$ 。

(4) 将每个能级 E_i 代入久期方程组(5-3)中可求出与这个能级对应的一组 $c_1, c_2, \cdots, c_n$ 以及波函数 ψ。

(5) 画出 π 分子轨道的能级图，π 电子的排布方式及分子 π 轨道示意图。

(6) 根据 HMO 的处理结果作出共轭分子的分子图。

5.1.2 用分子轨道理论处理丁二烯

对于共轭分子，HMO 将原子核、内层电子以及 σ 键上的电子称为刚性的“分子实”，而只处理 π 电子。下面用 HMO 求丁二烯的单电子波函数 ψ 及相应的能量 E。

丁二烯的结构简式可写为

$$\underset{1}{CH_2}=\underset{2}{CH}-\underset{3}{CH}=\underset{4}{CH_2}$$

上面结构式中 4 个 C 分别用 1、2、3、4 编号。每个 C 原子核外有 4 个价电子($2s^2 2p^2$)，其中，2s 轨道的 2 个电子和 2p 轨道中的 1 个 $2p_z$ 电子分别与相邻的 C 或 H 形成三个 σ 键。丁二烯中 4 个 C 和 6 个氢原子(H)处于同一平面，构成丁二烯分子的骨架(均由 σ 键组成)。此外，每个 C 还有一个垂直于上述分子平面的 2p 轨道，充填有 1 个 2p 电子。4 个 C 的这四条垂直于分子平面的 2p 轨道相互平行，“肩并肩”形成了一个以 4 个 C 为中心的由 4 个 2p 电子组成的大 π 键，称为 4 中心 4 电子的离域大 π 键，表示为 Π_4^4。这个大 π 键中任意一个 2p 电子的单电子薛定谔方程为

$$\hat{H}\psi = E\psi \tag{5-5}$$

$$\hat{H} = -\frac{\hbar^2}{2m}\nabla^2 + V \tag{5-6}$$

式中，ψ 是 π 电子的分子轨道；V 是势能，HMO 不需要考虑 V 的具体形式。用变分法求解上述薛定谔方程，根据式(5-2)，变分函数 ψ 是原子轨道 ϕ_i 的线性组合

$$\psi = c_1\phi_1 + c_2\phi_2 + c_3\phi_3 + c_4\phi_4 \tag{5-7}$$

式中，ϕ_1、ϕ_2、ϕ_3、ϕ_4 是参与共轭 π 键的四个碳原子的四个 2p 轨道；c_1、c_2、c_3、c_4 是变分参数。根据式(5-1)、式(5-3)和式(5-4)得丁二烯的久期方程组

$$\begin{cases}(\alpha - E)c_1 + \beta c_2 + 0\times c_3 + 0\times c_4 = 0 \\ \beta c_1 + (\alpha - E)c_2 + \beta c_3 + 0\times c_4 = 0 \\ 0\times c_1 + \beta c_2 + (\alpha - E)c_3 + \beta c_4 = 0 \\ 0\times c_1 + 0\times c_2 + \beta c_3 + (\alpha - E)c_4 = 0\end{cases} \tag{5-8}$$

丁二烯的久期行列式

$$\begin{vmatrix} \alpha-E & \beta & 0 & 0 \\ \beta & \alpha-E & \beta & 0 \\ 0 & \beta & \alpha-E & \beta \\ 0 & 0 & \beta & \alpha-E \end{vmatrix}=0 \tag{5-9}$$

式(5-9)是丁二烯 π 电子的能量 E 应满足的方程，解此方程就可得到能量 E。为了求解方便，做变量替换，令

$$\frac{\alpha-E}{\beta}=x \tag{5-10}$$

即

$$E=\alpha-x\beta \tag{5-11}$$

式中，x 是一个量纲为一的量，其物理意义是分子轨道的能量 E 比原子轨道的能量 α 降低多少 $|\beta|$。将式(5-9)左端行列式各行除以 β 并将式(5-10)代入其中，得

$$\begin{vmatrix} x & 1 & 0 & 0 \\ 1 & x & 1 & 0 \\ 0 & 1 & x & 1 \\ 0 & 0 & 1 & x \end{vmatrix}=0 \tag{5-12}$$

行列式展开得

$$x^4-3x^2+1=0 \tag{5-13}$$

式(5-13)因式分解得

$$(x^2+x-1)(x^2-x-1)=0$$

解之得方程的四个根：$x_1=-1.618$，$x_2=-0.618$，$x_3=0.618$，$x_4=1.618$。将这四个根代入式(5-11)中得到相应的四个能级：

$$E_1=\alpha+1.618\beta \tag{5-14}$$

$$E_2=\alpha+0.618\beta \tag{5-15}$$

$$E_3=\alpha-0.618\beta \tag{5-16}$$

$$E_4=\alpha-1.618\beta \tag{5-17}$$

因为 $\beta<0$，所以 $E_1<E_2<E_3<E_4$。根据此计算结果画出丁二烯的能级图，如图 5-1 所示。根据分子轨道中电子的充填规则，在形成丁二烯分子轨道时，原来四条原子轨道中的 4 个 2p 电子分别进入能量较低的 E_1 和 E_2 能级。

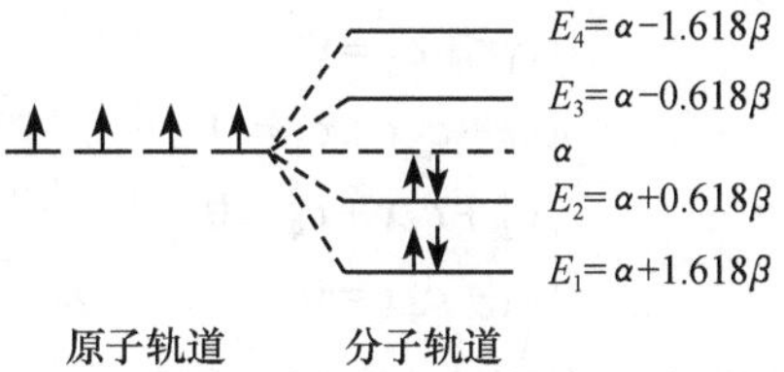

图 5-1　丁二烯能级图

上面是将丁二烯中的每个 π 电子都看成是在整个分子空间中运动，即以 4 个 C 为中心的运动，而不仅仅局限在某两个 C 之间。根据丁二烯的能级图很容易计算出这个离域大 π 键(Π_4^4)的键能：

$$\varepsilon=|\text{分子轨道中电子的总能量}-\text{原来原子轨道中电子总能量}|$$

所以

$$\varepsilon=\left|\sum_{i=1}^{4}n_i\times E_i-4\times\alpha\right|=\left|2\times\left(E_1+E_2\right)-4\times\alpha\right|=-4.472\beta$$

式中，n_i 是第 i 条分子轨道中充填电子的个数；E_i 是第 i 条分子轨道的能量；α 是每条原子轨道的能量。

同样，根据 HMO 还可以求出乙烯分子的两个能级(求解过程从略)：

$$E_1=\alpha+\beta$$

$$E_2=\alpha-\beta$$

据此，求出每个乙烯分子 π 键键能是 -2β 。

若将丁二烯的 Π_4^4 看成是两个双键，即一个丁二烯分子相当于两个乙烯分子时，则 Π_4^4 键键能应为 -4β ，但 HMO 解得 $\varepsilon=-4.472\beta$ 。这说明，由于离域大 π 键 Π_4^4 的形成，产生了额外的稳定化能，其值为 -0.472β ，称为共轭能。说明丁二烯中的离域大 π 键比乙烯稳定，这也是丁二烯的热稳定性比乙烯好的原因。而参加化学反应的总是那些处于最高能级的“前线”轨道上的电子，在丁二烯分子中，4 个 π 电子占据两个不同的能级 E_1 和 E_2，与乙烯的 π 电子能级 $E=\alpha+\beta$ 比较，$E_1<E<E_2$，即 E_1 比 E 低，而 E_2 比 E 高，正因如此，丁二烯加成反应活性和 π 电子的配位活性等均比乙烯好。实验结果也与上述简单分子轨道理论处理结果基本符合：丁二烯的 $E_2=-9.08\text{eV}$，$E_1=-12.2\text{eV}$，乙烯的 $E=-10.5\text{eV}$。

下面继续求解丁二烯分子的分子轨道 ψ。将式(5-11)代入丁二烯的久期方程组(5-8)得

$$\begin{cases} c_1x + c_2 = 0 \\ c_1 + c_2x + c_3 = 0 \\ c_2 + c_3x + c_4 = 0 \\ c_3 + c_4x = 0 \end{cases}$$

将 x_1、x_2、x_3、x_4 分别代入上面的方程组，可得 c_1、c_2、c_3、c_4 的四组解。值得注意的是，在求解 c_1、c_2、c_3、c_4 的过程中还需要考虑波函数 ψ 的归一化性质。也就是说，要将归一化关系 $c_1^2 + c_2^2 + c_3^2 + c_4^2 = 1$ 与上面的久期方程组联立才能顺利求解。

将上面求得的这四组 c_1、c_2、c_3、c_4 的值分别代入式(5-7)即得到与 E_1、E_2、E_3、E_4 相对应的四个分子轨道

$$\psi_1 = 0.3717\phi_1 + 0.6015\phi_2 + 0.6015\phi_3 + 0.3717\phi_4 \tag{5-18}$$

$$\psi_2 = 0.6015\phi_1 + 0.3717\phi_2 - 0.3717\phi_3 - 0.6015\phi_4 \tag{5-19}$$

$$\psi_3 = 0.6015\phi_1 - 0.3717\phi_2 - 0.3717\phi_3 + 0.6015\phi_4 \tag{5-20}$$

$$\psi_4 = 0.3717\phi_1 - 0.6015\phi_2 + 0.6015\phi_3 - 0.3717\phi_4 \tag{5-21}$$

图 5-2 中画出了组成丁二烯四个 π 分子轨道的四个 C 原子轨道在空间分布的示意图。ψ_1 中所有组成原子位相都相同，无节点，每对 C—C 之间均是成键作用，即电子出现在每两个 C 之间的概率密度都增加，因此，整个分子能量降低得最多，是能量最低的分子轨道，对应的能量为 E_1。ψ_2 有一个节点，两端的两对 C—C 之间是成键作用，中间的 C—C 之间是反键作用。整体而言，相当于净成键数为 1，能量仍然降低，对应的能量为 E_2，但 E_2 高于 E_1。

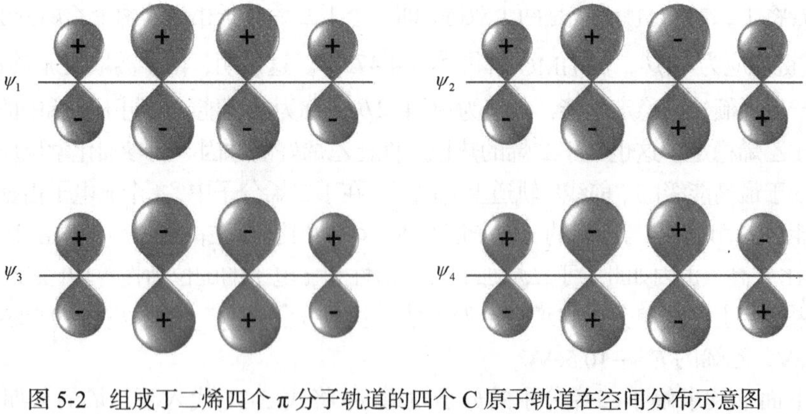

图 5-2　组成丁二烯四个 π 分子轨道的四个 C 原子轨道在空间分布示意图

同理，ψ_3 有两个节点，ψ_4 有三个节点，都是反键分子轨道。对于基态丁二烯，4 个电子分别占据 ψ_1 和 ψ_2 两个成键轨道，而 ψ_3 和 ψ_4 是两个空的反键轨道。由 ψ_1

和 ψ_2 的位相特征可知，ψ_1 对中间 C—C 键的成键作用被 ψ_2 的反键作用抵消了大部分，因此中间 C—C 键长虽然比普通 C—C 单键的键长 1.54Å 短，但比两端 C—C 键的键长长。实验测得，中间 C—C 键键长为 1.48Å，两端 C—C 键键长为 1.34Å。

5.1.3　电荷密度、键序、自由价和分子图

1. 电荷密度

共轭分子中 π 电子的运动状态可用分子轨道 ψ 描述。在每个分子轨道上运动的 π 电子都属于整个分子，但 π 电子在每个 C 周围出现的概率并不均等，这种不均等的性质可以用电荷密度来描述。

设共轭分子中有 n 个 C，每个 C 提供一个原子轨道，共形成 n 个 π 分子轨道。其中，第 j 个分子轨道为 $\psi_j = c_{j1}\phi_1 + c_{j2}\phi_2 + \cdots = \sum_i c_{ji}\phi_i$，此轨道上填充的电子数目为 n_j(不大于 2)。就将处于第 j 个分子轨道上的 n_j 个电子在第 i 个碳原子附近形成的电荷密度 $\rho_i(j)$ 定义为

$$\rho_i(j) = n_j c_{ji}^2 \tag{5-22}$$

那么，在所有分子轨道上的电子在第 i 个原子附近形成的电荷密度 ρ_i 为

$$\rho_i = \sum_{j=1}^{n} \rho_i(j) = \sum_{j=1}^{n} n_j c_{ji}^2 \tag{5-23}$$

对于未充填电子的轨道，其 $n_j = 0$，因此只需考虑有电子充填的轨道。

根据共轭分子中 C 周围电荷密度 ρ_i 的计算公式(5-23)，丁二烯四个分子轨道 ψ_1、ψ_2、ψ_3、ψ_4 上充填电子的个数分别为 $n_1 = 2$、$n_2 = 2$、$n_3 = 0$、$n_4 = 0$。实际计算时，由于未充填电子的轨道其 $n_j = 0$，只需考虑充填电子的轨道。丁二烯充填电子的分子轨道为 ψ_1 和 ψ_2。

$$\psi_1 = 0.3717\phi_1 + 0.6015\phi_2 + 0.6015\phi_3 + 0.3717\phi_4$$
$$\psi_2 = 0.6015\phi_1 + 0.3717\phi_2 - 0.3717\phi_3 - 0.6015\phi_4$$

因此四个 C 附近的电荷密度 ρ_1、ρ_2、ρ_3、ρ_4 分别为

$$\begin{aligned}\rho_1 &= \sum_{j=1}^{4} n_j c_{j1}^2 = n_1 c_{11}^2 + n_2 c_{21}^2 + n_3 c_{31}^2 + n_4 c_{41}^2 \\ &= 2\times 0.3717^2 + 2\times 0.6015^2 + 0\times 0.6015^2 + 0\times 0.3717^2 = 1.000\end{aligned}$$

$$\rho_2 = 2\times 0.6015^2 + 2\times 0.3717^2 = 1.000$$

$$\rho_3 = 2\times 0.6015^2 + 2\times(-0.3717)^2 = 1.000$$

$$\rho_4 = 2\times 0.3717^2 + 2\times(-0.6015)^2 = 1.000$$

2. 键序

处于某一分子轨道上的π电子不仅出现在每个C附近的概率不相等，而且出现在相邻两个C之间的概率也不相等。也就是说，π电子在这些C—C键上的分布也是不均匀的。电子与两个C核之间的吸引能越大(能值越负)，出现在这两个C之间的概率越大，π电子能量越低，π键也越牢固。键序就体现出π键的这种强弱性质。

将分子轨道 ψ_j 中的一个电子对第 r 和第 s 两个相邻C之间形成π键所贡献的键序 $P_{rs}^{(j)}$ 定义为

$$P_{rs}^{(j)} = c_{jr} \times c_{js} \tag{5-24}$$

式中，c_{jr} 和 c_{js} 分别是这第 j 条分子轨道中第 r 和第 s 两个相邻C原子轨道 ϕ_r 和 ϕ_s 前的线性参数。

那么，所有轨道上的所有电子对第 r 和第 s 两个相邻C原子间π键键序的贡献总和就是这两个相邻C之间π键的键序，即

$$P_{rs} = \sum_{j=1}^{n} n_j P_{rs}^{(j)} = \sum_{j=1}^{n} n_j c_{jr} c_{js} \tag{5-25}$$

通常，将每个σ键的键序看作1，因此相邻的第 r 和第 s 两原子间的总键序应为σ键的键序与π键的键序之和。若第 r 和第 s 是两个C原子，它们之间的总键序等于 $1+P_{rs}$。

根据共轭分子中相邻两个C之间π键键序的计算公式(5-25)可知，丁二烯分子中第1个C与第2个C之间 $\underset{1}{\mathrm{C}}—\underset{2}{\mathrm{C}}$ 的π键键序：

$$\begin{aligned} P_{12} &= \sum_{j=1}^{4} n_j P_{12}^{(j)} = \sum_{j=1}^{4} n_j c_{j1} c_{j2} = n_1 c_{11} c_{12} + n_2 c_{21} c_{22} + n_3 c_{31} c_{32} + n_4 c_{41} c_{42} \\ &= 2 \times 0.3717 \times 0.6015 + 2 \times 0.6015 \times 0.3717 + 0 \times 0.6015 \times (-0.3717) \\ &\quad + 0 \times 0.3717 \times (-0.6015) = 0.894 \end{aligned}$$

同样由于未充填电子的轨道其 $n_j = 0$，因此只需考虑充填电子的轨道。所以第2个C与第3个C之间 $\underset{2}{\mathrm{C}}—\underset{3}{\mathrm{C}}$ 的π键键序：

$$\begin{aligned} P_{23} &= \sum_{j=1}^{2} n_j P_{23}^{(j)} = \sum_{j=1}^{2} n_j c_{j2} c_{j3} = n_1 c_{12} c_{13} + n_2 c_{22} c_{23} = 2 \times 0.6015 \times 0.6015 + 2 \times 0.3717 \\ &\quad \times (-0.3717) = 0.4474 \end{aligned}$$

第3个C与第4个C之间 $\underset{3}{\mathrm{C}}—\underset{4}{\mathrm{C}}$ 的π键键序：

$$\begin{aligned} P_{34} &= \sum_{j=1}^{2} n_j P_{34}^{(j)} = \sum_{j=1}^{2} n_j c_{j3} c_{j4} = n_1 c_{13} c_{14} + n_2 c_{23} c_{24} \\ &= 2 \times 0.6015 \times 0.3717 + 2 \times (-0.3717) \times (-0.6015) \\ &= 0.894 \end{aligned}$$

根据键序的概念，键序越大，键强也越大，键长应越小。当 c_{jr} 和 c_{js} 符号相反时，处于这个分子轨道 ψ_j 上的电子对 $\underset{r}{\mathrm{C}}—\underset{s}{\mathrm{C}}$ 键的键序贡献为负，这意味着分子轨道 ψ_j 对于第 r 和第 s 两个相邻 C 之间所起的是反键作用。

若将σ键的键序看作 1，那么，相邻的第 r 和第 s 两 C 间的总键序就等于$(1+P_{rs})$。

从以上计算可以看出，丁二烯两端两个 C—C 键的键序相等，中间 C—C 键的键序较小。这说明，虽然丁二烯中 Π_4^4 键上的每一个电子都是离域的，从属于整个分子，但其分布并不均匀，这是两端 C—C 键的键长比中间 C—C 键长短的原因。

3. 自由价

共价键具有饱和性和方向性，自由价概念的提出就是为了反映分子中某个原子成键的饱和程度，相当于原子尚未使用的成键能力。

如果第 r 个原子的自由价用 F_r 表示，那么它应等于这个原子最大可能的成键度 $N_{\max}$ 与实际成键度 N_r 之差

$$F_r = N_{\max} - N_r \tag{5-26}$$

其中第 r 个原子的成键度 N_r 就是这个原子与周围其他所有直接相连的 m 个原子间的键序之和

$$N_r = \sum_{s=1}^{m} P_{rs} \tag{5-27}$$

对于碳原子，$N_{\max} = 4.732$。

根据自由价 F_r 的计算公式(5-26)及成键度的计算公式(5-27)可以计算出丁二烯分子中每个 C 的成键度和自由价。

第一个 C：与两个 H 原子生成两个σ键，与另一个碳原子生成一个σ键，同时参与一个大π键(Π_4^4 键)，所以第一个 C 的总成键度为

$N_1 =$ 三个σ键键序 + 与第 2 个 C 之间π键键序 $= 3\times1 + P_{12} = 3 + 0.894 = 3.894$

第二个 C：与一个 H 生成一个σ键，与其他两个碳原子各生成一个σ键，同时参与一个 Π_4^4 键，考虑到 $P_{21} = P_{12}$，这个 C 的成键度为

$$N_2 = 3\times1 + P_{21} + P_{23} = 3 + 0.894 + 0.447 = 4.341$$

根据丁二烯的对称性可知，$N_1 = N_4$，$N_2 = N_3$。对于 C 而言，$N_{\max} = 4.732$，所以丁二烯分子中每个 C 的自由价分别为

$$F_1 = 4.732 - 3.894 = 0.838$$
$$F_2 = 4.732 - 4.341 = 0.391$$
$$F_3 = F_2 = 0.391$$
$$F_4 = F_1 = 0.838$$

4. 分子图

电荷密度、键序及自由价与分子的性质密切相关。标明电荷密度、键序及自由价的分子结构式称为分子图。在画分子图时，将原子的电荷密度写在原子附近，原子的自由价以箭头表示，而键序就标注在相应的化学键上。

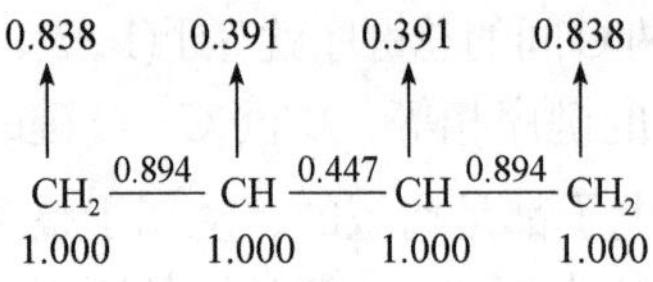

图 5-3　丁二烯的分子图

根据上面关于丁二烯的相关计算结果，可以画出丁二烯的分子图，如图 5-3 所示。

5.1.4　用简单分子轨道理论处理环状共轭体系

将以上结果推广到单环共轭体系。例如，用数值将 C 编号，苯环结构简图表示为

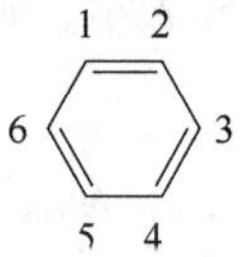

苯的 π 轨道变分函数：

$$\psi = c_1\phi_1 + c_2\phi_2 + c_3\phi_3 + c_4\phi_4 + c_5\phi_5 + c_6\phi_6$$

同样，令 $x = \dfrac{\alpha - E}{\beta}$，苯的久期行列式为

$$\begin{vmatrix} x & 1 & 0 & 0 & 0 & 1 \\ 1 & x & 1 & 0 & 0 & 0 \\ 0 & 1 & x & 1 & 0 & 0 \\ 0 & 0 & 1 & x & 1 & 0 \\ 0 & 0 & 0 & 1 & x & 1 \\ 1 & 0 & 0 & 0 & 1 & x \end{vmatrix} = 0$$

其中，第一行第六列和第一列第六行的元素不像直链烯烃那样分别等于 0，而是等于 1，原因是苯环中的第 1 个和第 6 个 C 是相邻的，使 $H_{16} = H_{61} = \beta$，而直链烯烃中第 1 个 C 和第 6 个 C 不相邻，$H_{16} = H_{61} = 0$。

展开苯的久期行列式得

$$x^6 - 6x^4 + 9x^2 - 4 = 0$$

解得方程的六个根分别是 2、1、1、−1、−1、−2。其中 $x = 1$ 及 $x = -1$ 都是二重根，说明对应能级是二重简并的。这 6 个能级分别是

$$E_1 = \alpha + 2\beta$$

$$E_2 = E_3 = \alpha + \beta$$

$$E_4 = E_5 = \alpha - \beta$$

$$E_6 = \alpha - 2\beta$$

其中，$E_1 < E_2 = E_3 < \alpha < E_4 = E_5 < E_6$，说明六个 π 分子轨道中能级为 E_1、E_2、E_3 的是成键轨道，能级为 E_4、E_5、E_6 的是反键轨道。图 5-4 为苯的 π 电子能级图，六个 π 电子占据三个成键轨道，其键能为 -8β。若苯不生成六中心六电子的大 π 键 Π_6^6，而是生成三个乙烯双键，其键能应为 -6β。因此，苯的共轭能为 -2β，这比丁二烯的共轭能还大。

在求解苯分子轨道的变分参数 c_1、c_2、c_3、c_4、c_5、c_6 过程中不仅需要考虑到波函数 ψ 的归一化关系：

$$c_1^2 + c_2^2 + c_3^2 + c_4^2 + c_5^2 + c_6^2 = 1$$

还要考虑到苯分子的对称性。图 5-5 中画出了苯分子的两个对称面 σ_x 和 σ_y，它们都垂直于分子平面。根据苯分子的对称性，求解 c_1、c_2、c_3、c_4、c_5、c_6 的大致步骤如下：

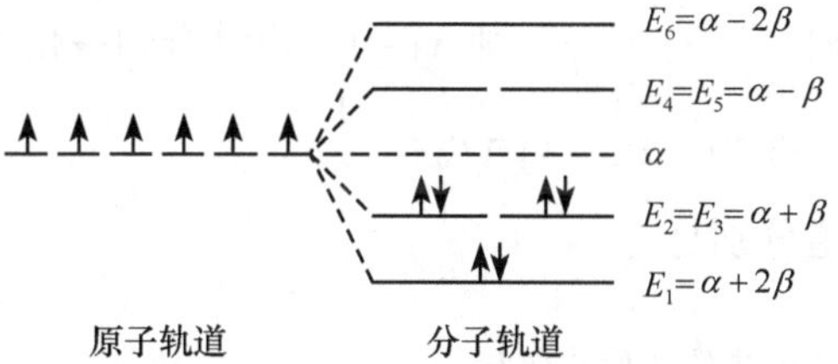

图 5-4　苯的 π 电子能级图

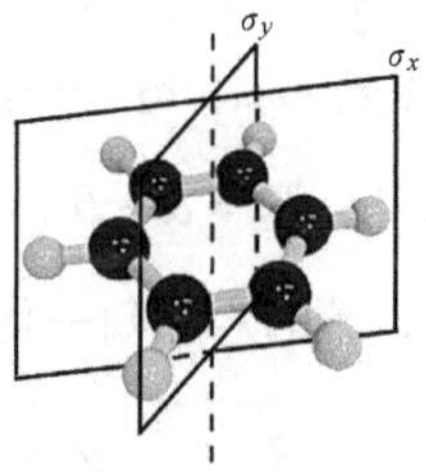

图 5-5　苯分子中两个垂直于分子平面的对称面

(1) 当 $c_1 = c_4$，$c_2 = c_3 = c_5 = c_6$ 时，苯的久期方程组为

$$\begin{cases} c_1 x + 2c_2 = 0 \\ c_1 + c_2 x + c_2 = 0 \end{cases}$$

解得，$x_1 = -2$；$x_5 = 1$。再结合 $c_1^2 + c_2^2 + c_3^2 + c_4^2 + c_5^2 + c_6^2 = 1$ 即可求得：

当 $x_1 = -2$ 时，$E_1 = \alpha + 2\beta$，$c_1 = c_2 = c_3 = c_4 = c_5 = c_6 = \dfrac{1}{\sqrt{6}}$；

当 $x_5 = 1$ 时，$E_5 = \alpha - \beta$，$c_1 = c_4 = \frac{1}{\sqrt{3}}$，$c_2 = c_3 = c_5 = c_6 = -\frac{1}{2\sqrt{3}}$。

(2) 当 $c_1 = -c_4$，$c_2 = -c_3 = -c_5 = c_6$ 时，苯的久期方程组为

$$\begin{cases} c_1 x + 2c_2 = 0 \\ c_1 + c_2 x - c_2 = 0 \end{cases}$$

解得，$x_6 = 2$；$x_2 = -1$。再结合归一化条件即可求得：

当 $x_6 = 2$ 时，$E_6 = \alpha - 2\beta$，$c_1 = c_3 = c_5 = \frac{1}{\sqrt{6}}$，$c_2 = c_4 = c_6 = -\frac{1}{\sqrt{6}}$；

当 $x_2 = -1$ 时，$E_2 = \alpha + \beta$，$c_1 = -c_4 = \frac{1}{\sqrt{3}}$，$c_2 = -c_3 = -c_5 = c_6 = -\frac{1}{2\sqrt{3}}$。

(3) 当 $c_1 = c_4$，$c_2 = -c_6$，$c_3 = -c_5$ 时，苯的久期方程组为

$$\begin{cases} c_1 x + 2c_2 = 0 \\ c_1 + c_2 x + c_3 = 0 \\ c_1 x + 2c_3 = 0 \\ c_1 + c_2 + c_3 x = 0 \end{cases}$$

解得，$x_3 = -1$。再结合归一化条件即可求得：$E_3 = \alpha + \beta$，$c_1 = c_4 = 0$，$c_2 = c_3 = \frac{1}{2}$，$c_5 = c_6 = -\frac{1}{2}$。

(4) 当 $c_1 = c_4$，$c_2 = -c_6$，$c_3 = -c_5$ 时，若 $c_2 = -c_3$，则 $x_4 = 1$。再结合归一化条件即可求得：$E_4 = \alpha - \beta$，$c_1 = c_4 = 0$，$c_2 = c_5 = \frac{1}{2}$，$c_3 = c_6 = -\frac{1}{2}$。

因此，苯的六个归一化的分子轨道分别是

$$\psi_1 = \frac{1}{\sqrt{6}}(\phi_1 + \phi_2 + \phi_3 + \phi_4 + \phi_5 + \phi_6)$$

$$\psi_2 = \frac{1}{2\sqrt{3}}(2\phi_1 + \phi_2 - \phi_3 - 2\phi_4 - \phi_5 + \phi_6)$$

$$\psi_3 = \frac{1}{2}(\phi_2 + \phi_3 - \phi_5 - \phi_6)$$

$$\psi_4 = \frac{1}{2}(\phi_2 - \phi_3 + \phi_5 - \phi_6)$$

$$\psi_5 = \frac{1}{2\sqrt{3}}(2\phi_1 - \phi_2 - \phi_3 + 2\phi_4 - \phi_5 - \phi_6)$$

$$\psi_6 = \frac{1}{\sqrt{6}}(\phi_1 - \phi_2 + \phi_3 - \phi_4 + \phi_5 - \phi_6)$$

根据 HMO 的计算结果可以进一步作出苯的分子图，如图 5-6 所示。

5.1.5　分子图的应用

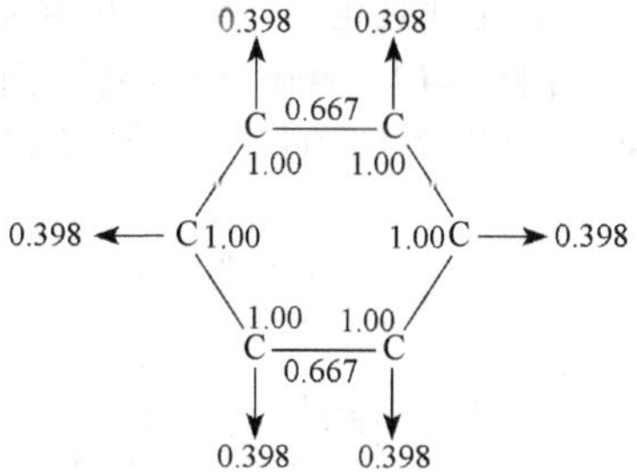

图 5-6　苯的分子图

分子图体现的是分子的静态结构，包含分子结构的重要信息，可用于说明分子的许多性质。键序直接反映了分子中任意两原子之间化学键的强弱。每个原子附近的电荷密度数值反映了整个分子的电荷分布情况，可用于估计分子的极性及偶极矩。还可直接用分子图来讨论物质的化学反应活性问题。

化学反应活性与结构之间的相互关系是一个非常重要的问题，也比较复杂。从一个分子的静态结构——分子图出发来讨论化学反应活性，无须研究反应历程，可以使问题大大简化。根据分子图推测化学反应活性、判断取代反应发生位置的规则如下：

(1) 亲核基团常在电荷密度最小的原子处发生反应。

(2) 亲电子基团在电荷密度最大的原子处发生反应。

(3) 自由基在自由价最大的原子处发生反应。

(4) 如果分子中各原子电荷密度都相等，那么，无论自由基还是亲核或亲电子基团都将在自由价最大的原子处发生反应。

【例 5-1】　吡啶分子图(见【例 5-1】图)，用从 1 到 6 的数字表示骨架原子。试讨论其反应活性。

解　由吡啶分子图可知，2 和 6 位碳原子电荷密度最低，为 0.923，因此亲核基团应在 2 和 6 位发生反应。

实验结果证实了上面的推测。例如，$NaNH_2$ 在液氮中和吡啶发生反应时是在 N 的邻位取代 H；亲电子基团如 NO_2 在 N 的间位取代 H；自由基应在 2 和 6 位发生反应。例如，气体 Br_2 在 350℃和吡啶反应时是在 N 的邻位取代 H。

【例 5-2】　指出下面分子图中发生亲核取代、亲电子取代及自由基取代反应的位置(见【例 5-2】图)。

解　亲核取代反应发生在 4 和 8 位，亲电子取代反应发生在 1 和 3 位，自由基取代反应发生在 4 和 8(或 1 和 3)位。

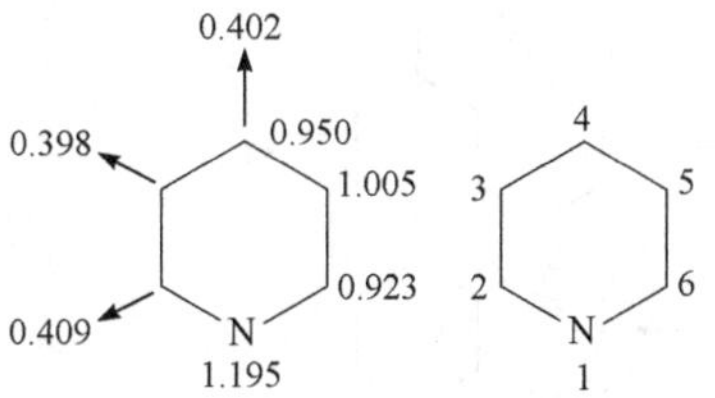

【例 5-1】图　吡啶分子图

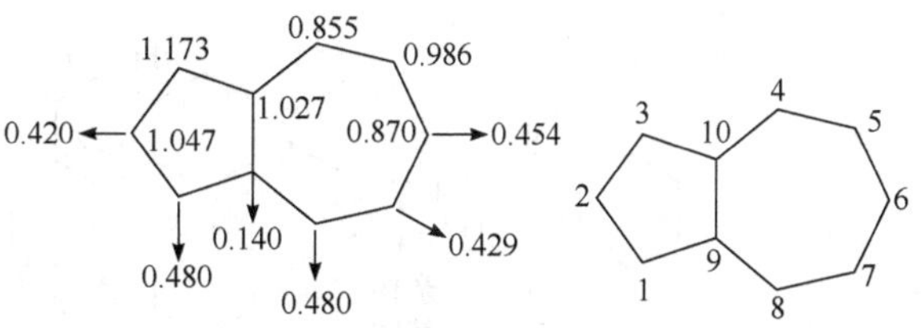

【例 5-2】图

【例 5-3】 萘分子图中原子的电荷密度都相同，因此要用自由价判断取代反应发生的位置。因为 α 位比 β 位的自由价大，因此 α 位的 H 更容易被取代。

上述规则也有不适用的情况，见【例 5-4】。

【例 5-4】 喹啉分子中各原子附近的电荷密度分布如图所示。由此分析，当亲电子基团 NO_2 硝基化时，应在喹啉分子的 3 和 8 位反应，而实际得到的却是 5 和 8 位的硝基化合物。

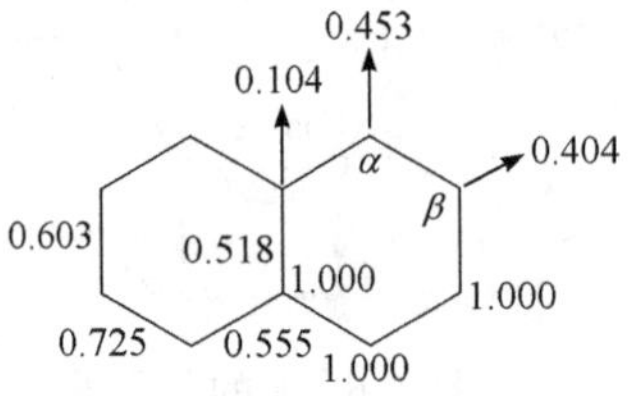

【例 5-3】图　萘分子图

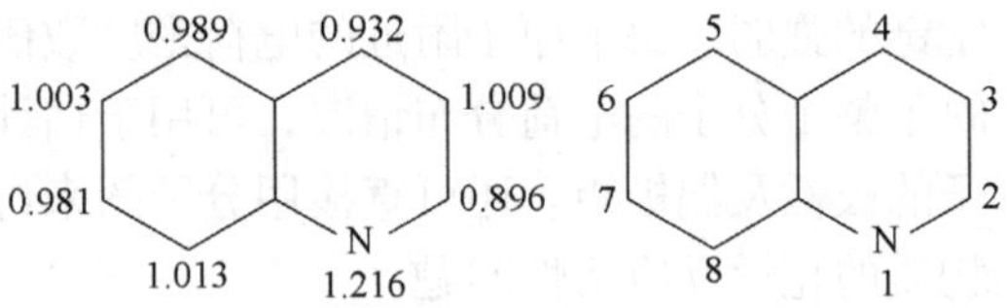

【例 5-4】图　喹啉分子中各原子附近的电荷密度

上述规则出现例外的原因是仅分析了分子的静态结构及性质，而没有考虑反应过程中分子由始态到中间过渡态的结构变化及伴随着的能量变化。例如，萘和亲电子基团 Y^+ 的作用可能发生在下图所示的 3 和 4 两个位置，其变化过程可分别表示为

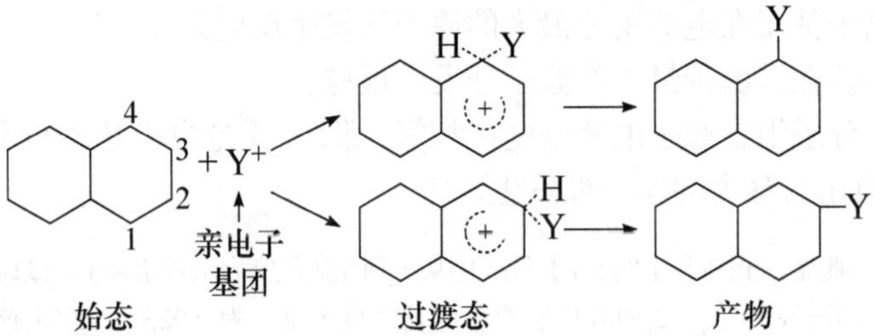

过渡态的特点是发生反应的那个 C 原子脱离了共轭体系，因此原来 10 个 C 组成的共轭体系只剩下了 9 个 C，脱离共轭体系的 C 带走了一个电子，使原来的 10 个电子也只剩下 9 个。另外，亲电子基团 Y^+ 又带走一个电子用于生成 C—Y 键。

对于亲核基团 Y^- 和自由基 Y 的取代反应也可以用同样的方法讨论，差别只是过渡态的电子数目不同。

对于亲核基团取代反应，过渡态包括 9 个 C 及 10 个电子，有一个 π 电子来源于 Y^-，其过渡态为

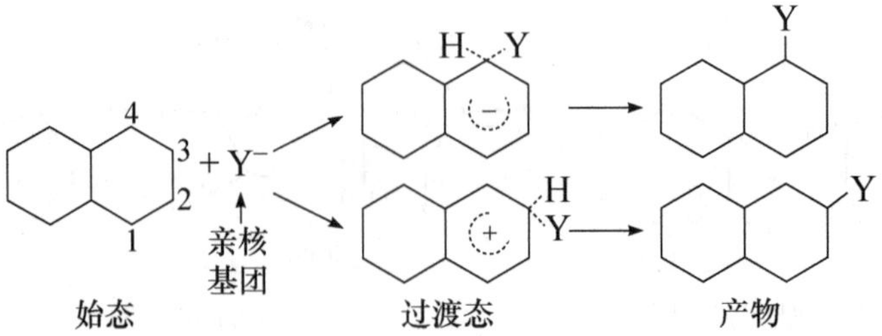

对于自由基取代反应，过渡态包括 9 个 C 及 9 个电子，既没得电子也没失电子，其变化过程可以表示为

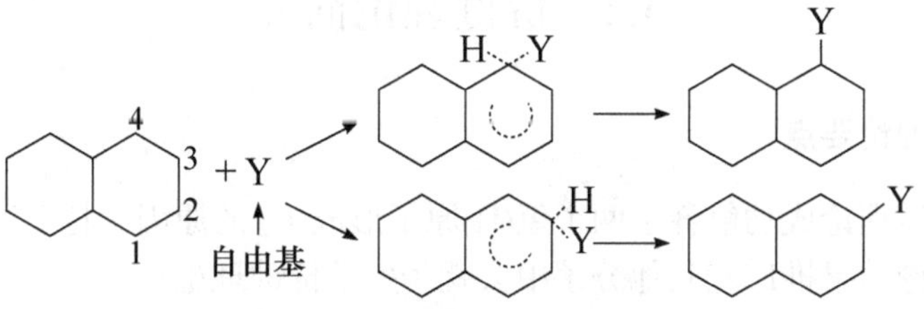

始态　过渡态　产物

若始态和过渡态的 π 电子总能量分别用 E_π 和 $E_\pi(P)$表示，P 表示反应位置，则两者之差 $\Delta E_\pi(P)$就可以用于衡量在 P 位置发生反应的难易程度。$\Delta E_\pi(P)$称为定域能：

$$\Delta E_\pi(P) = E_\pi - E_\pi(P)$$

因为共轭体系缩小了，所以 $\Delta E_\pi(P)$总是负值。但是由于 β 为负值，如果定域能以 β 为单位，则 $\Delta E_\pi(P)$恒为正。比较不同位置的 $\Delta E_\pi(P)$值，就可分析出反应的活性位。一般情况下，取代反应比较容易发生在 $\Delta E_\pi(P)$值较小的位置。

【例 5-5】下面列出了吡啶分子骨架上不同位置发生亲电子、亲核或自由基取代反应时的 $\Delta E_\pi(P)$值。参考【例 5-1】图，根据过渡态理论推测吡啶发生上述三种反应时的取代位置，并与静态理论的结果比较。

从表中数据看，亲电子基团应在 3 和 5 位发生取代，亲核基团及自由基应在 2 和 6 位发生取代。这些结果与【例 5-1】结果一致，与实验结果也完全相符。

同样的方法也适用于喹啉反应活性位置的分析，其结果是亲电子基团更容易在 5 和 8 位发生取代，这与实验结果相符。

【例 5-5】表　吡啶分子骨架上不同位置发生取代反应时的 $\Delta E_\pi(P)$值

取代位置	$\Delta E_\pi(P)$/eV		
	亲电子基团取代反应	亲核基团取代反应	自由基取代反应
2	2.672	2.512	2.353
3	2.538	2.538	2.538
4	2.701	2.537	2.374

通常情况下，当静态方法预测的结果与实验结果不相符时，通过定域能的比较往往可以得到较满意的解释。

关于化学反应活性与结构之间关系的问题后来又发展出了分子轨道对称守恒

原理，将在 5.5.2 小节中介绍。

5.2　价键理论简介

5.2.1　价键理论要点

分子轨道理论成功解释了两个氢(H)原子形成 H_2 的原因，将上述对共价键形成原因的讨论结果推广到其他分子中去就产生了价键理论。

若有两个原子 A 和 B，在它们的外层原子轨道 ϕ_A 和 ϕ_B 中各有一个未成对的电子，那么当 A 与 B 两原子接近时，两个电子就以平行反旋的方式配对而形成化学键，这种化学键的形成理论称为价键理论。

根据价键理论，为了增加所形成分子的稳定性，各原子外层轨道中未成对电子应尽可能多地相互配对成键。由此可以解释原子轨道中未成对电子的数目就是其原子价的说法。

价键理论还可以解释共价键的饱和性和方向性。价键理论认为，一个未成对电子与另一个未成对电子配对成键后，就不可能再与第三个电子配对成键，因此共价键具有饱和性。而且，当形成化学键时，两个对称性匹配的原子轨道要按照能发生最大重叠的方向相互接近，否则会由于重叠积分 $S_{ab} \to 0$ 而不能有效成键，因此共价键具有方向性。

下面用价键理论讨论一些简单分子的结构。

5.2.2　实例

1. Li_2

Li 的基组态为 $1s^22s^1$，有一个未成对 2s 电子。价键理论认为，两个 Li 的两个未成对 2s 电子配对形成一个 Li—Li 单键。

对于 Li—Li 单键的形成，分子轨道理论认为，两个 Li 之间之所以能有效成键，是其中的六个电子共同作用的结果，只是其中四个电子的作用相互抵消而使其净成键电子数为 2，键级为 1。

上述分析说明，虽然价键理论与分子轨道理论在分析共价键形成原因时的方法不同，但结论相近，分子轨道理论的净成键电子数恰好等于价键理论的价电子数。

2. He_2

He 的基组态是 $1s^2$，两个电子平行反旋，已配成对，两个 He 原子不能再提供用于形成分子的单电子，所以两个 He 之间不能有效成键，即 He_2 是不存在的。

3. N_2

N 的基组态是 $1s^22s^22p^3$，有三个未成对电子。根据对称性匹配原则，当两个 N 沿 z 轴相互接近时，两个 $2p_z$ 轨道上的电子可“头对头”配对形成 σ 键，两个 $2p_x$ 或两个 $2p_y$ 轨道上的电子可分别“肩并肩”配对形成两个 π 键，因此两个 N 之间是三键，通常记为 N≡N。

4. O_2

O 的基组态是 $1s^22s^22p^4$，有两个未成对电子。两个 $2p_z$ 轨道上的电子可配对形成 σ 键，两个 $2p_y$ 轨道上的电子可配对形成 π 键，因此两个 O 之间是双键，表示为 O═O。

按价键理论，形成 O_2 分子后不再有未成对电子，O_2 应是反磁性的。但实验测定结果表明，O_2 是顺磁性的。价键理论无法解释这个实验结果，但分子轨道理论成功解释了 O_2 的顺磁性。

5. HCl

H 有一个未成对 1s 电子，Cl 的基组态是 $1s^22s^22p^63s^23p^5$，有一个未成对 3p 电子，因此 H 和 Cl 各提供一个电子配对形成 1 个 σ 单键，表示为 H—Cl。

6. CO

C 和 O 的基组态分别是 $1s^22s^22p^2$ 和 $1s^22s^22p^4$，各含有两个未成对电子。按价键理论，两个 $2p_z$ 电子沿 z 轴配对形成 σ 键，两个 $2p_y$ 电子形成 π 键，C 与 O 之间形成双键，表示为 C═O。

但是，将 CO 分子的键长及键能数据与有机物中的 C—O 单键和 C═O 双键比较可知(表 5-1)，CO 的键能更大，说明 C 与 O 之间结合更牢固。一般而言，双键键长约为单键键长的 85%～90%，三键键长约为单键键长的 75%～80%，而 CO 分子中碳氧键长却为 C—O 单键的 79%，因此估计 CO 中 C 与 O 之间并非是双键而可能是以三键相结合。实际情况是，在 C 与 O 之间，除了有 1 个 σ 键和 1 个 π 键外，还存在另一种键，这个键上的两个电子均由 O 单方面提供(O 的两个 2p 电子)，而 C 只提供一个 2p 空轨道，这样的键称为配位键。CO 的这个三键可以表示为 C≡O。

表 5-1　CO 分子中碳氧键长与某些有机物分子中 C—O 键及 C═O 键的键长及键能的比较

	C—O(H_3C—OH)	C═O(H_2C═O)	C≡O(CO 分子)
键长/Å	1.43	1.22	1.13
键能/ ($kJ \cdot mol^{-1}$)	360	732	1070

7. H_2S

S 的基组态是 $1s^22s^22p^63s^23p^4$，有两个未成对 3p 电子，而 H 原子有一个未成对 1s 电子。为尽可能多地成键，一个 S 可结合两个 H 形成 H_2S。S 的两个 3p 轨道是相互垂直的，所以两个 H 在这两个方向与 S 接近后形成的 H_2S 为非线形分子，理论上键角应为 90°，实验值为 92°。

与 S 同一族的元素 Se 和 Te 与 H 的化合物 H_2Se 和 H_2Te 的键角也接近 90°，实际测得 H_2Se 为 91°，H_2Te 为 89.5°，这与价键理论预测的结果也相近。

8. H_2O

S 的同一族元素 O 与 H 的化合物 H_2O 的键角却远大于 90°，为 104.5°，接近正四面体构型的键角 109°28′。价键理论无法解释其中原因。

9. NH_3

N 有三个未成对的 2p 电子，因此可与三个 H 结合。与 H_2S 的情况相似，N 的三个未成对电子的轨道是 $2p_x$、$2p_y$、$2p_z$，相互间夹角为 90°，因此按价键理论，NH_3 的几何构型应为正三棱锥，每两个 N—H 键之间的夹角应为 90°，但实际测定是 107.3°，与价键理论预测结果相差较大。

不等性杂化轨道理论则成功解释了价键理论无法解释的 H_2O 和 NH_3 的结构问题。

5.3　杂化轨道理论

5.3.1　等性杂化轨道理论

杂化轨道理论是 1931 年提出的，1953 年我国化学家唐敖庆等统一处理并解决了原子轨道的 s-p-d-f 杂化问题。

杂化轨道理论认为，原子轨道可以重新组合成一些新的原子轨道，原子轨道的这种重新组合称为杂化，杂化后的原子轨道称为杂化轨道。只有 s 和 p 轨道参加的杂化称为 s-p 杂化，有 s、p 和 d 轨道参加的杂化称为 s-p-d 杂化。

杂化轨道理论有下面五个基本假定。

1. 杂化轨道是原子轨道的线性组合

若用 ϕ_i 代表第 i 个原子轨道，ϕ_k 代表第 k 个杂化轨道，c_{ki} 代表第 k 个杂化轨道中第 i 个原子轨道前的系数，则

$$\phi_k = \sum_i c_{ki}\phi_i \tag{5-28}$$

原子轨道的数目在杂化前后是守恒的，有几个线性独立的原子轨道 ϕ_i 参与杂化，就得到几个杂化轨道 ϕ_k。

杂化轨道理论主要用于讨论化学键的空间取向，其主要影响因素是原子轨道中的角度部分，因此可以用原子轨道的角度部分来代替原子轨道而将径向部分的波函数近似看作 1。若讨论的是 s-p 杂化，则能够参与杂化的原子轨道只有四种：ϕ_{s}、ϕ_{p_x}、ϕ_{p_y}、ϕ_{p_z}，即

$$\phi_{\mathrm{s}} = \frac{1}{\sqrt{4\pi}}$$

$$\phi_{\mathrm{p}_x} = \sqrt{\frac{3}{4\pi}}\sin\theta\cos\phi$$

$$\phi_{\mathrm{p}_y} = \sqrt{\frac{3}{4\pi}}\sin\theta\sin\phi$$

$$\phi_{\mathrm{p}_z} = \sqrt{\frac{3}{4\pi}}\cos\theta$$

当半径 r 为 1 时，直角坐标 (x, y, z) 和球面坐标 (r, θ, ϕ) 之间的变换关系为

$$x = r\sin\theta\cos\phi = \sin\theta\cos\phi$$

$$y = r\sin\theta\sin\phi = \sin\theta\sin\phi$$

$$z = r\cos\theta = \cos\theta$$

同时，$x^2 + y^2 + z^2 = 1$，因此上面四个原子轨道可以写为

$$\phi_{\mathrm{s}} = \frac{1}{\sqrt{4\pi}} \tag{5-29}$$

$$\phi_{\mathrm{p}_x} = \sqrt{\frac{3}{4\pi}}\, x \tag{5-30}$$

$$\phi_{\mathrm{p}_y} = \sqrt{\frac{3}{4\pi}}\, y \tag{5-31}$$

$$\phi_{\mathrm{p}_z} = \sqrt{\frac{3}{4\pi}}\, z \tag{5-32}$$

将上述四式代入式(5-28)，就可得到杂化轨道 ϕ_k 的具体形式

$$\phi_k = c_{k1}\frac{1}{\sqrt{4\pi}} + c_{k2}\sqrt{\frac{3}{4\pi}}\, x + c_{k3}\sqrt{\frac{3}{4\pi}}\, y + c_{k4}\sqrt{\frac{3}{4\pi}}\, z$$

式中，c_{ki} 是待定系数，可通过下面四条假定求得。

2. 杂化轨道是归一化的

ϕ_k满足下面的归一化关系：

$$\int \phi_k^2 \mathrm{d}\tau = \int \sum_{i=1}^{4} (c_{ki}\phi_i)^* \sum_{i=1}^{4} c_{ki}\phi_i \mathrm{d}\tau = \sum_{i=1}^{4} c_{ki}^2 \int \phi_i^* \phi_i \mathrm{d}\tau = \sum_{i=1}^{4} c_{ki}^2 = 1$$

3. 杂化轨道是正交的

ϕ_k不仅是归一化的，同时也是正交的，满足如下正交归一的条件：

$$\int \phi_k^* \phi_{k'} \mathrm{d}\tau = \delta_{kk'}, \quad \delta_{kk'} = \begin{cases} 1 \ (\text{当} k = k' \text{时}) \\ 0 \ (\text{当} k \neq k' \text{时}) \end{cases} \tag{5-33}$$

4. 杂化轨道是等性的

上述 s 轨道对每个杂化轨道的贡献都相等，三个 p 轨道对每个杂化轨道总的贡献也相等。如果参与杂化的角量子数相同的原子轨道对每个杂化轨道的贡献都是相等的，这种杂化就称为等性杂化。

5. 杂化轨道满足最大重叠原则

根据上面的五条假定，可以推出 s-p 杂化轨道 ϕ_k 的成键能力以及任意两个杂化轨道之间的夹角——键角公式。若令

$$\alpha = c_{k1}^2, \quad \beta = c_{k2}^2 + c_{k3}^2 + c_{k4}^2$$

那么成键能力 F 及键角 θ 分别由下两式确定：

$$F = \sqrt{\alpha} + \sqrt{3\beta} \tag{5-34}$$

$$\cos\theta = -\frac{\alpha}{\beta} \tag{5-35}$$

下面以 s-p 杂化为例讨论一些具体结构的等性杂化问题。

5.3.2　s-p 等性杂化轨道

1. sp 杂化

只有 s 和 p 两个原子轨道参与的杂化称为 s-p 杂化，简写为 sp 杂化。根据第 1 个假设可知，sp 杂化轨道只有两个。按等性杂化的定义，s 轨道和 p 轨道都将平均分配到两个杂化轨道中去，对每个杂化轨道的贡献都是 $\frac{1}{2}$。原子轨道对 sp 杂化轨道的贡献如表 5-2 所示，因此两个杂化轨道 ϕ_1 和 ϕ_2 可用如下两个式子表示：

$$\phi_1 = \sqrt{\frac{1}{2}}\phi_s + \sqrt{\frac{1}{2}}\phi_{p_z}$$

$$\phi_2 = \sqrt{\frac{1}{2}}\phi_s - \sqrt{\frac{1}{2}}\phi_{p_z}$$

例如，在 H—C≡C—H 分子中，两个 C 之间有两个 π 键，要用去两个 C 的两个 2p 轨道，每个 C 剩下一个 $2p_z$ 轨道与每个 H 的 s 轨道杂化为两个 sp 杂化轨道。根据式(5-34)和式(5-35)可计算出这两个杂化轨道的成键能力以及夹角分别为 $F = 1.932$，$\theta = 180°$。这个结果说明，两个 sp 轨道之间呈直线形排布，所以 H—C≡C—H 为一直线形分子。

表 5-2　原子轨道对 sp 杂化轨道的贡献

sp 杂化轨道	原子轨道对杂化轨道的贡献		
	s(α)	p(β)	总
ϕ_1	1/2	1/2	1
ϕ_2	1/2	1/2	1
总的贡献	1	1	2

周期表ⅡB 族的元素 Hg、Zn、Cd 在与其他原子或基团形成+2 价化合物时，两个共价键也是由 sp 杂化轨道构成的。实验结果表明，下列化合物的中心原子和相邻的两原子都在同一直线上，也是线形分子，这与杂化轨道理论结果一致：双烷基锌，如 H_3C—Zn—CH_3；双烷基镉，如 H_3C—Cd—CH_3；双烷基汞，如 H_3C—Hg—CH_3；卤化汞，如 Cl—Hg—Cl 等。

2. sp^2 杂化

由一个 s 和两个 p 原子轨道参与的杂化称为 sp^2 杂化。每个 s 和 p 原子轨道对三个 sp^2 杂化轨道的贡献如表 5-3 所示。sp^2 杂化轨道有三个，分别用 ϕ_1、ϕ_2、ϕ_3 表示：

$$\phi_1 = \sqrt{\frac{1}{3}}\phi_s + \sqrt{\frac{2}{3}}\phi_{p_x}$$

$$\phi_2 = \sqrt{\frac{1}{3}}\phi_s - \sqrt{\frac{1}{6}}\phi_{p_x} + \sqrt{\frac{1}{2}}\phi_{p_y}$$

$$\phi_3 = \sqrt{\frac{1}{3}}\phi_s - \sqrt{\frac{1}{6}}\phi_{p_x} - \sqrt{\frac{1}{2}}\phi_{p_y}$$

因为 $\alpha=\dfrac{1}{3}$，$\beta=\dfrac{2}{3}$，所以根据式(5-34)和式(5-35)可得 $F=1.991$，$\cos\theta=-\dfrac{1}{2}$，θ=120°。因此，可知这三个互成 120°角的杂化轨道处于同一平面，若将 ϕ_1 的方向选为(1, 0, 0)，则 ϕ_2 和 ϕ_3 的方向一定是 $\left(-\dfrac{1}{2},\ \dfrac{\sqrt{3}}{2},\ 0\right)$ 和 $\left(-\dfrac{1}{2},\ -\dfrac{\sqrt{3}}{2},\ 0\right)$。

表 5-3　原子轨道对 sp^2 杂化轨道的贡献

杂化轨道	原子轨道			
	s(α)	p		
		p_x	p_y	总 p(β)
ϕ_1	1/3	2/3	0	2/3
ϕ_2	1/3	1/6	1/2	2/3
ϕ_3	1/3	1/6	1/2	2/3
总的贡献	1	1	1	2

乙烯中的碳原子就是 sp^2 杂化，所以乙烯为平面形分子。BCl_3 中 B 的基组态为 $1s^22s^22p^1$。在杂化前，B 的 2s 中的一个电子先激发跃迁到 2p 上，从而形成了有三个未成对电子($2s^12p_x^12p_y^1$)的激发态，然后这三个轨道再进行 sp^2 杂化。因此，推测 BCl_3 应为平面三角形结构，键角 120°，属 D_{3h} 点群。实验结果证实了杂化轨道理论的这个推断。

3. sp^3 杂化

由 s、p_x、p_y、p_z 四个原子轨道参与的杂化称为 sp^3 杂化。产生的四个杂化轨道分别用 ϕ_1、ϕ_2、ϕ_3、ϕ_4 表示。s 轨道对每个杂化轨道的贡献均为 $\dfrac{1}{4}$，$\alpha=\dfrac{1}{4}$。每条 p 轨道对每个杂化轨道的贡献也为 $\dfrac{1}{4}$，$\beta=3\times\dfrac{1}{4}=\dfrac{3}{4}$，所以每个 sp^3 杂化轨道的成键能力 $F=2$，键角 θ=109°28′。由此可知，这四个杂化轨道在空间呈四面体形排布，指向正四面体的四个角。这四个杂化轨道是

$$\phi_1=\frac{1}{2}(\phi_s+\phi_{p_x}+\phi_{p_y}+\phi_{p_z})$$

$$\phi_2=\frac{1}{2}(\phi_s+\phi_{p_x}-\phi_{p_y}-\phi_{p_z})$$

$$\phi_3=\frac{1}{2}(\phi_s-\phi_{p_x}-\phi_{p_y}+\phi_{p_z})$$

$$\phi_4 = \frac{1}{2}(\phi_s - \phi_{p_x} + \phi_{p_y} - \phi_{p_z})$$

CH_4分子中的 C 就是 sp^3 杂化，为正四面体构型。NH_4^+ 与 CH_4 有相同的价电子数，互称为等电子体。NH_4^+ 中 N 也是 sp^3 杂化，也是正四面体构型。它们同属于 T_d 点群。

不同杂化轨道的空间构型及所属点群列于表 5-4 中。

表 5-4　杂化轨道的空间构型及所属点群

杂化轨道	sp	sp^2	sp^3	dsp^2	dsp^3		d^2sp^3
参与杂化的原子轨道	s, p_x	s, p_x, p_y	s, p_x, p_y, p_z	s, p_x, p_y, $d_{x^2-y^2}$	s, p_x, p_y, p_z, d_{z^2}	s, p_x, p_y, p_z, $d_{x^2-y^2}$	s, p_x, p_y, p_z, d_{z^2}, $d_{x^2-y^2}$
空间构型	直线形	平面三角形	正四面体	平面四方形	三角双锥	正四棱锥	正八面体
实例分子	CO_2	SO_3	P_4, CCl_4	$PtCl_4^{2-}$	PCl_5	IF_5	$Mo(CO)_6$
所属点群	$D_{\infty h}$	D_{3h}	T_d	D_{4h}	D_{3h}	C_{4v}	O_h

5.3.3　s-p-d 杂化简介

元素周期表中，过渡元素$(n-1)$d 轨道的能级与 ns、np 的能量相近，所以它们有可能形成杂化轨道，称为 d-s-p 杂化。对于 p 区元素而言，ns、np、nd 轨道的能量也比较接近，因此也可能形成杂化轨道，称为 s-p-d 杂化。两种杂化轨道的表示略有不同，只是为了表达参加杂化的原子电子层结构，在讨论构型和成键能力时无需区别。

采用与讨论 s-p 杂化轨道相同的方法可得到 s-p-d 轨道杂化的结果

$$\alpha = c_{k1}^2$$

$$\beta = c_{k2}^2 + c_{k3}^2 + c_{k4}^2$$

$$\gamma = c_{k5}^2 + c_{k6}^2 + c_{k7}^2 + c_{k8}^2 + c_{k9}^2$$

$$\alpha + \beta + \gamma = 1$$

那么成键能力 F 及键角 θ 分别由以下两式确定

$$F = \sqrt{\alpha} + \sqrt{3\beta} + \sqrt{5\gamma} \tag{5-36}$$

$$3\gamma\cos^2\theta + 2\beta\cos\theta + (2\alpha - \gamma) = 0 \tag{5-37}$$

例如，配位数等于 6 的 d^2sp^3 杂化轨道中，s、p、d 轨道的成分各为

$$\alpha = \frac{1}{6}，\ \beta = \frac{1}{2}，\ \gamma = \frac{1}{3}$$

根据式(5-36)和式(5-37)可得：$F = 2.732$，$\theta = 90°$或 180°，因此 d^2sp^3 杂化轨道的空间构型呈正八面体形。配位数等于 6 的配合物都属于此种构型。例如，$[Fe(CN)_6]^{4-}$、$[Co(NH_3)_6]^{3+}$中的 Fe^{2+}和 Co^{3+}就是 d^2sp^3 杂化的。在 SF_6、PF_6^- 和 SiF_6^{2-} 中的 S、P 和 Si 也是 sp^3d^2 杂化的。

再如，配位数等于 4 的 dsp^2 杂化轨道经过计算可得：成键能力 $F = 2.694$，键角 $\theta = 90°$或 180°，因此 dsp^2 杂化轨道的空间构型呈正方形。配位数等于 4 的配合物，如$[Ni(CN)_4]^-$、$[Pt(NH_3)_4]^{2+}$ 中的 Ni^{3+}和 Pt^{2+}就是 dsp^2 杂化的，它们都是正方形构型。

此外，属于 s-p-d 型的杂化轨道还有很多种。例如，$d_{z^2}sp^3$ 杂化的几何构型是正三棱双锥，$d_{x^2-y^2}sp^3$ 杂化和 d^4s 杂化的几何构型都是正四棱锥。

5.3.4　不等性杂化轨道——H_2O 和 NH_3 的结构分析

与等性杂化轨道不同，如果参与杂化的角量子数相同的原子轨道对每个杂化轨道的贡献不同，则这样的杂化轨道称为不等性杂化轨道。H_2O 及 NH_3 键角的实验数据远离 90°而接近正四面体 sp^3 杂化的键角 109°28′，与价键理论预测的不符，这可用不等性杂化理论解释。

NH_4^+ 有 8 个价电子，是 CH_4 的等电子体，正四面体结构，其中 N 是 sp^3 杂化，8 个电子占据四个杂化轨道，因而联想到 NH_3 中的 N 是否也是 sp^3 杂化？如果这样，NH_3 的键角应等于正四面体的键角 109°28′，但为什么实际却小于此值而为 107.3°？NH_3 和 NH_4^+ 的不同之处在于，NH_4^+ 中 N 的四个 sp^3 杂化轨道均接受一个 H，但 NH_3 不同。因为 N 上有一对孤对电子，占据了一个杂化轨道，它不参与成键，只受 N 原子核的吸引，为降低能量而更为密集地盘踞在 N 周围，因此孤对电子所占据的杂化轨道含有较多的 s 轨道成分及较少的 p 轨道成分，显得较“胖”，性质也更接近于 s 轨道。同时，其他三个能与 H 成键的杂化轨道则含有比等性 sp^3 杂化轨道更多的 p 轨道成分及较少的 s 轨道成分，显得“瘦”一些。也就是说，NH_3 的四个杂化轨道是不等性的，由于成键的三个杂化轨道含有较多的 p 轨道成分，比起等性 sp^3 杂化来说，其性质更接近于 p 轨道，因此其键角不会像等性 sp^3 杂化轨道的键角那样充分张开，而是会由于较“胖”的轨道(由孤对电子充填的那个杂化轨道)的“排挤”而键角略小。

H_2O 中 O 也是 sp^3 杂化，因为 O 有两对孤对电子，四个杂化轨道中有两个轨道被这两对孤对电子占据，另两个与 H 成键的杂化轨道中 p 轨道成分更多，因此杂化的不等性程度更严重，其键角比 NH_3 还小，为 104.5°。

5.4　离域分子轨道理论

下面以甲烷(CH_4)为例介绍离域分子轨道理论。在讨论离域分子轨道理论之前，先简单了解关于定域分子轨道模型的相关内容。

5.4.1　定域分子轨道模型

传统的描述 CH_4 分子结构的方式是采用定域轨道模型，即 CH_4 有四个成键轨道，每个定域轨道中有两个成键电子，电子的分布分别对每个 C—H 键轴对称，每个轨道都定域在一个 C—H 键之间，四个 C—H 键为等性单键。

CH_4 分子为正四面体形，如图 5-7 所示。以中心原子 C 为坐标原点 O，四个 H 的坐标可选为 $A(1,1,1)$，$B(1,-1,-1)$，$C(-1,-1,1)$，$D(-1,1,-1)$。因为 s 轨道本身就是球形对称的，所以四个 H 的 1s 轨道分别对键轴是对称的。但是，除 2s 轨道外，C 的 $2p_x$、$2p_y$ 和 $2p_z$ 对键轴都是不对称的。为此，在形成分子轨道之前，C 的这四个原子轨道需先杂化成四个新的、与键轴对称的 sp^3 杂化原子轨道：

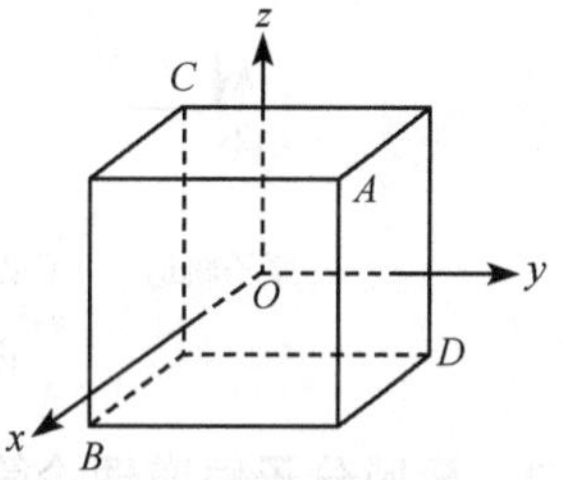

图 5-7　CH_4 的四个定域分子轨道在直角坐标系中的取向

$$\phi_A = \frac{1}{2}\left(\phi_s + \phi_{p_x} + \phi_{p_y} + \phi_{p_z}\right)$$

$$\phi_B = \frac{1}{2}\left(\phi_s + \phi_{p_x} - \phi_{p_y} - \phi_{p_z}\right)$$

$$\phi_C = \frac{1}{2}\left(\phi_s - \phi_{p_x} - \phi_{p_y} + \phi_{p_z}\right)$$

$$\phi_D = \frac{1}{2}\left(\phi_s - \phi_{p_x} + \phi_{p_y} - \phi_{p_z}\right)$$

上述四个杂化轨道再分别与四个 H 的 1s 轨道($\phi_{1s,A}$、$\phi_{1s,B}$、$\phi_{1s,C}$ 和 $\phi_{1s,D}$)线性组合成如下四个成键分子轨道 ψ_A、ψ_B、ψ_C、ψ_D 和四个反键分子轨道 ψ_A^*、ψ_B^*、ψ_C^*、ψ_D^*：

$$\psi_A = c_1\phi_A + c_2\phi_{1s,A}$$
$$\psi_B = c_1\phi_B + c_2\phi_{1s,B}$$
$$\psi_C = c_1\phi_C + c_2\phi_{1s,C}$$
$$\psi_D = c_1\phi_D + c_2\phi_{1s,D}$$
$$\psi_A^* = c_1\phi_A - c_2\phi_{1s,A}$$

$$\psi_{\mathrm{B}}^{*} = c_1\phi_{\mathrm{B}} - c_2\phi_{1\mathrm{s,\,B}}$$

$$\psi_{\mathrm{C}}^{*} = c_1\phi_{\mathrm{C}} - c_2\phi_{1\mathrm{s,\,C}}$$

$$\psi_{\mathrm{D}}^{*} = c_1\phi_{\mathrm{D}} - c_2\phi_{1\mathrm{s,\,D}} \tag{5-38}$$

ψ_{A}、ψ_{B}、ψ_{C}、ψ_{D}这样的分子轨道由两个原子轨道线性组合而成，处于这种轨道上的电子出现在 C、H 两个原子之间的概率较大，好像是定域在这两个原子之间，这种分子轨道就称为定域分子轨道。显然，CH_4 分子的这四个定域分子轨道是等同的，能量相等。按照这种模型，其能级图如图 5-8 所示。

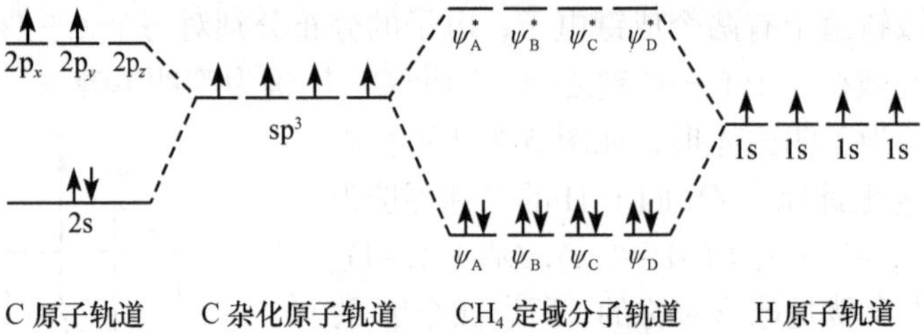

图 5-8　甲烷定域分子轨道能级图

5.4.2　离域分子轨道理论简介

按照分子轨道理论的普遍原则，应该将整个 CH_4 分子当作一个整体来研究，分子中每个电子都处于一个 C 和四个 H 这五个原子形成的平均势场中运动，而不应将电子的运动定域在某两个原子之间，需要整体考虑 H 的四个 1s 和 C 的 2s、$2p_x$、$2p_y$、$2p_z$ 共八个轨道(H 的 $\phi_{1\mathrm{s,\,A}}$、$\phi_{1\mathrm{s,\,B}}$、$\phi_{1\mathrm{s,\,C}}$、$\phi_{1\mathrm{s,\,D}}$ 和 C 的 ϕ_{s}、ϕ_{p_x}、ϕ_{p_y}、ϕ_{p_z})的组合问题。根据原子轨道的组合原则，这八个原子轨道应分别组合成下列四个成键分子轨道 $\psi(\mathrm{a}_1)$、$\psi(\mathrm{t}_{2x})$、$\psi(\mathrm{t}_{2y})$、$\psi(\mathrm{t}_{2z})$ 和四个反键分子轨道 $\psi^{*}(\mathrm{a}_1)$、$\psi^{*}(\mathrm{t}_{2x})$、$\psi^{*}(\mathrm{t}_{2y})$、$\psi^{*}(\mathrm{t}_{2z})$：

$$\psi(\mathrm{a}_1) = c_1\phi_{2\mathrm{s}} + c_2\left(\phi_{1\mathrm{s,\,A}} + \phi_{1\mathrm{s,\,B}} + \phi_{1\mathrm{s,\,C}} + \phi_{1\mathrm{s,\,D}}\right)$$

$$\psi(\mathrm{t}_{2x}) = c_1\phi_{2\mathrm{p}_x} + c_2\left(\phi_{1\mathrm{s,\,A}} + \phi_{1\mathrm{s,\,B}} - \phi_{1\mathrm{s,\,C}} - \phi_{1\mathrm{s,\,D}}\right)$$

$$\psi(\mathrm{t}_{2y}) = c_1\phi_{2\mathrm{p}_y} + c_2\left(\phi_{1\mathrm{s,\,A}} - \phi_{1\mathrm{s,\,B}} - \phi_{1\mathrm{s,\,C}} + \phi_{1\mathrm{s,\,D}}\right)$$

$$\psi(\mathrm{t}_{2z}) = c_1\phi_{2\mathrm{p}_z} + c_2\left(\phi_{1\mathrm{s,\,A}} - \phi_{1\mathrm{s,\,B}} + \phi_{1\mathrm{s,\,C}} - \phi_{1\mathrm{s,\,D}}\right)$$

$$\psi^{*}(\mathrm{a}_1) = c_1\phi_{2\mathrm{s}} - c_2\left(\phi_{1\mathrm{s,\,A}} + \phi_{1\mathrm{s,\,B}} + \phi_{1\mathrm{s,\,C}} + \phi_{1\mathrm{s,\,D}}\right)$$

$$\psi^{*}(\mathrm{t}_{2x}) = c_1\phi_{2\mathrm{p}_x} - c_2\left(\phi_{1\mathrm{s,\,A}} + \phi_{1\mathrm{s,\,B}} - \phi_{1\mathrm{s,\,C}} - \phi_{1\mathrm{s,\,D}}\right)$$

$$\psi^{*}(\mathrm{t}_{2y}) = c_1\phi_{2\mathrm{p}_y} - c_2\left(\phi_{1\mathrm{s,\,A}} - \phi_{1\mathrm{s,\,B}} - \phi_{1\mathrm{s,\,C}} + \phi_{1\mathrm{s,\,D}}\right)$$

$$\psi^*(t_{2z}) = c_1\phi_{2p_z} - c_2(\phi_{1s,A} - \phi_{1s,B} + \phi_{1s,C} - \phi_{1s,D}) \tag{5-39}$$

式(5-39)中，四个分子轨道括号内的字母是群论中的符号，在此只把它们看作是四个分子轨道的标记即可。$\psi(t_{2x})$、$\psi(t_{2y})$、$\psi(t_{2z})$三个分子轨道的能量相等，只是空间取向不同，是简并的。$\psi(a_1)$和$\psi(t_{2x})$能量不同，取向也不同。因为 C 的 2s 能量低于 2p，所以 $\psi(a_1)$的能量低于 $\psi(t_{2x})$。CH_4 的离域分子轨道能级如图 5-9 所示。

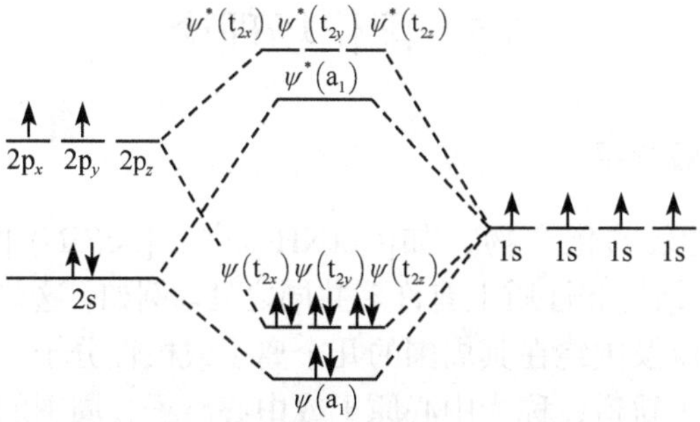

图 5-9　CH_4离域分子轨道能级图

处于每个分子轨道上电子的实际行为并不像定域分子轨道模型所描写的那样集中在键轴附近，而是遍及整个分子，都是围绕着分子中所有原子在运动，这种分子轨道称为离域分子轨道。

事实上，定域分子轨道描述的是分子中所有价电子的平均行为。若将离域分子轨道[式(5-39)]重新组合，可得到类似于式(5-38)的定域分子轨道。例如，将离域分子轨道[式(5-39)]中的每个等式左右两边同时乘以 $\frac{1}{2}$ 后再相加得

$$\psi'_A = \frac{1}{2}[\psi(a_1) + \psi(t_{2x}) + \psi(t_{2y}) + \psi(t_{2z})] = \frac{1}{2}c_1(\phi_s + \phi_{p_x} + \phi_{p_y} + \phi_{p_z}) + 2c_2\phi_{1s,A}$$

即

$$\psi'_A = c'_1(\phi_s + \phi_{p_x} + \phi_{p_y} + \phi_{p_z}) + c'_2\phi_{1s,A} \tag{5-40}$$

式(5-40)中的 c'_1 和 c'_2 与 CH_4 定域分子轨道[式(5-38)]中的 c_1 和 c_2 相对应，但略有差别。

这种重组过程意味着将全部分子轨道 ψ 在空间的分布按定域键的区域重新划分，每个键的电子分布由所有离域分子轨道上的电子所贡献，相当于将所有离域电子的行为平均化。

凡是那些主要由化学键上电子云分布来确定的分子性质，如键能、键长、键角、

偶极矩等，定域分子轨道模型都将给出合理解释。但是由单个电子行为所确定的分子性质，如分子的电子光谱、电离能等，定域分子轨道模型则无能为力。例如，利用定域分子轨道的处理方法，CH_4分子应有四个能量相同的定域轨道，在紫外区应该只有一个吸收峰，但实际却有两个吸收峰，而这与离域分子轨道的$\psi(a_1)$和$\psi(t_2)$两个能级相符。尽管如此，在复杂分子中，定域分子轨道模型仍给出了一个简化模型，不必进行烦琐的计算就能一般地解释或预测分子的某些性质，因此仍被广泛应用。

5.5 配位场理论

5.5.1 配合物的一般介绍

有一些较为复杂的化合物，如$[Co(NH_3)_6]^{3+}$、$[Fe(CN)_6]^{4-}$、$[Cu(NH_3)_4]^{2+}$和$Ni(CO)_4$等，它们在结构和性质上有许多共同之处。例如，这些化合物一般含有一个金属离子或原子以及围绕在其周围的几个离子或极性分子，其中的金属离子或原子具有空的价电子轨道，称为中心原子或中心离子，周围的离子或分子具有孤对电子，称为配体。两个或两个以上配体与中心原子或离子结合而成新的结构单元称为配位单元，如上述$[Co(NH_3)_6]^{3+}$、$[Fe(CN)_6]^{4-}$、$[Cu(NH_3)_4]^{2+}$和$Ni(CO)_4$等都是配位单元。配位单元有的带电荷，称为配位离子或配离子，有的不带电荷，称为配位分子。配位离子与带异性电荷的离子组成的电中性化合物称为配合物(络合物)，如$Co(NII_3)_6Cl_3$。不带电荷的配位分子本身就是电中性化合物，所以配位分子也直接称为配合物。事实上，配合物的范围十分广泛，有时与其他化合物之间的界限并不明显。例如，按上述定义，NH_4^+、SO_4^{2-}就是配离子，但通常并不把它们作为配离子来研究。

配合物中的中心离子或中心原子通常用 M 表示，配体一般用 L 表示。配体 L 中直接与中心离子 M 结合的原子称为配位原子，如$[Co(NH_3)_6]^{3+}$的配体NH_3中的 N 就是配位原子，它与中心离子Co^{3+}直接配合。常见的配位原子有卤素离子X^-(F^-，Cl^-，Br^-，I^-)、O、S、N 等。只含有一个配位原子的配体称为单齿配体，如H_2O、NH_3、F^-、Cl^-、CN^-等，它们的配位原子分别是 O、N、F^-、Cl^-、N；含有两个配位原子的配体称为二齿配体，如乙二胺$H_2N—CH_2—CH_2—NH_2$，它可以通过两个 N 与中心离子Cu^{2+}配合，称为二乙二胺合铜配离子，如下图所示。含三个或三个以上配位原子的配体称为多齿配体。

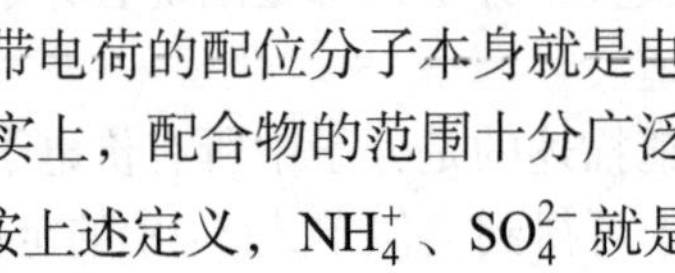

直接与 M 配合的配位原子的数目称为 M 的配位数。例如，$[Co(NH_3)_6]^{3+}$和$[Co(NH_3)_5(H_2O)]^{3+}$中 Co^{3+}的配位数都是 6，而在 $Cu(H_2O)_4SO_4 \cdot H_2O$ 中只有 4 个水分子中的 4 个 O 与 Cu^{2+}配合，因此 Cu^{2+}的配位数为 4。二乙二胺合铜中 Cu^{2+}的配位数也是 4。

由于多齿配体的配位原子不止一个，因此多齿配体与 M 生成的配合物是环状的，如上述的二乙二胺合铜，每一个乙二胺都与 Cu^{2+}形成一个五元环。这种配合物称为螯合物，螯合物一般比单齿配体形成的配合物稳定。

通常一个配合物分子只含有一个 M，这称为单核配合物。但有时一个配体可以同时与两个 M 结合，从而使配合物分子中含有两个或两个以上的 M，这样的配合物称为多核配合物。例如，下面分子结构式表示的就是一个双核配合物：

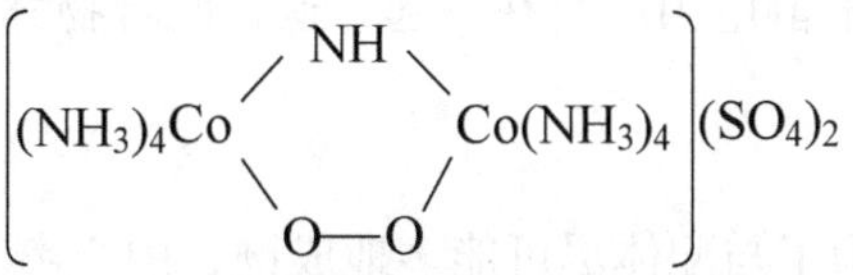

它有两个中心离子(Co^{3+})，一个 NH^{2-}和一个 O_2^{2-} 将两个 Co^{3+}连接起来。连接两个 Co^{3+}的 NH^{2-}和 O_2^{2-} 称为中继基。实际上，氯化铝和氯化铁等也是多核配合物，只是将它们的分子式简单写为 $AlCl_3$ 和 $FeCl_3$。$AlCl_3$ 的结构式如下：

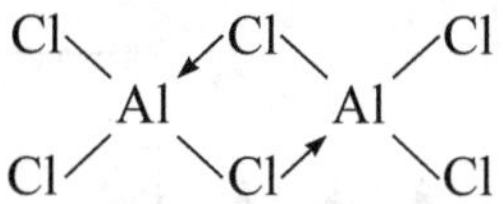

$AlCl_3$ 中每个配合物分子中共有八个原子，它们不在同一平面上，两端四个 Cl^-与两个 Al^{3+}在同一平面上，而中间两个 Cl^-分别处于这个平面的上下两侧，这个双核分子属于 D_{2h} 点群。此外，乙硼烷分子(B_2H_6)也是这种构型。

根据配合物的磁性还可将配合物分为高自旋配合物和低自旋配合物两类。物质具有磁性，磁性的大小可用磁矩 μ 表示。根据磁性可将物质分为顺磁质、抗磁质和铁磁质三种。顺磁质本身就有磁矩，称为永磁矩。顺磁质在磁场作用下诱导出来的磁矩与外磁场方向相同，如氧就是顺磁性分子。物质的永磁矩是由电子自旋造成的，永磁矩 μ 与原子或分子中未成对电子数 n 有如下近似关系：

$$\mu = \sqrt{n(n+2)} \tag{5-41}$$

磁矩 μ 的大小反映了原子或分子中未成对电子数目的多少。μ 的单位为玻尔磁子(BM)：

$$1\text{BM} = \frac{eh}{2m_e c}$$

式中，m_e是电子的质量。

抗磁质本身没有磁性，即永磁矩为零。但在外磁场作用下，会产生诱导磁矩，且诱导磁矩的磁场方向与外磁场相反。如果物质的被磁化性质特别强，诱导磁矩随着外磁场的增强而上升，并且在外磁场减弱后其磁矩有滞后现象，这种物质称为铁磁质。

5.5.2　配合物的价键理论

价键理论把中心离子或中心原子 M 与配体 L 之间的化学键分为两种：一种称为共价配键，靠配体 L 提供孤对电子或 π 电子填充进中心原子 M 的空轨道而形成的共价键将 M 与 L 结合在一起，这种配合物称为共价配合物；另一种称为电价配键，M 与 L 之间靠静电力结合在一起，这种配合物称为电价配合物。

1. 共价配合物

共价配合物中，为了与配体尽可能多地成键，中心离子常发生电子重排，空出更多的价电子轨道以接受配体的电子对。同时，为了有效成键，中心离子空的价电子轨道还可以发生杂化，从而形成各种不同构型的配合物。

例如，$[Fe(CN)_6]^{3-}$就属于共价配合物，中心离子 Fe^{3+}在自由状态时电子的排布方式如下：

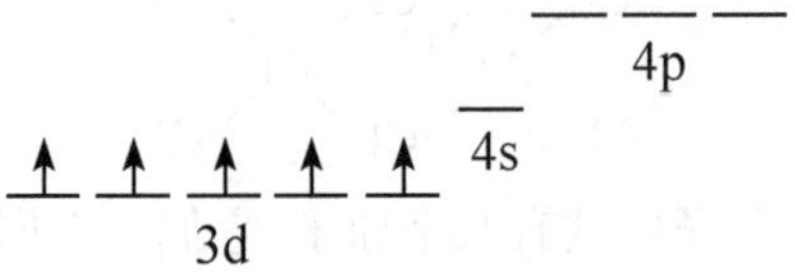

当它与配体 CN^-配合时，在配体作用下，3d 轨道上的 5 个电子首先排布到其中的三个轨道上去，空出两个 3d 轨道，形成如下排布：

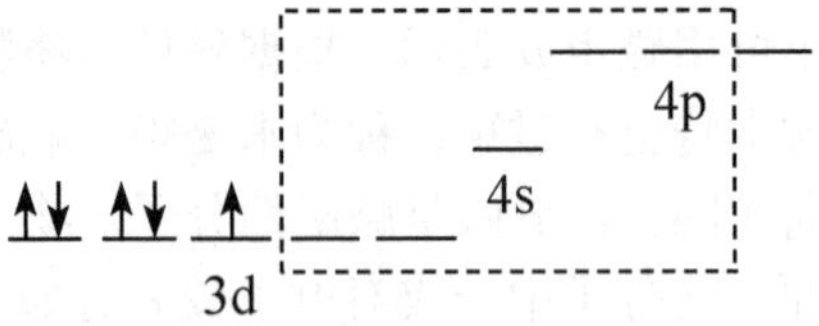

两个空的 3d 轨道、一个 4s 轨道和三个 4p 轨道再进行 d^2sp^3 杂化，生成在空间呈正八面体形分布的 6 个 d^2sp^3 杂化轨道：

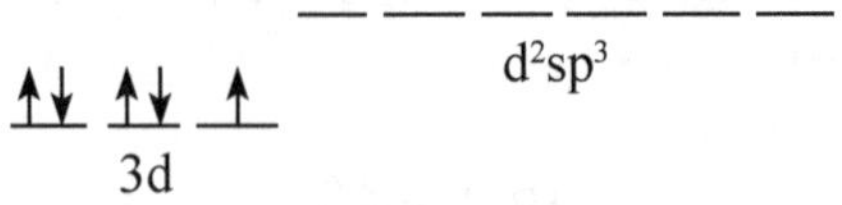

最后，6 个 CN^-配体各提供一对孤对电子填充到这 6 个 d^2sp^3 杂化轨道中，形成 6

个共价配键，生成正八面体构型的配位离子$[Fe(CN)_6]^{3-}$。

再如，$[Ni(CN)_4]^{2-}$也是共价配位离子，中心离子 Ni^{2+}有 8 个 3d 电子，发生重排后填充到四个 3d 轨道中：

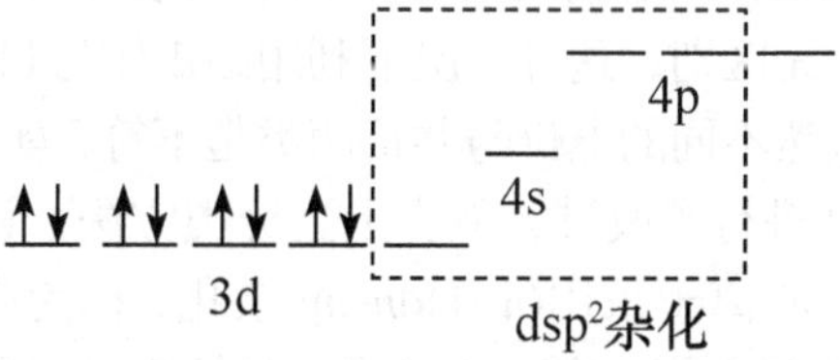

空出的一个 3d 轨道与一个 4s 轨道和两个 4p 轨道杂化，形成在空间呈正方形分布的四个 dsp^2 杂化轨道，因此$[Ni(CN)_4]^{2-}$是正方形构型。

2. 电价配合物

在电价配合物中，中心离子的电子层结构一般不受配体的影响，仍保留其自由离子状态时的电子排布。按洪德规则，自由离子中应有尽可能多的未成对电子，因此价键理论认为，电价配合物多为高自旋配合物。而在共价配合物中，中心离子在配体作用下一般会发生电子重排，在自由离子状态时未成对的电子重新配对，使得自旋平行的单电子个数显著减少，甚至为零。因此，价键理论认为共价配合物多为低自旋配合物。例如，$[FeF_6]^{3-}$为电价配合物，中心离子 Fe^{3+}的电子排布与其在自由状态时相同，其未成对电子数为 5，按式(5-41)计算，其 μ=5.92BM，而实验测得 μ=5.88BM，实验值与理论值基本相符。再如，前面提及的$[Fe(CN)_6]^{3-}$为共价配合物，中心离子 Fe^{3+}的五个 3d 电子尽可能配对，只有一个未成对电子，按式(5-41)计算 μ=1.73BM，而实验测得 μ=2.3BM，因此$[Fe(CN)_6]^{3-}$为低自旋配合物。

根据上面的分析，可以按配合物磁矩的大小来区分电价配合物和共价配合物。例如，实验测得$[Fe(CN)_6]^{4-}$和$[Fe(CN)_6(NH_3)]^{3-}$等配位离子的磁矩都等于零，因此可以判断它们都是共价配合物。配位离子$[Fe(H_2O)_6]^{2+}$的磁矩等于 5.3BM，因此判断其中心离子 Fe^{2+}的电子结构为

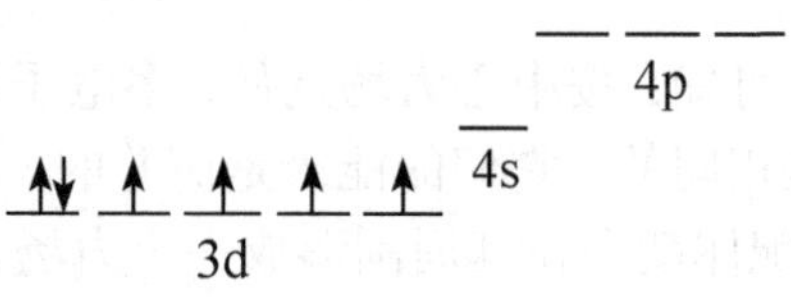

所以$[Fe(H_2O)_6]^{2+}$为电价配合物。

以上讨论说明价键理论有其成功之处，但是也有许多实验现象是价键理论无法解释的。简单地把高自旋配合物看成是电价配合物，把低自旋配合物看成是共价配

合物常与实验事实不符。例如，经测定，Fe^{3+}的乙酰丙酮配合物$[Fe(C_5H_7O_2)_3]^{3+}$的$\mu = 5.8$BM，根据价键理论推测，Fe^{3+}未成对电子数$n=5$，所以应该与$[Fe(H_2O)_6]^{2+}$一样属于电价配合物，但它却具有易挥发、易溶于有机溶剂等共价配合物的性质。又如，d^3型离子的正八面体配合物与d^9型离子的正方形配合物，电价与共价配合物之间未成对电子数并无区别，这种情况下利用磁矩作为判断标准是没有意义的。因此，将配合物分为截然不同的电价与共价两类是不符合实际情况的。

后来对价键理论又进行了改进，放弃上述分类方法，认为所有配合物都是共价配合物，但是有些中心离子采用$(n-1)dnsnp$杂化，称为内轨配合物；有些采用$nsnpnd$杂化，称为外轨配合物。当配体形成的电场不足以影响中心离子的电子排布时，形成外轨配合物。例如，$[Fe(H_2O)_6]^{2+}$中，中心离子Fe^{2+}中的6个3d电子并未因配体H_2O的存在而发生重排，见图5-10。因此外轨配合物中平行自旋的单电子个数一般比较多，相当于高自旋配合物。当配体形成的电场较强时，就会使中心离子外层电子进行重排，导致平行自旋的单电子个数减少，这样空出几个d轨道，中心离子采用$(n-1)dnsnp$杂化，最终形成内轨配合物，如$[Fe(CN)_6]^{4-}$，内轨配合物相当于低自旋配合物。

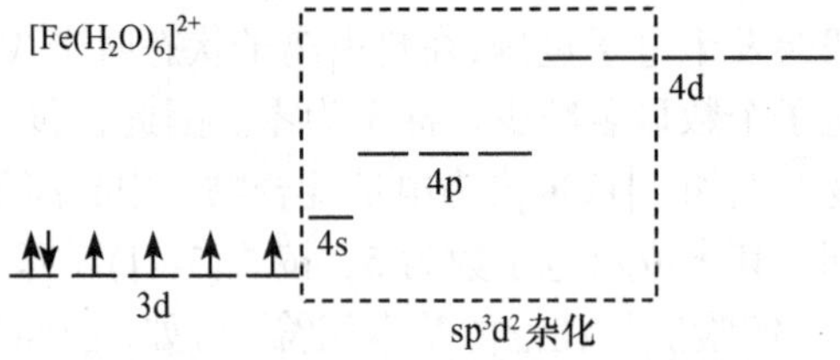

图 5-10 $[Fe(H_2O)_6]^{2+}$中Fe^{2+}的杂化方式

内、外轨配合物理论解决了电价、共价配合物理论的部分难题，在解释配合物配体的取代反应速率方面取得了很大成功，但仍有许多问题和现象无法解释，在此不一一列举。

5.5.3 配位场理论要点

1. *n*d 轨道能级的分裂

通过第2章的学习可知，按中心力场近似，多电子原子核外主量子数n相同的五个d轨道能量是相同的，它们的能级是简并的。但是，当原子或自由离子周围有配体存在时，配体就会在其周围形成一个力场，这种力场称为配位场，其实质为一个电场。在配位场作用下，中心原子或离子M外层(或次外层)的nd轨道能将发生变化。如果配体L形成的电场在空间分布呈球形对称，那么这五个nd受到的影响相同，能级仍然是简并的，只是能量均升高；如果配位场不是球形对称的(例如，六个或四个配体形成的配位场分别是正八面体或正四面体形分布，分别称为正八面体场或正四面体场)，而这五个 *n*d 轨道中的电子云分布也不是球形对称的，那么配位场对它们的影响就不会相同，于是五个 *n*d 轨道的能量也不再相同而发生能级分裂。因此，*n*d 轨道能级如何分裂与配位场的对称性有关。

1) 正八面体场中 *n*d 轨道能级的分裂

假设六配位配合物 ML_6 中，中心原子或离子 M 位于坐标原点，而六个配体 L_1、L_2、L_3、L_4、L_5 和 L_6 分别位于 *x*、*y* 和 *z* 三个坐标轴上，如图 5-11 所示。M 的 5 个 *n*d 轨道电子云的角度分布见图 2-7。M 的 d_{xy}、d_{yz} 和 d_{zx} 三个 *n*d 轨道与六个配体的相对位置完全相同，受配位场的作用也应相同，所以这三个 *n*d 轨道能级是简并的。因为 d_{z^2} 可以写成 $d_{z^2-x^2}$ 和 $d_{z^2-y^2}$ 两个轨道的线性组合，而在正八面体场中，后两个轨道与 $d_{x^2-y^2}$ 的能量是相同的，因此 d_{z^2} 和 $d_{x^2-y^2}$ 的能量相同，从而形成了二重简并轨道。因此，在正八面体场中，配位场的作用使原来能量相同的五个 *n*d 轨道分裂成两组，一组是 d_{z^2} 和 $d_{x^2-y^2}$，通常称为 e_g 或 d_γ 轨道。另一组是 d_{xy}、d_{yz} 和 d_{zx} 轨道，称为 t_{2g} 或 d_ε 轨道。因为 $d_{x^2-y^2}$ 轨道的极大值正好指向配体 L_1 和 L_4，而 d_{xy} 的极大值则正好避开六个配体而指向正八面体的棱，所以 $d_{x^2-y^2}$ 上的电子受配体负电荷的排斥作用大于 d_{xy} 上的电子，使 $d_{x^2-y^2}$ 轨道的能量高于 d_{xy}，即 e_g 轨道的能量比 t_{2g} 的能量高。正八面体场中 *n*d 轨道的能级分裂如图 5-12 所示。

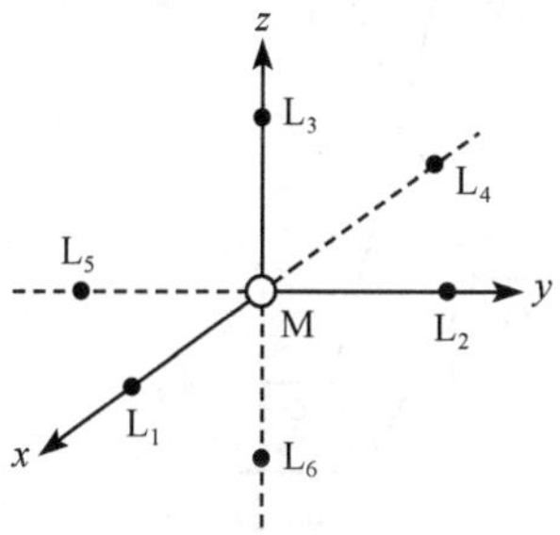

图 5-11　正八面体场中配体的取向

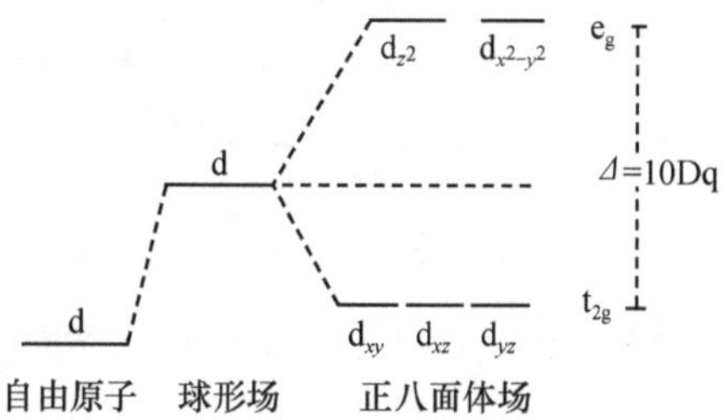

图 5-12　*n*d 轨道在正八面体场中的分裂

2) 正四面体场中 *n*d 轨道能级的分裂

四配位化合物 ML_4 中坐标系的选择如图 5-13 所示。中心原子或离子 M 位于坐标原点，四个配体 L_1、L_2、L_3 和 L_4 分别位于(1, 1, 1)、(1, −1, −1)、(−1, −1, 1)和(−1, 1, −1)方向，d_{xy} 轨道的极大值指向立方体的棱心，与四个配体都比较接近，受到的排斥作用较大，能量较高；而 $d_{x^2-y^2}$ 轨道的极大值指向立方体的面心，与 d_{xy} 相比较而言，距离配体较远，受到的排斥作用也较小。d_{z^2} 与 $d_{x^2-y^2}$ 情况相同，具有相同能量；d_{yz} 和 d_{zx} 两个轨道与四个配位体的相对位置与 d_{xy} 相同，这三个轨道能量也相同。因此，在正四面体场作用下，五个 *n*d 轨道的能级也将发生分裂。与正八面体场不同的是，在正四面体场中，d_{xy}、d_{yz} 和 d_{zx} 三个轨道的能量升高，而 d_{z^2} 和 $d_{x^2-y^2}$ 两个轨道能量降低。

*n*d 轨道在其他不同配位场中能级的分裂也可用与上面类似的方法讨论。例如，在讨论正方形场中 *n*d 轨道的能级分裂情况时，坐标系可以如图 5-14 那样选择。*n*d 轨道在球形场、正八面体场、正四面体场和正方形场中能级的分裂如图 5-15 所示。

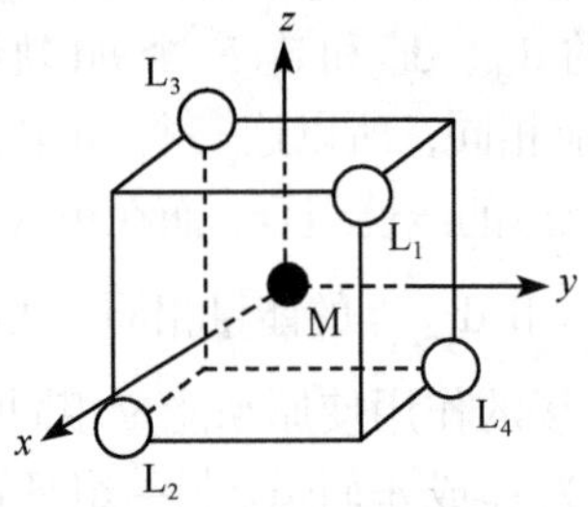

图 5-13　正四面体场中配体的取向

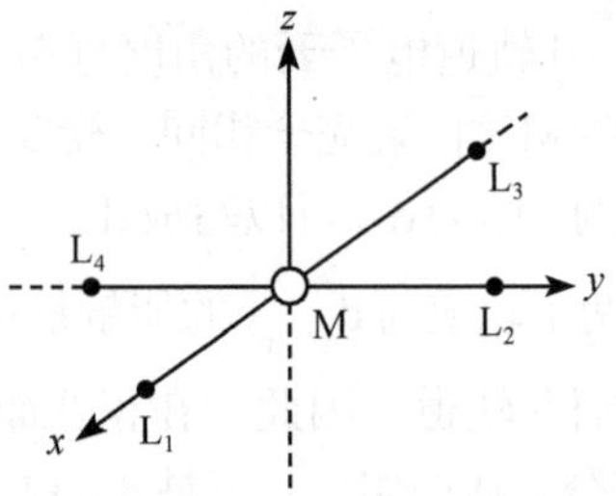

图 5-14　正方形场中配体的取向

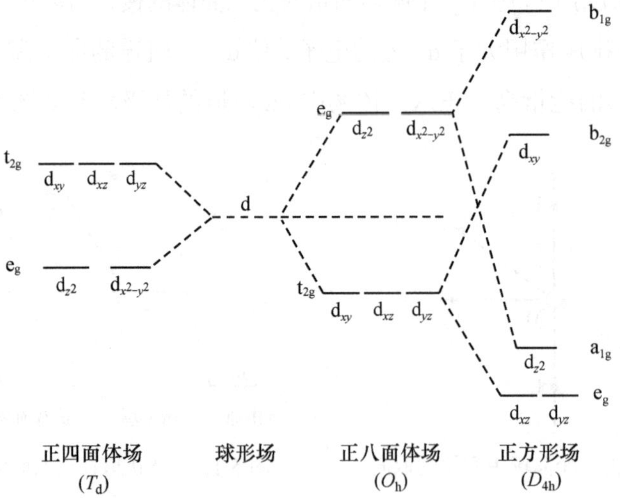

图 5-15　四面体场、八面体场和正方形场中 *n*d 轨道的能级分裂

2. 分裂能

通过上面的讨论可知，在不同配位场中 *n*d 轨道能级的分裂状况不同。例如，在正八面体场中，原来处于简并状态的五个 *n*d 轨道的能级分裂为 e_g 和 t_{2g} 两个能级。在配位场中发生分裂后的能级对应能量之差称为分裂能。分裂能与中心离子

和配体的本性以及配位场对称性均有关。

1) 正八面体场中 nd 轨道的分裂能

对于正八面体配位场，分裂能用 Δ 或 10Dq 表示，那么

$$\Delta = 10\text{Dq} = E(\text{e}_\text{g}) - E(\text{t}_{2\text{g}})$$

式中，$E(\text{e}_\text{g})$和 $E(\text{t}_{2\text{g}})$分别是能级 e_g 和 $\text{t}_{2\text{g}}$ 对应的能量。

量子力学可以证明，若以配体电荷总数相等且在空间呈球形对称分布的配位场的能量为零点，那么对于这些轨道的全充满组态来讲，分子的总能量保持不变。因此，对于正八面体场

$$E(\text{e}_\text{g}) = \frac{3}{5}\Delta = 6\text{Dq}$$

$$E(\text{t}_{2\text{g}}) = -\frac{2}{5}\Delta = -4\text{Dq}$$

2) 正四面体场中 nd 轨道的分裂能

对于相同的中心离子和配体，由于正四面体场的配体与各 nd 轨道极大值方向并不是正好相对，因此配位场对 nd 轨道的作用略小些，其分裂能也较小，只为正八面体场分裂能 Δ 的 $\frac{4}{9}$。对于正四面体场

$$E(\text{t}_{2\text{g}}) = 4\text{Dq} \times \frac{4}{9} = 1.78\text{Dq}$$

$$E(\text{e}_\text{g}) = -6\text{Dq} \times \frac{4}{9} = -2.67\text{Dq}$$

在各种不同对称性的配位场中，nd 轨道能级发生分裂后轨道能的计算结果如表 5-5 所示(单位为 Dq)。

表 5-5　不同对称性的配位场中 nd 轨道的能量(Dq)

配位场的对称性	$\text{d}_{x^2-y^2}$	d_{z^2}	d_{xy}	d_{yz}	d_{xz}
线形	−6.28	10.28	−6.28	1.14	1.14
正三角形	5.46	−3.21	5.46	−3.86	−3.86
正四面体	−2.67	−2.67	1.78	1.78	1.78
正方形	12.28	−4.28	2.28	−5.14	−5.14
正三棱双锥	−0.82	7.07	−0.82	−2.27	−2.27
正四棱锥	9.14	0.86	−0.86	−4.57	−4.57
正八面体	6.00	6.00	−4.00	−4.00	−4.00
正五棱双锥	2.82	4.93	2.82	−5.28	−5.28

正八面体场分裂能 10Dq 的具体数值只与配合物本性(中心离子和配体种类)有关。对于相同的中心离子，不同配体的 10Dq 值的大小次序为

$I^- < Br^- < Cl^- \sim SCN^- < F^- \sim$ 尿素 $< OH^- \sim NO_2 \sim HCOO^- < C_2O_4^{2-} \sim H_2O <$ $NCS^- <$ EDTA ～ 吡啶 $\sim NH_3 <$ 乙二胺 < 二乙三胺 $< SO_3^{2-} <$ 联吡啶 < 邻蒽菲 < $NO_2^- < CN^-$

这个序列称为光谱化学序列。10Dq 值大的配体对中心离子的作用大，称为强场配体；10Dq 值小的配体对中心离子的作用小，称为弱场配体。目前 10Dq 值是由光谱实验测出的，表 5-6 中给出了部分正八面体配合物的 10Dq 值(单位为 cm^{-1}，$1cm^{-1} = 1.23977 \times 10^{-4}eV$)。

表 5-6　一些正八面体配合物的 10Dq 值(cm^{-1})

电子组态	中心离子	配体				
		Br^-	Cl^-	H_2O	NH_3	CN^-
$3d^1$	Ti^{2+}	—	—	20300	—	—
$3d^2$	V^{3+}	—	—	17700	—	—
$3d^3$	V^{2+}	—	—	12600	—	—
	Cr^{3+}	—	13000	17400	21600	26300
$4d^3$	Mo^{3+}	—	19200	—	—	—
$3d^4$	Cr^{2+}	—	—	13900	—	—
	Mn^{3+}	—	—	21000	—	—
$3d^5$	Mn^{2+}	—	—	7800	—	—
	Fe^{3+}	—	—	13700	—	—
$3d^6$	Fe^{2+}	—	—	10400	—	33000
	Co^{3+}	—	—	18600	23000	34000
	Rh^{3+}	18900	20300	27000	33900	—
$5d^6$	Ir^{3+}	27100	24900	—	—	—
	Pt^{4+}	24000	29000	—	—	—
$3d^7$	Co^{2+}	—	—	9300	10100	—
$3d^8$	Ni^{2+}	7000	7300	8500	10800	—
$3d^9$	Cu^{2+}	—	—	12600	15100	—

3. 电子排布、电子成对能和晶体场稳定化能

在中心离子 *n*d 轨道能级发生分裂后，原 *n*d 轨道上的电子在这些分裂了的能

级中的排布也要满足泡利不相容原理、能量最低原理和洪德规则。例如，nd^5 组态的电子在正八面体场中分裂为 e_g 和 t_{2g} 两个能级后，$E(e_g) > E(t_{2g})$，5 个电子的填充方式有下面两种：

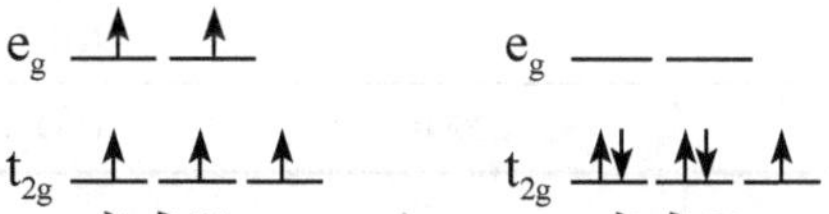

方式(1)　　方式(2)

按第一种方式填充电子时，虽然避免了电子配对，但有两个电子填入了较高能级。按第二种方式填充时，虽然电子都填入了较低能级，但发生了电子的配对，也使能量升高。如果将电子配对所需能量称为电子成对能，用 P 来表示，那么就要通过比较 10Dq 与 P 的大小来确定这 5 个电子采用何种方式填充。如果 $P >$ 10Dq，即电子配对能大于轨道分裂能，那么两个电子将排布在高能级 e_g 上而不会排布在低能级 t_{2g} 上与其他电子配对，即按上述方式(1)排布，这相当于配位场为弱场的情况。如果 $P <$ 10Dq，那么两个电子将排布在较低能级上与其他电子配对，不会排布在较高能级 e_g 上，即采取上述方式(2)排布，相当于配位场为强场的情况。显然，比较起来，方式(1)的平行自旋单电子个数较多。因此，对于同一中心离子而言，由于配位场的强弱不同而可以生成高、低自旋两种配合物，强场配体一般会与中心离子生成低自旋配合物，而弱场配体一般与中心离子生成高自旋配合物。但是，对于 d^1～d^3 和 d^8～d^{10} 组态来说，无论 10Dq 与 P 的相对大小如何，能级分裂后其电子只有一种排布方式，因此没有高、低自旋配合物之分，而只是 d^4～d^7 组态的配合物才能有此分别。

表 5-7 列出了某些正八面体配合物 ML_6 的 10Dq 值和 P 值，这些配合物中心离子的电子组态都是 d^4～d^7。根据表 5-7 的数据所预测出的配合物磁矩与实验结果基本相符。

表 5-7　某些正八面体配合物 ML_6 的 10Dq 值和 P 值

组态	M	P/cm^{-1}	L	10Dq/cm^{-1}
d^4	Cr^{2+}	23500	H_2O	13900
	Mn^{3+}	28000	H_2O	21000
d^5	Mn^{2+}	25500	H_2O	7800
	Fe^{3+}	30000	H_2O	13700
	Fe^{2+}	17600	H_2O	10400
			CN^-	33000

续表

组态	M	P/cm^{-1}	L	$10Dq/cm^{-1}$
d^6	Co^{3+}	21000	F^-	13000
			NH_3	23000
d^7	Co^{2+}	22500	H_2O	9300

如果不考虑电子成对能 P 而只考虑电子所在能级本身的能量，那么体系按上述方式(1)排布后能量的下降值为 $E_1 = 3 \times 4Dq - 2 \times 6Dq = 0$。按方式(2)排布后体系的能量下降值为 $E_2 = 5 \times 4Dq = 20Dq$。

这样计算出的能量下降值仅体现了配位场本身所引起的 nd 轨道能级分裂后体系总能量下降了多少，即体系稳定性增加的程度，因此称为晶体场稳定化能，用 CFSE 表示。由前面的分析可知，nd^5 组态在正八面体弱场下的 CFSE = 0，而在正八面体强场下的 CFSE = 20Dq。对于各种构型的配合物和不同 nd 电子组态的中心离子都可以计算其 CFSE 值，结果如表 5-8 所示。表 5-8 中 CFSE 值的单位为 Dq，括号内数字为电子配对的对数。

表 5-8 不同情况下的晶体场稳定化能(Dq)

d 电子数及例子		弱场配体			强场配体		
		八面体	四面体	正方形	八面体	四面体	正方形
d^0	Ca^{2+}，Sc^{3+}	0	0	0	0	0	0
d^1	Ti^{3+}，V^{4+}	4	2.67	5.14	4	2.67	5.14
d^2	Ti^{2+}，V^{3+}	8	5.34	10.28	8	5.34	10.23
d^3	Cr^{3+}，V^{2+}	12	3.56	14.56	12	8.01(1)	14.56
d^4	Cr^{2+}，Mn^{3+}	6	1.78	12.28	16(1)		19.70(1)
d^5	Mn^{2+}，Fe^{3+}	0	0	0	20(2)		24.84(2)
d^6	Fe^{2+}，Co^{3+}	4	2.67	5.14	24(2)	6.12(1)	29.12(2)
d^7	Co^{2+}，Ni^{3+}	8	5.34	10.28		5.34	26.84(1)
d^8	Ni^{2+}，Au^{3+}	12	3.56		12	3.56	24.56(1)
d^9	Cu^{2+}，Ag^{2+}	6	1.78	12.28	6	1.78	12.28
d^{10}	Cu^+，Zn^{2+}，Cd^{2+} Ag^+，Hg^{2+}，Ga^{3+}	0	0	0	0	0	0

4. 姜-泰勒效应

在研究六配位化合物 ML_6 的几何构型时发现，某些配合物并非正八面体型，而是有形变，有的像拉长了的八面体，有的又好像被压缩了，变成了正四棱双锥构型。例如，$CsCuCl_3$ 晶体中 Cu^{2+} 周围的六个 Cl^- 呈拉长了的正八面体形分布，四个同一平面上的 Cl^--Cu^{2+} 距离为 2.30Å，而 Cu^{2+} 与上、下两个 Cl^- 的距离为 2.64Å。分析 Cu^{2+} 的 $3d^9$ 电子在能级分裂后的排布知道，其组态为 $(t_{2g})^6(e_g)^3$，$(t_{2g})^6$ 表示 d_{xy}、d_{yz} 和 d_{zx} 三个轨道上各有一对电子，已达饱和。但 e_g 上的三个电子可有两种排布方式：$(d_{z^2})^2(d_{x^2-y^2})^1$ 或 $(d_{z^2})^1(d_{x^2-y^2})^2$，这两种组态具有相同的能量，因而是简并的。因此，为了消除这种状态，使这两种排布方式不再具有相同的能量，系统一定会发生形变，这就是姜-泰勒(Jahn-Teller)效应。简言之，姜-泰勒效应就是如果一个体系的基态能量是简并的，那么这个体系一定要发生畸变，以消除这种简并性。

d^{10} 组态的配合物应具有理想的正八面体构型。那么假设 d^9 组态的离子相当于是从 d^{10} 组态中去掉了一个 $d_{x^2-y^2}$ 电子，这么做的结果其实是降低了 x 轴方向上和 y 轴方向上电子云密度，减小了这两个方向上电子之间的排斥力，使 xy 平面上的四个配体内移，形成拉长了的八面体构型。反之，八面体构型的变化使配位场的对称性发生了改变，对称性改变了的配位场对 d 轨道的作用也会改变，使 d_{z^2} 和 $d_{x^2-y^2}$ 两个轨道不再简并，最终导致 $d_{x^2-y^2}$ 能量上升而 d_{z^2} 的能级下降。姜-泰勒效应总结果是使体系能量降低，能量降低的数值等于畸变的晶体场稳定化能增加值，称为畸变 CFSE。把这个畸变 CFSE 加上正常正八面体的 CFSE 就得出畸变后的 CFSE。

如果是 $(d_{z^2})^2(d_{x^2-y^2})^1$ 排布，则情况恰好相反，应呈压缩了的正八面体。究竟采用哪种排布尚无定论。实验发现多为拉长了的正八面体。

由上述讨论可以推测，凡是 nd 电子分布不对称的组态如 d^4(高自旋)和 d^7(低自旋)体系也应存在姜-泰勒形变，这个推测与实验事实一致。

5.5.4　分子轨道理论的解释

根据配位场理论，在配合物中，中心离子与周围配体之间的作用是纯粹的静电作用，没有共价键的性质，忽略了分子的整体性。事实上，配合物中的电子也像其他分子中的电子一样，是在整个分子范围内运动的。下面利用分子轨道理论来讨论配合物结构，在此只考虑中心离子与配体的价电子轨道组成分子轨道的问题。

根据分子轨道理论的基本原理，用分子轨道理论处理配合物时，常按以下步骤进行：

(1) 找出中心离子和配体的价电子轨道，按所组成的分子轨道是 σ 还是 π 轨道分组。

(2) 按对称性匹配原则，将配位体中的 σ 轨道和 π 轨道分别重新组合成若干新原子轨道，这些新的原子轨道称为群轨道，使群轨道的对称性分别与中心离子的各原子轨道对称性相匹配。

(3) 将对称性相同的中心离子的原子轨道与配体的群轨道组合成分子轨道。

下面以过渡金属的八面体配合物 ML_6 为例，讨论其 σ 分子轨道。

ML_6 配合物坐标系的选择如图 5-16 所示，其中：

(1) 中心离子 M 的坐标系采用右手系。

(2) 六个配体 L_1、L_2、L_3、L_4、L_5 和 L_6 位于 M 的三个坐标轴 x、y 和 z 上。将 x、y、z 轴正方向上的配体编号为 L_1、L_2 和 L_3；负方向上的配体编号为 L_4、L_5 和 L_6。

(3) 配体坐标系采用左手系，规定所有配体的 z 轴都指向中心离子，L_1、L_2 和 L_3 三个配体的 x 和 y 轴正方向与 M 的 x 和 y 轴的正方向一致，配体 L_4、L_5 和 L_6 的 x 和 y 轴正方向与 M 的 x 和 y 轴负方向一致。

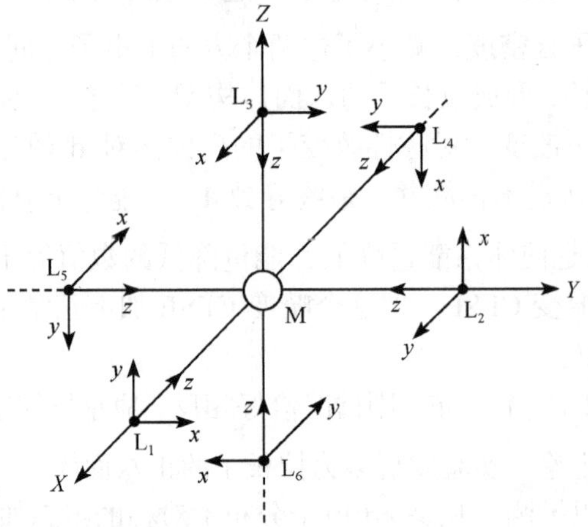

图 5-16　ML_6 配合物中心离子和配体坐标系的选取

通常，过渡金属的价电子轨道是$(n-1)$d、ns 及 np，共 9 个价电子轨道，分为两组，一组可以与配体生成 σ 分子轨道，另一组可以与配体生成 π 分子轨道。按照图 5-16 中坐标系的选取方式，M 中能形成 σ 轨道的原子轨道有 s、p_x、p_y、p_z、d_{z^2}、$d_{x^2-y^2}$；能形成 π 轨道的有 d_{xy}、d_{yz}、d_{zx}。

每个配体中能与 M 形成 σ 轨道的只有一个 p_z 轨道，将 L_1、L_2、…、L_6 六个配体的六个 p_z 轨道分别记为 $p_{z,1}$、$p_{z,2}$、$p_{z,3}$、$p_{z,4}$、$p_{z,5}$ 和 $p_{z,6}$，它们可按如下方式组成六个群轨道：

$$\phi_s = \frac{1}{\sqrt{6}}(p_{z,1} + p_{z,2} + p_{z,3} + p_{z,4} + p_{z,5} + p_{z,6})$$

$$\phi_{p_x} = \frac{1}{\sqrt{2}}(p_{z,1} - p_{z,4})$$

$$\phi_{p_y} = \frac{1}{\sqrt{2}}(p_{z,2} - p_{z,5})$$

$$\phi_{p_z} = \frac{1}{\sqrt{2}}(p_{z,3} - p_{z,6})$$

$$\phi_{d_{z^2}} = \frac{1}{3\sqrt{2}}(2p_{z,3} + 2p_{z,6} - p_{z,1} - p_{z,2} - p_{z,4} - p_{z,5})$$

$$\phi_{d_{x^2-y^2}} = \frac{1}{2}(p_{z,1} - p_{z,2} + p_{z,4} - p_{z,5})$$

这六个群轨道分别与中心离子的 s、p_x、p_y、p_z、d_{z^2}、$d_{x^2-y^2}$ 轨道的对称性相同。

这些群轨道及其对称性均确定之后，就可以根据对称性匹配原则，与中心离子的六个原子轨道组成 σ 分子轨道。中心离子的 s 轨道可与群轨道 ϕ_s 组成两个 σ 分子轨道，一个是成键的 a_{1g}，一个是反键的 a_{1g}^*。中心离子的 d_{z^2} 和 $d_{x^2-y^2}$ 轨道分别与配位体的群轨道 $\phi_{d_{z^2}}$ 和 $\phi_{d_{x^2-y^2}}$ 各组成两个分子轨道，一个是成键的，另一个是反键的。因为 d_{z^2} 和 $d_{x^2-y^2}$ 的能级是简并的，$\phi_{d_{z^2}}$ 和 $\phi_{d_{x^2-y^2}}$ 的能级也是简并的，因此所组成的分子轨道能级是二重简并的，其成键轨道记为 e_g，反键轨道记为 e_g^*。p_x、p_y 和 p_z 是简并的，ϕ_{p_x}、ϕ_{p_y} 和 ϕ_{p_z} 也是简并的，因此也组成了三重简并的分子轨道，成键的记为 t_{1u}，反键的记为 t_{1u}^*。另外三个中心离子的 d 轨道 d_{xy}、d_{yz} 和 d_{zx} 不与配体组成分子轨道，形成配合物中的 3 个 t_{2g} 非键轨道。综上所述，ML_6 配合物中共形成了 12 条 σ 分子轨道，其中成键轨道和反键轨道各 6 条。根据上面的分析可以画出 ML_6 型配合物分子轨道能级图，如图 5-17 所示。

进一步计算可得出这些分子轨道的能量，在此从略。

ML_6 型配合物中，6 个 L 提供的 12 个价电子正好填满 6 个成键 σ 分子轨道：一个 a_{1g}、三个 t_{1u} 和两个 e_g。这样，问题就简化为来自 M 的 *n*d 轨道上的电子如何在 3 个非键轨道 t_{2g} 和两个反键轨道 e_g^* 上填充。这与配位场理论中，正八面体场中心离子 *n*d 轨道能级分裂为 e_g(在分子轨道中相当于 e_g^*)和 t_{2g} 两个能级的结果是一致的。

以上是配体的 π 轨道不参与成键，或者即使参与成键也不显著(可以忽略)的情况下得到的结果。如果配位体的 π 原子轨道参与成键，情况还要复杂。

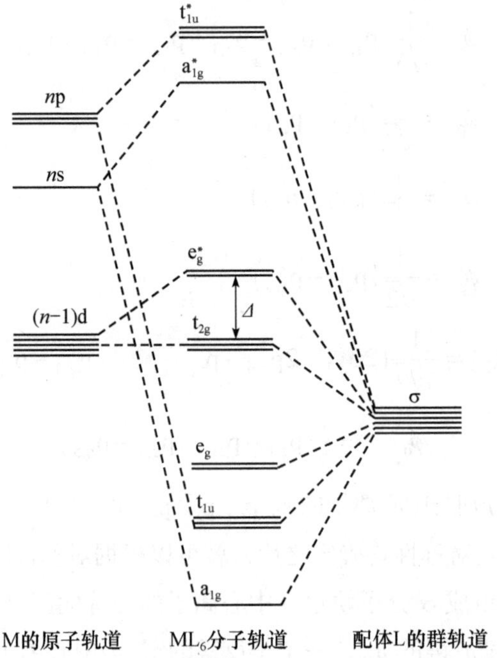

图 5-17　ML_6 型配合物分子轨道能级图

5.6　分子轨道的对称性及反应机理

1965 年，美国化学家伍德沃德(Woodward)和霍夫曼(Hooffmann)提出了分子“轨道对称守恒原理”。同一时期，日本化学家福田谦一(K. Fukui)提出了“前线轨道理论”。这两个理论是在一定的实验和理论基础上总结出来的，用于研究基元反应的方向问题，可以很好地解释一些反应的历程和所得到的产物。最初用于讨论电环化、环加成和 σ 电子的迁移等类型的反应，近些年也在研究它在无机和催化反应等方面的应用，并取得了较大进展。

5.6.1　前线轨道理论

1. 电环化反应的一般规律

直链共轭多烯分子两端的碳原子以 σ 键方式相连而形成环状分子的反应称为电环化反应。反应结果是分子中少了一个 π 键而多了一个 σ 键，根据反应条件的不同可得到顺旋(两端碳旋转方向相同)或对旋(两端碳旋转方向相反)两种不同构型的产物。图 5-18 为丁二烯电环化反应的两种产物，A、B、C 和 D 是不同的取代基团，反应前它们与碳分子链处于同一平面，反应后分别处于碳分子链的两侧，反

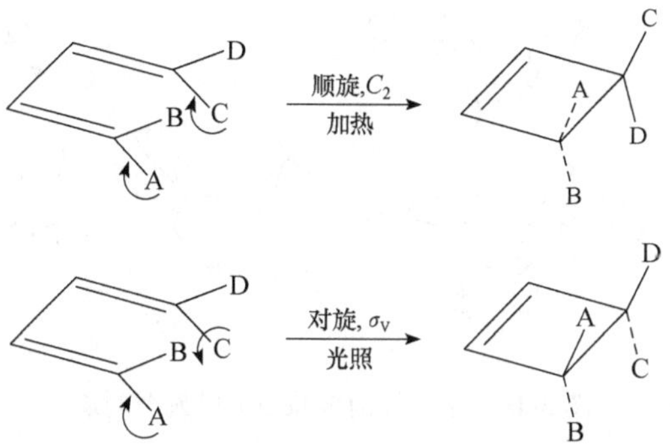

图 5-18　丁二烯电环化反应的两种产物

应过程中两端碳都旋转了 90°。如果反应在加热条件下进行，得到顺旋产物；如果在光照条件下进行，得到对旋产物。如果反应物为己三烯，则得到的产物构型刚好相反，加热条件下得到对旋产物而光照条件下得到顺旋产物。大量实验结果表明，凡是含 $4n$ 个 π 电子的体系，其电环化反应规律与丁二烯相同，而含 $4n+2$ 个 π 电子的体系其电环化反应规律与己三烯相同，如表 5-9 所示。

表 5-9　电环化反应的规律

反应类型	π 电子数	反应条件	
		加热	光照
丁二烯型	$4n$	顺旋	对旋
己三烯型	$4n+2$	对旋	顺旋

2. 前线轨道理论

一般情况下，分子中的电子不会占满所有分子轨道，而只是占据其中的一部分，另一些分子轨道是空的。其中，被电子占据的能量最高的分子轨道称为最高占据轨道，未被电子占据的能量最低的空分子轨道称为最低未占轨道。最高占据轨道和最低未占轨道均称为前线轨道。

例如，根据图 5-1 和图 5-2 可知，丁二烯的最高占据轨道是ψ_2，最低未占轨道是ψ_3，它们都是丁二烯的前线轨道。丁二烯的两个前线分子轨道顺旋及对旋方式如图 5-19 所示。电环化时，最高占据轨道ψ_2上的两个 π 电子变为 σ 电子。这是因为 ψ_2 中两端碳原子的两个 $2p_z$ 轨道的位相相反，如果按顺旋方式电环化，两个 $2p_z$ 轨道在旋转 90°时，在 z 轴方向刚好正相与正相重叠，形成“头对头”的 σ 成键轨道，故这个电环化反应能够进行。反之，如果按对旋方式电环化，两个 $2p_z$ 轨道在旋转 90°时，正相与负相重叠，形成了σ^*反键轨道，故反应不能进行。因此，在通常的加热条件下，

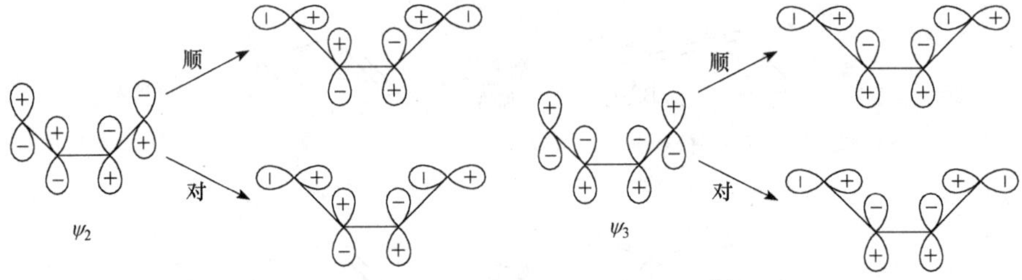

图 5-19　丁二烯前线轨道的顺旋及对旋

丁二烯的电环化都是顺旋方式进行。但是，在光照条件下，ψ_2 轨道上的 π 电子有机会吸收足够多的能量由基态跃迁到激发态，从而占据了最低未占轨道 ψ_3，这时的 ψ_3 成为丁二烯分子的最高占据轨道，按照 ψ_3 两端碳原子的位相情况，对旋能生成 σ 成键轨道，顺旋却生成 σ^* 反键轨道。因此，在光照条件下丁二烯的电环化按对旋方式进行。

己三烯的分子轨道如图 5-20 所示。己三烯中有 6 个 π 电子，占据 ψ_1、ψ_2 和 ψ_3 三个 π 轨道，ψ_3 是最高占据轨道，ψ_4 是最低未占轨道。在加热条件下，ψ_3 两端碳原子以对旋方式电环化可以产生 σ 成键轨道。在光照条件下，ψ_3 中的电子被激发到 ψ_4 上，以顺旋方式电环化可以产生 σ 成键轨道。

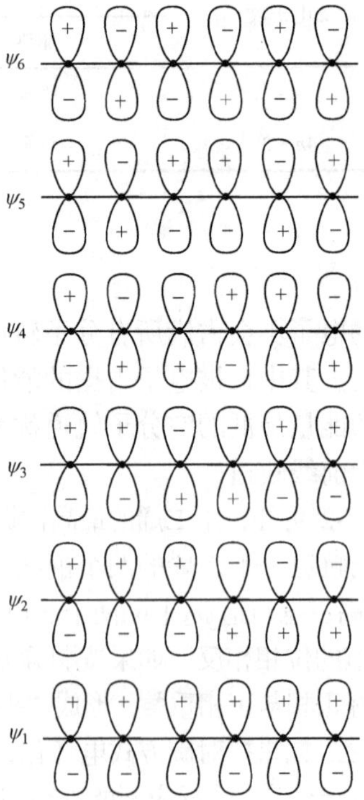

图 5-20　己三烯的 π 电子分子轨道示意图

将上面前线轨道理论的分析方法推广到 $4n$ 或 $4n+2$ 个 π 电子体系，就可以很好地解释表 5-5 所示的电环化反应规律。

5.6.2　分子轨道的对称守恒原理

分子轨道的对称守恒原理也称为能量相关原理。这一理论将所有参与反应的反应物的分子轨道作为整体综合考虑，按照反应物和产物的对称性来判断反应方向。在一个基元反应过程中，如果产物分子与反应物分子的分子轨道对称性保持一致，反应则容易进行，这样的反应就是对称性允许的反应。反之，如果在反应过程中产物分子与反应物分子的分子轨道对称性不能保持一致，则为对称性禁阻的反应。轨道的对称守恒原理规定，反应物和产物的对称性必须以同一对称元素来衡量，要求这个对称元素在整个反应过程中保持有效。

分子轨道的对称性与分子的对称操作有关。如果分子轨道在某一种对称操作的作用下保持不变，那么，这个分子轨道对于这一对称操作就是对称的，用 S 标识；如果分子轨道在某一对称操作的作用下等于乘上了一个因子−1，那么，这个分子轨道对于这一对称操作就是反对称的，用 A 来标识；如果上述两种情况都不成立，那么，这个分子轨道对于这一对称操作就是非对称的。

下面用轨道对称守恒原理分析丁二烯的电环化及丁二烯与乙烯的环加成。

1. 丁二烯的电环化

顺式丁二烯属 C_{2v} 群，在分子平面内有一个垂直于第二和第三个碳原子的 C_2 轴和有两个相互垂直的对称面(交线既是 C_2 轴)，表示为 σ_v，其中一个对称面与分子平面垂直。分别用 C_2 和 σ_v 作用于丁二烯的四个分子轨道。用 C_2 作用后，式(5-18)～式(5-21)变换为

$$C_2\psi_1 = 0.3717(-\phi_4) + 0.6015(-\phi_3) + 0.6015(-\phi_2) + 0.3717(-\phi_1) = -\psi_1$$
$$C_2\psi_2 = 0.6015(-\phi_4) + 0.3717(-\phi_3) + 0.3717(-\phi_2) + 0.6015(-\phi_1) = \psi_2$$
$$C_2\psi_3 = 0.6015(-\phi_4) - 0.3717(-\phi_3) - 0.3717(-\phi_2) + 0.6015(-\phi_1) = -\psi_3$$
$$C_2\psi_4 = 0.3717(-\phi_4) - 0.6015(-\phi_3) + 0.6015(-\phi_2) - 0.3717(-\phi_1) = \psi_4$$

上面的作用结果说明，在对称操作 C_2 作用下，ψ_1 和 ψ_3 是反对称的，ψ_2 和 ψ_4 是对称的。用 σ_v 作用后，式(5-18)～式(5-21)变换为

$$\sigma_v\psi_1 = 0.3717\phi_4 + 0.6015\phi_3 + 0.6015\phi_2 + 0.3717\phi_1 = \psi_1$$
$$\sigma_v\psi_2 = 0.6015\phi_4 + 0.3717\phi_3 - 0.3717\phi_2 - 0.6015\phi_1 = -\psi_2$$
$$\sigma_v\psi_3 = 0.6015\phi_4 - 0.3717\phi_3 - 0.3717\phi_2 + 0.6015\phi_1 = \psi_3$$
$$\sigma_v\psi_4 = 0.3717\phi_4 - 0.6015\phi_3 + 0.6015\phi_2 - 0.3717\phi_1 = -\psi_4$$

说明在对称操作σ_v作用下，ψ_1和ψ_3是对称的，ψ_2和ψ_4是反对称的。

如果丁二烯进行顺旋闭环，那么碳链骨架始终保持C_2对称性，而σ_v对称性不会保持；如果对旋闭环，那么σ_v对称性始终保持，而失去C_2对称性。这里需要注意，在进行对称性分析时，只需考虑在反应过程中发生变化的分子轨道的对称性，对于碳原子骨架上的σ键及一些取代基团则不予考虑。

丁二烯电环化为环丁烯后，丁二烯的四个分子轨道变成了环丁烯的σ、π、π^*和σ^*等四个新的轨道。从图 5-21 可以直接看出它们在C_2和σ_v的作用下的变换情况。

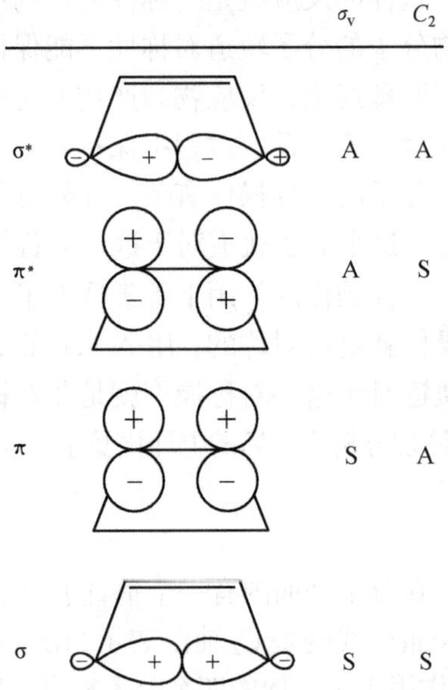

图 5-21 环丁烯四个分子轨道的对称性

根据上面的分析可以作出丁二烯两种不同反应方式的反应物及产物的轨道能级相关图，如图 5-22 所示。在作相关图时需要注意以下两点：

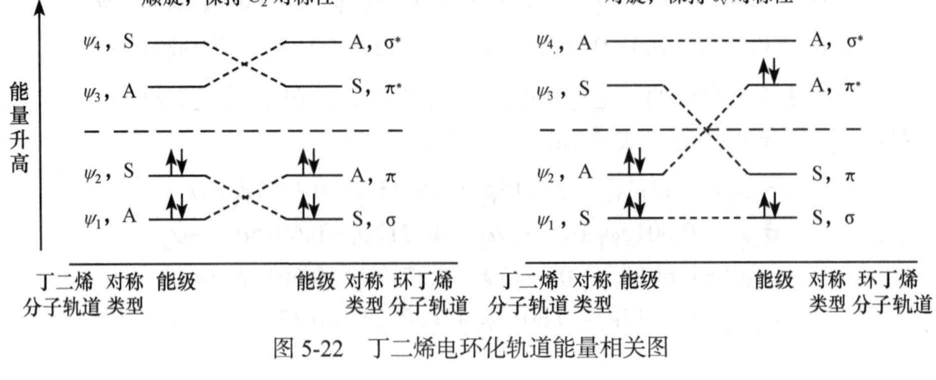

图 5-22 丁二烯电环化轨道能量相关图

(1) 反应物两端按一定方式接近，经过各种过渡状态直到生成产物的整个过程中轨道的对称性始终保持不变。例如，轨道顺旋过程中，需始终保持 C_2 对称性不变，这样反应物的 S 轨道只能与产物的 S 轨道相连，反应物的 A 轨道只能与产物的 A 轨道相连。也就是说，只有相同对称性的轨道之间才可以相连。

(2) 相关图两侧都有几种 S 轨道和 A 轨道，相连时应服从不相交原理，即相同对称性之间的连线彼此不能相交。

从图 5-22 可看出，在顺旋情况下，保持 C_2 对称性不变，反应物的成键轨道只与产物的成键轨道相连，反应物的反键轨道只与产物的反键轨道相连，因此丁二烯的四个 π 电子在反应前后都处于成键轨道上，是对称性允许的反应，只需加热就可以使反应发生。在对旋情况下，要保持 σ_v 对称性不变，反应物的成键轨道之一 ψ_2 与产物的反键轨道 π^* 相连，ψ_2 的 2 个 π 电子在反应后处于能量较高的 π^* 上，即产物的净成键电子数为 0，因此反应是对称性禁阻的。若一定要以对旋方式生成环丁烯，那么 ψ_2 上的 2 个电子需先激发到 ψ_3 上，这会使反应进程中跨越的能垒更高，简单加热并不能满足反应的要求，而电子吸收一定波长的光后可以激发，因此光照条件下丁二烯生成的是对旋产物。同样的方法可以用于分析其他共轭体系的电环化，分析结果也支持表 5-9 中所列出的实验结论。

2. 丁二烯与乙烯的环加成

多个共轭分子加合成环的反应称为环加成反应，这里只讨论两个共轭分子的环加成。根据轨道对称守恒原理，应将两个分子看作一个整体，分析它们在相互接近并发生反应过程中的对称性，这与分子之间的接近方式有关，要考虑两个共轭分子从上、下两个平面平行接近的情况。

丁二烯与乙烯分子的接近方式见图 5-23。这两个分子各有一个垂直于分子平面的对称面(σ_v)，在两分子接近并发生反应过程中，这两个对称面重合并始终保持其对称性。

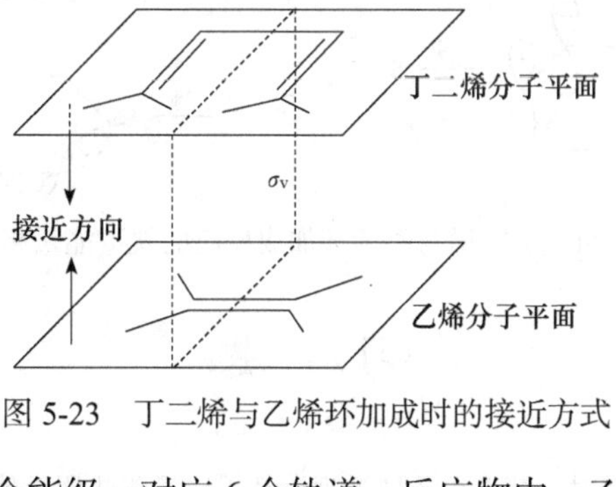

图 5-23 丁二烯与乙烯环加成时的接近方式

此反应中涉及 6 个能级，对应 6 个轨道。反应物中，乙烯有两个 π 轨道，分

别记为 π 和 π^*；丁二烯有四个 π 轨道，分别记为 ψ_1、ψ_2、ψ_3 和 ψ_4。反应物的三个成键轨道 π、ψ_1 和 ψ_2 中，π 和 ψ_1 对 σ_v 是对称的，ψ_2 对 σ_v 是反对称的。产物中有两个 π 轨道(一个成键，一个反键)及四个 σ 轨道(两个成键，两个反键)。根据反应的轨道能量相关图(图 5-24)可知，丁二烯与乙烯环加成反应是对称性允许的，产物为环己烯。

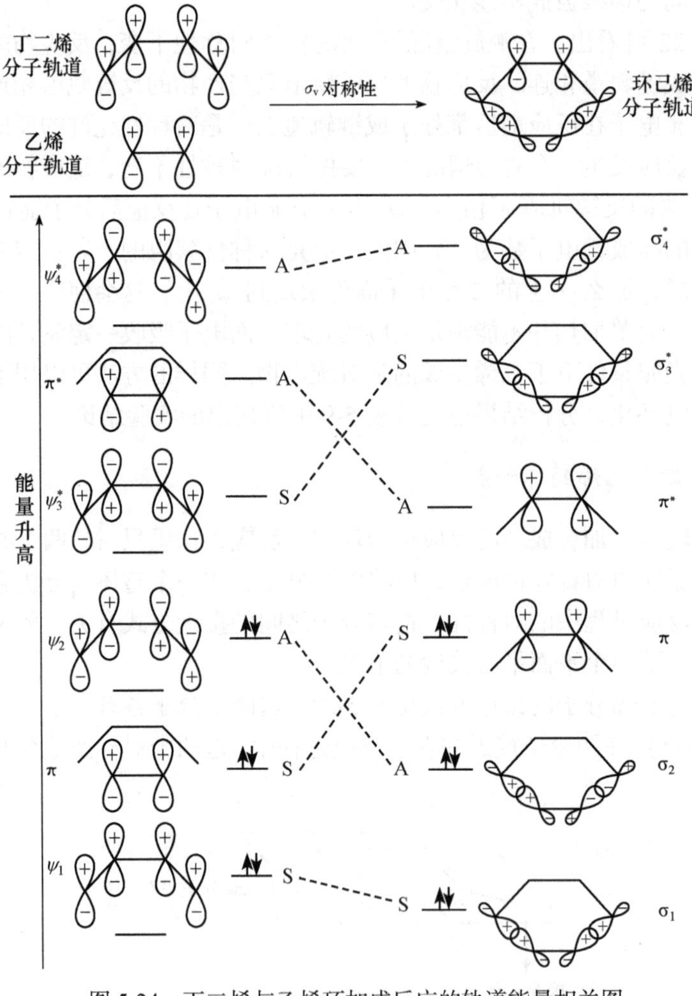

图 5-24　丁二烯与乙烯环加成反应的轨道能量相关图

习　　题

5.1　在处理共轭分子体系时，简单分子轨道理论都采取了哪些假设使问题简化？

5.2　按图中所示的两种编号写出苯的久期行列式，并证明这两个行列式相等。

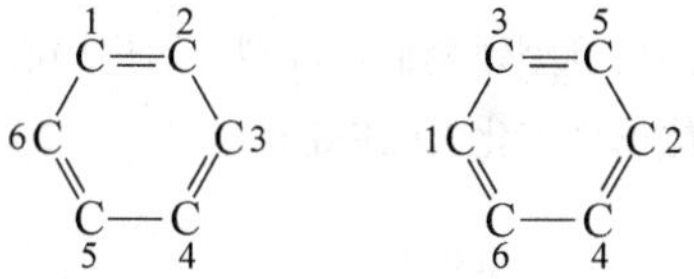

5.3　令 $x=\dfrac{\alpha-E}{\beta}$，分别写出图中所列三种共轭分子骨架的久期行列式。

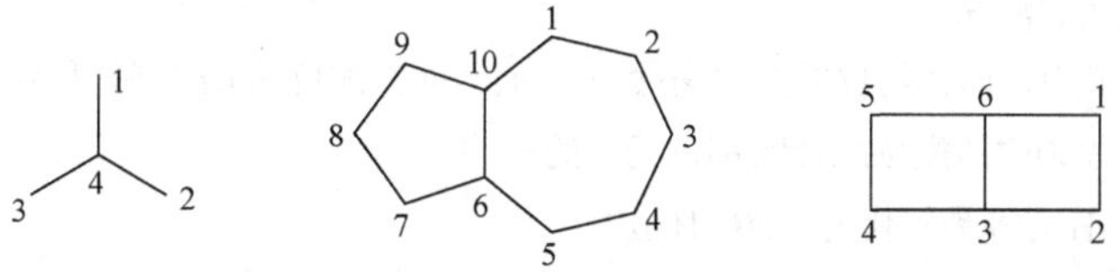

5.4　用 HMO 法分别求环丁二烯和四亚甲基环丁烷的 π 电子能级，并画出能级图。

5.5　用 HMO 法求烯丙基$\left(CH_2=CH-\dot{C}H_2\right)$的 π 电子能级和分子轨道。比较烯丙基、烯丙阳离子$\left(C_3H_5\right)^+$和烯丙阴离子$\left(C_3H_5\right)^-$的稳定性，并分别求出它们的电荷密度、π 键的键序和自由价，作出三者的分子图。

5.6　用 HMO 计算富烯 π 电子能级和分子轨道，并作出分子图。富烯结构式见下图。

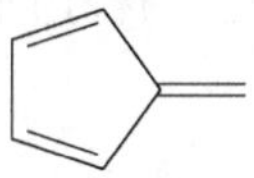

富烯结构式

5.7　计算丁二烯的一个电子从最高成键轨道激发到最低反键轨道后分子的电荷密度、π 键键序和自由价。

5.8　计算环戊二烯阴离子(Ⅰ)和环庚三烯阳离子(Ⅱ)的共轭能、π 键的键序和自由价。二者的结构式见下图。

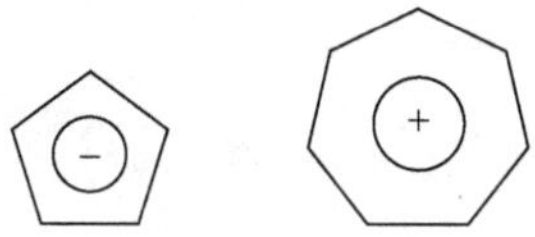

(Ⅰ)　　(Ⅱ)

5.9　做出三个包含两个质点的坐标的函数，使其分别对于交换这两个质点的坐标来说是对称的、反对称的和非对称的。

5.10　若令一个杂化轨道的方向在 z 轴，求 sp^2 三个杂化轨道。

5.11　利用杂化轨道理论分析 CS_2、N_3^-、NO_2^+、NO_3^-、BF_3、BF_4^-、$[Ni(CN)_4]^{2-}$、SiF_5^-、AlF_6^{3-}、SF_6、MnO_4^-及 $MoCl_5$ 的中心离子或中心原子的杂化轨道类型、分子(或离子)的几何构型及成键情况。

5.12　分别求出正四面体强场和弱场中 d^5、d^6 和 d^7 组态的稳定化能。

5.13 判断下列配合物是属于高自旋型还是低自旋型，写出中心离子 d 电子的排布方式，说明配合物的磁性，计算晶体场稳定化能(CFSE)。

(1) $[Mn(H_2O)_6]^{2+}$；

(2) $[Fe(CN)_6]^{4-}$ ；

(3) $[FeF_6]^{3-}$。

5.14 解释下列实验现象。

(1) 水溶液中八面体配位的 Mn^{3+}不稳定，而八面体配位的 Cr^{3+}却能稳定存在。

(2) 大多数 Zn^{2+}的配位化合物都是无色的。

(3) $Co(C_5H_5)_2$ 极易氧化为$[Co(C_5H_5)_2]^+$。

(4) 硅胶干燥剂中常加入 $CoCl_2$ 以使其呈蓝色，此干燥剂吸水后则会变为粉红色。

5.15 为什么正八面体 d^4(高自旋)组态有姜-泰勒变形？

5.16 试利用前线轨道理论讨论辛四烯的电环化反应规律。

5.17 试利用前线轨道理论分析 CO 的加氢反应，说明只有使用催化剂才能使此反应顺利进行的原因。

5.18 试利用轨道的对称性守恒原理讨论两个乙烯分子的环加成反应规律。

5.19 试利用轨道的对称性守恒原理讨论己三烯衍生物在光照和加热条件下电环化反应规律，并分析产物的立体构型。

第6章 晶体结构

6.1 晶体结构的周期性

通常所遇到的固体材料可分为晶体(如 NaCl、金刚石等)和非晶体(如玻璃、塑料等)两大类。两者在结构上的主要差别是构成晶体的微观粒子(如离子、原子、分子等)在空间的排列具有周期性——构成晶体的微观粒子在空间中每隔一定的距离后又重复出现的现象。例如，图 6-1 为一个氯化铯(CsCl)晶胞，是由 1 个 Cs^+和周围的 8 个 Cl^-组成的，一整块的 CsCl 晶体就是以这样的平行六面体为基石在空间堆砌而成。构成非晶体的微观粒子在空间的排列则很“乱”，不具有周期性。另外，化学组成相同的物质也会由于微观结构的不同而分为晶体和非晶体，例如，石英和石英玻璃的化学组成都是 SiO_2，但石英是晶体，而石英玻璃则是非晶体，由图 6-2 可看出两者结构上的差异。晶体和非晶体在结构上的差别使得它们的宏观性质也有许多不同。

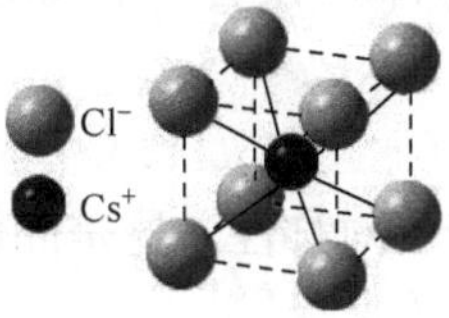

图 6-1 CsCl 晶胞图

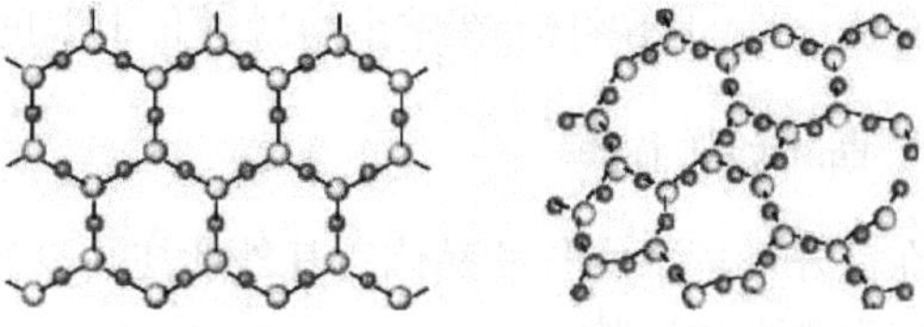

石英 石英玻璃

图 6-2 石英和石英玻璃的结构差别

6.1.1 晶体的性质

晶体结构的周期性使晶体具有许多共同的特征。

1. 晶体的均匀性

组成晶体的微观粒子在空间的排布具有周期性，由于微观粒子在空间重复出现的周期很小，宏观上观察不到周期更迭所导致的微观不连续性，因此如果将一大块晶体分成若干小块，那么每一小块晶体的宏观性质与大块晶体完全相同。

2. 晶体的各向异性

晶体的某些物理性质，如电导率、热膨胀系数、折光率等，都与晶体的取向有关。例如，石墨为层状结构，与层平行方向上的电导率约为与层垂直方向上的 10^4 倍，晶体的这种特性称为晶体的各向异性。但是只有那些与方向有关的物理性质才有各向异性，而一些与方向无关的物理量(如密度等)又是各个部分相同的。由于晶体内部结构具有周期性，不同方向上微观粒子的排列方式可能不同，在宏观上就表现为各向异性。

3. 晶体具有多面体外形

晶体在生长过程中自发形成晶面，两个晶面相交成为晶棱，晶棱与晶棱相交成为顶点。凸多面体的晶面数(F)、晶棱数(E)和顶点数(V)之间有如下关系。

$$F + V = E + 2$$

4. 晶体的锐熔点

将晶体加热，只有达到一定温度——熔点时，才开始熔融，在整个熔融过程中，虽然继续加热，但晶体温度保持不变，直到全部熔化后，温度才继续上升。晶体具有锐熔点的这种性质是由其结构的周期性决定的，正是这种结构周期性的存在使晶体在熔融时各个部分所需要的温度相等。但由于非晶体的结构不具有周期性，各个部分的宏观性质有差异，在熔融时所需要的温度就不同。例如，玻璃在加热过程中先软化为黏度很大的物体，随着温度的升高黏度逐渐变小，最后成为具有流动性的熔融体。在整个熔融过程中温度逐渐升高，没有一个固定的熔点。

5. 晶体的对称性

在良好环境下生长的晶体，其外形往往具有一定的对称性。这是晶体结构周期性在宏观上的反映。

6. 晶体的 X 射线衍射

晶体结构的周期大小与 X 射线的波长相当，因此晶体就像一个三维光栅，会使 X 射线产生衍射。

晶体的上述共性是由其结构周期性决定的。晶体结构的周期性是所有晶体的共同特征，但不同的晶体具有不同的结构周期，下面讨论什么是晶体结构的周期性以及如何描述。

6.1.2　等同点

如果将许许多多图 6-1 所示的 CsCl 晶胞堆砌起来，每两个相邻立方体共用一个面上的 4 个 Cl^-，就会产生大块的 CsCl 晶体。图 6-1 的立方体中心位置是 1 个 Cs^+，周围有 8 个 Cl^-，再远一些还有 6 个 Cs^+，……，所有这些 Cs^+周围的环境都是相同的，所有 Cl^-的环境也都是相同的。但是，Cs^+与 Cl^-的环境却不相同。另外，只要任意指出晶体中的一点，就可以在晶体中找到与这个点环境完全相同的一系列点，而这些点与 Cs^+或 Cl^-的环境又不相同。如果将 Cs^+、Cl^-和其他任意点都看作几何点，那么晶体中就存在无穷多的几何点，就将其中环境完全相同的几何点称为等同点，等同点中的几何点也称为结点。

显然，同一晶体中等同点的套数是无限多的。但我们所关心的只是由晶体中微观粒子组成的等同点，就此而言，一个晶体中等同点的套数也就确定了。例如，CsCl 晶体中所有的 Cs^+和 Cl^-只构成两套等同点，Cs^+构成一套等同点，Cl^-构成另一套等同点。

进一步研究发现，CsCl 晶体中两套等同点在空间的排列规律完全相同。如图 6-3 所示，图中各点既可代表 Cs^+所构成的等同点，也可代表 Cl^-所构成的等同点，是 CsCl 晶体中两套等同点所共同具有的几何图像。CsCl 晶体就是由分别处于这两套等同点结点上的 Cs^+与 Cl^-穿插而成的。

在 CsCl 晶体中，所有相同的微粒(如 Cs^+或 Cl^-)都属于同一套等同点，但是在有些晶体中并非如此。例如，在金刚石晶体中，每个 C 周围都有另外四个 C，分别处于正四面体的四个顶点，金刚石晶体就是由这些正四面体构成，但这些正四面体在空间的取向不同，因此金刚石中所有 C 原子的环境不完全相同，而是分为两类，分属于两套等同点。如图 6-4 所示，黑点和灰点都是 C 原子，分别属于两套不同的等同点。但有一点与 CsCl 相同，即金刚石晶体中这两套等同点在空间的排列规律也是完全相同的。

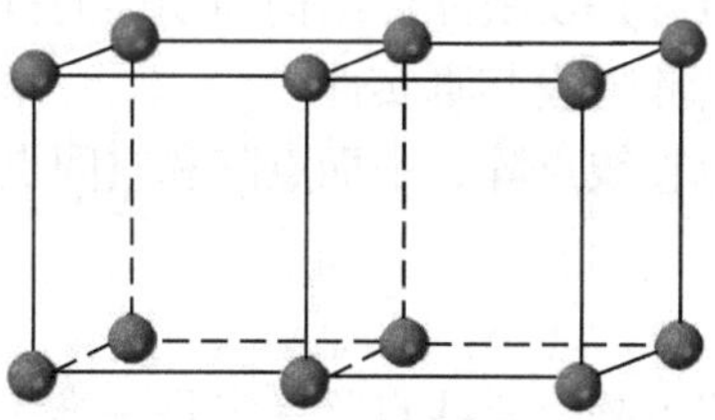

图 6-3 CsCl 晶体中两套等同点共同具有的几何图像

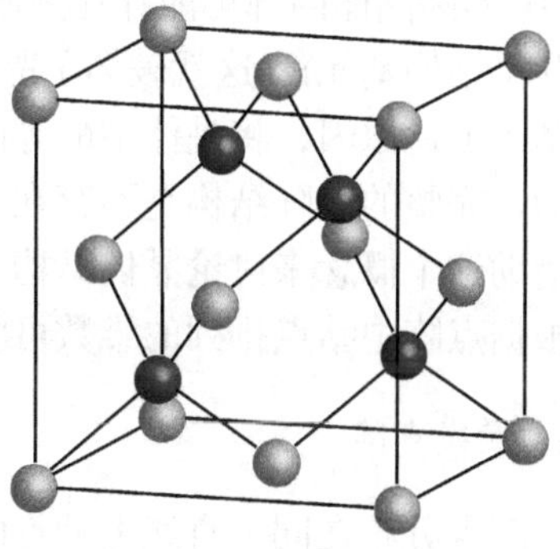

图 6-4 金刚石晶体结构

因此，任一晶体中都有数套等同点，不同微粒一定不属于同一套等同点，相同的微粒并不一定属于同一套等同点，一种晶体就是由分别处于数套等同点结点上的不同微粒穿插而成的。同一晶体的所有等同点在空间的排列规律是完全相同的，而一般说来，不同晶体等同点的排列规律互不相同。

虽然不同晶体等同点的排列规律不同，但它们有一个共同特征：如果将整个晶体看作是由几套等同点组成的几何图形，那么，以任意两点之间的连线作为矢量进行平移，除边缘外，图形能够完全复原。若将实际晶体按上述矢量进行平移，除晶体边缘外，处于同一套等同点上的微粒互相顶替，也能复原。因此，晶体的微观结构具有周期性，晶体结构中的等同点在空间的有规律排列是晶体结构周期性的反映。

6.1.3 点阵

所谓点阵，就是空间中这样一组无限多的点，按连接其中任何两点所决定的矢量进行平移后能使其复原，组成点阵的点称为点阵点。根据点阵的概念，点阵是一种无限的结构，点阵点的数目应是无限多。点阵的概念是从晶体结构的研究中概括出来的，但是将晶体的等同点系列看成是点阵则需做下列三点近似：

(1) 实际晶体并非是一种无限结构，将实际晶体进行平移，在边缘处是不能复原的。但是，由于晶体中点阵周期的数量级约为 10^1Å，而一般的宏观晶体在每个方向上的周期数可达 10^6，所以在进行平移时，处于边缘而未复原的点的数目比起处于中间的复原的点的数目少得多，可以忽略，因而近似认为整个等同点系复原了。

(2) 晶体中的微粒并不是静止的，而是无时无刻不在平衡位置附近振动，但其振幅比晶体的周期小得多，因此近似认为晶体中的微粒是固定在其平衡位置上的。

(3) 实际晶体内部可能存在杂质，或者存在缺陷(某些部位可能缺少或多出一个或几个结构基元)，这就破坏了晶体结构的周期性。

基于上述原因，将晶体中的等同点系列看成点阵其实是一种近似行为，真正理想的、完整的点阵结构是不存在的。但是点阵是反映晶体结构周期性的科学抽象，借助这个概念来讨论晶体结构，并不会由此失去其真实性。

根据点阵中结点排列的维数可将点阵分成直线点阵、平面点阵和空间点阵。

1. 直线点阵

点阵点分布在同一直线上的点阵称为直线点阵。直线点阵一定是一维无限的等距离点的系列，如图 6-5 所示。

图 6-5 直线点阵

将点阵进行平移，必须指明平移的方向和大小，故可用一矢量来表示平移。若将直线点阵中任意相邻两点阵点所确定的矢量记为 $\boldsymbol{a}$，见图 6-5，那么，能使一直线点阵复原的平移矢量有：0，±$\boldsymbol{a}$，±2$\boldsymbol{a}$，…。这些平移矢量可用通式(6-1)表示：

$$\boldsymbol{T}_m = m\boldsymbol{a},\ m = 0, \pm 1, \pm 2, \cdots \tag{6-1}$$

上述这些能使直线点阵复原的平移对于矢量加法来说构成一个群，群中有无穷多个元素：0，$\boldsymbol{a}$，$-\boldsymbol{a}$，2$\boldsymbol{a}$，$-2\boldsymbol{a}$，…。其乘法对应的是矢量的加法，单位元素是 0。这种由平移构成的群称为平移群，表示为 $\boldsymbol{T}_m$。

2. 平面点阵

点阵点分布在同一平面上的点阵称为平面点阵，如图 6-6 所示。

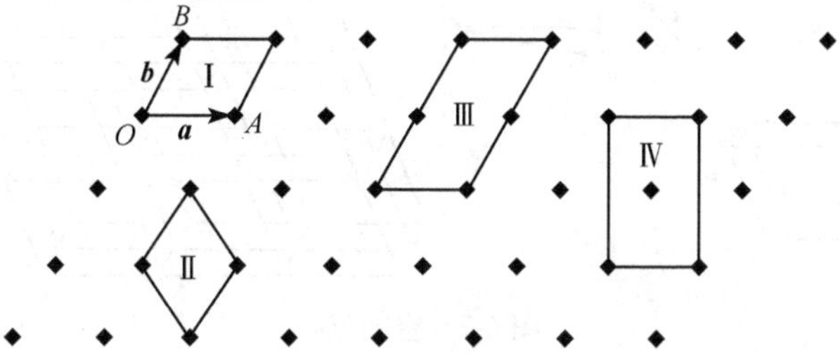

图 6-6　平面点阵

在一平面点阵中，任取三个不共线的点 O、A 和 B，设 $\boldsymbol{OA} = \boldsymbol{a}$，$\boldsymbol{OB} = \boldsymbol{b}$，则矢量 $\boldsymbol{a}$ 与 $\boldsymbol{b}$ 可确定一平行四边形，每个平行四边形可看作是一个点阵单位，整个点阵是由许多这样的单位并置而成。矢量 $\boldsymbol{a}$ 和 $\boldsymbol{b}$ 的取法可以有许多种，因而所形成的平行四边形——点阵单位也可以有许多种，如图 6-6 中的Ⅰ、Ⅱ、Ⅲ、Ⅳ等。点阵单位的大小可用分摊到每个点阵单位中的点阵点的数目表示。对于Ⅰ或Ⅱ两种点阵单位，只在四个顶点有点阵点，因为每个处于顶点上的点阵点为四个同样的平行四边形所共有，所以每个平行四边形的每个顶点实际只分摊到 $\frac{1}{4}$ 个点阵点。每个平行四边形共有四个顶点，所以像Ⅰ或Ⅱ这两种点阵单位分别只有 $\frac{1}{4}\times 4 = 1$ 个点阵点。对于Ⅲ，除了四个位于顶点的点阵点外，还有两个点阵点位于平行四边形两个边上，它们分别被两个平行四边形所共有，每个平行四边形的一个边实际只分摊到 $\frac{1}{2}$ 个点阵点，所以点阵单位Ⅲ共有 $\left(\frac{1}{4}\times 4+\frac{1}{2}\times 2\right)=2$ 个点阵点。对于Ⅳ，除了四个位于顶点的点阵点外，还有一个位于内部，位于内部的点阵点完全属于这个点阵单位，因此Ⅳ的点阵点个数为 $\left(\frac{1}{4}\times 4+1\right)=2$ 个。像Ⅰ和Ⅱ这样只在顶点有点阵点，点阵点个数为 1 的点阵单位称为素单位，像Ⅲ和Ⅳ那样分摊到 2 个或 2 个以上点阵点的单位称为复单位。素单位的取法不是唯一的，如果设定某一

素单位的矢量为 $\boldsymbol{a}$ 和 $\boldsymbol{b}$，则能使此平面点阵复原的平移可用通式(6-2)表示：

$$\boldsymbol{T}_{m,n} = m\boldsymbol{a} + n\boldsymbol{b},\ \ m = 0, \pm 1, \pm 2, \cdots;\ \ n = 0, \pm 1, \pm 2, \cdots \tag{6-2}$$

式(6-2)表示的平移矢量也构成一个平移群 $\boldsymbol{T}_{m,n}$。显然平面点阵可划分为许多不同方向的直线点阵。

3. 空间点阵

点阵点分布在三维空间的点阵称为空间点阵，如图 6-7 所示。

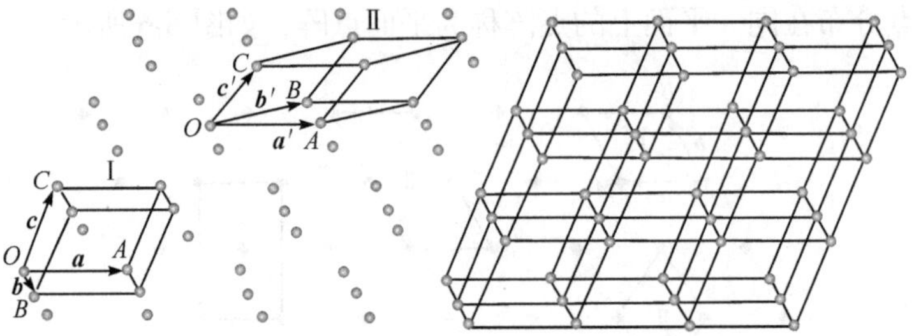

图 6-7　空间点阵

任取四个不共面且其中任意三个不共线的点阵点 O、A、B 和 C，设 $\boldsymbol{OA} = \boldsymbol{a}$，$\boldsymbol{OB} = \boldsymbol{b}$，$\boldsymbol{OC} = \boldsymbol{c}$，则矢量 $\boldsymbol{a}$、$\boldsymbol{b}$、$\boldsymbol{c}$ 可确定一平行六面体，每个平行六面体可看作一个空间点阵单位，整个空间点阵就可看作以这个平行六面体为单位并置而成，见图 6-7 中Ⅰ。$\boldsymbol{a}$、$\boldsymbol{b}$、$\boldsymbol{c}$ 的取法可有许多种，因而所形成的以平行六面体为单位的空间点阵单位也有许多种。点阵点在平行六面体中所处的位置有四种：顶点、棱、面和内部。点阵点所处的位置不同，对空间点阵单位的贡献也不同，每个位于顶点、棱、面和内部的点阵点对点阵单位的贡献分别为 $\frac{1}{8}$ 个、$\frac{1}{4}$ 个、$\frac{1}{2}$ 个和 1 个。这样，图 6-7 中点阵单位Ⅰ分摊到 $\left(\frac{1}{8}\times 8+1\right)=2$ 个点阵点，Ⅱ分摊到 $\frac{1}{8}\times 8=1$ 个点阵点。像Ⅱ这样只在顶点上有点阵点，只分摊到一个点阵点的空间点阵单位也称为素单位。同平面点阵一样，空间点阵的素单位取法也不是唯一的。设 $\boldsymbol{a}$、$\boldsymbol{b}$、$\boldsymbol{c}$ 为确定某一空间素单位的三个矢量，则能够使此空间点阵复原的平移可用通式(6-3)表示：

$$\boldsymbol{T}_{m,n,p} = m\boldsymbol{a} + n\boldsymbol{b} + p\boldsymbol{c},\quad \begin{cases} m = 0, \pm 1, \pm 2, \cdots \\ n = 0, \pm 1, \pm 2, \cdots \\ p = 0, \pm 1, \pm 2, \cdots \end{cases} \tag{6-3}$$

式(6-3)表示的平移矢量也构成一个平移群。

在空间点阵中，通过任何两个点阵点的直线称为点阵点直线，位于同一点阵点直线上的点阵点构成一直线点阵。通过任何三个不在同一直线上的点阵点的平面称为点阵面，位于同一点阵面上的点阵点构成一平面点阵。

综上所述，每一晶体中的等同点系列都可构成一个点阵，与此点阵相联系的平移群中任一平移操作不仅能使此空间点阵复原，也可使晶体结构复原。将任何能被平移操作复原的结构称为点阵式结构。显然，晶体结构就属于点阵式结构。

6.1.4 晶格和晶格常数

既然任何一个空间点阵都可以找出由三个不共面矢量 $\boldsymbol{a}$、$\boldsymbol{b}$、$\boldsymbol{c}$ 确定的平行六面体——空间点阵单位，那么整个空间点阵就可看作由这些平行六面体并置而成。也就是说，整个空间点阵可以由这些平行六面体复制出来，因此由一个平行六面体的结构就可以得知整个空间点阵的结构。但是，即使是同一个空间点阵也可以有无限多个划分平行六面体的方式。为了使所选的平行六面体能尽可能全面、确切地表达整个空间点阵的特性，必须规定选择平行六面体——空间点阵单位的原则：

(1) 所选择的平行六面体应该能够反映整个空间点阵的对称性。

(2) 在满足(1)的条件下，应使所选择的平行六面体的棱与棱之间的夹角尽可能多的为直角。

(3) 在满足(1)和(2)的条件下，所选的平行六面体的体积应尽可能小。

根据上述原则选定的用于作为空间点阵单位的平行六面体就称为晶格，晶格中的点阵点也称为结点。每一个晶格的形状及大小是由代表这个晶格的平行六面体的三个棱长 a、b 和 c 及三个棱之间的夹角 α、β 和 γ 来决定的。a、b、c、α、β、γ 这六个参数称为晶格常数。这里的 α、β、γ 不一定等于 90°。

6.1.5 14 种布拉维晶格

根据晶格的选择原则，布拉维(Bravias)推导出能够用于表达晶体点阵结构的平行六面体只有 14 种。也就是说，虽然实际晶体可以是千变万化的，但就其点阵结构而言，就只有 14 种。这 14 种不同的空间点阵单位称为 14 种布拉维晶格，如图 6-8 所示。

布拉维晶格的命名方法与晶格中结点位置有关，晶格中结点的位置只有以下四种：

(1) 只在顶点上有结点的晶格称为素格子或简单格子，用 P 表示。

(2) 除在顶点上有结点外，在平行六面体中心还有结点的晶格称为体心格子，用 I 表示。

(3) 除在顶点上有结点外，在相对的两个面的中心还有结点的晶格称为底心格子，如果相对的两个面处于 c 方向就称为 C 底心格子。

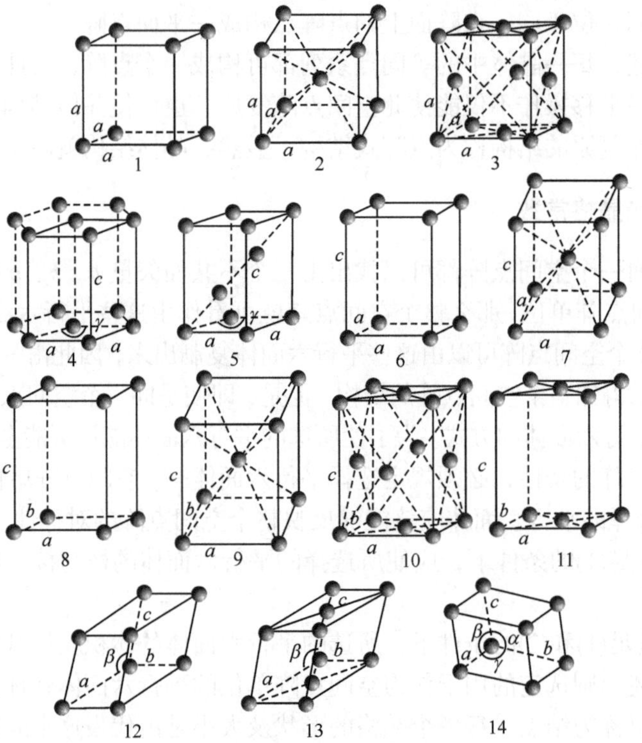

图 6-8　14 种布拉维晶格

1. 简单立方(*cP*)；2. 体心立方(*cI*)；3. 面心立方(*cF*)；4. 简单六方(*hP*)；5. 棱心六方(*hR*)；
6. 简单四方(*tP*)；7. 体心四方(*tI*)；8. 简单正交(*oP*)；9. 体心正交(*oI*)；10. 面心正交(*oF*)；
11. *C* 底心正交(*oC*)；12. 简单单斜(*mP*)；13. *C* 底心单斜(*mC*)；14. 简单三斜(*aP*)

(4) 除在顶点上有结点外，在平行六面体六个面的中心均有结点的晶格称为面心格子，用 *F* 表示。

此外，图 6-8 中的第 5 个格子称为棱心六方，原意为在六面体晶格的六个棱中心点上各有 1 个结点。但根据选择晶格的三个原则，这种棱心有结点的六面体晶格不是体积最小的，还可以划为更小的格子，即图 6-8 中第 5 种晶格类型，虽然已不是六方体型晶格，但仍沿用这种命名。

6.2　晶体的宏观对称性

6.2.1　晶胞和晶胞参数

晶格是实际晶体所属点阵结构的代表。当晶格确定之后，在晶格所属空间内引入构成晶体的各个具体微观粒子，如离子、原子、分子等，这样所形成的有实际内容的平行六面体单位就称为晶胞。

为了描述晶胞的结构，就要给出晶胞的形状、大小以及晶胞中微观粒子的分布。晶胞的形状和大小可用平行六面体的三个边长 a、b、c 及三边之间的夹角 α、β、γ 来确定。a、b、c、α、β、γ 这六个参数称为晶胞常数，这与晶格常数完全一致。在描述晶胞中粒子的分布时应明确标出粒子个数及粒子坐标。

计算某晶胞中粒子个数的方法与计算空间点阵单位中点阵点个数的方法相同，即晶胞内部有几个粒子其个数就是几，位于顶点、棱或面上的粒子是与其他晶胞共用的，它们属于这个晶胞的个数分别是 $\frac{1}{8}$ 个、$\frac{1}{4}$ 个或 $\frac{1}{2}$ 个。图 6-9 所示是一个 NaCl 晶胞，图 6-10 是 NaCl 的晶体模型，其中大球代表 Cl^-，小球代表 Na^+。图 6-9 中，8 个顶点及 6 个面心的位置上各有一个 Cl^-，所以 NaCl 晶胞中 Cl^-的个数为 $\left(\frac{1}{8}\times 8+\frac{1}{2}\times 6\right)=4$ 个。12 个棱心及 1 个体心位置上各有一个 Na^+，Na^+的个数为 $\left(\frac{1}{4}\times 12+1\right)=4$ 个，因此 NaCl 晶胞中有 4 个 Na^+和 4 个 Cl^-共 8 个粒子。这 8 个粒子的位置要用坐标来表示，坐标的写法要以轴的单位长度 a、b、c 为单位，这样表示的晶胞中所有粒子的坐标(x, y, z)都是小于 1 的分数，称为分数坐标，而且应当使所写出的坐标值尽可能小而简单。例如，8 个顶点上各有一个 Cl^-，但它们对此晶胞的贡献仅相当于 1 个 Cl^-，因此只能写出一个 Cl^-的坐标，这 8 个点的坐标中最简单的就是(0, 0, 0)，所以这个 Cl^-的分数坐标就是(0, 0, 0)。再如，$\boldsymbol{c}$ 方向上有 4 个棱，棱心位置各有一个 Na^+，这 4 个 Na^+对整个晶胞贡献的粒子数为 1，因此也只能写出一个最小而简单的 Na^+分数坐标，就是图 6-9 中第 7 点的坐标$(0, 0, \frac{1}{2})$。因此，在图 6-9 所示 NaCl 晶胞中，应选 1、2、3、4 点的坐标作为 4 个 Cl^-的分数坐标，选 5、6、7、8 点的坐标作为 4 个 Na^+的分数坐标，它们分别是

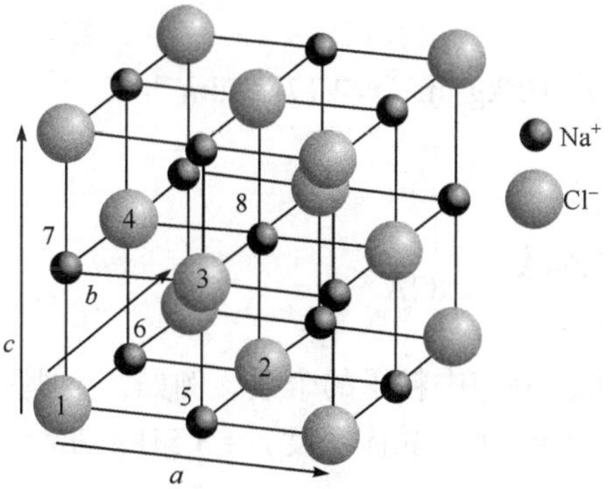

图 6-9　NaCl 晶胞

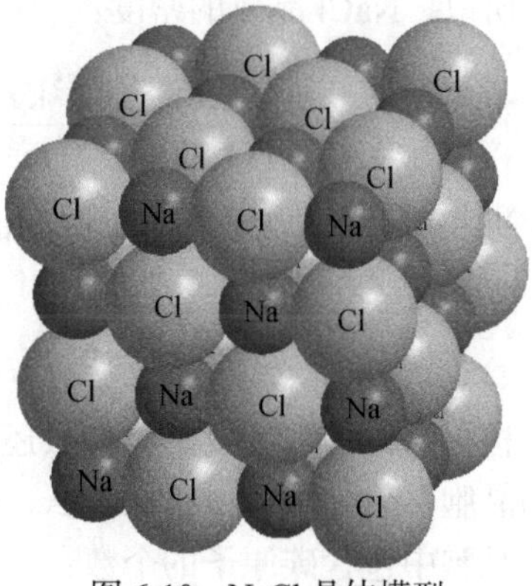

图 6-10　NaCl 晶体模型

大球表示 Cl^-，小球表示 Na^+

$$\text{Cl}^-:\quad (0,0,0),\ \left(\frac{1}{2},\frac{1}{2},0\right),\ \left(\frac{1}{2},0,\frac{1}{2}\right),\ \left(0,\frac{1}{2},\frac{1}{2}\right)$$

$$\text{Na}^+:\quad \left(\frac{1}{2},0,0\right),\ \left(0,\frac{1}{2},0\right),\ \left(0,0,\frac{1}{2}\right),\ \left(\frac{1}{2},\frac{1}{2},\frac{1}{2}\right)$$

再如，图 6-4 所示为一个金刚石晶胞，其中含有分属于两套等同点的 8 个 C，其分数坐标分别是

$$(0,0,0),\ \left(0,\frac{1}{2},\frac{1}{2}\right),\ \left(\frac{1}{2},0,\frac{1}{2}\right),\ \left(\frac{1}{2},\frac{1}{2},0\right),\ \left(\frac{3}{4},\frac{3}{4},\frac{1}{4}\right),\ \left(\frac{3}{4},\frac{1}{4},\frac{3}{4}\right),\ \left(\frac{1}{4},\frac{3}{4},\frac{3}{4}\right),\ \left(\frac{1}{4},\frac{1}{4},\frac{1}{4}\right)$$

从化学成分上看，晶胞内各个原子(离子或分子)的个数之比应与晶体的化学式一致。例如，图 6-9 中 NaCl 晶体的 1 个晶胞中含有 4 个 Na^+和 4 个 Cl^-，Na^+和 Cl^-个数之比为 1∶1。而在选择代表晶胞结构的平行六面体时也要求它与晶体的对称性保持一致。总而言之，晶胞是晶体结构的基石，是晶体结构中最小的可重复单元，整个晶体就是由许许多多这样的晶胞并置而成，因此晶胞是晶体结构的代表。

根据晶胞参数和晶胞中粒子的种类和个数可以求出晶体的密度。例如，NaCl 晶体的晶胞参数 $a = b = c = 5.64\text{Å}$，$\alpha = \beta = \gamma = 90°$，则

1 个 NaCl 晶胞的体积：

$$V = a \times b \times c = a^3 = (5.64 \times 10^{-10})^3\ \text{m}^3 = 1.79 \times 10^{-28}\text{m}^3$$

1 个 NaCl 晶胞的质量：

$$m = 4 \times M(\text{Na}^+) + 4 \times M(\text{Cl}^-) = (22.99 + 35.45) \times \frac{4 \times 10^{-3}}{6.02 \times 10^{23}}\ \text{kg} = 3.88 \times 10^{-25}\text{kg}$$

所以，NaCl 晶体的密度：

$$\rho = \frac{m}{V} = \frac{3.88 \times 10^{-25}\text{kg}}{1.79 \times 10^{-28}\text{m}^3} = 2.17 \times 10^3\text{kg} \cdot \text{m}^{-3} = 2.17\text{kg} \cdot \text{dm}^{-3}$$

进一步可求出 NaCl 离子键的键长：

$$r_{\text{Na}^+-\text{Cl}^-} = \frac{a}{2} = \frac{5.64\text{Å}}{2} = 2.82\text{Å}$$

根据晶体的密度及晶胞参数还可以求出晶胞中粒子的个数。例如，金刚石晶体的晶胞参数 $a = b = c = 3.567\text{Å}$，$\alpha = \beta = \gamma = 90°$，晶体密度 $\rho = 3.51\text{kg} \cdot \text{dm}^{-3}$，则每个晶胞中包含碳原子的个数：

$$Z=\frac{V\rho N_{\mathrm{A}}}{M}=\frac{(3.567\times10^{-10})^{3}\times3.51\times10^{3}\times6.02\times10^{23}}{12.01\times10^{-3}}=7.98\approx8$$

6.2.2　宏观对称性

通过第 4 章的学习可知，分子的对称操作是点操作，分子的对称性属于有限物体的对称性。若将有限物体可能具有的对称性称为宏观对称性，则宏观对称操作和宏观对称元素有五种：旋转和旋转轴，反演和对称中心，反映和对称面，旋转反演和反轴，旋转反映和映轴。

如果将布拉维晶格看作有限大小的物体，那么其对称性也可以用上述四种宏观对称操作和对称元素来描述。但是，晶格是表达晶体空间点阵结构的最小单位，其对称性应能代表整个空间点阵的对称性，而空间点阵是无限的图形，可以通过平移操作复原，这种通过平移也能使物体复原的对称性是有限物体(如分子)所不具备的。因此，晶体的宏观对称元素的种类、位置及其取向不仅会受到分子的对称元素组合定理的限制，还会受到晶体点阵结构的限制(具体地说是受到平移对称性的限制)，导致晶体的宏观对称元素减少到只有八种：1、2、3、4、6 重轴，4 重反轴，镜面(在晶体学中将对称面称为镜面)，对称中心。其分别表示为：1，2，3，4，6，$\bar{4}$，m，i。

在晶体的宏观对称性中，除$\bar{4}$外，可能出现的反轴还有$\bar{1}$、$\bar{2}$、$\bar{3}$、$\bar{6}$，但后四种反轴都不属于独立的对称操作，原因是它们都可以用上面的八种对称操作替代。如图 6-11 所示，$\bar{1}=i$，$\bar{2}=m_{\perp}$，$\bar{3}=3+i$，$\bar{6}=3+m_{\perp}$，其中 $m_{\perp}$表示与$\bar{2}$或$\bar{6}$垂直的镜面。这些等式的意义是，凡具有等式一端的对称元素的晶体必然具有等式另一端的对称元素。例如，$\bar{2}=m_{\perp}$表示凡具有二重反轴$\bar{2}$的晶体必然具有一镜面 $m_{\perp}$；反之，凡具有 $m_{\perp}$的晶体必然具有一个$\bar{2}$，且两者互相垂直，因此可以用镜面来代替二重反轴。

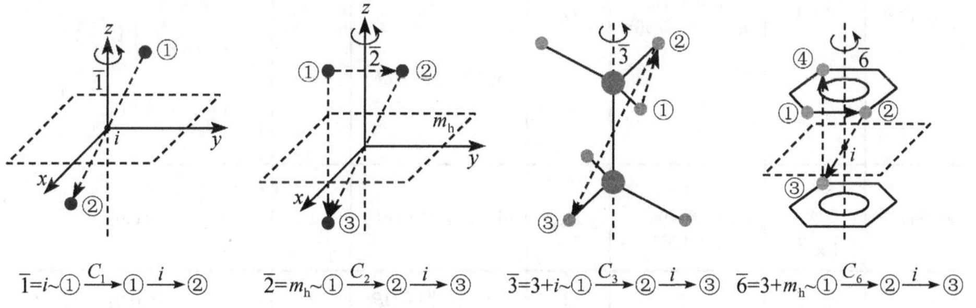

图 6-11　$\bar{1}$、$\bar{2}$、$\bar{3}$、$\bar{6}$轴的替代操作示意图

6.2.3 七个晶系

即使只有 8 种宏观对称元素，其组合方式也可以有许多种。但同样是受到对称元素组合定理的限制，晶体中宏观对称元素可能的组合方式只有 32 种，称为晶体的 32 种宏观对称类型，也称为晶体的 32 个点群(在 6.2.4 小节介绍)。

每个点群都有其特征对称元素，根据特征对称元素的异同又可以将这 32 个点群划分成七类，称为七个晶系，每个晶系的特征对称元素不同，晶格特点也不相同。例如，将所有含 4 个三重轴的点群归为一类，称为立方晶系，这 4 个三重轴就是立方晶系的特征对称要素。七个晶系的名称及其特征对称元素见表 6-1，表中所列出的点群是该晶系中具有最高对称性的晶格所属的点群。

表 6-1 还列出了每个晶系中包含的布拉维晶格的类型，通过表 6-1 很容易发现，有些类型的晶格并未出现。例如，立方晶系中不出现立方底心格子，四方晶系中不出现四方底心和四方面心格子，其原因各不相同。例如，立方晶系中不出现底心格子是因为这种格子与立方晶系的对称性不符；而四方晶系中，四方底心格子可以划为体积更小的四方素格子。如图 6-12 所示，虚线为两个四方底心格子，实线为一个更小的四方素格子；四方面心格子也可以划为体积更小的四方体心格子。如图 6-13 所示，虚线是两个四方面心格子，实线是一个四方体心格子。由于正交晶系的三个边长不等，$a \neq b \neq c$，因此正交底心和正交面心格子不可以按图 6-12 或图 6-13 那样划为更小的格子。

表 6-1　七个晶系的晶格特征及所属点群

晶系	特征对称要素	晶胞特征	所属点群	14 种布拉维晶格	结点数	结点的分数坐标
立方晶系	4×3	$a=b=c$ $\alpha=\beta=\gamma=90°$	O_h	(1) 简单立方(cP)	1	(0,0,0)
				(2) 体心立方(cI)	2	(0,0,0)，($\frac{1}{2},\frac{1}{2},\frac{1}{2}$)
				(3) 面心立方(cF)	4	(0,0,0)，($\frac{1}{2}$,0,$\frac{1}{2}$) ($\frac{1}{2},\frac{1}{2}$,0)，(0,$\frac{1}{2},\frac{1}{2}$)
六方晶系	1×6 或 $1\times \bar{6}$	$a=b\neq c$ $\alpha=\beta=90°$ $\gamma=120°$	D_{6h}	(4) 简单六方(hP)	1	(0,0,0)
四方晶系	1×4 或 $1\times \bar{4}$	$a=b\neq c$ $\alpha=\beta=\gamma=90°$	D_{4h}	(5) 简单四方(tP)	1	(0,0,0)
				(6) 体心四方(tI)	2	(0,0,0)，($\frac{1}{2},\frac{1}{2},\frac{1}{2}$)

续表

晶系	特征对称要素	晶胞特征	所属点群	14 种布拉维晶格	结点数	结点的分数坐标
三方晶系	1×3 或 1×$\bar{3}$	$a=b=c$ $\alpha=\beta=\gamma\neq90°$	D_{3d}	(7) 棱心六方(*hR*)	3	(0,0,0) $(\frac{1}{3},\frac{2}{3},\frac{2}{3})$，$(\frac{2}{3},\frac{1}{3},\frac{1}{3})$
正交晶系	3×2 或 3×*m*	$a\neq b\neq c$ $\alpha=\beta=\gamma=90°$	D_{2h}	(8) 简单正交(*oP*)	1	(0,0,0)
				(9) 体心正交(*oI*)	2	(0,0,0)，$(\frac{1}{2},\frac{1}{2},\frac{1}{2})$
				(10) 面心正交(*oF*)	4	(0,0,0)，$(0,\frac{1}{2},\frac{1}{2})$ $(\frac{1}{2},0,\frac{1}{2})$，$(\frac{1}{2},\frac{1}{2},0)$
				(11) *C* 底心正交(*oC*)	2	(0,0,0)，$(\frac{1}{2},\frac{1}{2},0)$
单斜晶系	1×2 或 1×*m*	$a\neq b\neq c$ $\alpha=\gamma=90°$ $\beta>90°$	C_{2h}	(12) 简单单斜(*mP*)	1	(0,0,0)
				(13) *C* 底心单斜(*mC*)	2	(0,0,0)，$(\frac{1}{2},\frac{1}{2},0)$
三斜晶系	1×1 或 *i*	$a\neq b\neq c$ $\alpha\neq\beta\neq\gamma\neq90°$	C_1	(14) 简单三斜(*aP*)	1	(0,0,0)

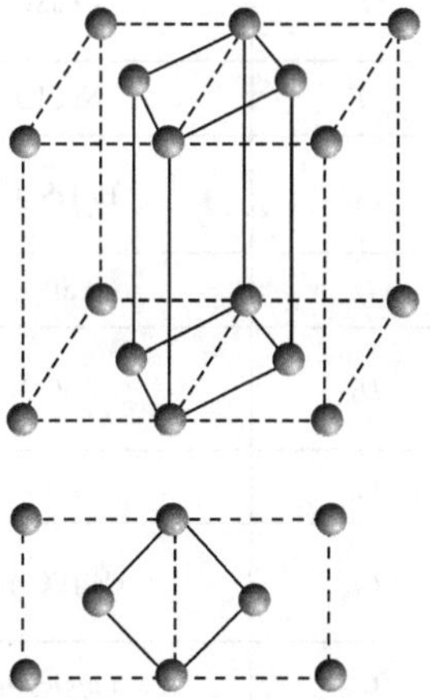

图 6-12 四方底心格子可划为四方素格子

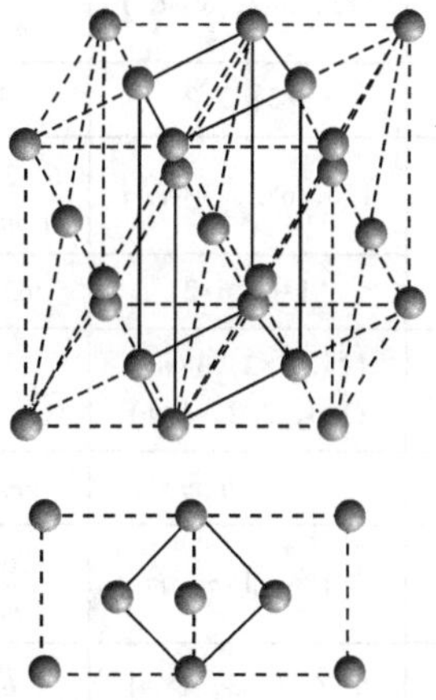

图 6-13 四方面心格子可划为四方体心格子

6.2.4 32 种宏观对称类型

第 4 章中介绍了点群的申夫利斯符号，晶体学中还常用国际符号来表示晶体的 32 个点群。晶体的 32 个点群列于表 6-2 中，符号表示方法也有两种——申夫利斯符号和国际符号。例如，点群符号 C_{2h} - $\frac{2}{m}$ 中 C_{2h} 表示点群的申夫利斯符号，$\frac{2}{m}$ 代表点群的国际符号，意为一个方向上同时含二重轴和镜面(二者垂直)。点群的国际符号是按晶系的不同用一到三个位来表示，如符号 $\frac{4}{m}mm$ 有三个位，分别是 $\frac{4}{m}$ 、m 和 m，而符号 $3m$ 有两个位，分别是 3 和 m。每个位都给出了在一个确定方向上出现的对称元素。各晶系的三个位所代表的方向见表 6-3。表 6-3 中 $\boldsymbol{a}$、$\boldsymbol{b}$、$\boldsymbol{c}$ 表示三个坐标轴的单位矢量。若在某一方向有对称元素，就将相应的对称元素记在这一位上，若一个位上有两个对称元素，则记为分数的形式，如 $\frac{4}{m}$ 。

表 6-2 晶体的 32 个点群

晶系	序号	对称元素	国际符号	简略国际符号	申夫利斯符号	实例
立方	1	3×4，4×3，6×2，9×m，i	$\frac{4}{m}3\frac{2}{m}$	$m3m$	O_h	NaCl
	2	3×4，4×3，6×2	432	43	O	β-Mn
	3	3×$\bar{4}$，4×3，6×m	$\bar{4}3m$	$\bar{4}3m$	T_d	ZnS
	4	4×3，3×2，3×m，i	$\frac{2}{m}3$	$m3$	T_h	FeS_2
	5	4×3，3×2	23	23	T	$NaClO_3$
六方	6	1×6，6×2，7×m，i	$\frac{6}{m}\frac{2}{m}\frac{2}{m}$	$\frac{6}{m}mm$	D_{6h}	$BaTiSi_3O_9$
	7	1×6，6×2	622	62	D_6	$LaPO_4$
	8	1×6，3×2，3×m，(1×3，3×2，4×m)	$\bar{6}m2$	$\bar{6}m2$	D_{3h}	$CaCO_3$
	9	1×6，6×m	$6mm$	$6mm$	C_{6v}	ZnO
	10	1×6，1×m，i	$\frac{6}{m}$	$\frac{6}{m}$	C_{6h}	$Ca_5(PO_4)_3F$
	11	1×$\bar{6}$ (1×3，1×m)	$\bar{6}$	$\bar{6}$	C_{3h}	$Pb_5Ge_3O_{11}$
	12	1×6	6	6	C_6	$NaAlSiO_4$
四方	13	1×4，4×2，5×m，i	$\frac{4}{m}\frac{2}{m}\frac{2}{m}$	$\frac{4}{m}mm$	D_{4h}	TiO_2(金红石)
	14	1×4，4×2	422	42	D_4	$NiSO_4 \cdot 6H_2O$

续表

晶系	序号	对称元素	国际符号	简略国际符号	申夫利斯符号	实例
四方	15	$1\times\bar{4}$，2×2，$2\times m$	$\bar{4}2m$	$\bar{4}2m$	D_{2d}	KH_2PO_4
	16	1×4，$4\times m$	$4mm$	$4mm$	C_{4v}	$BaTiO_3$
	17	$1\times\bar{4}$，$1\times m$，i	$\frac{4}{m}$	$\frac{4}{m}$	C_{4h}	$CaWO_4$
	18	$1\times\bar{4}$	$\bar{4}$	$\bar{4}$	S_4	BPO_4
	19	1×4	4	4	C_4	$I(NH)C(CH_2)_2COOH$
三方	20	1×3，3×2，$3\times m$，i	$\bar{3}\frac{2}{m}$	$\bar{3}m$	D_{3d}	α-Al_2O_3
	21	1×3，3×2	32	32	D_3	α-SiO_2
	22	1×3，$3\times m$	$3m$	$3m$	C_{3v}	$LiNbO_3$
	23	$1\times\bar{3}$ (或 1×3，i)	$\bar{3}$	$\bar{3}$	C_{3i}	$FeTiO_3$
	24	1×3	3	3	C_3	Ni_3TeO_8
正交	25	3×2，$3\times m$，i	$\frac{2}{m}\frac{2}{m}\frac{2}{m}$	mmm	D_{2h}	Mg_2SiO_4
	26	3×2	222	222	D_2	HIO_3
	27	1×2，$2\times m$	$mm2$	mm	C_{2v}	$NaNO_2$
单斜	28	1×2，$1\times m$，i	$\frac{2}{m}$	$\frac{2}{m}$	C_{2h}	$KAlSi_3O_8$
	29	$1\times m$	m	m	C_s	KNO_2
	30	1×2	2	2	C_2	$BiPO_4$
三斜	31	i	$\bar{1}$	$\bar{1}$	C_i	$CuSO_4\cdot5H_2O$
	32	1×1	1	1	C_1	$Al_2Si_2O_5(OH)$(高岭土)

表 6-3 晶系国际符号中三个位的方向

晶系	第一位	第二位	第三位
立方晶系	$\boldsymbol{a}$	$\boldsymbol{a}+\boldsymbol{b}+\boldsymbol{c}$	$\boldsymbol{a}+\boldsymbol{b}$
六方晶系	$\boldsymbol{c}$	$\boldsymbol{a}$	$2\boldsymbol{a}+\boldsymbol{b}$
四方晶系	$\boldsymbol{c}$	$\boldsymbol{a}$	$\boldsymbol{a}+\boldsymbol{b}$
三方晶系	$\boldsymbol{a}+\boldsymbol{b}+\boldsymbol{c}$	$\boldsymbol{a}-\boldsymbol{b}$	
正交晶系	$\boldsymbol{a}$	$\boldsymbol{b}$	$\boldsymbol{c}$

续表

晶系	第一位	第二位	第三位
单斜晶系	***b***	***a*** + ***b*** + ***c***	
三斜晶系	***c***		

6.3　晶体的定向和晶面符号

在晶体学中，经常需要将三维坐标系引入晶体图形中，这称为晶体的定向，所选取的三个坐标轴 x、y、z 称为晶轴，为右手系。为适应不同晶系的特点，常按空间点阵的三个矢量 $\boldsymbol{a}$、$\boldsymbol{b}$、$\boldsymbol{c}$ 的方向定义三个晶轴的方向，单位矢量 $\boldsymbol{a}$、$\boldsymbol{b}$、$\boldsymbol{c}$ 称为三个轴的轴单位，其大小 a、b、c 称为这三个轴的素单位，三个素单位 a、b、c 不一定相等。x、y、z 三个晶轴之间的夹角称为晶轴角，记为 α、β、γ，分别表示 y 与 z、z 与 x、x 与 y 轴正方向间的夹角，三个晶轴角也不一定是直角。对于特定的晶体，a、b、c、α、β、γ 是确定的。反之，如果 a、b、c、α、β、γ 都确定了，那么这个晶体的结构也就确定了。这六个常数称为晶体常数。每个晶系中晶轴的选择方法如表 6-4 所示。

表 6-4　晶体定向

晶系	定向		晶胞常数特征	独立晶胞常数
立方	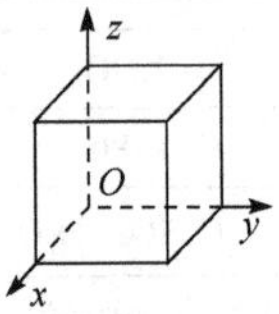	x、y 和 z 轴平行于 4(或 $\bar{4}$)或二重轴	$a = b = c$ $\alpha = \beta = \gamma = 90°$	a
六方	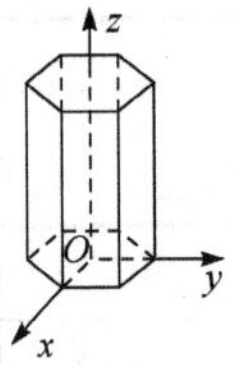	z 轴平行于 6 或 $\bar{6}$ 轴；x、y 轴平行于二重轴或与 m 垂直	$a = b \neq c$ $\alpha = \beta = 90°$ $\gamma = 120°$	a, c
四方	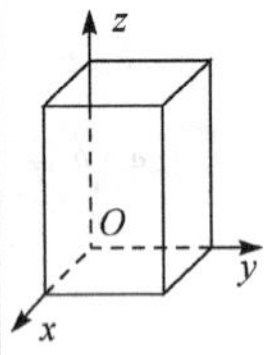	z 轴平行于 4 或 $\bar{4}$ 轴；x、y 轴平行于二重轴或与 m 垂直	$a = b \neq c$ $\alpha = \beta = \gamma = 90°$	a, c

续表

晶系	定向		晶胞常数特征	独立晶胞常数
三方	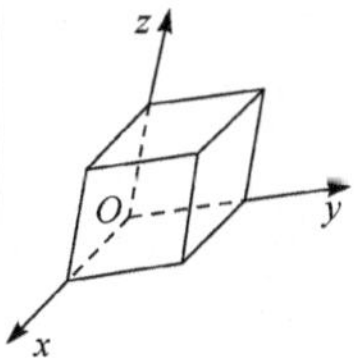	x、y 和 z 轴与二重轴重合且 $\alpha=\beta=\gamma$	$a=b=c$ $\alpha=\beta=\gamma\neq 90°$	a, α
正交	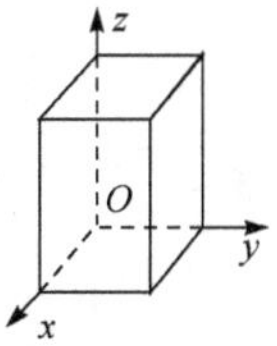	x、y 和 z 轴平行于二重轴或与 m 垂直	$a\neq b\neq c$ $\alpha=\beta=\gamma=$ $90°$	a, b, c
单斜	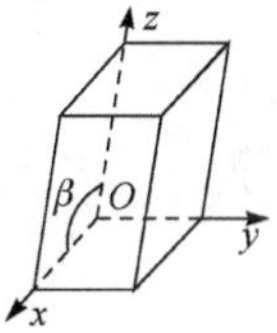	y 轴平行于二重轴或与 m 垂直，$a<c$	$a\neq b\neq c$ $\alpha=\gamma=90°$ $\beta>90°$	a, b, c, β
三斜	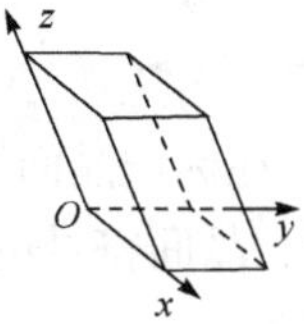	三个不在同一面内的晶棱方向分别为 x、y 和 z 轴	$a\neq b\neq c$ $\alpha\neq\beta\neq\gamma$ $\alpha>90°$ $\beta>90°$	a, b, c α, β, γ

如果在点阵面中各个结点处引入构成晶体的具体的微观粒子，如离子、原子、分子等，这样形成的有实际内容的平面就称为晶面。研究晶体结构时，往往需要标记不同晶面的方位。设某一晶面在三个坐标轴上的截距分别为 $u\boldsymbol{a}$、$v\boldsymbol{b}$、$w\boldsymbol{c}$，若分别以 $\boldsymbol{a}$、$\boldsymbol{b}$、$\boldsymbol{c}$ 为量度单位(将它们看作 1)，则其截距分别为 u、v、w，而且相互平行的所有晶面在此三个坐标轴上的截距之比皆为 $u:v:w$，因此可用比例关系 $u:v:w$ 来表示点阵面的方向。但是，当晶面与某一坐标轴平行时，其截距为∞，为了避免在比值中出现∞，就将三个截距的倒数 $\frac{1}{u}$、$\frac{1}{v}$、$\frac{1}{w}$ 之比化为三个互质的整数之比，即 $\frac{1}{u}:\frac{1}{v}:\frac{1}{w}=p:q:r$，规定用这三个互质的整数比来标记点阵面，记为 (pqr)，(pqr)就称为晶面符号。

图 6-14(a)中所示一晶面 ABC，其截距分别为 $OA=a$，$OB=2b$，$OC=3c$，即 $u=1$，$v=2$，$w=3$，因为

$$\frac{1}{u}:\frac{1}{v}:\frac{1}{w}=\frac{1}{1}:\frac{1}{2}:\frac{1}{3}$$

$$p:q:r=6:3:2$$

该晶面就用(632)来标记。图 6-14(b)中所示晶面的

$$\frac{1}{u}:\frac{1}{v}:\frac{1}{w}=\frac{1}{1}:\frac{1}{2}:\frac{1}{\infty}$$

$$p:q:r=2:1:0$$

所以晶面为(210)面。

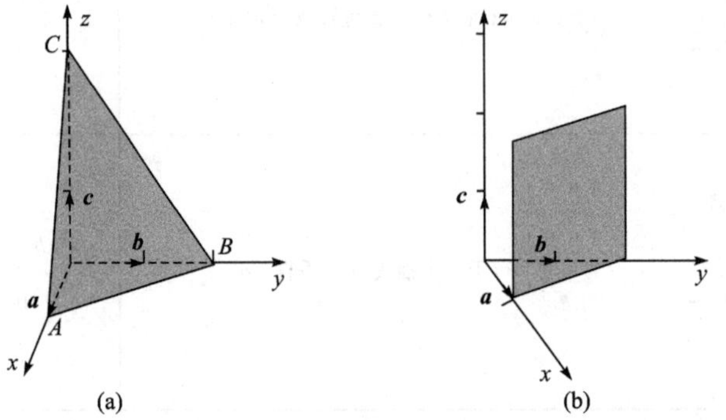

图 6-14　晶面符号

立方晶系中的几组主要晶面如图 6-15 所示。需要强调的是，在标记晶面符号时一定要先将晶体定向，因为对于同一组晶面，若晶轴的选取不同，晶面符号也不同。

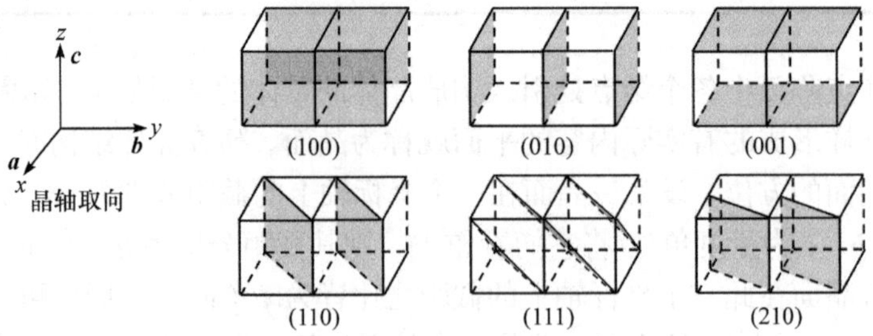

图 6-15　立方晶系中的几组晶面

晶体中，晶面符号为(pqr)的晶面是一组互相平行的晶面，其晶面方程的通式为

$$px+qy+rz=n \tag{6-4}$$

式中，n 是整数，一个确定的 n 值对应一个确定的晶面。显然，$n=0$ 的晶面经过坐标原点，与其相邻的两个晶面 $n=\pm1$，其他晶面则随着 n 的增大而逐渐远离原点。

因为晶体结构具有周期性，所以晶面符号(pqr)所标记的这一组晶面不仅相互

平行，而且相邻两个晶面间的距离都相等，用 $d_{(pqr)}$表示，称为这一组晶面的晶面间距。晶面间距与晶体参数 a、b、c、α、β、γ 直接相关。

属于立方素晶格晶体的晶面间距：

$$d_{(pqr)}^{-1}=\left(\frac{p^2+q^2+r^2}{a^2}\right)^{\frac{1}{2}}$$

属于四方素晶格晶体的晶面间距：

$$d_{(pqr)}^{-1}=\left(\frac{p^2+q^2}{a^2}+\frac{r^2}{c^2}\right)^{\frac{1}{2}}$$

属于正交素格子晶体的晶面间距：

$$d_{(pqr)}^{-1}=\left(\frac{p^2}{a^2}+\frac{q^2}{b^2}+\frac{r^2}{c^2}\right)^{\frac{1}{2}}$$

6.4 晶体的微观对称性

晶体具有点阵结构，可近似看作是一个无限物体。无限物体的对称性分成两类，一类是在 6.2 节中介绍过的宏观对称性，另一类称为微观对称性。微观对称性只在无限物体中出现，对应的微观对称操作和微观对称元素有平移和平移轴，螺旋旋转和螺旋轴，滑移反映和滑移面三种，下面分别讨论。

6.4.1 平移和平移轴

将无限物体中各点按一矢量 $\boldsymbol{T}$ 进行移动的动作称为平移。进行平移所凭借的直线称为平移轴，能被平移操作复原的物体一定是无限的。关于平移操作在 6.1 节中已有叙述。需要注意的是，在对空间点阵或晶体进行平移操作时，平移方向及平移距离都由平移矢量 $\boldsymbol{T}$ 确定，即由式(6-3)$\boldsymbol{T}_{m,n,p}=m\boldsymbol{a}+n\boldsymbol{b}+p\boldsymbol{c}$ 确定，其中 m、n、p 等于 0 或整数。

6.4.2 螺旋旋转和螺旋轴

由旋转和平移组成的复合操作称为螺旋旋转，在进行螺旋旋转时所凭借的轴线称为螺旋轴，用 n_m 表示，其中 n 为旋转的轴次，m 表示在螺旋轴方向平移单位矢量长度的 $\frac{m}{n}$ 倍。例如，若某晶体在 $\boldsymbol{a}$ 方向有一个螺旋轴 n_m，那么它对应的基本操作就是：先绕此轴旋转 $\frac{2\pi}{n}$，再沿 **a** 轴的方向平移 $\frac{m}{n}$ 个轴单位，即平移距离为 $\frac{m}{n}a$。图 6-16 中的Ⅰ是一个能通过螺旋旋转操作复原的图形，具有一个 4_1 螺旋轴。将Ⅰ单独旋转 90°到Ⅱ或平移 $\frac{1}{4}a$ 到Ⅲ后都不能复原，但先旋转 90°再平移 $\frac{1}{4}a$ 或先平移 $\frac{1}{4}a$ 再旋转 90°后就能够复原。从图 6-16 中可以看出，螺旋旋转的最终结果与旋转和平移进行的先后次序无关。此外，螺旋轴一定也是一个平移轴，具有螺旋轴的物体至少在此螺旋轴的方向是无限的。

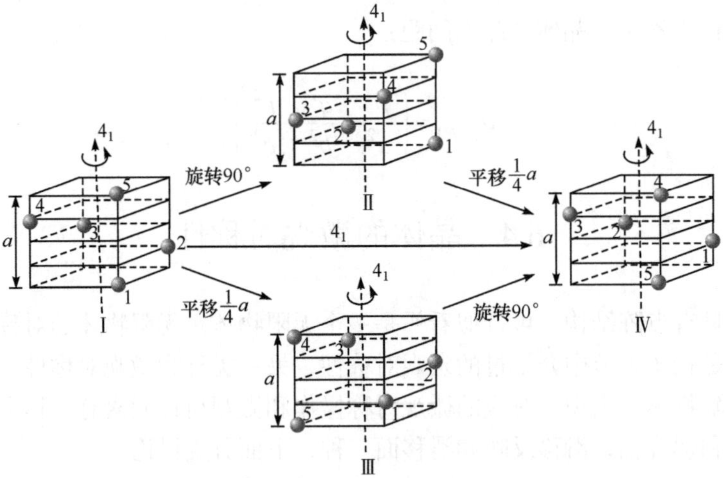

图 6-16　具有 4_1 螺旋轴的图形

一般而言，$n = m$ 的螺旋轴就是 n 重旋转轴，所以对于 4 重螺旋轴来讲只有 4_1、4_2、4_3 三种，6 重螺旋轴只有 6_1、6_2、6_3、6_4、6_5 五种。图 6-17 列出了具有 4_2、4_3、4_4 螺旋轴的三个图形。显然 4_4 就是 4 重旋转轴。

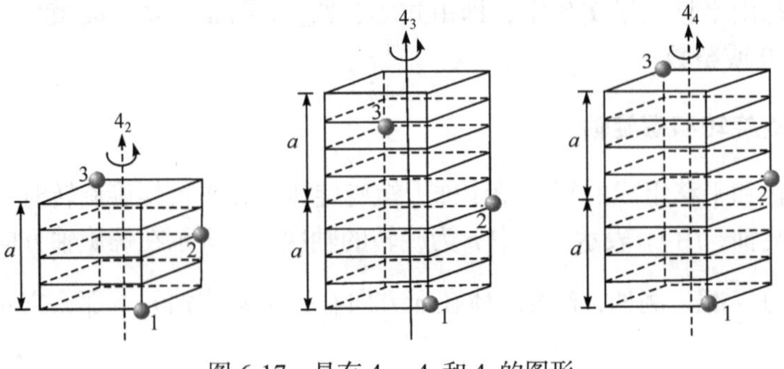

图 6-17　具有 4_2、4_3 和 4_4 的图形

6.4.3 滑移反映和滑移面

由平移和反映组成的复合操作称为滑移反映，进行滑移反映所凭借的平面称为滑移面。图 6-18 为 NaCl 的一个晶胞，图 6-18 中的平面 a_1 就是 NaCl 晶体的一个滑移面，它平行于 **a** 和 **c** 组成的平面，位于 **b** 轴的 $\frac{1}{4}b$ 处。点 1 借 a_1 面反映到点 2 后再沿 **a** 方向平移 $\frac{1}{2}a$ 到点 3 就复原了。图 6-18 中的另一个平面 a_2 也是 NaCl 晶体的一个滑移面，a_2 平行于 **b** 和 **c** 组成的平面，位于 **a** 轴的 $\frac{1}{4}a$ 处。点 1 借助 a_2 面反映到点 4 后再沿 **a** 方向平移 $\frac{1}{2}a$ 到点 5 后也能复原。显然，只有无限图形才可能具有滑移面，且滑移反映的效果与滑移和反映进行的先后次序无关。

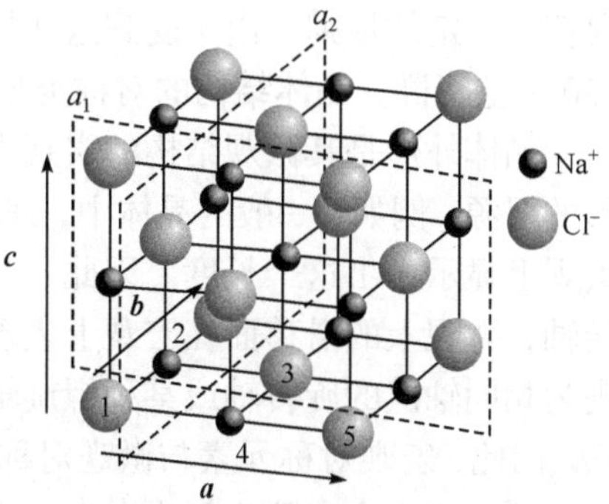

图 6-18 NaCl 晶胞

根据平移矢量的大小和方向将滑移面分为五种，分别用 *a*、*b*、*c*、*n*、*d* 表示。与这五种滑移面所对应的平移矢量的大小及方向如表 6-5 所示，表 6-5 中 **a**、**b**、**c** 为确定晶胞形状及大小的三个矢量。因为在微观上可以近似将晶体结构看作无限的，所以上述三种微观对称操作和对称元素代表晶体的三种微观对称操作和对称元素。显然，NaCl 晶体中存在无穷多个 *a* 滑移面。

表 6-5 各种滑移面对应平移矢量的方向和大小

滑移面符号	平移矢量方向	平移矢量大小
a	**a**	$\frac{1}{2}a$
b	**b**	$\frac{1}{2}b$
c	**c**	$\frac{1}{2}c$
n	**a**+**b** 或 **a**+**c** 或 **b**+**c**	$\frac{1}{2}(a+b)$ 或 $\frac{1}{2}(a+c)$ 或 $\frac{1}{2}(b+c)$
d	**a**+**b** 或 **a**+**c** 或 **b**+**c**	$\frac{1}{4}(a+b)$ 或 $\frac{1}{4}(a+c)$ 或 $\frac{1}{4}(b+c)$

6.5 晶体的 230 个空间群

前面介绍了晶体的宏观对称性和微观对称性，也已经知道晶体宏观对称元素按一定的规则组合后，使晶体的宏观对称类型只有 32 种。那么晶体的宏观对称元素与微观对称元素之间的组合是否可以是任意的呢？当然不是，它们之间的组合要符合一定的规则，由于受到这些规则的限制，只能产生 230 种组合方式，称为 230 个空间群。晶体结构的对称类型不可能逾越这 230 个空间群的范围。

晶体外形是其微观结构的宏观表现形式，而晶胞的构造才是使晶体有规则外形的根源。例如，一般的晶体中，螺旋轴或滑移面平移矢量的长度一般仅为几埃，宏观上显示不出这个长度。因此，微观上的螺旋轴在宏观上表现为相同轴次的旋转轴，微观上的滑移面在宏观上表现为镜面。反之，宏观上的旋转轴在微观上表现为相同轴次的旋转轴或某种螺旋轴，宏观镜面在微观上表现为镜面或某种滑移面。因此，宏观对称元素与微观对称元素之间一定是有关联的，也就是说，230 个空间群与 32 个点群之间也存在一定的对应关系。若将空间群中的微观对称元素螺旋轴和滑移面视作旋转轴和镜面，那么晶体的 230 个空间群就可以合并为 32 个点群。反之，若将 32 个点群中的旋转轴和镜面看作各种可能的螺旋轴和滑移面，那么 32 个点群就可以分裂成 230 个空间群。例如，32 个点群中的 C_{2h} - $\frac{2}{m}$ 群可分裂为下面六个空间群：

$$C_{2h}^1 - P\frac{2}{m},\quad C_{2h}^2 - P\frac{2_1}{m},\quad C_{2h}^3 - C\frac{2}{m},\quad C_{2h}^4 - P\frac{2}{c},\quad C_{2h}^5 - P\frac{2_1}{c},\quad C_{2h}^6 - C\frac{2}{c}$$

空间群的符号表示也有两种：申夫利斯符号和国际符号。上面 6 个空间群符号中的 C_{2h} 就是空间群的申夫利斯符号，符号的右上角标以 1，2，3，…标识，表示属于该点群的第几个空间群。例如，C_{2h}^4 表示属于 C_{2h} 点群的第 4 个空间群。上面空间群符号中，横杠后面的部分就是空间群的国际符号，一般是将其点群国际符号三个位中的对称要素换上相应的微观对称元素，并在前面用字母 *P*、*C*、*F*、*I* 表示其所属的晶格类型，分别为简单、*C* 底心、面心或体心格子。例如，空间群 $P\frac{2_1}{m}$ 中“*P*”表示其晶格为简单格子，2_1 表示宏观上的二重轴并非真正的二重轴，实际为 2_1 螺旋轴，只不过在宏观上表现为二重轴，宏观上的镜面也是微观上的镜面。再如，空间群 $C\frac{2}{c}$ 表示其晶格类型为 *C* 底心格子，宏观上的二重轴也是微观上的二重轴，而宏观上的镜面实际为微观上的 *c* 滑移面。附录Ⅷ中列出了 230 个空间群的申夫利斯符号和国际符号。

6.6　圆球的堆积方式及金属晶体

有时可以将构成晶体的微观粒子视为具有一定体积的圆球。例如，金属晶体就常被看作这些圆球以尽量紧密的方式堆积在一起而形成。

半径相同的圆球的堆积称为等径球的堆积，半径不同的圆球的堆积称为不等径球的堆积。堆积在一起的圆球之间必然会有空隙，圆球堆积的紧密程度可用单位体积的空间中圆球所占体积分数表示，称为空间利用率。不同堆积方式的圆球之间空隙大小不同，空间利用率也不同。一个圆球周围最邻近的圆球数目称为这一圆球的配位数。

6.6.1　等径球的密堆积

等径圆球可能的紧密堆积方式有三种，其中两种为最紧密堆积，第三种堆积的紧密程度稍差。

1. 六方密堆积(A_3)

单层等径圆球的最紧密堆积方式只有如图 6-19 所示的一种，每个球都和另 6 个球相切，每三个球之间形成一个空隙。第二层堆上去的最紧密方式只能是堆在第一层 6 个空隙中相间的三个空隙上，而另三个空隙则空着，这也只有一种堆积方式。第三层堆在第二层空隙上的方式有两种。一种方式是使第三层的六个球恰在第一层的正上方，如果第一层记为 A，第二层记为 B，那么第三层又为 A，第四层又为 B，……。这样，每两层为一组，形成 ABAB…的结构，如图 6-20 所示。这种堆积方式用 A_3 表示，称为六方密堆积，属于六方格子，每个圆球的配位数都为 12。

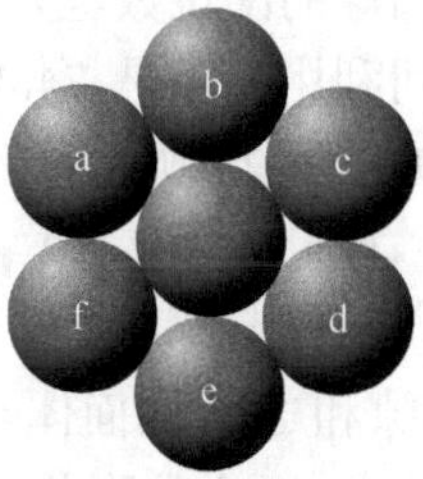

图 6-19　等径球单层最紧密堆积

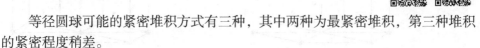

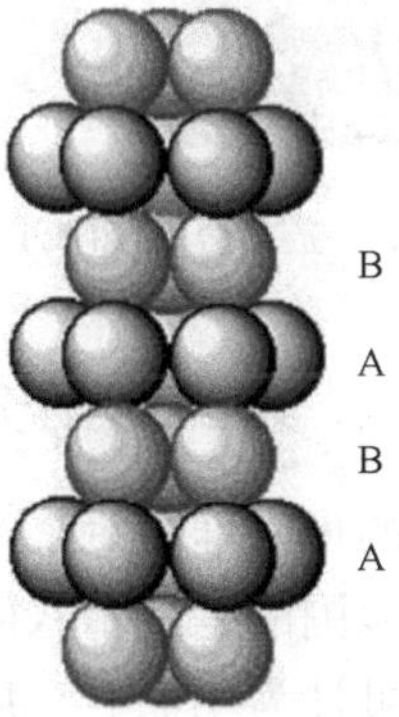

图 6-20　六方密堆积(A_3)

六方密堆积的一个晶胞如图 6-21 所示，晶胞中含有两个质点，其分数坐标分别是 $(0, 0, 0)$，$\left(\frac{2}{3}, \frac{1}{3}, \frac{1}{2}\right)$。一个六方密堆积晶胞共有两个八面体空隙和 4 个四面体空隙，上层三个顶点位置的圆球与中层三个圆球构成一个八面体，中层三个圆球与下面三个顶点构成另一个八面体空隙。利用几何方法可以计算出其空间利用率是 74.05%。

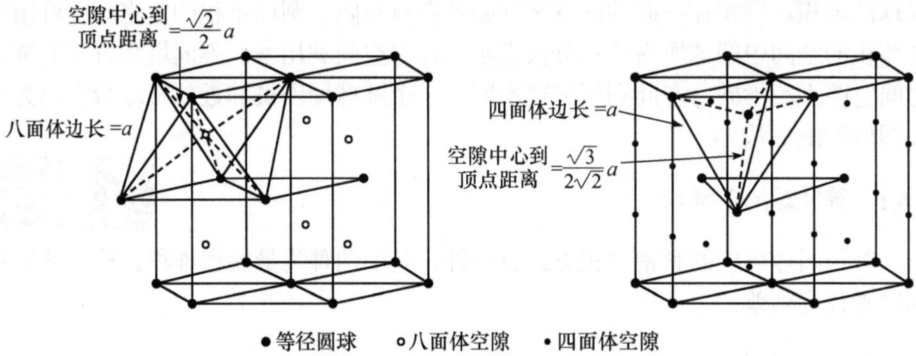

图 6-21　六方密堆积中的一个晶胞

2. 立方密堆积(A_1)

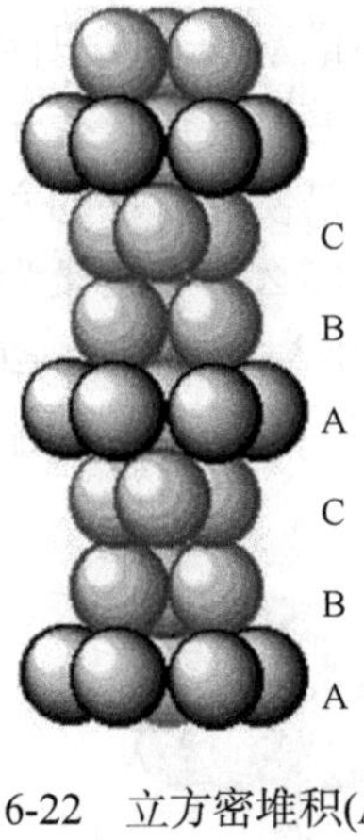

图 6-22　立方密堆积(A_1)

等径圆球的另一种最密堆积方式是第一层和第二层仍按六方密堆积的 A 层和 B 层方式堆积，但第三层的 6 个圆球不是堆在第一层正上方，而是形成一个新的堆积层 C，C 层刚好与第一层错开，第四层则堆在第一层的正上方，如此每三层为一组，形成 ABCABC…的结构，如图 6-22 所示。这种堆积方式用 A_1 表示，称为立方密堆积，每个圆球的配位数也是 12，属于立方面心格子，空间利用率也是 74.05%。立方密堆积的一个晶胞如图 6-23 所示，每个晶胞中含有四个质点，其分数坐标分别为 $(0, 0, 0)$，$\left(0, \frac{1}{2}, \frac{1}{2}\right)$，$\left(\frac{1}{2}, 0, \frac{1}{2}\right)$，$\left(\frac{1}{2}, \frac{1}{2}, 0\right)$。

立方面心的最密堆积每个晶胞中有 4 个八面体空隙和 8 个四面体空隙。6 个面心位置所包围的是一个八面体空隙，每条棱的中点是 4 个晶胞共有的一个八面体空隙，可计为 1/4 个，共 12 条棱，合计组成另外 3 个八面体空隙。8 个顶点共有 8 个四面体空隙。

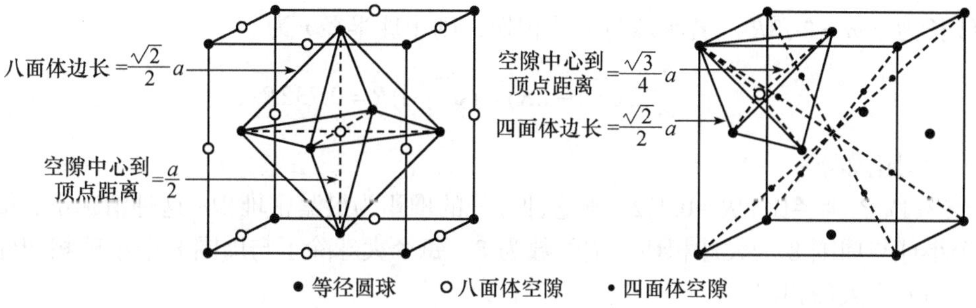

图 6-23　立方密堆积中的一个晶胞

3. 立方体心堆积(A_2)

等径圆球的堆积，除了上述两种最紧密方式外，还有一种紧密程度稍差一些的方式，如图 6-24 所示。这种堆积方式用 A_2 表示，属于立方体心格子，位于顶点的 8 个圆球互相不接触，而只与位于体心的圆球接触，配位数是 8，空间利用率为 68.02%。

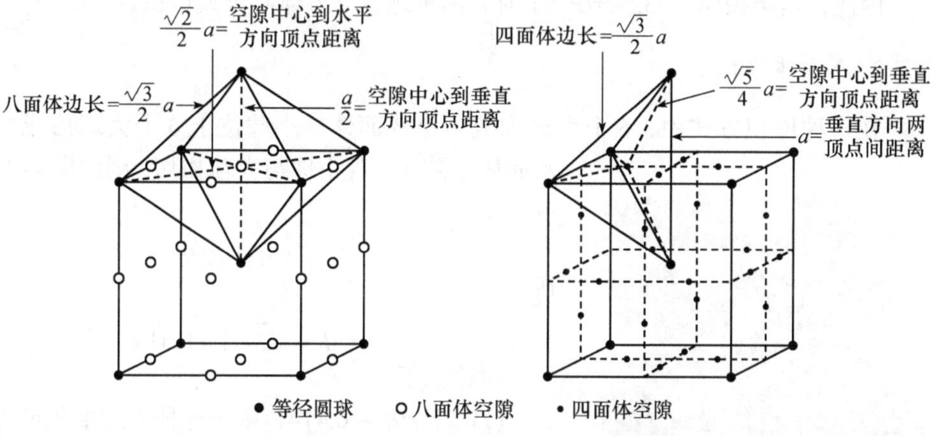

图 6-24　立方体心堆积中的一个晶胞

6.6.2　不等径圆球的堆积

不等径圆球的堆积方式与圆球半径的相对大小有关。这里讨论两种不同半径圆球的堆积。设小球的半径为 r，大球的半径为 R，堆积方式随半径比 r/R 不同而不同。

1. 立方堆积

在不等径圆球的立方堆积方式中，8 个大球堆成一个立方体，小球位于这 8 个大球所形成的立方体空隙中。大球半径为 R，所以立方体的边长 $a = 2R$，对角

线长为 $\sqrt{3}a = 2\sqrt{3}R$ 。若小球与大球相切，则小球半径 r 为

$$r = \frac{1}{2}(2\sqrt{3}R - 2R) = (\sqrt{3} - 1)R = 0.732R$$

讨论如下：

(1) 若半径比 $r/R = 0.732$，则这种方式的堆积为最紧密堆积。这种情况下，每个小球与周围 8 个大球相切，配位数为 8。每个大球除了与周围 8 个小球相切外还与 6 个大球相切。

(2) 若 $r/R < 0.732$，小球不与大球相切，因此小球在立方体空隙中可以晃动，结构不稳定，因此不可能采用这种方式堆积。

(3) 若 $r/R > 0.732$，大球之间不再相切，但小球与大球相切，结构依然是稳定的，仍可以这种方式堆积。每个小球周围与 8 个大球相切，每个大球与 8 个小球相切，两种球的配位数都是 8。

(4) 若 $r/R = 1$，则转化为等径圆球的堆积了，应以配位数为 12 的 A_1 或 A_3 方式进行最紧密堆积。

因此，当半径比 $0.732 \leqslant r/R < 1$ 时，两种球以立方体心方式堆积。

2. 八面体堆积

在这种堆积方式中，6 个大球围成一个八面体，小球位于 6 个大球形成的八面体空隙中，若小球与大球相切，则由图 6-25 可看出

$$r + R = \sqrt{2}R$$

故

$$r / R = \sqrt{2} - 1 = 0.414$$

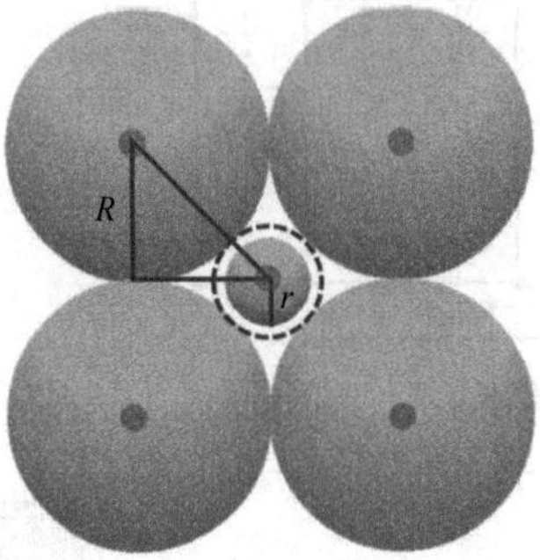

图 6-25　不等径圆球的八面体堆积

讨论如下：

(1) 若 $r/R = 0.414$，则按这种方式堆积最为稳定，此时，每个小球周围与 6 个大球相切，其配位数为 6。

(2) 若 $r/R < 0.414$，则小球不能与大球相切，小球在其中可以晃动，结构不稳定，必须采取其他堆积方式。

(3) 若 $0.414 < r/R < 0.732$，大球之间不再相切，但与小球相切，其配位数为 6，结构仍然是稳定的。

(4) 若 $r/R = 0.732$，便是采用前述的立方堆积方式堆积了。

因此，当 $0.414 \leqslant r/R < 0.732$ 时，两种球将以八面体方式堆积。

3. 四面体堆积

类似地还可以证明，当 $0.225 \leqslant r/R < 0.414$ 时，两种球将以四面体方式堆积，4 个大球围成正四面体，小球位于其所形成的四面体空隙中，小球的配位数为 4。如上所述，两种圆球在空间的堆积方式会随着它们半径比的不同而发生变化，如表 6-6 所示。

表 6-6　两种圆球在空间的堆积方式

半径比(r/R)	堆积方式	小球配位数	堆积类型
$0.225 \leqslant r/R < 0.414$	四面体	4	
$0.414 \leqslant r/R < 0.732$	八面体	6	不等径圆球密堆积
$0.732 \leqslant r/R < 1$	立方体	8	
$r/R = 1$	最密堆积	12	等径圆球密堆积

前面讨论了晶体中微观粒子的排列规律，那么这些粒子之间是靠什么样的作用力，即什么样的化学键结合在一起的呢？晶体中的化学键有金属键、离子键、共价键和分子间键四种类型。按键的类型来分类，可将晶体分为金属晶体、离子晶体、共价晶体、分子晶体及混合型晶体五种。

6.6.3　金属晶体

在金属晶体中，原子失去了外层价电子而形成正离子，这些脱离了原子的价电子在各正离子之间运动，并将这些正离子吸引在一起而结合成晶体。原子间的这种结合力称为金属键。金属键没有饱和性和方向性。

金属单质晶体中，金属原子失去了价电子而成为正离子，其电子云分布是球形对称的，可以看作具有一定体积的圆球，而金属键又没有饱和性和方向性，因此这些正离子的排列不受饱和性和方向性的限制，可以把金属单质晶体中原子在空间的排列看作等径圆球的堆积。为了获得较稳定的结构，它们将尽可能以最紧密的方式堆积。金属正离子若按等径圆球的六方密堆积方式(A_3)结合成晶体，所得晶胞 c 轴与 a 轴单位之比应为 $\dfrac{c}{a}=\dfrac{2}{3}\sqrt{6}=1.633$。在所有金属单质的 A_3 型结构中，除 Zn 和 Cd 的 c 轴与 a 轴单位之比分别为 1.856 和 1.886，与六方密堆积轴单位之比差别较大外，其余金属元素的 $\dfrac{c}{a}$ 之值与 1.633 的偏差都在 4%以内，说明在金属单质的晶体结构中，把金属原子看作在金属键作用下堆积起来的圆球的观点是可行的。

金属单质晶体的密堆积方式如下：

(1) 属于 A_1 结构的金属：Ca、Al、Sr、Sc、Ac、Fe、Cu、Ag、Au、Pt、Ir、Rh、Pd、Pb、Co、Ni、Ce、Pr、Yb、Th 等。

(2) 属于 A_2 结构的金属：Li、Na、K、Rb、Cs、Ba、Ra、V、Nb、Ta、Cr、Mo、W、Fe 等。

(3) 属于 A_3 结构的金属：Be、Mg、Ca、Sc、Y、Ti、Zr、Hf、Tc、Re、Ru、Os、Co、Zn、Cd、Tl、La、Ce、Pr、Nd、Eu、Gd、Tb、Dy、Ho、Er、Tu、Lu、Ru、Os 等。

有一些金属可以有两种不同的构型，如 A_2 型密堆积结构的 Fe 称为 α-Fe，A_1 型密堆积结构的 Fe 称为 γ-Fe。

6.7　晶格能与离子晶体

6.7.1　正、负离子间的相互作用势能

离子晶体的形成是由于正、负离子之间的吸引作用和排斥作用相对平衡的结果。对于一对正、负离子，异性电荷之间库仑引力的作用使两离子之间产生吸引力，设正、负离子分别带有 $+Z_+$ 和 $-Z_-$ 个电荷，根据库仑定律，这两个离子之间的吸引能

$$V_{\text{吸引}} = -\frac{Z_+ Z_- e^2}{4\pi\varepsilon_0 r} \tag{6-5}$$

式中，r 是两离子之间的距离；ε_0 是真空电容率。当正、负离子互相靠近时，两离子的电子云之间发生交叠后就会产生排斥作用，这种排斥作用随着 r 的减小迅速增加，排斥能 $V_{\text{排斥}}$ 随 r 的变化规律可用式(6-6)表示：

$$V_{\text{排斥}} = \frac{B}{r^n} \tag{6-6}$$

式中，B 和 n 都是常数，n 称为波恩指数，n 的数值与离子的电子层结构类型有关，见表 6-7。若正、负离子属于不同类型，则 n 取二者的平均值。例如，NaCl 晶体中，Na^+ 的电子层结构与 Ne 相同，$n_1 = 7$，Cl^- 的电子层结构与 Ar 相同，$n_2 = 9$，因此 NaCl 的 $n = \frac{1}{2}(7+9) = 8$。

表 6-7　波恩指数

电子层结构类型	He	Ne	Ar，Cu^+	Kr，Ag^+	Xe，Au^+
n	5	7	9	10	12

根据式(6-5)和式(6-6)可得，一对正、负离子之间的势能总和为

$$V = V_{吸引} + V_{排斥} = -\frac{Z_+ Z_- e^2}{4\pi\varepsilon_0 r} + \frac{B}{r^n} \tag{6-7}$$

势能 V 取最小值时，正、负离子之间的距离就是平衡核间距，记为 r_0，这时

$$\left(\frac{\mathrm{d}V}{\mathrm{d}r}\right) = 0$$

即

$$\frac{Z_+ Z_- e^2}{4\pi\varepsilon_0 {r_0}^2} - \frac{nB}{{r_0}^{n+1}} = 0$$

故

$$B = \frac{Z_+ Z_- e^2 {r_0}^{n-1}}{4\pi\varepsilon_0 n} \tag{6-8}$$

将 B 的表达式代入式(6-7)后可得一对正、负离子在其平衡位置 r_0 时所具有的势能

$$V_0 = -\frac{Z_+ Z_- e^2}{4\pi\varepsilon_0 r_0}\left(1 - \frac{1}{n}\right) \tag{6-9}$$

上面讨论的仅是一对正、负离子的情况。对于晶体来讲，一个离子周围并非只有一个带异性电荷的离子，而是处于许多个离子的层层包围之中。例如，就如同 NaCl 晶体中 Na^+和 Cl^-的情况相同一样，在所有 NaCl 型晶体中，正、负离子的情况都相同，每个离子都被 6 个距离为 r_0 的带异性电荷的离子所包围，稍远一些有 12 个距离为 $\sqrt{2}\,r_0$ 的带同性电荷的离子，再远一些又有 8 个距离为 $\sqrt{3}\,r_0$ 的带异性电荷的离子……。因此，每个正离子(如 Na^+)或每个负离子(如 Cl^-)与周围所有其他离子间势能的总和为

$$V' = -\frac{Z_+ Z_- e^2}{4\pi\varepsilon_0}\left(\frac{6}{r_0} - \frac{12}{\sqrt{2}r_0} + \frac{8}{\sqrt{3}r_0} - \frac{6}{\sqrt{4}r_0} + \cdots\right)\left(1 - \frac{1}{n}\right)$$

那么，1mol NaCl 型离子化合物体系总的势能

$$\begin{aligned} V &= -\frac{1}{2} \times 2N_{\mathrm{A}} \times \frac{Z_+ Z_- e^2}{4\pi\varepsilon_0 r_0}\left(6 - \frac{12}{\sqrt{2}} + \frac{8}{\sqrt{3}} - \frac{6}{\sqrt{4}} + \cdots\right)\left(1 - \frac{1}{n}\right) \\ &= -\frac{Z_+ Z_- e^2 N_{\mathrm{A}}}{4\pi\varepsilon_0 r_0}\left(6 - \frac{12}{\sqrt{2}} + \frac{8}{\sqrt{3}} - \frac{6}{\sqrt{4}} + \cdots\right)\left(1 - \frac{1}{n}\right) \end{aligned} \tag{6-10}$$

由于每对离子之间的作用能只能计算一次，不能重复计算，因此式(6-10)前面

须乘以$\frac{1}{2}$。式(6-10)中括号内的级数与离子在空间的排列方式有关，即与晶体结构类型有关。设

$$A = 6 - \frac{12}{\sqrt{2}} + \frac{8}{\sqrt{3}} - \frac{6}{\sqrt{4}} + \cdots$$

式中，A 称为马德隆常数，NaCl 型晶体的 $A = 1.748$；CsCl 型晶体的 $A = 1.763$。这样，式(6-10)变为

$$V = -\frac{Z_+ Z_- e^2 N_A A}{4\pi\varepsilon_0 r_0}\left(1 - \frac{1}{n}\right) \tag{6-11}$$

6.7.2　晶格能

由气态正负离子结合成 1mol 离子晶体所放出的能量称为晶格能或点阵能，用 u 表示。例如，对于 NaCl 晶体，反应 $Na^+(g) + Cl^-(g) \longrightarrow NaCl(s) + u$ 放出的能量 u 称为 NaCl 的晶格能。晶格能越大，晶体越稳定。从晶格能定义看，u 应等于所有离子对势能总和的负值，即

$$u = -V_0 = \frac{Z_+ Z_- e^2 N_A A}{4\pi\varepsilon_0 r_0}\left(1 - \frac{1}{n}\right) \tag{6-12}$$

式中，$e = 1.602 \times 10^{-19}$C；$N_A = 6.023 \times 10^{23}$；$\varepsilon_0 = 8.854 \times 10^{-12}C^2 \cdot J^{-1} \cdot m^{-1}$；$r_0$ 以 m 为单位；晶格能的单位为 $J \cdot mol^{-1}$。将这些常数代入后，式(6-12)简化为

$$u = \frac{1.389 \times 10^3 Z_+ Z_- A}{r_0}\left(1 - \frac{1}{n}\right) \tag{6-13}$$

6.7.3　离子晶体

失去价电子的正、负离子的电子云都是球形对称的，可以把它们看作是具有一定体积但半径不同的圆球。由于离子键没有饱和性和方向性，因此可以将离子晶体的结构看作不等径圆球的堆积。当原子失去电子成为正离子后，原子核对外层电子的吸引力增大，因此正离子的半径一般比较小，视为小球。与此相反，负离子半径一般比较大，视为大球。

表 6-8 列出了不同构型的二元离子晶体的半径比，这些比值多数都符合表 6-6 所列出的不等径圆球密堆积的规律，但也有一部分比值不符合，如 NaCl 型晶体中的 KF 和 NaF、立方 ZnS 型晶体中的 BeS，说明在分析离子晶体空间结构时，采用不等径圆球密堆积的方法虽然简单，但并不全面。这是由于离子不是刚性圆球，离子晶体的结构不仅与半径比有关，还与离子的极化等因素有关。

表 6-8 不同构型的二元离子晶体的半径比

CsCl 型晶体 R^+/R^-：1～0.732		NaCl 型晶体 R^+/R^-：0.732～0.414				立方 ZnS 或金刚石型晶体 R^+/R^-：0.414～0.225	
CsCl	0.91	KF	1.00	NaF	0.74	MgTe	0.37
CsBr	0.84	KCl	0.73	NaCl	0.54	BeO	0.26
CsI	0.75	KBr	0.68	NaBr	0.50	BeS	0.20
		KI	0.60	NaI	0.43		

在通常情况下，一对正、负离子之间相互吸引能 $V_{吸引}$ 可用式(6-5)表示。离子晶体中，每个正离子周围都围绕着不止一个负离子，同样，每个负离子周围也都围绕着不止一个正离子，因此相邻两个正、负离子之间的相互吸引能 E 不等于 $V_{吸引}$，需要用一个系数乘以 $V_{吸引}$ 来表达，即

$$E = A \times V_{吸引}$$

这个系数 A 就是与晶体结构相关的马隆德常数。表 6-9 中列出了几种典型离子晶体的结构及 A 值，其中立方 ZnS 和六方 ZnS 都不是离子晶体而是共价晶体，这里只是作为一种结构类型来讨论。

表 6-9 AB 和 AB_2 型离子晶体的结构及马隆德常数

晶体构型	晶系	配位比	坐标位置		马隆德常数 A	空间群
			A	B		
NaCl	立方	6 : 6	$(0,0,0)$，$\left(\frac{1}{2},\frac{1}{2},0\right)$，$\left(\frac{1}{2},0,\frac{1}{2}\right)$，$\left(0,\frac{1}{2},\frac{1}{2}\right)$	$\left(\frac{1}{2},\frac{1}{2},\frac{1}{2}\right)$，$\left(\frac{1}{2},0,0\right)$，$\left(0,\frac{1}{2},0\right)$，$\left(0,0,\frac{1}{2}\right)$	1.748	$Fm3m$ (O_h^5)
CsCl	立方	8 : 8	$(0,0,0)$	$\left(\frac{1}{2},\frac{1}{2},\frac{1}{2}\right)$	1.763	$Pm3m$ (O_h^1)
立方 ZnS	立方	4 : 4	$(0,0,0)$，$\left(\frac{1}{2},\frac{1}{2},0\right)$，$\left(\frac{1}{2},0,\frac{1}{2}\right)$，$\left(0,\frac{1}{2},\frac{1}{2}\right)$	$\left(\frac{3}{4},\frac{1}{4},\frac{1}{4}\right)$，$\left(\frac{1}{4},\frac{3}{4},\frac{1}{4}\right)$，$\left(\frac{1}{4},\frac{1}{4},\frac{3}{4}\right)$，$\left(\frac{3}{4},\frac{3}{4},\frac{3}{4}\right)$	1.638	$F43m$ (T_d^2)
六方 ZnS	六方	4 : 4	$(0,0,0)$，$\left(\frac{1}{3},\frac{2}{3},\frac{1}{2}\right)$	$\left(0,0,\frac{3}{8}\right)$，$\left(\frac{1}{3},\frac{2}{3},\frac{7}{8}\right)$	1.641	$P6_3mC$ (C_{6v}^4)
CaF_2	立方	8 : 4	$(0,0,0)$，$\left(\frac{1}{2},\frac{1}{2},0\right)$，$\left(\frac{1}{2},0,\frac{1}{2}\right)$，$\left(0,\frac{1}{2},\frac{1}{2}\right)$	$\left(\frac{1}{4},\frac{1}{4},\frac{1}{4}\right)$，$\left(\frac{1}{4},\frac{3}{4},\frac{1}{4}\right)$，$\left(\frac{3}{4},\frac{1}{4},\frac{1}{4}\right)$，$\left(\frac{1}{4},\frac{1}{4},\frac{3}{4}\right)$，$\left(\frac{3}{4},\frac{3}{4},\frac{1}{4}\right)$，$\left(\frac{1}{4},\frac{3}{4},\frac{3}{4}\right)$，$\left(\frac{3}{4},\frac{1}{4},\frac{3}{4}\right)$，$\left(\frac{3}{4},\frac{3}{4},\frac{3}{4}\right)$	5.039	$Fm3m$ (O_h^5)

续表

晶体构型	晶系	配位比	坐标位置		马隆德常数 A	空间群
			A	B		
金红石 (TiO_2)	四方	6 : 3	$(0,0,0)$, $\left(\frac{1}{2},\frac{1}{2},\frac{1}{2}\right)$	$(v,v,0)^*$, $(1-v,1-v,0)$, $\left(\frac{1}{2}+v,\frac{1}{2}-v,\frac{1}{2}\right)$, $\left(\frac{1}{2}-v,\frac{1}{2}+v,\frac{1}{2}\right)$	4.816	$P\frac{4_2}{m}\frac{4_1}{m}\frac{2}{m}$ (D_{4h}^{14})

＊v 为参数，不同化合物的 v 值不同，金红石的 $v=0.31$。

6.8　共价晶体、分子晶体和混合键型晶体

6.8.1　共价晶体

原子间以共价键结合而成的晶体称为共价晶体。因为共价键具有方向性和饱和性，所以其配位数一般等于共价键的个数，原子之间不是以最紧密的方式排列。

金刚石是典型共价晶体，每个 C 原子都与另外 4 个 C 以共价键相结合，配位数为 4。

在 AB 型共价晶体中，立方 ZnS 和六方 ZnS 是两种有代表性的类型。

AB_2 型共价晶体的典型代表是 SiO_2，其结构与立方 ZnS 相似，相当于将立方 ZnS 中的 Zn 和 S 都换成 Si，而在 Si 与 Si 联结中心附近放上 O 原子就得到立方 SiO_2。Si 的配位数为 4，O 的配位数为 2。

6.8.2　分子晶体

原子间以共价键结合成分子，这些分子之间再以范德华力结合成晶体，这种晶体称为分子晶体。例如，CO_2、HCl、N_2、I_2 以及大多数有机物晶体都属于分子晶体。因为共价键具有方向性与饱和性，所以分子晶体中原子的排布不能看作圆球的堆积。由于范德华力无方向性与饱和性，因此这类晶体内部分子间将以空隙尽可能小的方式进行堆积。但共价键构成的分子一般不像原子那样是球形对称的，因此分子间也不能以圆球密堆积的方式排布，其堆积方式与分子形状密切相关。

惰性气体的原子形成晶体时也是靠范德华力，但是这些分子是单原子分子，电子云分布是球形对称的，因此具有与等径圆球密堆积相应的结构。例如，氦具有 A_3 型结构，氖和氩等为 A_1 型结构。

6.8.3　混合键型晶体

石墨属六方晶系。石墨中的 C 是 sp^2 杂化的，每个 C 与相邻的三个 C 以 σ 键

相结合，形成无限的正六边形网状平面结构，每个正六边形的边长为 1.42Å。因为每个 C 还剩余一个 p 轨道及 1 个 p 电子，这些 p 轨道相互平行且与上述网状平面垂直，因而能形成大 π 键，这些大 π 键上的电子可以沿着整个 C 原子平面自由运动，所以碳的这种平面结构具有金属键的性质。这些网状结构再以范德华力相互结合起来形成层状结构，层与层之间的距离是 3.40Å。像石墨这样，在晶体结构中既存在共价键又有金属键，同时还有范德华力的晶体称为混合键型晶体。由于同层 C 之间的作用不是单纯的共价键，而具有金属键的性质，因此，石墨具有金属光泽，并且在与层平行的方向上具有良好的导电性。但层与层之间靠范德华力结合，结合力较弱，层与层之间较易滑动，所以石墨可以用作铅笔芯和润滑剂。

6.9 共价半径、原子半径和离子半径

在所有分子结构或晶体结构中，原子或离子都处于一个平衡位置，原子和原子之间有一定的距离，两原子之间的距离可看作是它们的半径之和。进一步研究发现：

(1) 两原子间的距离不仅与原子的本性有关，还与两者相互作用的方式有关。例如，仅就碳与碳之间的距离而言，在金刚石中为 1.542Å；在石墨中同层之间为 1.42Å，相邻两层之间为 3.40Å；在乙烯中则为 1.334Å。但是，多数情况下，在不同分子或晶体中以相同键型相连接的两原子 A 和 B 间的平衡距离都是相近的。例如，就 C—C 共价单键中两个 C 之间的距离而言，在金刚石中为 1.542Å，在其他许多烷烃中也都在 1.53～1.54Å。其他共价键的键长也都具有这种特性，如甲醇、乙醇、二甲醚等化合物中的 C—O 单键键长都为 1.43Å。

(2) 多数情况下，同种类型键的键长具有加和性，即 A—B 键键长等于 A—A 键键长和 B—B 键键长的算术平均值。例如，金刚石中 C—C 键键长是 1.542Å，Cl_2 中 Cl—Cl 共价键键长为 1.988Å，它们的算术平均值为 1.765Å，这与 CCl_4 中 C—Cl 键键长 1.766Å 基本一致。再如，乙炔中 C≡C 键的键长为 1.204Å，N≡N 键的键长为 1.094Å，其算术平均值为 1.149Å，而在 HCN 中 C≡N 键的键长为 1.153Å，在乙腈中为 1.156Å，也十分相近。因此可以认为，两原子之间的键长等于这两原子的半径之和。

从上面的分析可知，原子虽然不是一个刚性圆球，不能像刚性球那样具有一个确切的半径，而且所表现出来的半径还与其所处的化学环境有关，但如果与周围原子的相互作用方式确定了，那么原子或离子的半径又相对恒定，而且可以根据实验测得的键长数据来推算出原子或离子半径的大小。下面讨论原子或离子在不同键型的分子或晶体结构中所表现出的半径。

6.9.1　共价半径

原子在共价化合物或晶体中所表现出来的半径称为共价半径。共价半径可根据共价键的键长进行推算。同一元素的双键或三键的共价半径与单键的不同，通常情况下，在双键中原子或离子的半径为在单键中的 85%～90%，在三键中的半径为在单键中的 75%～80%。表 6-10 是部分元素的共价半径。

表 6-10　部分元素的共价半径(Å)

	H	B	C	N	O	F	Si	P	S	Cl	Ge	As	Se	Br	Sn	Sb	Te	I
单键	0.30	0.88	0.771	0.70	0.66	0.64	1.17	1.10	1.04	0.99	1.22	1.21	1.17	1.14	1.40	1.41	1.37	1.33
双键		0.76	0.665	0.60	0.55		1.07	1.00	0.94		1.12	1.11	1.07		1.30	1.31	1.27	
三键		0.68	0.602	0.547		1.00	0.93	0.87										

6.9.2　原子半径

原子在金属晶体中表现出来的半径称为原子的金属半径，简称为原子半径。金属单质晶体中相邻两原子间距离的一半就是该原子的半径。原子半径与配位数有关，配位数为 8 的 A_2 型结构的原子半径约为配位数为 12 的 A_1 或 A_3 型结构的 97%。表 6-11 中列出了部分金属元素的原子半径。

表 6-11　部分金属元素的原子半径(Å)

配位数	Li	Na	Fe	Cu	Al	Ag
12	1.58	1.92	1.26	1.28	1.43	1.44
8	1.52	1.86	1.23	1.24	1.39	1.40

6.9.3　离子半径

离子晶体中的某离子表现出来的半径称为该离子的半径。离子半径不仅与离子本性有关，而且还与离子晶体的结构以及正、负离子的半径比 R^+/R^-等因素有关。一般均以配位数为 6 的 NaCl 型离子晶体作为标准。

前面提到的共价半径和原子半径都可根据直接相连接的两个原子之间的距离来计算，其原因是构成共价键和金属键的两个原子总是相互接触的。但在离子晶体中则不同，离子晶体可看作是不等径圆球的堆积，对于一定的堆积方式，相邻两原子之间不一定都是互相接触的。例如，在 NaCl 型晶体中，离子之间就可能有如图 6-26 所示的三种接触情况。因而两离子之间的距离并非都等于两离子半径之和。图 6-26(a)中，正、负离子之间相接触而负离子之间不接触，此时正、负离子之间引力大，两负离子之间的距离大于负离子半径的 2 倍，因而利用两负离子之间的距离推出的正离子半径小于实际值。图 6-26(c)中负离子之间相接触而正、负离子之间不接触，由此推出的正离子半径大于实际值。因此，利用两负离子之间的距离来推算离子半径时必须考虑这两个负离子之间以及正、负离子之间是否真正相互接触。

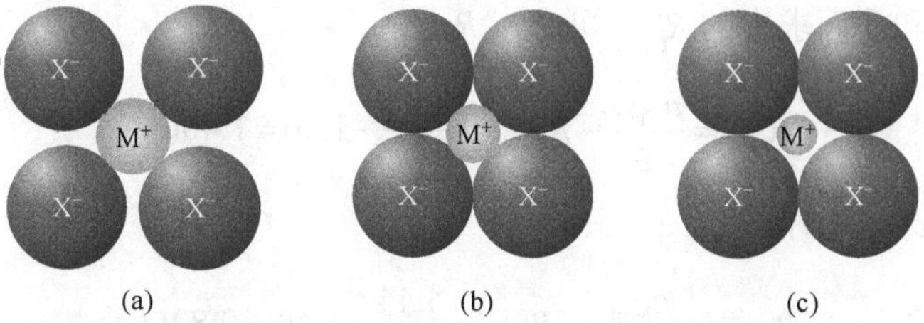

图 6-26　NaCl 型晶体中正、负离子可能的接触情况

下面举例说明。表 6-12 中列出了一些 NaCl 型离子晶体的晶胞常数，根据这些数据并参考图 6-26，可以推出 O^{2-}、S^{2-}、Ca^{2+}、Mn^{2+}四种离子的半径。在下面的讨论中要注意分析由这些数据推算不出 Mg^{2+}半径的原因。

表 6-12　某些 NaCl 型离子晶体的晶胞常数

离子晶体	MgO	MnO	CaO	MgS	MnS	CaS
晶胞常数 *a* /Å	4.21	4.44	4.80	5.19	5.21	5.68

(1) 两硫化物 MgS 和 MnS 的 *a* 近似相等，说明在这两种晶体中 Mg^{2+}和 Mn^{2+}都较小，都没有把 S^{2-}撑开，因而可以推测或者两者都属于图 6-26 中的(c)结构，或者两者中一个属于(c)另一个属于(b)。不可能一个属于(a)，另一个属于(b)或(c)，否则两个硫化物的 *a* 值应不相等。因 Mg^{2+}和 Mn^{2+}的半径不可能相等，所以也不可能两者同时属于图 6-26 中的(a)或者同时属于(b)，否则两个硫化物的 *a* 值会不相等。根据上面的分析可知，在 MgS 和 MnS 的结构中至少负离子之间是相互接触的，无论依据(b)或(c)哪一种结构，都可由 a_{MgS} 和 a_{MnS} 中任何一个求出 S^{2-}的半径 $R_{S^{2-}}$，再取其平均值：

$$R_{S^{2-}} = \frac{\sqrt{2}}{4} \times \frac{1}{2}\left(a_{\text{MgS}} + a_{\text{MnS}}\right) = \frac{1.414}{8} \times (5.19 + 5.20) = 1.84(\text{Å})$$

(2) 比较三种硫化物的 *a* 值可以看出，不管 MgS 和 MnS 是属于图 6-26 中的(b)结构还是(c)结构，Ca^{2+}一定是把 S^{2-}撑开了，CaS 一定属于(a)结构，而绝不可能属于(b)或(c)。因此，可由 CaS 的晶胞常数 a 和前面求出的 $R_{S^{2-}}$ 来求 $R_{Ca^{2+}}$：

$$R_{Ca^{2+}} = \frac{a_{CaS}}{2} - R_{S^{2-}} = \frac{5.68}{2} - 1.84 = 1.00(\text{Å})$$

根据 MgS 和 MnS 数据无法确定它们是否属于(b)结构，因而暂且不能从其硫化物数据中推引出 Mg^{2+}和 Mn^{2+}的半径。

(3) 三个氧化物的 a 都不相等，说明至少 Mn^{2+}和 Ca^{2+}都将 O^{2-}撑开了，只是撑开的程度不同，所以 a 值不同，因此 CaO 和 MnO 一定都属于图 6-26 中的(a)结构。由 a_{CaO} 和前面求出的 $R_{Ca^{2+}}$ 可求出 $R_{O^{2-}}$：

$$R_{O^{2-}} = \frac{a_{CaO}}{2} - R_{Ca^{2+}} = \frac{4.80}{2} - 1.00 = 1.40(\text{Å})$$

再由 $R_{O^{2-}}$ 及 a_{MnO} 可求 $R_{Mn^{2+}}$：

$$R_{Mn^{2+}} = \frac{a_{MnO}}{2} - R_{O^{2-}} = \frac{4.44}{2} - 1.40 = 0.82(\text{Å})$$

根据氧化物的数据依然无法判断 MgO 属于哪种结构，因而仍然不能求出 Mg^{2+}的半径。

这样，根据表 6-12 的实验数据，以 MgS 和 MnS 的晶胞常数为出发点，推算出了 O^{2-}、S^{2-}、Ca^{2+}、Mn^{2+}四种离子的半径。因此，如果还有更多的实验数据，还可求出更多种离子的半径。

仍然根据表 6-12 的数据，如果以 MgO 为出发点，用同样的方法也可推引出 O^{2-}、S^{2-}、Ca^{2+}、Mn^{2+}四种离子的半径：

$$R_{O^{2-}} = \frac{\sqrt{2}}{4} \times 4.21 = 1.49\,(\text{Å})$$

$$R_{Mn^{2+}} = \frac{4.44}{2} - 1.49 = 0.73\,(\text{Å})$$

$$R_{Ca^{2+}} = \frac{4.80}{2} - 1.49 = 0.91\,(\text{Å})$$

$$R_{S^{2-}} = \frac{5.68}{2} - 0.91 = 1.93\,(\text{Å})$$

由此看出，即使是根据同一组实验数据进行推算，从不同的晶体出发所得到的离子半径的数值仍有差别。其原因是，离子并非具有恒定半径的刚性圆球，在任何情况下都不是严格的球形对称结构，因此所谓的离子半径也是在特定条件下才有意义。此外，所依据的实验数据也或多或少存在误差。

6.10 晶体 X 射线衍射分析基础

6.10.1 X 射线的产生及性质

1. X 射线的产生

X 射线是一种波长很短的电磁波，波长范围为 100～0.01Å，通常说的 X 射线波长约为 1Å。与光波一样，X 射线也具有波粒二象性，但因波长短，每个光子的能量较高，所以微粒性比较显著。

X 射线是在高真空条件下金属板在高速电子撞击下产生的。被撞击的金属板称为阳极或靶。若射向金属靶的电子能量不超过某一临界值时，只能产生波长连续的 X 射线，为连续光谱。若超过此临界值，就会发现在所产生的连续波长的 X 射线背景下又叠加上几条线状光谱，即某几种波长的强度特别大，称为特征 X 射线。金属的种类不同，特征 X 射线的波长也不同。例如，用 20kV 高压加速的电子射向铜靶时，产生 Cu 的 X 射线连续谱；用超过 25kV 的高压加速电子时，会在波长 1.5418Å 和 1.3922Å 附近产生两个相对强度特别大的 X 射线。连续 X 射线产生的原因是，当高能电子射向金属原子后，电子在原子静电斥力作用下，速度迅速减小，引起周围电磁场急剧变化，从而产生一定波长的电磁波。由于射向阳极的电子数目很大，且其减速的情况不同，因此产生各种波长的电磁波——连续的 X 射线。特征 X 射线的产生是由于处于金属原子内层电子被高速电子轰击出来后留下空位，当外层电子跃迁到这些空位时，便产生具有特定波长的特征 X 射线。

若金属原子的 K 层电子(主量子数 $n = 1$)被轰击出来，由外层电子迁入 K 层而产生的特征 X 射线统称为 K 系辐射，其中由 L 层跃入 K 层而产生的 K 系辐射线称为 K_α 辐射，由 M 层跃入 K 层而产生的射线称为 K_β 辐射，……。但电子的能量不只与主量子数有关，因此两层之间电子跃迁产生的 X 射线有时不止一种波长，而是靠得很近的几种波长。例如，Cu 的 K_α 辐射有两条，分别称为 $K_{\alpha,1}$ 和 $K_{\alpha,2}$，波长分别为 1.5405Å 和 1.5433Å。Cu 的 K_β 辐射就只有一条，波长为 1.3922Å。类似地，由外层电子跃入 L 层而产生的射线称为 L 系辐射，此外还有 M 系辐射等。

在进行衍射实验时，如果使用的 X 射线波长太大，样品对 X 射线的吸收会比较严重；若波长太短，衍射峰又多集中于小角度区，不易分辨，所以用于晶体衍射实验的 X 射线波长范围一般在 0.5～2.5Å。

为了获得单一波长的 X 射线，通常需要将其他波长的光滤掉。例如，用铜靶作阳极时，常用镍滤光镜将其他波长的光滤掉而只保留 Cu 的 K_α 射线。常用的金属靶还有 Mo 靶(K_α 为 0.7107Å，工作电压 50～55kV，使用 Nb 或 Zr 滤光镜)和 Fe 靶(K_α 为 1.9373Å，工作电压 25～30kV，使用 Mn 滤光镜)。

2. 晶体的 X 射线衍射

X 射线波长较短，穿透力强，当它射到晶体上时，绝大部分都透过晶体，极少部分被晶体反射，其余被晶体吸收。被晶体吸收的 X 射线与晶体作用后，有一部分用于产生光电子和次生 X 荧光射线，另一部分用于产生相干和不相干散射。X 射线在晶体上的衍射行为实质是被晶体吸收的 X 射线与晶体中电子之间的相干散射效应。

晶体原子中的电子在电磁场作用下被迫振动，振动频率与入射 X 射线的频率相同。这些原子可以近似地看成是新的电磁波波源，传播的是球面波。从各个原子发出的这些球面波相互干涉，在某些方向相互加强，而在另一些方向又相互削弱。记录这些衍射光的强度随衍射方向变化的情况，便得到衍射图。晶体衍射图记录的是 X 射线在晶体上的衍射行为，其中衍射的方向反映了晶胞的形状及大小，可用于确定晶胞参数；衍射强度决定了晶胞中原子的分布。因此，可以根据衍射图来确定晶体结构。

6.10.2　衍射的方向

1. 劳厄方程

1) 一维点阵的衍射条件

位于由平移群 $\boldsymbol{T}_m = m\boldsymbol{a}$ 所规定的一维点阵结点上的每一个原子都相当于一个电磁波源，见图 6-27。假设入射线的方向 S_0 与直线点阵的夹角为 α_0，衍射线的方向 S 与直线点阵的夹角为 α，相邻两个原子 A 和 M 发射出的电磁波在衍射方向(S 方向)上的光程差为

$$\Delta = AN - BM = a(\cos\alpha - \cos\alpha_0)$$

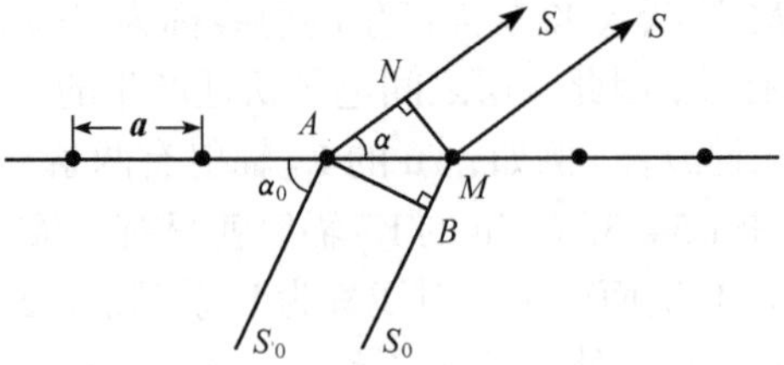

图 6-27　一维点阵上原子的衍射情况

设入射 X 射线波长为 λ，则产生最大加强的条件是光程差为波长的整数倍，即

$$\Delta = h\lambda$$

式中，h 是任一整数，称为衍射级次。α 只有满足上式时，那些方向的电磁波才可得到最大程度的加强，即

$$a\,(\cos\alpha - \cos\alpha_0) = h\lambda \tag{6-14}$$

在晶体学中，将最大程度的加强称为衍射，能发生最大程度加强的方向称为衍射方向，在衍射方向上传播的波称为衍射波。式(6-14)称为一维点阵的衍射条件。

因为与直线点阵的夹角为 α 的衍射方向构成一个圆锥面，因此满足式(6-14)的衍射方向由一系列圆锥面组成，每一圆锥面对应于一个确定的衍射级次 h，如图 6-28 所示。

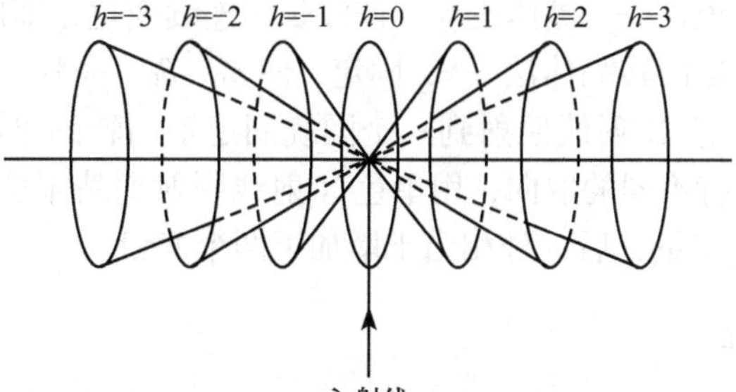

图 6-28　一维点阵的衍射方向

2) 平面点阵的衍射条件

设入射 X 射线的方向 S_0 与平面点阵指标 $\boldsymbol{a}$ 和 $\boldsymbol{b}$ 的夹角分别为 α_0 和 β_0，衍射线的方向 S 与 $\boldsymbol{a}$ 和 $\boldsymbol{b}$ 的夹角分别为 α 和 β，则 α 和 β 必须同时满足式(6-15)

$$\begin{cases} a(\cos\alpha - \cos\alpha_0) = h\lambda, & h = 0, \pm 1, \pm 2, \cdots \\ b(\cos\beta - \cos\beta_0) = k\lambda, & k = 0, \pm 1, \pm 2, \cdots \end{cases} \tag{6-15}$$

式(6-15)就是平面点阵的衍射条件。同时满足上述两个方程的衍射方向是两个圆锥面的交线，每一个衍射方向 S 都对应两个确定的 h 和 k 值，见图 6-29。

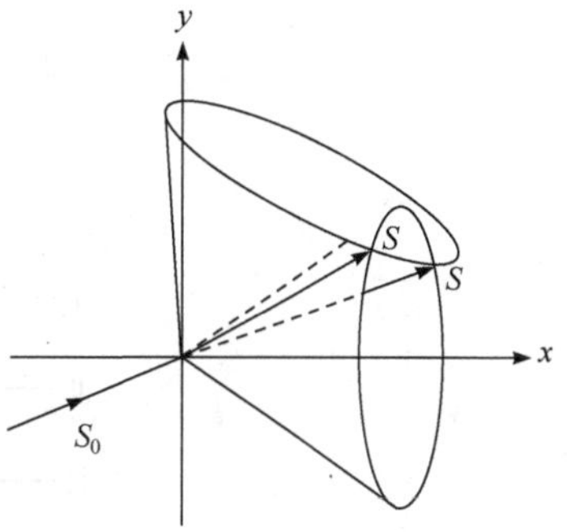

图 6-29　二维平面点阵的衍射方向

3) 空间点阵的衍射条件

设入射线 S_0 与空间点阵指标 $\boldsymbol{a}$、$\boldsymbol{b}$ 和 $\boldsymbol{c}$ 的夹角分别为 α_0、β_0、γ_0，衍射线 S 与 $\boldsymbol{a}$、$\boldsymbol{b}$ 和 $\boldsymbol{c}$ 的夹角分别为 α、β、γ，则代表衍射方向的 α、β、γ 必须满足

$$\begin{cases} a(\cos\alpha - \cos\alpha_0) = h\lambda, & h = 0, \pm 1, \pm 2, \cdots \\ b(\cos\beta - \cos\beta_0) = k\lambda, & k = 0, \pm 1, \pm 2, \cdots \\ c(\cos\gamma - \cos\gamma_0) = l\lambda, & l = 0, \pm 1, \pm 2, \cdots \end{cases} \tag{6-16}$$

式(6-16)就是空间点阵的衍射条件，称为劳厄(Laue)方程。式中，h、k、l 称为

衍射指标，可用于标记衍射方向。只有同时满足式(6-16)中三个方程的 α、β、γ 所代表的方向才能产生衍射。三个衍射角 α、β、γ 之间不是独立的，而应满足式(6-17)：

$$\cos^2\alpha + \cos^2\beta + \cos^2\gamma = 1 \tag{6-17}$$

因此，在 α_0、β_0、γ_0 和 λ 一定的情况下，式(6-16)只有两个独立变量，不一定有解，即不一定有衍射产生。为了获得衍射线必须增加独立变量个数，通常有三种方法：其一是劳厄法——晶体不动，使波长 λ 连续变化，即用白色 X 射线照射不动的晶体。其二是回转晶体法——λ 固定，使 α_0、β_0、γ_0 中至少有一个可以连续变化，相当于用单色 X 射线照射到一个围绕固定轴回转的单晶上。其三是粉末法——晶体粉末可有不同的取向，用单色 X 射线照射到晶体粉末上。前两种方法相当于增加了一个变量，后一种相当于增加了两个变量。

2. 布拉格方程

与劳厄方程一样，布拉格(Bragg)方程也可用于确定晶体的衍射条件。

晶体的空间点阵可以划分成几族平面点阵，每一族平面点阵都是等间距的，不同族平面点阵的空间取向不同，间距也不同。若 X 射线照射到某一族平面点阵Ⅰ、Ⅱ、Ⅲ、…上，设入射角为 θ，在第Ⅰ面上部分反射，剩余 X 射线透过第Ⅰ面后又有一部分在第Ⅱ面上反射，其余透过第Ⅱ面……，见图 6-30。在相邻两个点阵面(如第Ⅰ面和第Ⅱ面)上反射线的光程差

$$\Delta = ON + OM = 2d_{(pqr)}\sin\theta$$

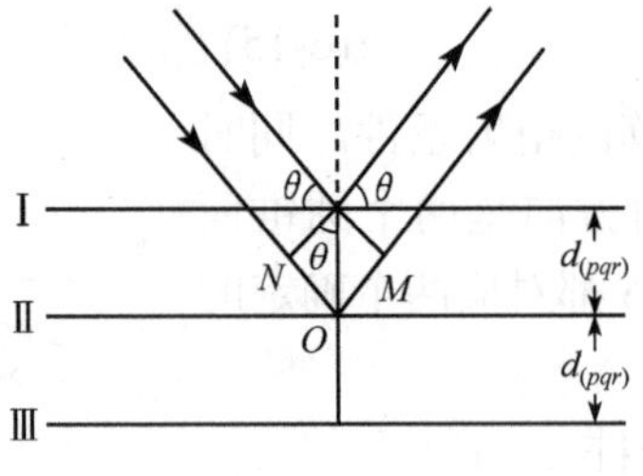

图 6-30　X 射线在一组晶面上的反射

产生衍射的条件

$$2d_{(pqr)}\sin\theta = n\lambda \tag{6-18}$$

式(6-18)称为布拉格方程，只有满足布拉格方程的入射方向才可产生衍射。其中 $n = \pm1, \pm2, \pm3, \cdots$，也称为衍射级次。$n$ 与衍射指标 h、k 和 l 之间存在如下关系：

$$h = np,\ k = nq,\ l = nr \tag{6-19}$$

令

$$d_{hkl} = \frac{d_{(pqr)}}{n} \tag{6-20}$$

式(6-20)说明，$d_{(pqr)}$是平面点阵组(pqr)相邻两个平面的间距，而 d_{hkl} 是相邻两个平面间距的 n 分之一。可以把 d_{hkl} 看作是一组比平面点阵组(pqr)密集 n 倍的点阵平面的面间距，而这一组更为密集的点阵平面就用符号(hkl)来表示，(hkl)是一组假想的、实际并不存在的点阵面。因此布拉格方程式(6-18)变为

$$2d_{hkl}\sin\theta = \lambda \tag{6-21}$$

由式(6-18)、式(6-19)和式(6-20)可知，劳厄方程中的 $h = np$，$k = nq$，$l = nr$ 级衍射，就是布拉格方程中(pqr)平面上的 n 级反射，也是布拉格方程中(hkl)面上的一级反射。

6.10.3　衍射的强度

实验发现，影响晶体衍射线强度的因素很多，如温度、样品对 X 射线的吸收、晶胞中粒子的分布等。这里只讨论晶胞中粒子分布对衍射强度的影响。

劳厄方程和布拉格方程所限制的是点阵的衍射条件，因此所考虑的只是位于晶胞顶点上的粒子间产生的衍射，尚未考虑晶胞中其他的原子。实际上许多晶体都不属于简单晶格，晶胞中都含有 2 个或 2 个以上的粒子。例如，金属 Na 晶体为立方体心结构，一个晶胞中含有 2 个 Na，相当于两套素格子穿插而成。金刚石晶体有两套等同点，为立方面心结构，每个晶胞中含有 8 个 C，存在 8 套由同一平移群联系着的原子，相当于 8 套素格子穿插而成。NaCl 晶体中 Na^+ 和 Cl^-各有一套等同点，为立方面心结构，每个晶胞中含有 4 个 Na^+和 4 个 Cl^- 共 8 个离子，存在 8 套由同一平移群联系着的离子，也相当于由 8 套素格子穿插而成。

虽然较复杂格子的粒子数大于 1，但由同一平移群联系着的原子在空间的排布规律完全相同，因此其衍射方向也是完全相同的。一般情况下，如果一个晶胞中含有 N 个粒子，那么在其每个衍射方向上就都有 N 束衍射线，这 N 束衍射线还要互相干涉，干涉的结果使各衍射线的强度互不相同。反之也说明，各衍射线的相对强度其实反映了晶胞中粒子的分布。因此，通过研究衍射线的强度，就可以了解晶胞中粒子分布的特点。

1. 结构因子

为了表示衍射强度，引入结构因子$|F_{hkl}|^2$ 的概念。结构因子与晶胞中原子的种类及分布有关，为晶胞中 N 个原子在 $h\ k\ l$ 衍射方向上的 N 束衍射波合成振幅绝

对值的平方。对于含有 N 个粒子的晶胞，通过式(6-22)定义其结构因子$|F_{hkl}|^2$

$$\begin{aligned}|F_{hkl}|^2 &= \left|\sum_{i=1}^{N} f_i \exp\left[i2\pi\left(hx_i + ky_i + lz_i\right)\right]\right|^2 \\ &= \left[\sum_{i=1}^{N} f_i \cos 2\pi\left(hx_i + ky_i + lz_i\right)\right]^2 + \left[\sum_{i=1}^{N} f_i \sin 2\pi\left(hx_i + ky_i + lz_i\right)\right]^2\end{aligned} \tag{6-22}$$

式中，$h\ k\ l$ 是衍射指标；(x_i, y_i, z_i)是晶胞中第 i 个粒子的分数坐标；f_i 是第 i 个粒子的散射因子，f_i 与粒子的种类、粒子中电子数及粒子的散射能力有关，与 $\dfrac{\sin^2\theta}{\lambda}$ 成正比。如果假设一个电子衍射线的振幅为一个单位，那么原子序数为 Z 的原子中电子衍射线的振幅应为 Z 个单位。但由于原子中的电子并非集中在原子的中心，而是在原子核外有一定的分布，因此这 Z 个电子衍射 X 射线的振幅并不是 Z，而是 f 个单位，它小于 Z，f 称为原子的散射因子。

对指标为 $h\ k\ l$ 的衍射，其强度 I_{hkl} 与合成振幅绝对值的平方$|F_{hkl}|^2$ 成正比：

$$I_{hkl} = k|F_{hkl}|^2 \tag{6-23}$$

式中，k 称为修正常数。

2. 系统消光规律

对于晶胞中不止含有 1 个粒子的晶体，其各衍射线的相对强度是由晶胞中粒子的分布来确定的。实验发现，对应于原子的某种分布，可能出现某几条衍射线强度为 0 的现象，即在某些 $h\ k\ l$ 衍射方向上未产生衍射，这种现象称为系统消光。下面讨论几种结构类型晶体的系统消光规律。

1) 简单结构

对于简单结构的晶体，其晶胞中只有一个粒子，分数坐标为(0, 0, 0)，将其代入式(6-22)得

$$\begin{aligned}|F_{hkl}|^2 &= \left[\sum_{i=1}^{N} f_i \cos 2\pi\left(hx_i + ky_i + lz_i\right)\right]^2 + \left[\sum_{i=1}^{N} f_i \sin 2\pi\left(hx_i + ky_i + lz_i\right)\right]^2 \\ &= \left[\sum_{i=1}^{1} f_i \cos 2\pi\left(h\times 0 + k\times 0 + l\times 0\right)\right]^2 + \left[\sum_{i=1}^{1} f_i \sin 2\pi\left(h\times 0 + k\times 0 + l\times 0\right)\right]^2 \\ &= f_1^2 \\ &\neq 0\end{aligned}$$

因此，简单结构的晶体不产生系统消光，即所有满足劳厄方程的衍射线都可出现。

2) 体心结构

在体心结构的晶体中，每个晶胞包含两个相同的原子，相同原子的散射因子相等，可以略去 f 的下标。两原子分数坐标分别为(0, 0, 0)和 $\left(\frac{1}{2},\frac{1}{2},\frac{1}{2}\right)$，将其代入式(6-22)得

$$
\begin{aligned}
\left|F_{hkl}\right|^2 &= \left[f\cos 2\pi(0\times h+0\times k+0\times l)+f\cos 2\pi\left(\frac{1}{2}h+\frac{1}{2}k+\frac{1}{2}l\right)\right]^2 \\
&\quad +\left[f\sin 2\pi(0\times h+0\times k+0\times l)+f\sin 2\pi\left(\frac{1}{2}h+\frac{1}{2}k+\frac{1}{2}l\right)\right]^2 \\
&= f^2\left[1+\cos(h+k+l)\pi\right]^2
\end{aligned}
$$

若 $(h+k+l)$ 等于偶数，则 $|F_{hkl}|^2=4f^2\neq 0$；若 $(h+k+l)$ 等于奇数，则 $|F_{hkl}|^2=0$。

也就是说，对于体心结构的晶体，并非所有满足劳厄方程的 $h\,k\,l$ 级衍射都可以产生，只有那些 $(h+k+l)$ 是偶数的如 110、200、112、220、…级次的衍射才可能产生，而那些 $(h+k+l)$ 为奇数的衍射，如 100、111、120、…均得不到衍射线，因为它们产生了系统消光。

3) 底心结构

在底心结构(C 底心)中，一个晶胞中含两个相同粒子，分数坐标分别是(0, 0, 0)和 $\left(\frac{1}{2},\frac{1}{2},0\right)$，将其坐标代入公式(6-22)得

$$
\begin{aligned}
\left|F_{hkl}\right|^2 &= \left[f\cos 2\pi(0\times h+0\times k+0\times l)+f\cos 2\pi\left(\frac{1}{2}h+\frac{1}{2}k+0\times l\right)\right]^2 \\
&\quad +\left[f\sin 2\pi(0\times h+0\times k+0\times l)+f\sin 2\pi\left(\frac{1}{2}h+\frac{1}{2}k+0\times l\right)\right]^2 \\
&= f^2\left[1+\cos(h+k)\pi\right]^2
\end{aligned}
$$

当 $(h+k)$ 等于偶数时，$|F_{hkl}|^2=4f^2\neq 0$，不产生系统消光；当 $(h+k)$ 等于奇数时，$|F_{hkl}|^2=0$，产生系统消光。

上面结果还说明，衍射线强度不受指标 l 的影响，310、311、312、…具有相同的 h 和 k，其结构因子也相等。同理，当晶体结构为 B 底心时(常用于表达晶格中除顶点外仅在 $\boldsymbol{b}$ 方向相对两面的面心位置有结点。若是在 $\boldsymbol{a}$ 方向的相对两面的面心位置有结点则称为 A 底心结构)，$(h+l)$ 为偶数时，不产生系统消光；$(h+l)$ 为奇数时，因系统消光而不产生衍射。当结构为 A 底心时，$(k+l)$ 为偶数时不产生系统消光；$(k+l)$ 为奇数时，因系统消光而不产生衍射。

4) 面心结构

在面心结构晶体中，每个晶胞中含有 4 个粒子，其分数坐标为(0,0,0)、$\left(\frac{1}{2},\frac{1}{2},0\right)$、$\left(\frac{1}{2},0,\frac{1}{2}\right)$和$\left(0,\frac{1}{2},\frac{1}{2}\right)$，将其代入式(6-22)得

$$|F_{hkl}|^2 = f^2\left[1+\cos(h+k)\pi+\cos(k+l)\pi+\cos(h+l)\pi\right]^2$$

当 h、k、l 全为奇数或全为偶数时，$(h+k)$、$(k+l)$、$(h+l)$全为偶数，此时$|F_{hkl}|^2 = 16f^2 \neq 0$，系统不消光；当 h、k、l 三个数是奇偶相混时，在$(h+k)$、$(k+l)$、$(h+l)$三数中有两个奇数和一个偶数，这时$|F_{hkl}|^2 = 0$，产生消光，得不到衍射线。

5) 金刚石结构

金刚石结构类型中，每个晶胞中含有 8 个粒子，其分数半径分别为(0, 0, 0)、$\left(\frac{1}{2},\frac{1}{2},0\right)$、$\left(\frac{1}{2},0,\frac{1}{2}\right)$、$\left(0,\frac{1}{2},\frac{1}{2}\right)$、$\left(\frac{1}{4},\frac{1}{4},\frac{1}{4}\right)$、$\left(\frac{1}{4},\frac{3}{4},\frac{3}{4}\right)$、$\left(\frac{3}{4},\frac{1}{4},\frac{3}{4}\right)$和$\left(\frac{3}{4},\frac{3}{4},\frac{1}{4}\right)$，将这些坐标代入式(6-22)可得

$$\begin{aligned}|F_{hkl}|^2 &= f^2[1+\cos(h+k)\pi+\cos(k+l)\pi+\cos(h+l)\pi]^2 \\ &\quad\times\left|1+\cos(h+k+l)\frac{\pi}{2}+i\sin(h+k+l)\frac{\pi}{2}\right|^2 \\ &= f^2[1+\cos(h+k)\pi+\cos(k+l)\pi+\cos(h+l)\pi]^2 \\ &\quad\times\left\{\left[1+\cos(h+k+l)\frac{\pi}{2}\right]^2+\sin^2(h+k+l)\frac{\pi}{2}\right\}\end{aligned}$$

当 h、k、l 三个数奇偶相混时，$|F_{hkl}|^2 = 0$，系统消光；

当 h、k、l 三个数全为奇数时，$|F_{hkl}|^2 = 32f^2 \neq 0$，系统不消光；

当 h、k、l 三个数全为偶数且$(h+k+l) = 4n$ 时，$|F_{hkl}|^2 = 64f^2 \neq 0$，系统不消光；

当 h、k、l 三个数全为偶数，但$(h+k+l) \neq 4n$ 时，$|F_{hkl}|^2 = 0$，系统消光。

因此，金刚石虽然是立方面心晶格，但其消光规律却与面心结构的晶体不同，原因是金刚石中有两套不同的等同点。除了金刚石外，立方 ZnS 也属于金刚石结构，与金刚石结构的系统消光规律相同。

6.10.4　X 射线衍射分析方法

1. 单晶法

单晶 X 射线衍射法有照相法和衍射仪法，但两种方法的基本原理相同。早期使用照相法，随着计算机技术的发展，照相法逐渐被衍射仪法取代。在单晶法中，一般选择一颗直径为 0.1～1mm 的单晶，将其放置在支座上并适当固定，另一端

固定在测角头上，通过计算机调整晶体取向，使各个 hkl 满足衍射条件而产生衍射，并记录衍射强度。根据衍射方向和衍射强度的数据就可以计算晶胞参数，了解晶体的对称性和消光规律，再进一步计算出电子在空间各处的概率密度，作出电子云密度图，确定晶胞中原子的种类和位置，从而得到晶体结构的清晰图像。

2. 粉末法

晶体粉末由无数细小晶粒组成，在空间的取向各异，用单色 X 射线照射到晶体粉末上时，满足布拉格方程的所有反射线都可以产生衍射，记录衍射线的位置和强度，就可以计算晶面间距，判断出点阵类型等，收集实验数据的方法也有照相法和衍射仪法，现在照相法已基本被衍射仪法取代。

衍射仪法得到的衍射图纵坐标为衍射强度 I，横坐标为 2θ。衍射角不同，对应的衍射强度也不同，在能产生衍射的方向(特定的 θ 角)，图中会有相应的衍射峰出现，查出衍射峰对应的角度，代入布拉格方程式(6-21)就可直接计算出晶面间距

$$d_{hkl}=\frac{\lambda}{2\sin\theta}$$

因为每种晶体的粉末衍射图中衍射峰的分布、位置及强度都有各自的特点，将实验得到的衍射图与图库中的标准衍射图比较还可以分析晶体的组成。X 射线分析法不仅仅是简单的元素分析，它不但可以确定元素以什么样的化合物形式存在，还可以鉴别化学组成相同但结构不同的物质。例如，闪锌矿(立方 ZnS)与纤锌矿(六方 ZnS)、α-Al_2O_3 与 β-Al_2O_3 等的鉴别。

在粉末衍射图中，衍射峰强度越大，说明含量越多。但是对于一些衍射能力较低的物质，其含量低于 5%时衍射峰就不明显了。

衍射峰的峰型数据也十分重要，它与晶粒大小直接相关。当晶粒直径大于 200nm 时，衍射峰十分尖锐；晶粒直径小于 200nm 时，峰型开始变宽，直径越小，衍射峰宽化越严重；晶粒直径小于几纳米时，衍射峰消失。1918 年，谢乐(Scherrer)推出了衍射峰宽与晶粒平均直径之间的关系

$$D_{hkl}=\frac{K\lambda}{\left(B-B_0\right)\cos\theta'} \tag{6-24}$$

式中，D_{hkl} 是垂直于 hkl 晶面方向晶粒的平均尺度；λ 是入射 X 射线波长；θ' 是衍射峰的角度(注意与衍射角 θ 区别，如果衍射图横坐标为 2θ，则公式中 $\theta' = 2\theta$ 的值)；B 是所测样品峰的半高宽；B_0 是晶粒较大、峰未宽化时的半高宽；K 是常数，等于 0.9(若 B 及 B_0 为积分峰宽时，$K = 1$)。一般认为，谢乐公式适用的晶粒尺度为 1～100nm。

不同晶体的粉末衍射图特点不同，根据衍射峰的强度及分布特点可以对物质的结构及组成进行分析。

6.10.5 应用

下面以立方晶系为例讨论 X 射线粉末衍射图的指标化、晶格类型及晶胞常数的测定方法。

分析衍射图及确定晶体结构的很重要一步是衍射峰的指标化，这是确定每个衍射峰对应衍射指标的过程。在立方晶系中，某一组晶面(pqr)的晶面间距用下式表示：

$$d_{(pqr)}=\frac{a}{\left(p^2+q^2+r^2\right)^{\frac{1}{2}}}$$

所以

$$d_{hkl}=\frac{d_{(pqr)}}{n}=\frac{a}{\left(h^2+k^2+l^2\right)^{\frac{1}{2}}}$$

将上式代入布拉格方程式(6-21)得

$$\sin^2\theta=\frac{\lambda^2}{4a^2}\left(h^2+k^2+l^2\right) \tag{6-25}$$

由式(6-25)可知，各衍射峰对应的衍射角 θ 只与衍射指标的平方和($h^2+k^2+l^2$)有关，只要($h^2+k^2+l^2$)相等，则 θ 相等，衍射峰就是重合在一起的。例如，001 面、010 面和 100 面的衍射峰重合。另外，对于($h^2+k^2+l^2$)不同的一组晶面，其 θ 不同，但从式(6-25)可知，任意两个衍射峰的 $\sin^2\theta$ 之比等于($h^2+k^2+l^2$)之比，而不同晶格类型晶体的消光规律不同，因此可能出现的衍射峰的($h^2+k^2+l^2$)之比也不同。例如，从表 6-13 可知，立方素晶格的($h^2+k^2+l^2$)之比为 1∶2∶3∶4∶5∶6∶8∶9∶…(注意，这个比值系列缺少 7！)，立方体心晶格的($h^2+k^2+l^2$)之比为 2∶4∶6∶8∶10∶12∶14∶16∶…，立方面心晶格的($h^2+k^2+l^2$)之比为 3∶4∶8∶11∶12∶16∶19∶20∶…。需要注意，因为任何三个整数的平方和都不会等于 7、15、23 等，所以这些比值系列不应出现 7、15、23 等数字。

这样，立方晶系衍射图指标化时，先按从 0°到 90°的次序将各衍射峰的 $\sin^2\theta$ 算出来，找到其最简单的整数比，由此比值系列就可以确定晶格类型。晶格类型确定后，按表 6-13 就可确定各衍射峰对应的衍射指标，按式(6-25)可计算晶格常数 a，计算 a 时要取多组数据的平均值。再根据晶体的密度 ρ，就可按下式计算出晶胞中粒子的个数

$$n=\frac{\text{晶胞质量}}{\text{每个分子的质量}}=\frac{V\rho N_A}{M}=\frac{a^3\rho N_A}{M}$$

六方晶系和四方晶系衍射图的指标化比较复杂，需要时可查阅相关书籍。

表 6-13　属于立方晶系的晶体可能的衍射指标

hkl	$(h^2+k^2+l^2)$	可能的衍射指标		
		立方素晶格	立方体心 $h+k+l=$ 偶数	立方面心 h、k、l 全为奇数或全为偶数
100	1	100		
110	2	110	110	
111	3	111		111
200	4	200	200	200
210	5	210		
211	6	211	211	
220	8	220	220	220
221, 300	9	221, 300		
310	10	310	310	
311	11	311		311
222	12	222	222	222
320	13	320		
312	14	312	312	
400	16	400	400	400
410, 322	17	410, 322		
330, 411	18	330, 411	330, 411	
331	19	331		331
402	20	402	402	402
412	21	412		
323	22	323	323	
422	24	422	400	400

习　题

6.1　观察下图(1)和(2)的结点排列情况，以图中的形状在空间重复能产生点阵结构吗？为什么？

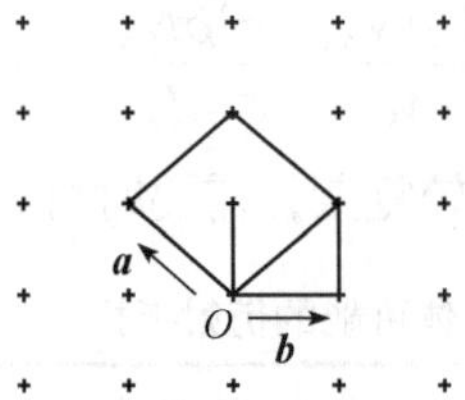

(1)

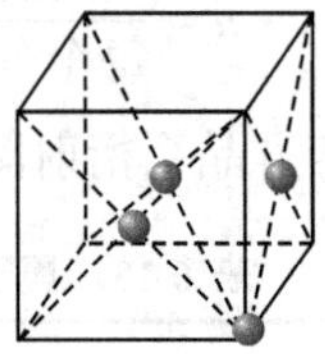
(2)

6.2　简要分析晶体的宏观对称性与微观对称性之间的关系。

6.3　简要说明晶体的 230 个空间群、32 个点群、14 种布拉维晶格、7 个晶系之间的关系。

6.4　晶体的宏观对称元素为什么只有 8 种？

6.5　作图说明晶体中不可能存在五重轴的原因。

6.6　从两个不同晶体中分别找出了下列两组对称元素，请判断这两个晶体分别属于什么晶系和点群。

(1) 1×6，3×2，3×m；

(2) 1×4，4×2，5×m，i。

6.7　写出在 3 个坐标轴上的截距分别为 $2a$、$-3b$ 和$-3c$ 的点阵面指标。

6.8　分别写出指标为(321)、(210)及(111)的点阵面在三个坐标轴上的截距。

6.9　某金属的立方晶胞参数为 352.4pm，试求其晶面间距 d_{200}、d_{111}、d_{220}。

6.10　已知金刚石晶体的晶胞参数 $a = 356.7$pm，写出金刚石晶胞中碳原子的个数、碳原子的分数坐标，并计算 C—C 键键长及晶体密度。

6.11　证明等径圆球最密堆积的空间利用率为 74.02%。

6.12　半径为 r 的圆球紧密堆积并形成正四面体空隙，试计算此正四面体的边长、高、中心到顶点的距离。

6.13　金属钛为 A_3 结构，钛原子半径为 146pm，试计算钛的理论晶胞参数及晶体密度。

6.14　金属锂属于立方晶系，晶体密度为 $0.53 g·cm^{-3}$，(100)面的晶面间距为 350pm，试计算晶胞中包含锂原子个数及锂晶体所属的点阵类型。

6.15　求证不等径圆球按立方体堆积，当大小球相切时，小球与大球的半径之比等于 0.732。

6.16　求证不等径圆球按八面体堆积，当大小球相切时，小球与大球的半径之比等于 0.414。

6.17　求证不等径圆球按四面体堆积，当大小球相切时，小球与大球的半径之比等于 0.225。

6.18　有一 AB_2 型立方面心结构的晶体，其一个晶胞中含有多少 A 和多少 B？

6.19　已知下列离子半径数据，若立方晶系的 CaS 和 CsBr 晶体都遵守离子晶体的结构规则，判断这两种晶体正、负离子的配位数，配位多面体形式、负离子的堆积方式、晶体的结构类型。

离子	Ca^{2+}	Cs^{+}	S^{2-}	Br^{-}
离子半径/pm	99	182	184	195

6.20　若用波长 $\lambda = 1.54\text{Å}$ 的 X 射线以 60°的入射角射入一点阵常数 $a = 5.63\text{Å}$ 的直线点阵，试分析该直线点阵的衍射级次和衍射方向。

6.21　列出立方面心结构金属晶体粉末衍射图上可能出现的谱线的衍射指标。

6.22　氧化镁的密度为 $3.65\text{g}\cdot\text{cm}^{-3}$，其衍射图的有关数据列于下表，所用 X 射线波长 $\lambda = 1.54\text{Å}$，并已知氧化镁属丁立方晶系。

编号	1	2	3	4	5	6	7	8
d/Å	2.42	2.10	1.49	1.27	1.22	1.05	0.965	0.94
hkl	111	200	220	311	222	400	331	420

试求：(1) 每个氧化镁晶胞中 O^{2-} 和 Mg^{2+} 的个数。

(2) 氧化镁晶体的消光规律。

6.23　硫磺晶体属于正交晶系，用回转晶体法测得其晶胞常数为 $a = 10.48\text{Å}$，$b = 12.92\text{Å}$，$c = 24.55\text{Å}$。已知，硫磺晶体密度为 $2.07\text{g}\cdot\text{cm}^{-3}$。

(1) 求每个硫磺晶胞中有几个 S_8 分子；

(2) 如果所用 X 射线为 Cu 的 K_α 线，试计算晶体 224 衍射线的布拉格角 θ。

6.24　金属钼为体心立方结构，晶胞参数为 330pm，试求：

(1) 钼的原子半径；

(2) 金属钼的理论密度；

(3) 金属钼晶体(110)面的晶面间距；

(4) 如果使用波长 λ 为 154pm 的 X 射线进行衍射实验，衍射指标为 220 的衍射角 θ。

部分习题参考答案

第 1 章

1.1 $\Delta m = 0$，5.56×10^{-6}g，5.56×10^{-4}g，5.56×10^{-2}g，6.07g。

1.3 红光：$E = 3.313\times10^{-19}$J，$P = 1.104\times10^{-27}$kg·m·s^{-1}；
X 射线：$E = 1.989\times10^{-15}$J，$P = 6.623\times10^{-24}$kg·m·s^{-1}。

1.4 $v = 6.557\times10^{5}$m·s^{-1}。

1.5 电子：$v = 7.27\times10^{6}$m·s^{-1}，$E = 2.41\times10^{-17}$J；
中子：$v = 3.97\times10^{3}$m·s^{-1}，$E = 1.31\times10^{-20}$J。

1.6 (1) 1.227×10^{-10}m；(2) 2.874×10^{-12}m；(3) 3.882×10^{-9}m；(4) 1.171×10^{-22}m。

1.7 1.75cm，3.39cm。

1.11 0.818。

1.16 能量有确定值：$E = \dfrac{h^2}{2ma^2}$；

坐标平均值：$\overline{x} = \dfrac{a}{2}$；

动量平均值：$\overline{P}_x = 0$；

动量平方有确定值：$P_x^2 = \dfrac{h^2}{a^2}$。

1.17 平均值：$\overline{E} = \dfrac{5h^2}{8ma^2}$。

1.19 3，4。

第 2 章

2.1 0.323，0.762。

2.2 $2.66a_0$，$7.15a_0$。

2.3 (1) $0.764a_0$；$5.236a_0$；(2) $4a_0$；(3) $2a_0$。

2.4 (1) $c_1^2 + c_2^2$；(2) 1；(3) c_2^2。

2.6 $1.758a_0$ 和 $10.242a_0$ 处($\theta = 0°$，180°)。

2.7 1.51eV，$\sqrt{6}\hbar$，$-\hbar$，$\dfrac{\sqrt{3}}{2}\hbar$，55.02°，124.98°。

2.10 0，0。

2.11 L_z 平均值：$\overline{L}_z = |c_2|^2 \hbar$；

L^2 有确定值：$L^2 = 2\hbar^2$。

2.12 $2.743\times10^4\text{cm}^{-1}$；

$6.563\times10^{-5}\text{cm}$，$4.571\times10^{14}\text{s}^{-1}$，$3.646\times10^{-5}\text{cm}$，$8.228\times10^{14}\text{s}^{-1}$；

$1.524\times10^4\text{cm}^{-1}$，$2.743\times10^4\text{cm}^{-1}$。

2.13 ^{1}S，^{3}S，^{1}P，^{3}P，^{1}D，^{3}D；

^{1}P，^{3}P，^{1}D，^{3}D，^{1}F，^{3}F；

^{2}P，^{4}P，^{2}D，^{4}D，^{2}F，^{4}F。

2.14 ^{1}S，^{3}P，^{1}D，^{3}F，^{1}G；^{2}D，^{2}P，^{4}S。

2.15 光谱项：^{1}S，^{3}P，^{1}D；光谱支项：$^1S_0$，$^3P_2$，$^3P_1$，$^3P_0$，$^1D_2$；基谱项：$^3P_2$。

2.16 光谱项：^{2}S；光谱支项：$^2S_{\frac{1}{2}}$；基谱项：$^2S_{\frac{1}{2}}$。

2.17 基态：^{1}S，^{3}P，^{1}D；激发态：^{3}P，^{1}P。

2.18 基态光谱项：^{1}S，^{3}P，^{1}D，^{3}F，^{1}G；

基态光谱支项：$^1S_0$，$^3P_2$，$^3P_1$，$^3P_0$，$^1D_2$，$^3F_4$，$^3F_3$，$^3F_2$，$^1G_4$；

第一激发态光谱项：^{1}P，^{3}P，^{1}D，^{3}D，^{1}F，^{3}F；

第一激发态光谱支项：$^1P_1$，$^3P_2$，$^3P_1$，$^3P_0$，$^1D_2$，$^3D_3$，$^3D_2$，$^3D_1$，$^1F_3$，$^3F_4$，$^3F_3$，$^3F_2$。

2.21 0°，60°，120°。

2.22 0°，45°，90°，135°。

第 3 章

3.5 键长：$N_2 < O_2 < F_2$。

3.6 N_2^+、O_2^+、F_2^+、N_2^{2-}、O_2^{2-} 均能稳定存在，F_2^{2-} 不能稳定存在。

3.7 O_2 磁性大于 F_2^+，其余分子均为反磁性。

3.9 CN^-分子轨道发生能级交错，键级 = 3，基组态：

$(1\sigma_g)^2(1\sigma_u)^2(2\sigma_g)^2(2\sigma_u)^2(1\pi_u)^2(1\pi_u)^2(3\sigma_g)^2$；

LiH 键级 = 1，基组态：$(1\sigma)^2(2\sigma)^2$。

3.10 NO 分子轨道发生能级交错，键级 = 2.5，基组态：

$(1\sigma)^2(2\sigma)^2(3\sigma)^2(4\sigma)^2(1\pi)^2(1\pi)^2(5\sigma)^2(2\pi)^1$；

NO^+分子轨道发生能级交错，键级 = 3，基组态：

$(1\sigma)^2(2\sigma)^2(3\sigma)^2(4\sigma)^2(1\pi)^2(1\pi)^2(5\sigma)^2$。

3.14 V 形分子，有三种简正振动方式，均有红外活性。

3.15 (1) 有红外活性；(2) $6.929\times10^{13}\text{s}^{-1}$；(3) $2.295\times10^{-20}\text{J} = 0.143\text{eV}$；(4) $314.2\text{J}\cdot\text{s}^{-1}$。

第 4 章

4.3 (1) C_{2v}；(2) T_d；(3) D_{3h}；(4) C_{2v}。

4.4 H_2S，CH_2F_2。

4.5 C_{3h}、D_{3d}和 O_h 无旋光性。

4.6 (1) C_s；(2) C_{2v}；(3) D_{6h}；(4) C_{2v}；(5) C_{2v}；(6) C_{2v}；(7) D_{2h}。

4.7 C_{2v}。

4.8 C_{2h}。

4.9 SF_5Cl：C_{4v}；SF_6：O_h。

4.11 C_n。

4.12 (1) C_{2h} 群(就是 C_3H_2，无极性，丙二烯双自由基)；

(2) C_{2v}；

(3) D、D_{2h}(2 个—CN 共平面)或 D_{2d}(2 个—CN 所在平面互相垂直)；

(4) C_2；

(5) D_{2h}(2 个—NO_2 共平面)或 D_{2d}(2 个—NO_2 所在平面互相垂直)；

(6) C_{2v}；(2 个—NH_2 所在平面互相垂直)；

(7) C_{2v}。

4.13 $R_{实} = 12.779$；$R_{理} = 12.822$。

第 5 章

5.4 环丁烯：$E_1 = \alpha + 2\beta$，$E_2 = E_3 = \alpha$，$E_4 = \alpha - 2\beta$。

5.5 烯丙基：$\psi_{\text{I}} = \frac{1}{2}\phi_1 + \frac{1}{\sqrt{2}}\phi_2 + \frac{1}{2}\phi_3$，$\psi_{\text{II}} = \frac{1}{\sqrt{2}}\phi_1 - \frac{1}{\sqrt{2}}\phi_3$，$\psi_{\text{III}} = \frac{1}{2}\phi_1 - \frac{1}{\sqrt{2}}\phi_2 + \frac{1}{2}\phi_3$；

$E_{\text{I}} = \alpha + \sqrt{2}\beta$，$E_{\text{II}} = \alpha$，$E_{\text{III}} = \alpha - \sqrt{2}\beta$；

$\rho_1 = 1.000$，$\rho_2 = 1.000$，$\rho_3 = 1.000$；

$P_{12} = 0.707$，$P_{23} = 0.707$；

$F_1 = 1.025$，$F_2 = 0.318$，$F_3 = 1.025$。

烯丙阳离子：$E_{\text{I}} = \alpha + \sqrt{2}\beta$，$E_{\text{II}} = \alpha$，$E_{\text{III}} = \alpha - \sqrt{2}\beta$；

$\rho_1 = 0.500$，$\rho_2 = 1.000$，$\rho_3 = 0.500$；

$P_{12} = 0.707$，$P_{23} = 0.707$；

$F_1 = 1.025$，$F_2 = 0.318$，$F_3 = 1.025$。

烯丙阴离子：$E_{\text{I}} = \alpha + \sqrt{2}\beta$，$E_{\text{II}} = \alpha$，$E_{\text{III}} = \alpha - \sqrt{2}\beta$；

$\rho_1 = 1.500$，$\rho_2 = 1.000$，$\rho_3 = 1.500$；

$P_{12} = 0.707$，$P_{23} = 0.707$；

$F_1 = 1.025$，$F_2 = 0.318$，$F_3 = 1.025$。

5.7 $\psi_{\mathrm{I}}=0.3717\phi_1+0.6015\phi_2+0.6015\phi_3+0.3717\phi_4$，

$\psi_{\mathrm{II}}=0.6015\phi_1+0.3717\phi_2-0.3717\phi_3-0.6015\phi_4$，

$\psi_{\mathrm{III}}=0.6015\phi_1-0.3717\phi_2-0.3717\phi_3+0.6015\phi_4$，

$\psi_{\mathrm{IV}}=0.3717\phi_1-0.6015\phi_2+0.6015\phi_3-0.3717\phi_4$；

$E_{\mathrm{I}}=\alpha+1.618\beta$，$E_{\mathrm{II}}=\alpha+0.618\beta$，$E_{\mathrm{III}}=\alpha-0.618\beta$，$E_{\mathrm{IV}}=\alpha-1.618\beta$；

$\rho_1=\rho_2=\rho_3=\rho_4=1.0000$；

$P_{12}=P_{34}=0.4472$，$P_{23}=0.7236$；

$F_1=F_4=1.2848$，$F_2=F_3=0.5612$。

5.9 对称的函数：$\psi=c_1(x_1-x_2)^2+c_2(y_1-y_2)^2+c_3(z_1-z_2)^2$；

反对称的函数：$\psi=c_1\left(x_1^2-x_2^2\right)+c_2\left(y_1^2-y_2^2\right)+c_3\left(z_1^2-z_2^2\right)$；

非对称的函数：

$\psi=c_1x_1^2+c_2x_2^2+c_3y_1^2+c_4y_2^2+c_5z_1^2+c_6z_2^2 \quad (c_1\neq c_2,\ c_3\neq c_4,\ c_5\neq c_6)$。

5.11 杂化类型：sp，sp，sp，sp^2，sp^2，sp^3，dsp^2，sp^3d，sp^3d^2，sp^3d^2，d^3s，dsp^3。

分子构型：直线形，直线形，直线形，平面三角形，平面三角形，四面体形，四面体形，三角双锥形，八面体形，八面体形，三角锥形，三角双锥形。

5.12 d^5组态：强场 CFSE = 8.9Dq，弱场 CFSE = 0；

d^6组态：强场 CFSE = 7.12Dq，弱场 CFSE = 2.67Dq；

d^7组态：强场 CFSE = 5.34Dq，弱场 CFSE = 5.34Dq。

5.13 (1) 高自旋，顺磁性，CFSE = 0；

(2) 低自旋，反磁性，CFSE = 24Dq；

(3) 高自旋，顺磁性，CFSE = 0。

第 6 章

6.6 (1) D_{3h}；(2) D_{4h}。

6.7 (322)。

6.9 178.35pm，203.5pm，126.1pm。

6.10 8 个，

$(0,0,0)$，$\left(0,\frac{1}{2},\frac{1}{2}\right)$，$\left(\frac{1}{2},0,\frac{1}{2}\right)$，$\left(\frac{1}{2},\frac{1}{2},0\right)$，$\left(\frac{3}{4},\frac{3}{4},\frac{1}{4}\right)$，$\left(\frac{3}{4},\frac{1}{4},\frac{3}{4}\right)$，$\left(\frac{1}{4},\frac{3}{4},\frac{3}{4}\right)$，$\left(\frac{1}{4},\frac{1}{4},\frac{1}{4}\right)$，

154.5pm，$3.52\mathrm{g\cdot cm^{-3}}$。

6.12 $2r$，$\sqrt{\frac{8}{3}}r$，$\sqrt{\frac{3}{2}}r$。

6.13 $a=b=292\mathrm{pm}$，$c=476.8\mathrm{pm}$，$\rho=4.52\mathrm{g\cdot cm^{-3}}$。

6.14 2，体心立方。

6.18 4个A，8个B：A_4B_8。

6.19 CaS：6，八面体，A_1型，NaCl型；

CsBr：8，立方体，简单立方，CsCl型。

6.20 有$h=0$，1两个衍射级次。

6.22 (1) Mg_4O_4；

(2) 属于立方面心结构：$h^2+k^2+l^2=3$，4，8，11，12，16，19，20，…。

6.23 (1) 16个；(2) 63.78°。

6.24 (1) 143pm；(2) 16.73g·cm^{-3}；(3) 233pm；(4) 41.3°。

参 考 文 献

郭用猷，张冬菊，刘艳华. 2015. 物质结构基本原理. 3 版. 北京：高等教育出版社

国际纯粹与应用化学联合会物理化学符号、术语和单位委员会. 1991. 物理化学中的量、单位和符号. 漆德瑶，等译. 北京：科学技术文献出版社

何平笙，等. 2022. 高聚物的结构与性能. 2 版. 北京：科学出版社

江元生. 1997. 结构化学. 北京：高等教育出版社

李炳瑞. 2020. 结构化学. 4 版. 北京：高等教育出版社

刘若庄. 1986. 量子化学基础. 北京：科学出版社

麦松威，周公度，王颖霞，等. 2021. 高等无机结构化学. 3 版. 北京：北京大学出版社

倪星元，沈军，张智华. 2006. 纳米材料的理化特性与应用. 北京：化学工业出版社

潘道皑，李奇. 2023. 物质结构. 3 版. 北京：高等教育出版社

唐敖庆. 1982. 量子化学. 北京：科学出版社

唐有祺. 1977. 对称性原理. 北京：科学出版社

王军，杨冬梅，张丽君，等. 2015. 物理化学实验. 北京：冶金工业出版社

王中林，刘义，张泽. 2002. 纳米相和纳米结构材料——结构和性能表征手册. 北京：清华大学出版社

伍德沃德 R B，霍夫曼 R. 1978. 轨道对称性守恒. 王志中，等译. 北京：科学出版社

厦门大学化学系物构组. 2019. 结构化学. 4 版. 北京：科学出版社

项斯芬. 1988. 无机化学新兴领域导论. 北京：北京大学出版社

谢有畅，邵美成. 1979. 结构化学. 北京：高等教育出版社

徐光宪，王祥云. 2010. 物质结构. 2 版. 北京：科学出版社

游效曾. 2016. 配位化合物结构和性质. 2 版. 北京：科学出版社

周公度，段连运. 2017. 结构化学基础. 5 版. 北京：北京大学出版社

Cotton F A. 1975. 群论在化学中的应用. 刘春万，等译. 北京：科学出版社

Heilbronner E, Bock H. 1976. The HMO Model and Its Application, Vol.1: Basis and Manipulation. New York: Wiley

Heilbronner E, Bock H. 1976. The HMO Model and Its Application, Vol. 3: Tables of Hückel Molecular Orbitals. New York: Wiley

Ladd M F C. 1998. Introduction to Physical Chemistry. 3rd ed. Cambridge: Cambridge University Press

Murrell J N. 1978. 原子价理论. 文振翼，等译. 北京：科学出版社

Pauling L, Wilson E B. 1964. 量子力学导论. 陈洪生，译. 北京：科学出版社

Pauling L. 1966. 化学键本质. 卢嘉锡，等译. 上海：上海科学技术出版社

Slater J C. 1960. Quantum Theory of Atomic Structure. New York: McGraw-Hill

附　　录

Ⅰ. 国际单位制(SI)的基本单位

物理量的名称	表示符号	单位名称	单位的表示符号
长度	l	米	m
质量	m	千克	kg
时间	t	秒	s
电流	I	安培	A
热力学温度	T	开[尔文]	K
物质的量	n	摩[尔]	mol
发光强度	I_v	坎[德拉]	cd

Ⅱ. 常用的 SI 导出单位

物理量的名称	表示符号	单位名称	单位的表示符号	定义式
频率	ν	赫[兹]	Hz	s^{-1}
能量	E	焦[耳]	J	$kg \cdot m^2 \cdot s^{-2}$
力	F	牛[顿]	N	$kg \cdot m \cdot s^{-2} = J \cdot m^{-1}$
压力	p	帕[斯卡]	Pa	$kg \cdot m^{-1} \cdot s^{-2} = N \cdot m^{-2}$
功率	P	瓦[特]	W	$kg \cdot m^2 \cdot s^{-3} = J \cdot s^{-1}$
电量	Q	库[仑]	C	$A \cdot s$
电压(电位，电动势)	U	伏[特]	V	$kg \cdot m^2 \cdot s^{-3} \cdot A^{-1} = J \cdot A^{-1} \cdot s^{-1}$
电阻	R	欧[姆]	Ω	$kg \cdot m^2 \cdot s^{-3} \cdot A^{-2} = V \cdot A^{-1}$
电导	G	西[门子]	S	$kg^{-1} \cdot m^{-2} \cdot s^3 \cdot A^2 = A \cdot V^{-1} = \Omega^{-1}$
电容	C	法[第]	F	$A^2 \cdot s^4 \cdot kg^{-1} \cdot m^{-2} = A \cdot s \cdot V^{-1} = C \cdot V^{-1}$
磁通量	Φ	韦[伯]	Wb	$kg \cdot m^2 \cdot s^{-2} \cdot A^{-1} = V \cdot s$
电感	L	亨[利]	H	$kg \cdot m^2 \cdot s^{-2} \cdot A^{-2} = V \cdot A^{-1} \cdot s = Wb \cdot A^{-1}$
磁感应强度 (磁通量密度)	B	特[斯拉]	T	$kg \cdot s^{-2} \cdot A^{-1} = V \cdot s \cdot m^{-2} = Wb \cdot m^{-2}$

Ⅲ. 十进制单位的词头

因数	词头名称	表示符号	因数	词头名称	表示符号
10^{-1}	分	d	10^{1}	十	da
10^{-2}	厘	c	10^{2}	百	h
10^{-3}	毫	m	10^{3}	千	k
10^{-6}	微	μ	10^{6}	兆	M
10^{-9}	纳[诺]	n	10^{9}	吉[咖]	G
10^{-12}	皮[可]	p	10^{12}	太[拉]	T
10^{-15}	飞[母托]	f	10^{15}	拍[它]	P
10^{-18}	阿[托]	a	10^{18}	艾[可萨]	E
10^{-21}	仄[普托]	z	10^{21}	泽[它]	Z
10^{-24}	幺[科托]	y	10^{24}	尧[它]	Y

Ⅳ. 压力单位间的换算

	Pa	atm	mmHg (Torr)	bar	$dyn \cdot cm^{-2}$	$lbf \cdot in^{-2}$
1Pa	1	9.869×10^{-6}	7.501×10^{-3}	10^{-5}	10	1.450×10^{-4}
1atm	1.013×10^{5}	1	760.0	1.013	1.013×10^{6}	14.70
1mmHg (Torr)	133.322	1.316×10^{-3}	1	1.333×10^{-3}	1333	1.924×10^{-2}
1bar	10^{5}	0.9869	750.1	1	10^{6}	14.50
$1dyn \cdot cm^{-2}$	10^{-1}	9.869×10^{-7}	7.501×10^{-4}	10^{-6}	1	1.450×10^{-5}
$1lbf \cdot in^{-2}$	6895	6.805×10^{-2}	51.71	6.895×10^{-2}	6.895×10^{4}	1

Ⅴ. 能量单位间的换算

	J	cal	erg	eV
1J	1	0.2390	10^{7}	6.242×10^{18}
1cal	4.184	1	4.184×10^{7}	2.612×10^{19}
1erg	10^{-7}	2.390×10^{-8}	1	6.242×10^{11}
1eV	1.602×10^{-19}	3.829×10^{-20}	1.602×10^{-12}	1

注：$1eV = 9.649 \times 10^{4} J \cdot mol^{-1} = 2.306 \times 10^{4} cal \cdot mol^{-1} = 8.065 \times 10^{3} cm^{-1}$。

Ⅵ. 常用的物理常数表

物理量名称	表示符号	数值
真空光速	c	$2.99792458\times10^{8}m\cdot s^{-1}$
真空磁导率	μ_0	$1.2566370614\times10^{-6}J\cdot s^{2}\cdot C^{-2}\cdot m^{-1}$
真空电容率	ε_0	$8.854187816\times10^{-12}C^{2}\cdot J^{-1}\cdot m^{-1}$
普朗克常量	h	$6.6260755\times10^{-34}J\cdot s$
电子电荷	e	$1.60217733\times10^{-19}C$
电子质量	m_e	$9.1093897\times10^{-31}kg$
质子质量	m_p	$1.6726231\times10^{-27}kg$
里德伯常量	R_∞	$1.0973731534\times10^{5}cm^{-1}$
阿伏伽德罗常量	L, N_A	$6.0221367\times10^{23}mol^{-1}$
摩尔气体常量	R	$8.314510J\cdot mol^{-1}\cdot K^{-1}$
法拉第常量	F	$96485.309C\cdot mol^{-1}$
玻尔兹曼常量	k	$1.380658\times10^{-23}J\cdot K^{-1}$
玻尔磁子	μ_B	$9.2740\times10^{-24}J\cdot T^{-1}$
玻尔半径	a_0	$5.29177\times10^{-11}m$

Ⅶ. 原子轨道的能量 / R(实验值，$R = 13.6eV$)

原子	序数	1s	2s	2p	3s	3p	3d	4s	4p	4d	5s
H	1	1.00									
He	2	1.81									
Li	3	4.77	0.40								
Be	4	8.9	0.69								
B	5	14.5	1.03	0.42							
C	6	21.6	1.43	0.79							
N	7	30.0	1.88	0.95							
O	8	39.9	2.38	1.17							
F	9	51.2	2.95	1.37							
Ne	10	64.0	3.56	1.59							
Na	11	79.4	5.2	2.80	0.38						
Mg	12	96.5	7.0	4.1	0.56						
Al	13	115.3	9.0	5.8	0.83	0.44					
Si	14	135.9	11.5	7.8	1.10	0.57					
P	15	158.3	14.1	10.1	1.35	0.72					
S	16	182.4	17.0	12.5	1.54	0.86					
Cl	17	208.4	20.3	15.3	1.86	1.01					
Ar	18	236.2	24.2	18.5	2.15	1.16					
K	19	266.2	28.2	22.2	3.0	1.81		0.32			

续表

原子	序数	1s	2s	2p	3s	3p	3d	4s	4p	4d	5s
Ca	20	297.9	32.8	26.1	3.7	2.4		0.45			
Sc	21	331.1	37.3	30.0	4.2	2.6	0.59	0.55			
Ti	22	366.1	42.0	34.0	4.8	2.9	0.68	0.52			
V	23	402.9	46.9	38.3	5.3	3.2	0.74	0.55			
Cr	24	441.6	51.9	43.0	6.0	3.6	0.75	0.57			
Mn	25	482.0	57.7	47.8	6.6	4.0	0.57	0.50			
Fe	26	524.3	63.0	52.8	7.3	4.4	0.64	0.53			
Co	27	568.3	69.0	58.2	8.0	4.9	0.66	0.53			
Ni	28	614.1	75.3	63.7	8.7	5.4	0.73	0.55			
Cu	29	662.0	81.3	69.6	9.6	6.1	0.79	0.57			
Zn	30	712.0	88.7	76.2	10.5	7.0	1.28	0.69			
Ga	31	764.0	96.4	83.0	11.8	7.9	1.6	0.93	0.44		
Ge	32	818.2	104.6	90.5	13.5	9.4	2.4	1.15	0.55		
As	33	874.5	113.0	98.5	15.4	10.8	3.4	1.30	0.68		
Se	34	932.6	122.1	106.8	17.3	12.2	4.5	1.54	0.80		
Br	35	993.0	131.7	115.6	19.9	13.8	5.6	1.80	0.93		
Kr	36	1055.5	142.0	124.7	22.1	15.9	7.1	2.00	1.03		
Rb	37	1120.1	152.7	134.5	24.3	18.3	8.7	2.7	1.56		0.31
Sr	38	1186.7	163.7	144.6	26.8	20.5	10.4	3.3	2.0		0.42
Y	39	1255.3	175.1	155.0	29.4	22.7	12.0	3.7	2.3	0.48	0.64
Zr	40	1325.9	186.7	165.5	32.0	24.8	13.6	4.1	2.3	0.61	0.54
Nb	41	1398.9	199.3	176.9	35.1	27.6	15.8	5.0	3.1		0.58

Ⅷ. 230 个空间群的申夫利斯符号和国际符号

晶系	申夫利斯符号		国际符号	简略国际符号	晶系	申夫利斯符号		国际符号	简略国际符号
立方晶系	O_h	O_h^1	$P\frac{4}{m}3\frac{2}{m}$	$Pm3m$	立方晶系	O_h	O_h^8	$F\frac{4_1}{d}3\frac{2}{c}$	$Fd3c$
		O_h^2	$P\frac{4}{n}3\frac{2}{n}$	$Pn3n$			O_h^9	$I\frac{4}{m}3\frac{2}{m}$	$Im3m$
		O_h^3	$P\frac{4_2}{m}3\frac{2}{n}$	$Pm3n$			O_h^{10}	$I\frac{4_1}{a}3\frac{2}{d}$	$Ia3d$
		O_h^4	$P\frac{4_2}{n}3\frac{2}{m}$	$Pn3m$		O	O^1	$P432$	$P43$
		O_h^5	$F\frac{4}{m}3\frac{2}{m}$	$Fm3m$			O^2	$P4_232$	$P4_23$
		O_h^6	$F\frac{4}{m}3\frac{2}{c}$	$Fm3c$			O^3	$F43$	$F43$
		O_h^7	$F\frac{4_1}{d}3\frac{2}{m}$	$Fd3m$			O^4	$F4_132$	$F4_13$

续表

晶系	申夫利斯符号		国际符号	简略国际符号	晶系	申夫利斯符号		国际符号	简略国际符号
立方晶系	O	O^5	$I432$	$I43$	六方晶系	D_{6h}	D_{6h}^1	$P\frac{6}{m}\frac{2}{m}\frac{2}{m}$	$P\frac{6}{m}mm$
		O^6	$P4_332$	$P4_33$			D_{6h}^2	$P\frac{6}{m}\frac{2}{c}\frac{2}{c}$	$P\frac{6}{m}cc$
		O^7	$P4_132$	$P4_13$			D_{6h}^3	$P\frac{6_3}{m}\frac{2}{c}\frac{2}{m}$	$P\frac{6}{m}cm$
		O^8	$I4_132$	$I4_13$			D_{6h}^4	$P\frac{6_3}{m}\frac{2}{m}\frac{2}{c}$	$P\frac{6}{m}mc$
	T_d	T_d^1	$P\bar{4}3m$	$P\bar{4}3m$		D_6	D_6^1	$P622$	$P62$
		T_d^2	$F\bar{4}3m$	$F\bar{4}3m$			D_6^2	$P6_122$	$P6_12$
		T_d^3	$I\bar{4}3m$	$I\bar{4}3m$			D_6^3	$P6_522$	$P6_52$
		T_d^4	$P\bar{4}3n$	$P\bar{4}3n$			D_6^4	$P6_222$	$P6_22$
		T_d^5	$F\bar{4}3c$	$F\bar{4}3c$			D_6^5	$P6_422$	$P6_42$
		T_d^6	$I\bar{4}3d$	$I\bar{4}3d$			D_6^6	$P6_322$	$P6_32$
	T_h	T_h^1	$P\frac{2}{m}3$	$Pm3$		D_{3h}	D_{3h}^1	$P\bar{6}m2$	$P\bar{6}m2$
		T_h^2	$P\frac{2}{n}3$	$Pn3$			D_{3h}^2	$P\bar{6}c2$	$P\bar{6}c2$
		T_h^3	$F\frac{2}{m}3$	$Fm3$			D_{3h}^3	$P\bar{6}2m$	$P\bar{6}2m$
		T_h^4	$F\frac{2}{d}3$	$Fd3$			D_{3h}^4	$P\bar{6}2c$	$P\bar{6}2c$
		T_h^5	$I\frac{2}{m}3$	$Im3$		C_{6v}	C_{6v}^1	$P6mm$	$P6mm$
		T_h^6	$P\frac{2_1}{a}3$	$Pa3$			C_{6v}^2	$P6cc$	$P6cc$
		T_h^7	$I\frac{2_1}{a}3$	$Ia3$			C_{6v}^3	$P6_3cm$	$P6cm$
	T	T^1	$P23$	$P23$			C_{6v}^4	$P6_3mc$	$P6mc$
		T^2	$F23$	$F23$		C_{6h}	C_{6h}^1	$P\frac{6}{m}$	$P\frac{6}{m}$
		T^3	$I23$	$I23$			C_{6h}^2	$P\frac{6_3}{m}$	$P\frac{6_3}{m}$
		T^4	$P2_13$	$P2_13$		C_{3h}	C_{3h}^1	$P\bar{6}$	$P\bar{6}$
		T^5	$I2_13$	$I2_13$		C_6	C_6^1	$P6$	$P6$

续表

晶系	申夫利斯符号		国际符号	简略国际符号
六方晶系	C_6	C_6^2	$P6_1$	$P6_1$
		C_6^3	$P6_5$	$P6_5$
		C_6^4	$P6_2$	$P6_2$
		C_6^5	$P6_4$	$P6_4$
		C_6^6	$P6_3$	$P6_1$
四方晶系	D_{4h}	D_{4h}^1	$P\frac{4}{m}\frac{2}{m}\frac{2}{m}$	$P\frac{4}{m}mm$
		D_{4h}^2	$P\frac{4}{n}\frac{2}{c}\frac{2}{c}$	$P\frac{4}{n}cc$
		D_{4h}^3	$P\frac{4}{n}\frac{2}{b}\frac{2}{m}$	$P\frac{4}{m}bm$
		D_{4h}^4	$P\frac{4}{n}\frac{2}{n}\frac{2}{c}$	$P\frac{4}{n}nc$
		D_{4h}^5	$P\frac{4}{n}\frac{2_1}{b}\frac{2}{m}$	$P\frac{4}{n}bm$
		D_{4h}^6	$P\frac{4}{m}\frac{2_1}{n}\frac{2}{c}$	$P\frac{4}{m}nc$
		D_{4h}^7	$P\frac{4}{n}\frac{2_1}{m}\frac{2}{m}$	$P\frac{4}{n}mm$
		D_{4h}^8	$P\frac{4}{n}\frac{2_1}{c}\frac{2}{c}$	$P\frac{4}{n}cc$
		D_{4h}^9	$P\frac{4_2}{m}\frac{2}{m}\frac{2}{c}$	$P\frac{4}{m}mc$
		D_{4h}^{10}	$P\frac{4_2}{m}\frac{2}{c}\frac{2}{m}$	$P\frac{4}{m}cm$
		D_{4h}^{11}	$P\frac{4_2}{n}\frac{2}{b}\frac{2}{c}$	$P\frac{4}{n}bc$
		D_{4h}^{12}	$P\frac{4_2}{n}\frac{2}{n}\frac{2}{m}$	$P\frac{4}{n}nm$
		D_{4h}^{13}	$P\frac{4_2}{m}\frac{2_1}{b}\frac{2}{c}$	$P\frac{4}{m}bc$
		D_{4h}^{14}	$P\frac{4_2}{m}\frac{2_1}{n}\frac{2}{m}$	$P\frac{4}{m}nm$
		D_{4h}^{15}	$P\frac{4_2}{n}\frac{2_1}{m}\frac{2}{c}$	$P\frac{4}{n}mc$
		D_{4h}^{16}	$P\frac{4_2}{n}\frac{2_1}{c}\frac{2}{m}$	$P\frac{4}{n}cm$
四方晶系	D_{4h}	D_{4h}^{17}	$I\frac{4}{m}\frac{2}{m}\frac{2}{m}$	$I\frac{4}{m}mm$
		D_{4h}^{18}	$I\frac{4}{m}\frac{2}{c}\frac{2}{m}$	$I\frac{4}{m}cm$
		D_{4h}^{19}	$I\frac{4_1}{a}\frac{2}{m}\frac{2}{d}$	$I\frac{4}{a}md$
		D_{4h}^{20}	$I\frac{4_1}{a}\frac{2}{c}\frac{2}{d}$	$I\frac{4}{a}cd$
	D_4	D_4^1	$P422$	$P42$
		D_4^2	$P42_12$	$P42_1$
		D_4^3	$P4_122$	$P4_12$
		D_4^4	$P4_12_12$	$P4_12_1$
		D_4^5	$P4_222$	$P4_22$
		D_4^6	$P4_22_12$	$P4_22_1$
		D_4^7	$P4_322$	$P4_32$
		D_4^8	$P4_42_12$	$P4_42_1$
		D_4^9	$I422$	$I42$
		D_4^{10}	$I4_122$	$I4_12$
	D_{2d}	D_{2d}^1	$P\bar{4}2m$	$P\bar{4}2m$
		D_{2d}^2	$P\bar{4}2c$	$P\bar{4}2c$
		D_{2d}^3	$P\bar{4}2_1m$	$P\bar{4}2_1m$
		D_{2d}^4	$P\bar{4}2_1c$	$P\bar{4}2_1c$
		D_{2d}^5	$P\bar{4}m2$	$P\bar{4}m2$
		D_{2d}^6	$P\bar{4}c2$	$P\bar{4}c2$
		D_{2d}^7	$P\bar{4}b2$	$P\bar{4}b2$

晶系	申夫利斯符号		国际符号	简略国际符号	晶系	申夫利斯符号		国际符号	简略国际符号
四方晶系	D_{2d}	D_{2d}^8	$P\bar{4}n2$	$P\bar{4}n2$	四方晶系	C_{4h}	C_{4h}^5	$I\dfrac{4}{m}$	$I\dfrac{4}{m}$
		D_{2d}^9	$I\bar{4}m2$	$I\bar{4}m2$			C_{4h}^6	$I\dfrac{4_1}{a}$	$I\dfrac{4_1}{a}$
		D_{2d}^{10}	$I\bar{4}c2$	$I\bar{4}c2$		S_4	S_4^1	$P\bar{4}$	$P\bar{4}$
		D_{2d}^{11}	$I\bar{4}2m$	$I\bar{4}2m$			S_4^2	$I\bar{4}$	$I\bar{4}$
		D_{2d}^{12}	$I\bar{4}2d$	$I\bar{4}2d$		C_4	C_4^1	$P4$	$P4$
	C_{4v}	C_{4v}^1	$P4mm$	$P4mm$			C_4^2	$P4_1$	$P4_1$
		C_{4v}^2	$P4bm$	$P4bm$			C_4^3	$P4_2$	$P4_2$
		C_{4v}^3	$P4_2cm$	$P4cm$			C_4^4	$P4_3$	$P4_3$
		C_{4v}^4	$P4_2nm$	$P4nm$			C_4^5	$I4$	$I4$
		C_{4v}^5	$P4cc$	$P4cc$			C_4^6	$I4_1$	$I4_1$
		C_{4v}^6	$P4nc$	$P4nc$	三方晶系	D_{3d}	D_{3d}^1	$P\bar{3}I\dfrac{2}{m}$	$P\bar{3}Im$
		C_{4v}^7	$P4_2mc$	$P4mc$			D_{3d}^2	$P\bar{3}I\dfrac{2}{c}$	$P\bar{3}Ic$
		C_{4v}^8	$P4_2bc$	$P4bc$			D_{3d}^3	$P\bar{3}\dfrac{2}{m}I$	$P\bar{3}m$
		C_{4v}^9	$I4mm$	$I4mm$			D_{3d}^4	$P\bar{3}\dfrac{2}{c}I$	$P\bar{3}c$
		C_{4v}^{10}	$I4cm$	$I4cm$			D_{3d}^5	$R\bar{3}\dfrac{2}{m}$	$R\bar{3}m$
		C_{4v}^{11}	$I4_1md$	$I4md$			D_{3d}^6	$R\bar{3}\dfrac{2}{c}$	$R\bar{3}c$
		C_{4v}^{12}	$I4_1cd$	$I4cd$		D_3	D_3^1	$P3I2$	$P3I2$
	C_{4h}	C_{4h}^1	$P\dfrac{4}{m}$	$P\dfrac{4}{m}$			D_3^2	$P32I$	$P32$
		C_{4h}^2	$P\dfrac{4_2}{m}$	$P\dfrac{4_2}{m}$			D_3^3	$P3_1I2$	$P3_1I2$
		C_{4h}^3	$P\dfrac{4}{n}$	$P\dfrac{4}{n}$			D_3^4	$P3_12I$	$P3_12$
		C_{4h}^4	$P\dfrac{4_2}{n}$	$P\dfrac{4_2}{n}$			D_3^5	$P3_2I2$	$P3_2I2$

续表

晶系	申夫利斯符号		国际符号	简略国际符号
三方晶系	D_3	D_3^6	$P3_22I$	$P3_22$
		D_3^7	$R32$	$R32$
	C_{3v}	C_{3v}^1	$P3mI$	$P3m$
		C_{3v}^2	$P3Im$	$P3Im$
		C_{3v}^3	$P3cI$	$P3c$
		C_{3v}^4	$P3Ic$	$P3Ic$
		C_{3v}^5	$R3m$	$R3m$
		C_{3v}^6	$R3c$	$R3c$
	C_{3i}	C_{3i}^1	$P\overline{3}$	$P\overline{3}$
		C_{3i}^2	$R\overline{3}$	$R\overline{3}$
	C_3	C_3^1	$P3$	$P3$
		C_3^2	$P3_1$	$P3_1$
		C_3^3	$P3_2$	$P3_2$
		C_3^4	$R3$	$R3$
正交晶系	D_{2h}	D_{2h}^1	$P\frac{2}{m}\frac{2}{m}\frac{2}{m}$	$Pmmm$
		D_{2h}^2	$P\frac{2}{n}\frac{2}{n}\frac{2}{n}$	$Pnnn$
		D_{2h}^3	$P\frac{2}{c}\frac{2}{c}\frac{2}{m}$	$Pccm$
		D_{2h}^4	$P\frac{2}{b}\frac{2}{a}\frac{2}{n}$	$Pban$
		D_{2h}^5	$P\frac{2_1}{m}\frac{2}{m}\frac{2}{a}$	$Pmma$
		D_{2h}^6	$P\frac{2}{n}\frac{2_1}{n}\frac{2}{a}$	$Pnna$
正交晶系	D_{2h}	D_{2h}^7	$P\frac{2}{m}\frac{2}{n}\frac{2_1}{a}$	$Pmna$
		D_{2h}^8	$P\frac{2_1}{c}\frac{2}{c}\frac{2}{a}$	$Pcca$
		D_{2h}^9	$P\frac{2_1}{b}\frac{2_1}{a}\frac{2}{m}$	$Pbam$
		D_{2h}^{10}	$P\frac{2_1}{c}\frac{2_1}{c}\frac{2}{n}$	$Pccn$
		D_{2h}^{11}	$P\frac{2}{b}\frac{2_1}{c}\frac{2_1}{m}$	$Pbcm$
		D_{2h}^{12}	$P\frac{2_1}{n}\frac{2_1}{n}\frac{2}{m}$	$Pnnm$
		D_{2h}^{13}	$P\frac{2_1}{m}\frac{2_1}{m}\frac{2}{n}$	$Pmmn$
		D_{2h}^{14}	$P\frac{2_1}{b}\frac{2}{c}\frac{2_1}{n}$	$Pbcn$
		D_{2h}^{15}	$P\frac{2_1}{b}\frac{2_1}{c}\frac{2_1}{a}$	$Pbca$
		D_{2h}^{16}	$P\frac{2_1}{n}\frac{2_1}{m}\frac{2_1}{a}$	$Pnma$
		D_{2h}^{17}	$C\frac{2}{m}\frac{2}{c}\frac{2_1}{m}$	$Cmcm$
		D_{2h}^{18}	$C\frac{2}{m}\frac{2}{c}\frac{2_1}{a}$	$Cmca$
		D_{2h}^{19}	$C\frac{2}{m}\frac{2}{m}\frac{2}{m}$	$Cmmm$
		D_{2h}^{20}	$C\frac{2}{c}\frac{2}{c}\frac{2}{m}$	$Cccm$
		D_{2h}^{21}	$C\frac{2}{m}\frac{2}{m}\frac{2}{a}$	$Cmma$
		D_{2h}^{22}	$C\frac{2}{c}\frac{2}{c}\frac{2}{a}$	$Ccca$
		D_{2h}^{23}	$F\frac{2}{m}\frac{2}{m}\frac{2}{m}$	$Fmmm$
		D_{2h}^{24}	$F\frac{2}{d}\frac{2}{d}\frac{2}{d}$	$Fddd$
		D_{2h}^{25}	$I\frac{2}{m}\frac{2}{m}\frac{2}{m}$	$Immm$
		D_{2h}^{26}	$I\frac{2}{b}\frac{2}{a}\frac{2}{m}$	$Ibam$

续表

晶系	申夫利斯符号		国际符号	简略国际符号	晶系	申夫利斯符号		国际符号	简略国际符号
正交晶系	D_{2h}	D_{2h}^{27}	$I\frac{2_1}{b}\frac{2_1}{c}\frac{2_1}{a}$	$Ibca$	正交晶系	C_{2v}	C_{2v}^{11}	$Cmm2$	Cmm
		D_{2h}^{28}	$I\frac{2_1}{m}\frac{2_1}{m}\frac{2_1}{a}$	$Imma$			C_{2v}^{12}	$Cmc2_1$	Cmc
	D_2	D_2^1	$P222$	$P222$			C_{2v}^{13}	$Ccc2$	Ccc
		D_2^2	$P222_1$	$P222_1$			C_{2v}^{14}	$Amm2$	Amm
		D_2^3	$P2_12_12$	$P2_12_12$			C_{2v}^{15}	$Abm2$	Abm
		D_2^4	$P2_12_12_1$	$P2_12_12_1$			C_{2v}^{16}	$Ama2$	Ama
		D_2^5	$C222_1$	$C222_1$			C_{2v}^{17}	$Aba2$	Aba
		D_2^6	$C222$	$C222$			C_{2v}^{18}	$Fmm2$	Fmm
		D_2^7	$F222$	$F222$			C_{2v}^{19}	$Fdd2$	Fdd
		D_2^8	$I222$	$I222$			C_{2v}^{20}	$Imm2$	Imm
		D_2^9	$I2_12_12_1$	$I2_12_12_1$			C_{2v}^{21}	$Iba2$	Iba
	C_{2v}	C_{2v}^1	$Pmm2$	Pmm			C_{2v}^{22}	$Ima2$	Ima
		C_{2v}^2	$Pmc2_1$	Pmc	单斜晶系	C_{2h}	C_{2h}^1	$P\frac{2}{m}$	$P\frac{2}{m}$
		C_{2v}^3	$Pcc2$	Pcc			C_{2h}^2	$P\frac{2_1}{m}$	$P\frac{2_1}{m}$
		C_{2v}^4	$Pma2$	Pma			C_{2h}^3	$C\frac{2}{m}$	$C\frac{2}{m}$
		C_{2v}^5	$Pca2_1$	Pca			C_{2h}^4	$P\frac{2}{c}$	$P\frac{2}{c}$
		C_{2v}^6	$Pnc2$	Pnc			C_{2h}^5	$P\frac{2_1}{c}$	$P\frac{2_1}{c}$
		C_{2v}^7	$Pmn2$	Pmn			C_{2h}^6	$C\frac{2}{c}$	$C\frac{2}{c}$
		C_{2v}^8	$Pba2$	Pba		C_s	C_s^1	Pm	Pm
		C_{2v}^9	$Pna2$	Pna			C_s^2	Pc	Pc
		C_{2v}^{10}	$Pnn2$	Pnn			C_s^3	Cm	Cm

续表

晶系	申夫利斯符号		国际符号	简略国际符号	晶系	申夫利斯符号		国际符号	简略国际符号
单斜晶系	C_s	C_s^4	Cc	Cc	单斜晶系	C_2	C_2^3	$C2$	$C2$
	C_2	C_2^1	$P2$	$P2$	三斜晶系	C_i	C_i^1	$P1$	$P\bar{1}$
		C_2^2	$P2_1$	$P2_1$		C_1	C_1^1	$P1$	$P1$

期　表

素周期表，以^{12}C

素;天然放射性元
元素只列半衰期最

	ds 区		p 区					p 区		
10	I B 11	II B 12	III A 13	IV A 14	V A 15	VI A 16	VII A 17	VIII A 18	电子层	层电子数
								2 He 氦 3 4 $1s^2$ 4.0026	K	2
			5 B 硼 10 11 $2s^22p^1$ 10.81	6 C 碳 12 13 14β $2s^22p^2$ 12.011	7 N 氮 14 15 $2s^22p^3$ 14.007	8 O 氧 16 17 18 $2s^22p^4$ 15.999	9 F 氟 19 $2s^22p^5$ 18.998	10 Ne 氖 20 21 22 $2s^22p^6$ 20.180	L K	8 2
			13 Al 铝 27 $3s^23p^1$ 26.982	14 Si 硅 28 29 30 $3s^23p^2$ 28.085	15 P 磷 31 $3s^23p^3$ 30.974	16 S 硫 32 33 34 36 $3s^23p^4$ 32.06	17 Cl 氯 35 37 $3s^23p^5$ 35.45	18 Ar 氩 36 38 40 $3s^23p^6$ 39.95	M L K	8 8 2
8 61 0 62 64 $3d^84s^2$	29 Cu 铜 63 65 $3d^{10}4s^1$ 63.546(3)	30 Zn 锌 64 68 66 70 67 $3d^{10}4s^2$ 65.38(2)	31 Ga 镓 69 71 $4s^24p^1$ 69.723	32 Ge 锗 70 74 72 76 73 $4s^24p^2$ 72.630(8)	33 As 砷 75 $4s^24p^3$ 74.922	34 Se 硒 74 78 76 80 77 82 $4s^24p^4$ 78.971(8)	35 Br 溴 79 81 $4s^24p^5$ 79.904	36 Kr 氪 78 83 80 84 82 86 $4s^24p^6$ 83.798(2)	N M L K	8 18 8 2
02 106 04 108 05 110 $4d^{10}$	47 Ag 银 107 109 $4d^{10}5s^1$ 107.87	48 Cd 镉 106 112 108 113 110 114 111 116 $4d^{10}5s^2$ 112.41	49 In 铟 113 115 $5s^25p^1$ 114.82	50 Sn 锡 112 118 114 119 115 120 116 122 117 124 $5s^25p^2$ 118.71	51 Sb 锑 121 123 $5s^25p^3$ 121.76	52 Te 碲 120 125 122 126 123ε 128 124 130 $5s^25p^4$ 127.60(3)	53 I 碘 127 129β $5s^25p^5$ 126.90	54 Xe 氙 124 131 126 132 128 134 129 136 130 $5s^25p^6$ 131.29	O N M L K	8 18 18 8 2
α 195 α 196 198 $5d^96s^1$	79 Au 金 197 $5d^{10}6s^1$ 196.97	80 Hg 汞 196 201 198 202 199 204 200 $5d^{10}6s^2$ 200.59	81 Tl 铊 203 205 $6s^26p^1$ 204.38	82 Pb 铅 204 206 207 208 $6s^26p^2$ 207.2	83 Bi 铋 209 $6s^26p^3$ 208.98	84 Po 钋 209α,ε 210α $6s^26p^4$	85 At 砹 210ε,α $6s^26p^5$	86 Rn 氡 222α $6s^26p^6$	P O N M L K	8 18 32 18 8 2
269α	111 Rg 轮* 272α	112 Cn 鎶* 277α	113 Nh 鉨*	114 Fl 𫓧*	115 Mc 镆*	116 Lv 𫟷*	117 Ts 石田*	118 Og 气奥*		

152α 157 154 158 155 160 156 $5d^16s^2$ 3)	65 Tb 铽 159 $4f^96s^2$ 158.93	66 Dy 镝 156 162 158 163 160 164 161 $4f^{10}6s^2$ 162.50	67 Ho 钬 165 $4f^{11}6s^2$ 164.93	68 Er 铒 162 167 164 168 166 170 $4f^{12}6s^2$ 167.26	69 Tm 铥 169 $4f^{13}6s^2$ 168.93	70 Yb 镱 168 173 170 174 171 176 172 $4f^{14}6s^2$ 173.05	71 Lu 镥 175 176β $5d^16s^2$ 174.97
247α $6d^17s^2$	97 Bk 锫* 247α $5f^97s^2$	98 Cf 锎* 251α $5f^{10}7s^2$	99 Es 锿* 252α $5f^{11}7s^2$	100 Fm 镄* 257α,φ $5f^{12}7s^2$	101 Md 钔* 258α $5f^{13}7s^2$	102 No 锘* 259α $5f^{14}7s^2$	103 Lr 铹* 260α $6d^17s^2$

元 素 周

	s 区	
族 / 周期	Ⅰ A 1	
1	1 H 氢 1 2 3β $1s^1$ 1.008	Ⅱ A 2
2	3 Li 锂 6 7 $2s^1$ 6.94	4 Be 铍 9 $2s^2$ 9.0122
3	11 Na 钠 23 $3s^1$ 22.990	12 Mg 镁 24 25 26 $3s^2$ 24.305

原子序数 — 19
元素符号 红色指放射性元素 — K
元素名称 注＊的是人造元素 — 钾
惯用原子量 — 39.098
稳定同位素的质量数,底线指丰度最大的同位素 — 39
放射性同位素的质量数 α—α衰变 β—β⁻衰变 ε—轨道电子俘获 φ—自发裂变 — 40β,ε 41
外围电子的构型 — $4s^1$

注：
1. 原子量录自2018年IUPAC元… 质量的1/12作为标准。
2. 稳定元素列有天然丰度的同位… 素选列较重要的同位素;人造… 长的同位素。

d 区

周期	Ⅰ A 1	Ⅱ A 2	ⅢB 3	ⅣB 4	ⅤB 5	ⅥB 6	ⅦB 7	Ⅷ 8	Ⅷ 9	10
4	19 K 钾 39 40β,ε 41 $4s^1$ 39.098	20 Ca 钙 40 42 43 44 46 48 $4s^2$ 40.078(4)	21 Sc 钪 45 $3d^14s^2$ 44.956	22 Ti 钛 46 47 48 49 50 $3d^24s^2$ 47.867	23 V 钒 50β,ε 51 $3d^34s^2$ 50.942	24 Cr 铬 50 52 53 54 $3d^54s^1$ 51.996	25 Mn 锰 55 $3d^54s^2$ 54.938	26 Fe 铁 54 56 57 58 $3d^64s^2$ 55.845(2)	27 Co 钴 59 $3d^74s^2$ 58.933	28 Ni 镍 58.69…
5	37 Rb 铷 85 87β $5s^1$ 85.468	38 Sr 锶 84 86 87 88 $5s^2$ 87.62	39 Y 钇 89 $4d^15s^2$ 88.906	40 Zr 锆 90 91 92 94 96 $4d^25s^2$ 91.224(2)	41 Nb 铌 93 94β $4d^45s^1$ 92.906	42 Mo 钼 92 94 95 96 97 98 100 $4d^55s^1$ 95.95	43 Tc 锝 97ε 99β $4d^55s^2$	44 Ru 钌 96 98 99 100 101 102 104 $4d^75s^1$ 101.07(2)	45 Rh 铑 103 $4d^85s^1$ 102.91	46 Pd 钯 106.42
6	55 Cs 铯 133 $6s^1$ 132.91	56 Ba 钡 130 132 134 135 136 137 138 $6s^2$ 137.33	57-71 镧系	72 Hf 铪 174 176 177 178 179 180 $5d^26s^2$ 178.49(2)	73 Ta 钽 180 181 $5d^36s^2$ 180.95	74 W 钨 180 182 183 184 186 $5d^46s^2$ 183.84	75 Re 铼 185 187β $5d^56s^2$ 186.21	76 Os 锇 184 186 187 188 189 190 192 $5d^66s^2$ 190.23(3)	77 Ir 铱 191 193 $5d^76s^2$ 192.22	78 Pt 铂 195.08
7	87 Fr 钫 223β $7s^1$	88 Ra 镭 226α $7s^2$	89-103 锕系	104 Rf 𬬻* 261α $6d^27s^2$	105 Db 𬭊* 262α $6d^37s^2$	106 Sg 𬭳* 263α $6d^47s^2$	107 Bh 𬭛* 264α $6d^57s^2$	108 Hs 𬭶* 265α $6d^67s^2$	109 Mt 鿏* 268α $6d^77s^2$	110 Ds 𫟼*

f 区									
镧系	57 La 镧 138ε,β 139 $5d^16s^2$ 138.91	58 Ce 铈 136 138 140 142 $4f^15d^16s^2$ 140.12	59 Pr 镨 141 $4f^36s^2$ 140.91	60 Nd 钕 142 143 144α 145 146 148 150 $4f^46s^2$ 144.24	61 Pm 钷 147β $4f^56s^2$	62 Sm 钐 144 147α 148α 149α 150 152 154 $4f^66s^2$ 150.36(2)	63 Eu 铕 151 153 $4f^76s^2$ 151.96	64 Gd 钆 4f… 157.25
锕系	89 Ac 锕 227β,α $6d^17s^2$	90 Th 钍 232α $6d^27s^2$ 232.04	91 Pa 镤 231α $5f^26d^17s^2$ 231.04	92 U 铀 234α 235α 238α $5f^36d^17s^2$ 238.03	93 Np 镎 237α $5f^46d^17s^2$	94 Pu 钚 239α 244α,φ $5f^67s^2$	95 Am 镅* 243α $5f^77s^2$	96 Cm 锔* 5f…